Heidrun Matthäus | Wolf-Gert-Matthäus

Mathematik für Ingenieur-Bachelor

Heidrun Matthäus | Wolf-Gert-Matthäus

Mathematik für Ingenieur-Bachelor

Schritt für Schritt mit ausführlichen Lösungen

STUDIUM

Bibliografische Information der Deutschen Nationalbibliothek
Die Deutsche Nationalbibliothek verzeichnet diese Publikation in der
Deutschen Nationalbibliografie; detaillierte bibliografische Daten sind im Internet über
<http://dnb.d-nb.de> abrufbar.

1. Auflage 2011

Lektorat: Ulrich Sandten | Kerstin Hoffmann

Vieweg+Teubner Verlag ist eine Marke von Springer Fachmedien.
Springer Fachmedien ist Teil der Fachverlagsgruppe Springer Science+Business Media.
www.viewegteubner.de

Umschlaggestaltung: KünkelLopka Medienentwicklung, Heidelberg
Druck und buchbinderische Verarbeitung: STRAUSS GMBH, Mörlenbach
Gedruckt auf säurefreiem und chlorfrei gebleichtem Papier
Printed in Germany

ISBN 978-3-8348-1381-7

Vorwort

Das Bildungswesen der Bundesrepublik ist in Bewegung. An den Gymnasien vieler Bundesländer verkürzt man die Schulzeit von 13 auf 12 Jahre. Mehrere Bundesländer führen ein Zentralabitur ein.

An den höchsten Bildungsstätten des Landes vollzieht sich eine der größten Umwälzungen des deutschen Hochschulwesens seit vielen Jahren: Gemäß den EU-Beschlüssen von Bologna erfolgt schrittweise die Umstellung des spezifisch deutschen Studiensystems auf die international üblichen Bildungsabschnitte Bachelor und Master. Nahezu alle Studiengänge werden dafür auf den Prüfstand gestellt.

Auch die technischen Fachrichtungen, die zum Ingenieur-Abschluss führen, sind in diese einschneidende Maßnahme einbezogen. Wenngleich es noch Überlegungen gibt, den klassischen deutschen Titel eines Diplom-Ingenieurs weiter verleihen zu wollen – für die beiden festgelegten Etappen „Bachelor“ und „Master“ werden auch die vielen Ingenieur-Fachbereiche an den Universitäten, technischen und Fachhochschulen ihre Ausbildung neu konzipieren müssen:

Der Ingenieur-Bachelor-Abschluss soll dabei bereits nach kurzen sechs oder sieben Semestern die Basisqualifikation zum Einstieg in die Praxis liefern. Oder er kann – bei gutem und sehr gutem Prädikat – sofort oder nach einigen Praxisjahren durch den wissenschaftlichen Master-Abschluss ergänzt werden.

Erste Erfahrungen liegen vor. Sie besagen jedoch, dass die Quote der Studienabbrecher in den Ingenieur-Bachelor-Studiengängen gegenüber früheren Studienformen nicht kleiner geworden ist. Nicht selten ist, vor allem an Fachhochschulen, der Grund darin zu suchen, dass das frühere, vierjährige FH-Diplom-Ingenieur-Studium zu formal auf drei Jahre komprimiert wurde, zu Lasten von Vorlesungs- und Übungszeiten in den Grundlagenfächern, insbesondere in der Mathematik. Die Schere zwischen mitgebrachtem mathematischen Wissen der Studienanfänger und den wachsenden Anforderungen im Grundstudium der Hochschulen öffnet sich weiter.

Sicher, es gibt sehr gute Bücher, die so genannte Brückenkurse anbieten, mit ihrer Hilfe kann der Schulstoff wiederholt und vertieft werden. Weiter gibt es viele ausgezeichnete, aber mathematisch überaus anspruchsvolle Hochschul-Lehrbücher, die aber ohne eine ausreichende Wissensbasis nur schwer zu verstehen sind.

Das vorliegende Lehrbuch soll die Lücke schließen zwischen diesen beiden Extremen. Es soll die Studienanfänger, vor allem in den technischen Fachrichtungen, an die Hand nehmen und aus der studienvorbereitenden Phase in die mathematisch anspruchsvolle Zeit der ersten Semester begleiten.

Nach dem neuen System werden für den erfolgreichen Abschluss eines Semesters der mathematischen Grundausbildung allgemein 5 bis 7 credit points vergeben. Rechnet man nach der international üblichen Formel, dass pro credit point ca. 30 Stunden erfolgreiche Beschäftigung mit dem vermittelten Lehrstoff in Lehrveranstaltung und Selbststudium angenommen werden, dann bekommt die eigenverantwortliche Beschäftigung mit dem spröden Stoff „Mathematik für Ingenieure“ eine wesentlich höhere Bedeutung als bisher.

Das vorliegende Lehrbuch trägt der neuen Situation in jeder Hinsicht Rechnung. Es enthält in neunzehn Kapiteln den grundsätzlichen mathematischen Lehrstoff, wie er wohl in jedem Ingenieur-Bachelor-Studiengang angeboten wird.

Da das Lehrbuch als begleitendes Buch zu den Vorlesungen und gleichzeitig als Hilfe für das Selbststudium gedacht ist, standen die Autoren immer wieder vor die Frage, wie die schwierige Balance zwischen strenger, aber nüchterner mathematischer Korrektheit und stärker populärem Erläutern und Erklären gehalten werden kann. Im Zweifelsfall fiel die Entscheidung meist zugunsten der Erklärung aus. Wir hoffen, dass dies auch im Sinne der Leser sein wird.

Angesichts des vorgegebenen Umfangs musste auch überlegt werden, welche mathematischen Themen zugunsten ausführlich vorgerechneter Beispiele gekürzt oder nur indirekt aufgenommen werden. So mussten einführende, systematisch aufbauende Kapitel über mathematische Logik, Mengenlehre und den Aufbau des Zahlensystems entfallen, wichtige Begriffe werden aber im Kontext dort erklärt, wo sie benötigt werden.

Nicht gekürzt wurde aber bei den einführenden Kapiteln, die das elementare und höhere „mathematische Handwerkszeug" wiederholend zusammenstellen, vertiefen und ergänzen. Denn die Erfahrung beider Autoren, zusammen fast achtzig Jahre als Hochschul-Lehrende und als Hochschullehrer an diversen höheren und höchsten Bildungseinrichtungen tätig, weisen immer wieder aus, dass es nicht vordergründig intellektuelle Defizite oder das Unverständnis der Mathematik sind, die die Ingenieur-Studenten so oft an Mathematik-Klausuren scheitern lassen.

Sehr, sehr oft summieren sich nämlich die Kleinigkeiten auf – nicht gesetzte Klammern, vorschnell übersprungene Zwischenrechnungen, falsche Bruchrechnungen, falscher und flüchtiger Umgang mit Gleichungen und Ungleichungen, Kritiklosigkeit und das Fehlen der wichtigen Frage an sich selbst: „Kann das überhaupt stimmen?".

Deshalb werden prinzipiell alle Beispielrechnungen so ausführlich vorgeführt, dass sie bis ins Detail nachvollziehbar sind. Kein Zwischenschritt wird ausgelassen, die beliebte Autoren-Floskel „man sieht leicht", die jeden Leser zur Verzweiflung treibt, sollte sich in diesem Buch nicht finden lassen.

Einige Themengebiete können nur anreißend beleuchtet werden, das betrifft insbesondere die hochinteressante und wichtige Integralrechnung. Hier konnte nur das Wesentliche angedeutet werden, aber eine umfangreiche Liste weiterführender und vertiefender Literatur hilft auf dem Weg zu weiterführenden Studien.

Für den Dialog mit den Lesern wird auf der Internet-Seite www.w-g-m.de unter der gesonderten Rubrik `Leserservice` auf oft gestellte Fragen zum Buch geantwortet. Dort nehmen wir auch gern Hinweise, Anregungen und Kritiken entgegen.

Dem Vieweg+Teubner-Verlag in Wiesbaden danken wir, dass er unsere Anregung für dieses Buch so schnell aufgenommen hat und uns in jeder Weise anregend und hilfreich unterstützte.

Uenglingen, im Sommer 2011 Heidrun und Wolf-Gert Matthäus

Inhaltsverzeichnis

1 Elementares Handwerkszeug

Für Außenstehende ist es oft unverständlich, aber es ist eine gesicherte Erfahrungstatsache langjährig mathematisch Lehrender an den Hochschulen unseres Landes:

Viel zu viele Punkte in Mathematik-Klausuren werden durch *Mängel im elementar Handwerklichen* verschenkt.

Deshalb stellen wir in den nächsten Abschnitten noch einmal die wichtigsten Regeln der *Rechnung mit Klammern und Brüchen* zusammen.

1.1 Klammersetzung

1.1.1 Punkt- vor Strichrechnung

Das ist bekannt: *Punktrechnung geht vor Strichrechnung.*

In einem mathematischen Ausdruck werden zuerst die *Produkte und Quotienten* gebildet, erst danach wird *addiert oder subtrahiert*:

(1.01)
$$\begin{aligned} &\text{Beispiel: } 2\cdot 3+4=6+4=10 \\ &\text{Beispiel: } 2+10:5=2+2=4 \end{aligned}$$

1.1.2 Potenz- vor Punktrechnung

Enthält eine Formel eine *Potenz,* so wird diese als erstes ausgewertet, erst danach kommt die *Punktrechnung* und dann die *Strichrechnung*:

(1.02)
$$\begin{aligned} &\text{Beispiel: } 2\cdot 3^2+4=2\cdot 9+4=22 \\ &\text{Beispiel: } \frac{64}{2\cdot 4^2}+3=\frac{64}{2\cdot 16}+3=2+3=5 \end{aligned}$$

1.1.3 Klammern

Klammern werden verwendet, um die *Vorrangregeln außer Kraft* zu setzen.

Denn dann gilt: Zuerst werden die Klammerausdrücke von innen nach außen ausgewertet, dann erst kommen Potenz-, Punkt- und Strichrechnung:

(1.03)
$$\begin{aligned} \text{Beispiel: } (2\cdot(3+4)+3)^2-1&=(2\cdot 7+3)^2-1 \\ &=(14+3)^2-1=17^2-1=288 \end{aligned}$$

Steht ein *Minuszeichen vor einem Klammerausdruck,* dann ist das gleichbedeutend damit, dass der Klammerinhalt mit -1 multipliziert wird:

(1.04)
$$\begin{aligned} \text{Beispiel: } -(x-1)&=(-1)\cdot(x-1)=(-1)\cdot x+(-1)\cdot(-1) \\ &=-x+1=1-x \end{aligned}$$

Wie das Beispiel (1.04) zeigt, führt ein *Minuszeichen vor einer Differenz innerhalb einer Klammer* dazu, dass diese Differenz „umgekehrt“ wird.

Klammerausdrücke werden multipliziert, indem jedes Glied in der ersten Klammer mit jedem Glied in der zweiten Klammer multipliziert wird.

Die beste Anwendung dieser Regel findet sich in den drei binomischen Formeln:

(1.05)
$$\begin{aligned}(a+b)^2 &= (a+b)\cdot(a+b) = a^2 + a\cdot b + b\cdot a + b^2 = a^2 + 2ab + b^2\\(a-b)^2 &= (a-b)\cdot(a-b) = a^2 - a\cdot b - b\cdot a + b^2 = a^2 - 2ab + b^2\\(a+b)\cdot(a-b) &= a^2 - a\cdot b + b\cdot a - b^2 = a^2 - b^2\end{aligned}$$

Immer wieder finden sich aber Studierende, die vorschnell und falsch aufschreiben:

(1.06, aber falsch) $(a+b)^2 = a^2 + b^2$

Dabei kostet es nur eine halbe Minute: Zwei Zahlen (dabei aber keine Null) werden zur Probe eingesetzt, beide Gleichungsseiten berechnet, und schon ist völlig klar – Formel (1.06) kann nicht stimmen:

(1.07)
$$\begin{aligned}&\text{Beispiel: } a=1, b=2 \Rightarrow (a+b)^2 = 3^2 = 9,\\&\qquad\text{aber: } a^2 + b^2 = 1 + 4 = 5\end{aligned}$$

Ebenso ist es nur bei fehlender Selbstkritik möglich, auf die Idee zu kommen, dass folgende Gleichheit allgemein gelten könne:

(1.08, aber falsch) $(a+b)^3 = a^3 + b^3$

Auch hier reicht es aus, zur Probe schnell $a=1$ und $b=2$ zu setzen, und schon ergibt sich auf der linken Seite von (1.08, aber falsch) der Wert 27, während die rechte Seite der falschen Formel (1.08, aber falsch) das Ergebnis 9 liefert. Vielmehr gilt natürlich

(1.09)
$$\begin{aligned}(a+b)^3 &= (a+b)\cdot(a+b)\cdot(a+b)\\&= (a^2 + 2ab + b^2)\cdot(a+b)\\&= a^3 + 3a^2b + 3ab^2 + b^3\end{aligned}$$

1.2 Bruchrechnung

1.2.1 Grundsätzliches

Sind a und b ganze Zahlen und ist b von Null verschieden, dann bezeichnet $\frac{a}{b}$ einen so genannten *gemeinen Bruch*. Über dem Bruchstrich, oben, befindet sich der *Zähler a*, unter dem Bruchstrich befindet sich der *Nenner b*.

Ist $a<b$, dann spricht man von einem *echten Bruch*, sonst von einem *unechten Bruch*.

Der *Wert des Bruches* ergibt sich aus der Division des Zählers durch den Nenner:

(1.10) $\frac{a}{b} = a/b = a:b, \quad \text{Beispiel: } \frac{3}{2} = 3/2 = 3:2 = 1{,}5$

Ein Bruch ändert seinen Wert nicht, wenn *Zähler und Nenner mit derselben Zahl multipliziert* werden. Man spricht dann vom *Erweitern* des Bruches.

(1.11) $$\frac{a}{b}=\frac{a\cdot c}{b\cdot c}, \quad \text{Beispiel}: \frac{1}{\sqrt{2}}=\frac{1\cdot\sqrt{2}}{\sqrt{2}\cdot\sqrt{2}}=\frac{\sqrt{2}}{(\sqrt{2})^2}=\frac{\sqrt{2}}{\sqrt{2^2}}=\frac{\sqrt{2}}{\sqrt{4}}=\frac{1}{2}\sqrt{2}$$

Ein Bruch ändert seinen Wert nicht, wenn *Zähler und Nenner durch dieselbe Zahl dividiert* werden. Man spricht dann davon, dass der Bruch *gekürzt* wird.

(1.12) $$\frac{a}{b}=\frac{a:c}{b:c}=\frac{\frac{a}{c}}{\frac{b}{c}}, \quad \text{Beispiel}: \frac{9}{12}=\frac{9:3}{12:3}=\frac{\frac{9}{3}}{\frac{12}{3}}=\frac{3}{4}$$

1.2.2 Multiplikation und Division von Brüchen

Ein Bruch wird *mit einer ganzen Zahl multipliziert,* indem der *Zähler* mit der ganzen Zahl multipliziert wird.

(1.13) $$\frac{a}{b}\cdot c=\frac{a\cdot c}{b}, \quad \text{Beispiel}: \frac{2}{3}\cdot 5=\frac{2\cdot 5}{3}=\frac{10}{3}$$

Ein Bruch wird *durch eine ganze Zahl dividiert,* indem der *Nenner* mit der ganzen Zahl multipliziert wird.

(1.14) $$\frac{a}{b}:c=\frac{\frac{a}{b}}{c}=\frac{a}{b\cdot c}, \quad \text{Beispiel}: \frac{2}{3}:5=\frac{\frac{2}{3}}{5}=\frac{2}{3\cdot 5}=\frac{2}{15}$$

Ein Bruch wird *mit einem Bruch multipliziert,* indem *Zähler mit Zähler* und *Nenner mit Nenner* multipliziert werden.

(1.15) $$\frac{a}{b}\cdot\frac{c}{d}=\frac{a\cdot c}{b\cdot d}, \quad \text{Beispiel}: \frac{2}{3}\cdot\frac{4}{5}=\frac{2\cdot 4}{3\cdot 5}=\frac{8}{15}$$

Ein Bruch wird *durch einen Bruch dividiert,* indem mit dem Kehrwert (oder dem reziproken Wert) des Nennerbruchs multipliziert wird.

(1.16) $$\frac{a}{b}:\frac{c}{d}=\frac{\frac{a}{b}}{\frac{c}{d}}=\frac{a}{b}\cdot\frac{d}{c}=\frac{a\cdot d}{b\cdot c},$$

$$\text{Beispiel}: \frac{2}{3}:\frac{4}{5}=\frac{\frac{2}{3}}{\frac{4}{5}}=\frac{2}{3}\cdot\frac{5}{4}=\frac{2\cdot 5}{3\cdot 4}=\frac{10}{12}=\frac{5}{6}$$

1.2.3 Addition und Subtraktion von Brüchen

Brüche mit gleichem Nenner (gleichnamige Brüche) werden addiert oder subtrahiert, indem die *Zähler* addiert bzw. subtrahiert werden. Der Nenner wird beibehalten.

(1.17) $$\frac{a}{b} \pm \frac{c}{b} = \frac{a \pm c}{b}, \quad \text{Beispiel:} \ \frac{1}{3} + \frac{4}{3} = \frac{1+4}{3} = \frac{5}{3}$$

Bei Brüchen mit *ungleichen Nennern* (ungleichnamigen Brüchen) muss *vor* der Addition oder Subtraktion ein *Hauptnenner* gefunden werden.

Der einfachste, am schnellsten zu findende Hauptnenner ergibt sich leicht aus dem *Produkt der beiden Nenner.*

(1.18) $$\frac{1}{n} - \frac{1}{n+1} = ? \qquad \text{Hauptnenner:} \ n \cdot (n+1)$$

Jeder Bruch wird dann *erweitert* mit dem *Quotienten aus Hauptnenner und Teilnenner*.

(1.19) $$\frac{1}{n} - \frac{1}{n+1} = \frac{n+1}{n \cdot (n+1)} - \frac{n}{n \cdot (n+1)} = \frac{1}{n \cdot (n+1)}$$

Der Hauptnenner *kann,* aber *muss* durchaus nicht immer als *Produkt der beiden Teilnenner* gewählt werden.

Die beiden folgenden Beispiele zeigen, dass das so genannte *kleinste gemeinsame Vielfache der beiden Teilnenner* für den Hauptnenner ausreicht.

Das *kleinste gemeinsame Vielfache* ist der kleinste Term, der durch alle Teilnenner ohne Rest zu dividieren ist.

(1.20) $$\frac{1}{9} + \frac{1}{12} = ? \qquad \text{Hauptnenner:} \ 36$$
$$\frac{1}{9} + \frac{1}{12} = \frac{1 \cdot 4}{9 \cdot 4} + \frac{1 \cdot 3}{12 \cdot 3} = \frac{4}{36} + \frac{3}{36} = \frac{7}{36}$$

(1.21) $$\frac{1}{a \cdot b} + \frac{1}{b \cdot c} = ? \quad \text{Hauptnenner:} \ a \cdot b \cdot c$$
$$\frac{1}{a \cdot b} + \frac{1}{b \cdot c} = \frac{c}{a \cdot b \cdot c} + \frac{a}{a \cdot b \cdot c} = \frac{c+a}{a \cdot b \cdot c}$$

Eine *ganze Zahl* wird zu einem Bruch addiert oder von einem Bruch subtrahiert, indem diese ganze Zahl zuerst als *Bruch mit dem Nenner 1* geschrieben wird.

Anschließend wird wie bei der Addition/Subtraktion zweier ungleichnamiger Brüche vorgegangen, wobei der *Hauptnenner* stets gleich dem *Nenner des Bruches* ist.

Folglich muss nur die ehemals ganze Zahl erweitert werden.

(1.22)
$$\frac{2}{9}+3=\frac{2}{9}+\frac{3}{1} \quad \text{Hauptnenner}:9$$
$$\frac{2}{9}+\frac{3}{1}=\frac{2}{9}+\frac{3\cdot 9}{1\cdot 9}=\frac{2}{9}+\frac{27}{9}=\frac{29}{9}$$

Sehen wir uns zum Abschluss dieses wiederholenden Abschnitts zur Addition und Subtraktion von Brüchen die richtige Lösung einer kleinen Aufgabe an, die als Nebenrechnung in einer Mathematik-Klausur auftrat und dort sehr viel Mühe zu bereiten schien:

(1.23)
$$\frac{12n+3}{3}+3n-1=???$$

Die *erste Möglichkeit*, den gegebenen Ausdruck zu vereinfachen, besteht darin, im Zähler des Bruches die Zahl 3 auszuklammern, zu kürzen und dann zu addieren:

(1.24)
$$\begin{aligned}\frac{12n+3}{3}+3n-1&=\frac{3(4n+1)}{3}+3n-1\\&=\frac{4n+1}{1}+3n-1\\&=4n+1+3n-1\\&=7n\end{aligned}$$

Die *andere Möglichkeit* ergibt sich daraus, dass wir hier erkennen, dass hier ein Term, der wie eine *ganze Zahl* zu behandeln ist, zu einem Bruch zu addieren ist:

(1.25)
$$\begin{aligned}\frac{12n+3}{3}+3n-1&=\frac{12n+3}{3}+\frac{(3n-1)\cdot 3}{3}\\&=\frac{12n+3+9n-3}{3}\\&=\frac{21n}{3}\\&=7n\end{aligned}$$

1.3 Größenverhältnisse bei Brüchen

Zwei Brüche sind gleich, wenn ihre Werte gleich sind.

(1.26)
$$\text{Beispiel}: \frac{2}{9}=\frac{4}{18},$$
$$\text{Beispiel}: \frac{n+1}{n}=\frac{3n+3}{3n}=1+\frac{1}{n}$$

Haben zwei Brüche *denselben Nenner*, aber *unterschiedliche Zähler*, dann ist der Bruch mit dem *kleineren Zähler* kleiner als der Bruch mit dem *größeren Zähler*.

(1.27)
Beispiel: $\frac{2}{9} < \frac{5}{9}$,

Beispiel: $\frac{n+1}{n} < \frac{n+2}{n} \quad (n>0)$

Haben zwei Brüche *denselben Zähler*, aber *unterschiedliche Nenner*, dann ist der Bruch mit dem *größeren Nenner kleiner als der Bruch mit dem kleineren Nenner*.

(1.28)
Beispiel: $\frac{2}{9} < \frac{2}{7}$,

Beispiel: $\frac{n+1}{n+1} < \frac{n+1}{n} \quad (n>0)$

1.4 Fakultät, Binomialkoeffizient, binomischer Satz

1.4.1 Fakultät

Die *Fakultät einer natürlichen Zahl n* wird durch das Zeichen $n!$ ausgedrückt und ist erklärt durch die Vorschrift

(1.29a) $n! = 1 \cdot 2 \cdot 3 \cdot \ldots \cdot (n-2) \cdot (n-1) \cdot n$

Die Fakultät einer natürlichen Zahl wird also gebildet durch Multiplikation aller natürlichen Vorgänger bis einschließlich der gegebenen Zahl n:

Beispiele: $1! = 1$, $2! = 1 \cdot 2 = 2$, $3! = 1 \cdot 2 \cdot 3 = 6$, $4! = 1 \cdot 2 \cdot 3 \cdot 4 = 24$

$\ldots\ 17! = 1 \cdot 2 \cdot 3 \cdot 4 \cdot 5 \cdot \ldots \cdot 16 \cdot 17 = 355.687.428.096.000$

Bemerkenswert ist bei der Definition, dass diese auch *rekursiv* erfolgen kann:

Rekursive Definition der Fakultät:

(1.29b) $n! = \begin{cases} 1 & n=1 \\ n \cdot (n-1)! & n>1 \end{cases}$

Die *rekursive Definition*, die insbesondere in der Informatik gern verwendet wird, beschreibt – anders als die obige Definition – wie man sozusagen „rückwärts" zum Ergebnis kommt:

(1.29c)
$$\begin{aligned} 4! &= 4 \cdot 3! = 4 \cdot 6 = 24 \\ 3! &= 3 \cdot 2! = 3 \cdot 2 = 6 \\ 2! &= 2 \cdot 1! = 2 \cdot 1 = 2 \\ 1! &= 1 \end{aligned}$$

Ergänzung: Für $0!$ wurde *festgelegt*: $0! = 1$.

1.4.2 Binomialkoeffizient

Definition: Seien n und k zwei natürliche Zahlen mit $0 \le k \le n$. Das Symbol $\binom{n}{k}$ – gesprochen als *„n über k"* und nicht zu verwechseln mit dem Quotienten *„n durch k"* – heißt *Binomialkoeffizient* und ist definiert durch einen Quotienten von Fakultäten:

(1.30) $$\binom{n}{k} = \frac{n!}{k!(n-k)!}$$

Beispiele:

$$\binom{4}{0} = \frac{4!}{0!(4-0)!} = \frac{4!}{0! \cdot 4!} = \frac{24}{1 \cdot 24} = 1$$

$$\binom{4}{1} = \frac{4!}{1!(4-1)!} = \frac{4!}{1! \cdot 3!} = \frac{24}{1 \cdot 6} = 4$$

(1.30a) $$\binom{4}{2} = \frac{4!}{2!(4-2)!} = \frac{4!}{2! \cdot 2!} = \frac{24}{2 \cdot 2} = 6$$

$$\binom{4}{3} = \frac{4!}{3!(4-3)!} = \frac{4!}{3! \cdot 1!} = \frac{24}{6 \cdot 1} = 4$$

$$\binom{4}{4} = \frac{4!}{4!(4-4)!} = \frac{4!}{4! \cdot 0!} = \frac{24}{24 \cdot 1} = 1$$

Es gibt eine sehr gute Methode für *vereinfachte Berechnung von Binomialkoeffizienten*, mit deren Hilfe die *Berechnung der vielen Fakultäten* vermieden werden kann:

Schritt 1: In dem *Nenner eines Bruches* wird die *Fakultät von k* bis hinunter zur Eins ausführlich aufgeschrieben, der Zähler wird vorerst frei gelassen:

(1.30b) $$\binom{5}{3} = \frac{}{3 \cdot 2 \cdot 1}$$

Schritt 2: Über jeden Faktor des Nenners wird, bei n beginnend und *in Einerschritten abwärts gehend*, genau ein Faktor geschrieben, so dass zum Schluss in Zähler und Nenner die *gleiche Anzahl von Faktoren* stehen:

(1.30c) $$\binom{5}{3} = \frac{5 \cdot 4 \cdot 3}{3 \cdot 2 \cdot 1} = 10$$

1.4.3 Binomischer Satz

Das ist von der Schule her bekannt: $(a+b)^2 = a^2 + 2ab + b^2$. Es ist die *erste binomische Formel*. Auch $(a-b)^2 = a^2 - 2ab + b^2$ als *zweite binomische Formel* sollte bekannt sein.

Doch was ist zu tun, wenn zum Beispiel $(a+b)^8$ gesucht ist? Muss man dann die ungeheure Arbeit der Achtfach-Multiplikation $(a+b) \cdot (a+b) \cdot (a+b) \cdot (a+b) \cdot (a+b) \cdot (a+b) \cdot (a+b) \cdot (a+b)$ leisten?

Natürlich nicht – auch hier hält die Mathematik *Formeln* bereit, in diesem Fall ist es sogar ein *Satz*, nämlich der *binomische Satz*:

(1.31) $$(a+b)^n = \binom{n}{0}a^n + \binom{n}{1}a^{n-1}b + \binom{n}{2}a^{n-2}b^2 + \binom{n}{3}a^{n-3}b^3 + \ldots + \binom{n}{n-1}ab^{n-1} + \binom{n}{n}b^n$$

Nicht alle mathematischen Sätze merken sich so leicht:

Die Potenzen von a verringern sich in Einerschritten von links nach rechts, während die Potenzen von b in gleichem Maße ansteigen.

Die Summe der Exponenten von a und b ist in jedem der $n+1$ Summanden gleich n.

Beispiel:

(1.31a) $$(a+b)^8 = \binom{8}{0}a^8 + \binom{8}{1}a^7b^1 + \binom{8}{2}a^6b^2 + \binom{8}{3}a^5b^3 + \binom{8}{4}a^4b^4 + \binom{8}{5}a^3b^5 + \binom{8}{6}a^2b^6 + \binom{8}{7}a^1b^7 + \binom{8}{8}b^8$$
$$= a^8 + 8a^7b^1 + 28a^6b^2 + 56a^5b^3 + 70a^4b^4 + 56a^3b^5 + 28a^2b^6 + 8a^1b^7 + b^8$$

Wiederum erhebt sich die Frage, ob man tatsächlich immer *alle Binomialkoeffizienten* mit sehr beachtlichem Aufwand berechnen muss.

Die erste Antwort darauf ist: Nur die *Hälfte* muss tatsächlich berechnet werden, die andere Hälfte der benötigten Binomialkoeffizienten ergibt sich wegen der *Symmetriebeziehung*

(1.32) $$\binom{n}{k} = \binom{n}{n-k}$$

von selbst (wie auch in (1.31a) zu erkennen ist). Doch es geht *noch leichter*: Der französische Mathematiker PASCAL (1623-1662) hat nämlich herausgefunden, dass die für den binomischen Satz benötigten Binomialkoeffizienten sehr einfach *schrittweise von oben nach unten* mit Hilfe des (später nach ihm benannten) PASCALschen Dreiecks berechnet werden können:

(1.33)
$$\begin{array}{c} 1 \\ \binom{1}{0}\;\binom{1}{1} \\ \binom{2}{0}\;\binom{2}{1}\;\binom{2}{2} \\ \binom{3}{0}\;\binom{3}{1}\;\binom{3}{2}\;\binom{3}{3} \\ \binom{4}{0}\;\binom{4}{1}\;\binom{4}{2}\;\binom{4}{3}\;\binom{4}{4} \end{array} \qquad \begin{array}{c} 1 \\ 1\;\;1 \\ 1\;\;2\;\;1 \\ 1\;\;3\;\;3\;\;1 \\ 1\;\;4\;\;6\;\;4\;\;1 \end{array}$$

Die Vorschrift ist einfach: Außen stehen immer Einsen, und die inneren Zahlen ergeben sich jeweils als *Summe der beiden darüber stehenden Zahlen*.

2 Erweitertes Handwerkszeug

2.1 Potenzen, Wurzeln, Logarithmen

2.1.1 Potenzen

Multipliziert man eine Zahl a m-mal mit sich selber, dann spricht man von der *m-ten Potenz der Zahl a,* in Zeichen a^m.

Die Zahl a wird dann die *Basis,* die Zahl m wird der *Exponent* der Potenz genannt.

Steht das Mehrfachprodukt einer Zahl a mit sich selbst im *Nenner eines gemeinen Bruches* ($a \neq 0$), dann schreibt man dafür auch a^{-m}.

(2.01) $$a \cdot a \cdot a \cdots a = a^m, \quad a^1 = a, \quad \frac{1}{a \cdot a \cdot a \cdots a} = a^{-m}, \quad a^{-1} = \frac{1}{a}$$

2.1.2 Potenzgesetze

Eine *Potenz wird potenziert,* indem die *Exponenten multipliziert* werden.

Wegen der *Vertauschbarkeit bei der Multiplikation* können die Exponenten vertauscht werden, außerdem kann die Potenz durch Wahl verschiedener Faktoren des Exponentenprodukts in verschiedenen Formen dargestellt werden.

(2.02) $$(a^m)^n = a^{m \cdot n} = a^{n \cdot m} = (a^n)^m, \quad \text{Beispiel: } (2^3)^{12} = 2^{36} = (2^{12})^3 = (2^4)^9 = \ldots$$

Potenzen mit gleicher Basis werden *multipliziert,* indem die *Exponenten addiert* werden.

Potenzen mit gleicher Basis werden *dividiert,* indem die *Exponenten subtrahiert* werden.

(2.03) $$a^m \cdot a^n = a^{m+n}, \quad \text{Beispiel: } 2^8 \cdot 2^3 = 2^{8+3} = 2^{11}$$

(2.04) $$\frac{a^m}{a^n} = a^m : a^n = a^{m-n}, \quad \text{Beispiel: } \frac{2^8}{2^3} = 2^8 : 2^3 = 2^{8-3} = 2^5$$

Aus der letztgenannten Regel folgt sofort die Festlegung, dass der Wert einer *Potenz mit dem Exponenten Null* stets gleich Eins ist.

(2.05) $$1 = \frac{a^m}{a^m} = a^m : a^m = a^{m-m} = a^0, \quad \text{Beispiel: } \frac{2^8}{2^8} = 2^{8-8} = 2^0 = 1$$

Potenzen unterschiedlicher Basis, aber mit gleichem Exponenten werden multipliziert, indem das Produkt der Basiswerte potenziert wird.

Potenzen unterschiedlicher Basis, aber mit gleichem Exponenten werden dividiert, indem der Quotient der Basiswerte potenziert wird.

(2.06) $a^m \cdot b^m = (a \cdot b)^m$, Beispiel: $0{,}5^5 \cdot 2^5 = (0{,}5 \cdot 2)^5 = 1^5 = 1$

(2.07) $a^m : b^m = \frac{a^m}{b^m} = (\frac{a}{b})^m$, Beispiel: $(\frac{1}{2})^3 = \frac{1^3}{2^3} = \frac{1}{8} = 2^{-3}$

Potenzen können bei Addition oder Subtraktion *nur dann* zusammengefasst und vereinfacht werden, wenn *bei gleichen Exponenten* ein *Ausklammern eines gemeinsamen Faktors* möglich ist.

(2.08) Beispiel: $2 \cdot 8^2 + 3 \cdot 4^2 = 2 \cdot (4 \cdot 2)^2 + 3 \cdot 4^2 = 2 \cdot 4^2 \cdot 2^2 + 3 \cdot 4^2 = 4^2 \cdot (8+3) = 4^2 \cdot 11 = 176$

Manchmal wird in speziellen mathematischen Umformungen durch geschicktes so genanntes *Erweitern* (Multiplikation mit einem Bruch vom Wert 1) auch dann ausgeklammert und zusammengefasst, wo dies eigentlich nicht möglich zu sein scheint.

(2.09) Beispiel: $2 \cdot n^2 + 3 \cdot m^2 = 2 \cdot n^2 + 3 \cdot (m \cdot \frac{n}{n})^2 = n^2 \cdot (2 + 3(\frac{m}{n})^2)$

Falsch sind grundsätzlich – um das auch hier noch einmal zu betonen – die folgenden oft vorschnell und gedankenlos hingeschriebenen Gleichheiten (vergleiche dazu die binomischen Formeln auf Seite 23):

(2.10, aber falsch) falsch: $a^2 + b^2 = (a+b)^2$, falsch: $a^2 - b^2 = (a-b)^2$

2.1.3 Wurzeln

Unter der *m-ten Wurzel* aus einer nichtnegativen Zahl a, in Zeichen $\sqrt[m]{a}$, versteht man diejenige nichtnegative Zahl, deren m-te Potenz gerade diese Zahl a ergibt.

(2.11) $x = \sqrt[m]{a} \Leftrightarrow x^m = a$

Dabei sagt man zur Zahl a unter dem Wurzelzeichen, das sei der *Radikand* (von lat. radix = *Wurzel*), und m wird als *Wurzelexponent* bezeichnet.

Der *Wurzelexponent* 2 wird allgemein weggelassen. Soll die zweite Wurzel aus einer nichtnegativen Zahl a gezogen werden, spricht man von der *Quadratwurzel*.

(2.12) $\sqrt[2]{2} = \sqrt{2} = 1{,}414...$

Durch nachfolgendes Potenzieren kann man stets mit einer schnellen Kontrollrechnung überprüfen, ob ein Wurzelwert richtig berechnet wurde.

(2.13) $\sqrt[3]{0{,}125} = 0{,}05$ ist falsch, denn $0{,}05^3 = 0{,}000125$

(2.14) $\sqrt[4]{0{,}2401} = 0{,}7$ ist richtig, denn $0{,}7^4 = 0{,}2401$

2.1.4 Wurzelgesetze

Alle *Wurzelgesetze* können aus den *Potenzgesetzen* des Abschnitts 2.1.2 hergeleitet werden, wenn die grundlegende Formel des Zusammenhangs zwischen Wurzel und Potenz angewandt wird:

Die *m-te Wurzel* aus einer nichtnegativen Zahl *a* kann betrachtet werden als *Potenz von a* mit dem *gebrochenen Exponenten 1/m* .

(2.15) $\sqrt[m]{a} = a^{\frac{1}{m}}, \quad \sqrt{a} = a^{\frac{1}{2}} = a^{1/2} = a^{0,5}, \quad \sqrt[3]{a} = a^{\frac{1}{3}} = a^{1/3} = a^{0,333...}$

Die Formeln (2.15) enthalten bereits die oft verwendeten gebrochenen Exponenten 1/2 bzw. 1/3 zur Beschreibung von Quadrat- und Kubikwurzel.

Gern werden Übungsaufgaben gestellt, in denen verlangt wird, die Wurzelgesetze aus den Potenzgesetzen abzuleiten. Wir wollen die Methodik des Vorgehens kennen lernen.

Eine Wurzel wird *radiziert* (d. h. aus einer Wurzel wird eine weitere Wurzel gezogen), indem die *Wurzelexponenten multipliziert* werden.

(2.16) $\sqrt[n]{\sqrt[m]{a}} = (a^{\frac{1}{m}})^{\frac{1}{n}} = a^{\frac{1}{m \cdot n}} = \sqrt[m \cdot n]{a}, \quad$ Beispiel: $\sqrt[2]{\sqrt[3]{64}} = \sqrt[6]{64} = 2$

Eine *Wurzel wird potenziert,* indem ihr *Radikand potenziert* wird, der Potenzexponent kann also unter das Wurzelzeichen gezogen werden.

Oder kürzer: Die *Potenz einer Wurzel ist gleich der Wurzel der Potenz.*

(2.17) $(\sqrt[m]{a})^n = (a^{\frac{1}{m}})^n = a^{\frac{n}{m}} = a^{n \cdot \frac{1}{m}} = (a^n)^{\frac{1}{m}} = \sqrt[m]{a^n}, \quad$ Beispiel: $(\sqrt[3]{8})^2 = \sqrt[3]{8^2} = \sqrt[3]{64} = 4$

Die Wurzel eines Produkts ist gleich dem Produkt der Wurzeln.

(2.18) $\sqrt[m]{a \cdot b} = (a \cdot b)^{\frac{1}{m}} = a^{\frac{1}{m}} \cdot b^{\frac{1}{m}} = \sqrt[m]{a} \cdot \sqrt[m]{b}, \quad$ Beispiel: $\sqrt[3]{216} = \sqrt[3]{8 \cdot 27} = \sqrt[3]{8} \cdot \sqrt[3]{27} = 6$

Die Wurzel eines Quotienten ist gleich dem Quotient der Wurzeln.

(2.19) $\sqrt[m]{\frac{a}{b}} = (\frac{a}{b})^{\frac{1}{m}} = \frac{a^{\frac{1}{m}}}{b^{\frac{1}{m}}} = \frac{\sqrt[m]{a}}{\sqrt[m]{b}}, \quad$ Beispiel: $\sqrt[3]{\frac{27}{8}} = \frac{\sqrt[3]{27}}{\sqrt[3]{8}} = \frac{3}{2}$

Bisher gab es viele Ähnlichkeiten mit den Potenzgesetzen. Das ändert sich nun: Während es bei den Potenzgesetzen mit den Regeln (2.03) und (2.04) sehr einfach zuging („Potenzen mit gleicher Basis werden multipliziert, indem die Exponenten addiert werden") ist dieser Sachverhalt bei den Wurzeln weitaus schwieriger umzusetzen.

Wurzeln mit gleicher Basis werden multipliziert, indem die Reziprokwerte der Wurzelexponenten addiert werden.

$$(2.20)\qquad \sqrt[m]{a}\cdot\sqrt[n]{a} = a^{\frac{1}{m}}\cdot a^{\frac{1}{n}} = a^{\frac{1}{m}+\frac{1}{n}} = a^{\frac{n+m}{m\cdot n}} = \sqrt[m\cdot n]{a^{n+m}} = (\sqrt[m\cdot n]{a})^{n+m}$$

Wurzeln mit gleicher Basis werden dividiert, indem die Reziprokwerte der Wurzelexponenten subtrahiert werden (siehe Formel (2.21)).

$$(2.21)\qquad \frac{\sqrt[m]{a}}{\sqrt[n]{a}} = \frac{a^{\frac{1}{m}}}{a^{\frac{1}{n}}} = a^{\frac{1}{m}-\frac{1}{n}} = a^{\frac{n-m}{m\cdot n}} = \sqrt[m\cdot n]{a^{n-m}} = (\sqrt[m\cdot n]{a})^{n-m}$$

2.1.5 Der Begriff des Logarithmus

Der *Logarithmus* – die Quelle schlafloser Nächte für alle, die die Mathematik nicht so sehr lieben. Dabei ist es so einfach, sich den Logarithmenbegriff zu erschließen. Sehen wir uns doch nur das Bild 2.1 der Aufgabenstellung an.

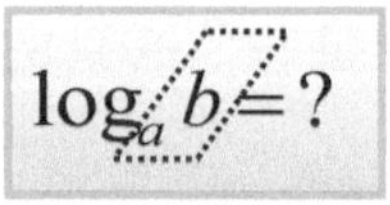

$$\log_a b = ?$$

Bild 2.1: Die Logarithmus-Aufgabe: „a hoch wie viel ist b ?"

Die klar ablesbare Stellung von *a* und *b*, *a* steht unten, *b* steht oben, beschreibt nämlich sichtbar die Aufgabe, die mit dem Logarithmus zu lösen ist:

Der Logarithmus $log_a b$ liefert die Antwort auf die Frage *„a hoch wie viel ist b?"*

Wer sich diese einfache Formel merkt, der dürfte eigentlich keine Probleme mit dem Logarithmenbegriff mehr bekommen.

Trainieren wir in dieser Weise ein wenig und erarbeiten uns rasch die ersten Eigenschaften von Logarithmen, wobei wir zunächst davon ausgehen wollen, dass für *a* nur Zahlen *größer als Eins* stehen sollen. Zuerst können wir sofort feststellen

$$(2.22)\qquad \log_a 1 = 0\ ,$$

denn die Antwort auf die Frage *a hoch wie viel ist 1* lautet für jede Zahl $a \neq 0$ immer: Null. Weiter gilt

$$(2.23)\qquad \log_a a = 1\ ,$$

denn die Antwort auf die Frage *a hoch wie viel ist a* lautet für jede Zahl $a \neq 0$ immer: Eins.

Offensichtlich gilt auch

$$(2.24)\qquad \log_a \frac{1}{a} = -1$$

denn wegen $1/a = a^{-1}$ lautet hier die Frage *a hoch wie viel ist* a^{-1}, und sie hat die Antwort *minus Eins*. Damit haben wir nebenbei festgestellt, dass *Logarithmen-Ergebnisse durchaus auch negativ sein* können.

Versuchen wir jedoch, die folgende Aufgabe

(2.25) $\log_a(-3) = ?$

zu lösen, dann finden wir *keine Antwort*: *a hoch wie viel ist minus 3* lässt sich *nicht beantworten*, denn durch Potenzieren einer positiven Zahl kann *niemals ein negatives Ergebnis* entstehen.

Gleichermaßen ohne Lösung ist auch die Aufgabe

(2.26) $\log_a 0 = ?$

denn jeder Versuch, durch Potenzieren einer positiven Zahl die *Null* zu erzeugen, ist zum Scheitern verurteilt. Halten wir also fest:

> Ein Logarithmus $x=\log_a b$ (mit $a>1$) kann *nur von positiven Zahlen* $b>0$ gebildet werden. Dagegen können die Logarithmus*werte* x negativ sein (siehe (2.24)), der Logarithmus kann aber auch die *Null* liefern (siehe (2.22)).
>
> Das hängt jeweils vom Verhältnis des *Numerus* (d. h. des Logarithmenargumentes) b zur *Basis* a ab.

Für Basiswerte $a>1$ gilt folglich zusammenfassend:

$$\begin{aligned} \log_a b<0 &\quad \textit{für} \quad 0<b<1 \\ \log_a b=0 &\quad \textit{für} \quad b=1 \\ 0<\log_a b<1 &\quad \textit{für} \quad 1<b<a \\ \log_a b=1 &\quad \textit{für} \quad b=a \\ \log_a b>1 &\quad \textit{für} \quad b>a \end{aligned} \tag{2.27}$$

2.1.6 Dualer, dekadischer und natürlicher Logarithmus

Es gibt *drei besondere Logarithmen*, sie gehören zu drei speziellen Basiszahlen a:

> Der *Logarithmus zur Basis 2* wird als *dualer Logarithmus ld b* bezeichnet: $ld\ b=\log_2 b$.
>
> Der *Logarithmus lg b zur Basis 10* heißt *dekadischer Logarithmus*: $lg\ b=\log_{10} b$.
>
> Der *Logarithmus zur Basis e* wird als *natürlicher Logarithmus ln b* bezeichnet:
>
> $\ln b=\log_e b$. Dabei ist $e=2{,}718281828\ \ldots$ die so genannte *EULERsche Zahl*.

Der *natürliche Logarithmus* ist der am meisten verwendete unter allen Logarithmen. Jeder bessere Taschenrechner hat eine Taste `ln x` . Zur Kontrolle des Umgangs mit dieser Taste sollte man sich wenigstens eine der beiden Zahlen merken:

$$\ln 2 = 0{,}6931\ldots, \qquad \ln\frac{1}{2} = \ln 0{,}5 = -0{,}6931\ldots \tag{2.28}$$

Warum ist *ln2* kleiner als Eins ? Kehren wir zur *Erklärung des Logarithmus* zurück: Der natürliche Logarithmus antwortet auf die Frage *e hoch wie viel ist 2*.

Setzen wir den ungefähren Zahlenwert für *e* ein, dann wird die Frage zu *2,7 hoch wie viel ist 2*. Da 2,7 hoch 1 schon 2,7 ist, muss als Antwort also „kleiner als 1" erfolgen.

Also kann die Größenordnung des natürlichen Logarithmus von 2 stimmen. Dasselbe könnte auch aus (2.27) abgelesen werden.

Schließen wir die Beschäftigung mit den drei besonderen Logarithmen nun noch dadurch ab, dass wir folgende *Gesetze* zur Kenntnis nehmen, die sich sofort aus den Definitionen des jeweiligen Logarithmus ergeben:

(2.29) $$2^{\mathrm{ld}\,b} = b, \quad 10^{\lg b} = b, \quad e^{\ln b} = b$$

2.1.7 Logarithmengesetze

Eigentlich arbeitet die Mathematik nur mit *zwei ganz wichtigen Logarithmengesetzen*, die den *Logarithmus von Produkten* und den *Logarithmus von Potenzen* betreffen.

Der *Logarithmus eines Produktes* ist die *Summe der Logarithmen* der Faktoren.

(2.30) $$\log_a(x \cdot y) = \log_a x + \log_a y$$

Der *Logarithmus einer Potenz* ist das *Produkt aus dem Logarithmus der Basis mit dem Exponenten*.

(2.31) $$\log_a(x^y) = y \cdot \log_a x$$

Bevor wir einige Anwendungen dieser beiden Gesetze betrachten, wollen wir versuchen, sie herzuleiten. Dafür verwenden wir der Einfachheit halber die Basis *e=2,718...*, d.h. wir arbeiten mit dem *natürlichen Logarithmus*.

Beginnen wir mit der Formel (2.30) und betrachten zuerst deren rechte Seite. Offensichtlich ist $\ln x$ die Antwort auf die Frage *e hoch wie viel ist x*, und $\ln y$ ist die Antwort auf die Frage *e hoch wie viel ist y*.

Wenn wir die beiden gefundenen Antworten wie in Formel (2.29) einsetzen, anschließend x mit y multiplizieren, ein passendes Potenzgesetz anwenden und danach die Seiten vertauschen, dann erhalten wir offensichtlich die Aussage $\ln x + \ln y$ ist die Antwort auf die Frage *e hoch wie viel ist* $x \cdot y$. Nichts anderes war zu zeigen.

(2.32) $$e^{\ln x} = x,\ e^{\ln y} = y \Rightarrow x \cdot y = e^{\ln x} \cdot e^{\ln y} \Rightarrow e^{\ln x + \ln y} = x \cdot y$$

Zur Verifizierung des Gesetzes (2.31) gehen wir auch wieder von (2.29) aus, potenzieren dann beide Seiten und wenden wieder ein passendes Potenzgesetz an.

Dann erhalten wir ganz rechts die Gleichheit, die wir in Worten so formulieren können: $y \cdot \ln x$ ist die Antwort auf die Frage *e hoch wie viel ist* x^y:

(2.33) $$e^{\ln x} = x \Rightarrow (e^{\ln x})^y = x^y \Rightarrow e^{y \cdot \ln x} = x^y$$

Unter Verwendung der beiden grundlegenden Logarithmengesetze (2.30) und (2.31) lassen sich viele weitere Aufgaben lösen. Zum Beispiel klärt sich mit ihnen sofort die Frage, wie der *Logarithmus eines Quotienten* zu berechnen ist:

(2.34) $$\log_a(\frac{x}{y}) = \log_a(x \cdot y^{-1}) = \log_a x + \log_a(y^{-1}) = \log_a x + (-1)\log_a y = \log_a x - \log_a y$$

Der Logarithmus eines Quotienten ist gleich der Differenz der Logarithmen von Zähler und Nenner.

Nun wollen wir auch die Frage beantworten, warum es in vielen Fällen nur eine Taste für den *natürlichen* Logarithmus auf den Taschenrechnern gibt.

Was ist zu tun, wenn wir den Logarithmus von 220 zur Basis 7 suchen, also die folgende Frage beantworten müssen: *7 hoch wie viel ist 220.*

Kurze Überschlagsrechnung: 7 hoch 2 ist 49, 7 hoch 3 ist schon 343 – also müsste der gesuchte Logarithmus wohl ungefähr zwischen 2,6 und 2,7 liegen.

Doch was ist zu tun, wenn wir die Zahl genau benötigen?

Dann formulieren wir unsere Aufgabe als Gleichung $x=log_7 220$, und gehen damit zurück zur Definition des Logarithmus. Wir logarithmieren auf beiden Seiten der Gleichung zur Basis *e* und erhalten:

(2.35) $$x = \log_7 220 \Leftrightarrow 7^x = 220 \Leftrightarrow \ln(7^x) = \ln 220 \Leftrightarrow x \cdot \ln 7 = \ln 220 \Leftrightarrow x = \frac{\ln 220}{\ln 7}$$

Die ganz rechts stehenden Werte des natürlichen Logarithmus kann man sich sofort vom Taschenrechner ausgeben lassen, und damit ergibt sich die gesuchte Lösung nach Formel (2.36). Mit unserer Schätzung lagen wir also gar nicht so falsch.

(2.36) $$\log_7 220 = \frac{\ln 220}{\ln 7} = \frac{5{,}3936...}{1{,}9459...} \approx 2{,}77$$

Die hier geschilderte Vorgehensweise kann dann allgemein auch in Form eines weiteren Logarithmengesetzes (2.37) aufgeschrieben werden.

(2.37) $$\log_a b = \frac{\ln b}{\ln a}$$

2.2 Gleichungen, Ungleichungen, Beträge

2.2.1 Allgemeines zu Gleichungen

Sechs grundlegende Arten der Umformung dürfen an einer Gleichung vorgenommen werden, ohne sie zu beschädigen:

Eine Gleichung bleibt erhalten, wenn auf beiden Seiten dieselbe Zahl addiert wird.

(2.38) $$a = b \Leftrightarrow a + c = b + c$$

Eine Gleichung bleibt erhalten, wenn auf beiden Seiten dieselbe Zahl subtrahiert wird.

(2.39) $$a = b \Leftrightarrow a - c = b - c$$

Eine Gleichung bleibt erhalten, wenn beide Seiten mit derselben Zahl $c \neq 0$ multipliziert werden.

(2.40) $$a = b \Leftrightarrow a \cdot c = b \cdot c$$

Eine Gleichung bleibt erhalten, wenn beide Seiten durch dieselbe Zahl $c \neq 0$ dividiert werden.

(2.41) $$a = b,\ c \neq 0 \Leftrightarrow \frac{a}{c} = \frac{b}{c}$$

Eine Gleichung bleibt erhalten, wenn beide Seiten als Exponenten in einer Potenz (z. B. mit der Basis *e*) geschrieben werden.

(2.42) $$a = b \Leftrightarrow e^a = e^b$$

Ist zusätzlich bekannt, dass beide Seiten einer Gleichung *positiv* sind, dann dürfen beide Seiten einer Gleichung *logarithmiert* werden.

(2.43) $$a = b,\ a > 0,\ b > 0 \Leftrightarrow \ln a = \ln b$$

Bis auf die letzten drei Gesetze dürfte das alles nicht neu sein – der Schulstoff enthält ja nicht wenige Aufgaben der folgenden Art, bei denen Gleichungen gelöst werden sollen:

(2.44) $$\begin{aligned} 7x + 4 &= 3x - 2 && |-4 \\ 7x &= 3x - 6 && |-3x \\ 4x &= -6 && |:4 \\ x &= -\frac{6}{4} = -\frac{3}{2} = -1{,}5 \end{aligned}$$

Wie aber wird tatsächlich eine Gleichung gelöst ? Korrekt sollte so gesprochen werden:

Die Gleichung wird nacheinander und *immer auf beiden Seiten zugleich* mit einer oder mehreren der *erlaubten Operationen* behandelt mit dem Ziel, dass schließlich die Unbekannte (zumeist trägt sie den Namen *x*) *allein auf einer Seite* steht.

Hinweis: In Schüler- und Studentenkreisen hält sich hartnäckig das Vokabular von dem *Auf die andere Seite bringen*. Davon sollte sich der Leser dieses Buches ab jetzt verabschieden – diese Sprechweise birgt die große *Gefahr falschen Denkens* in sich!

Ein weiteres Beispiel: Das *Endkapital* K_n nach n Jahren beim *Jahres-Zinssatz* von p Prozent ergibt sich aus dem *Startkapital* K_0 nach der bekannten *Zinseszins-Formel*

(2.45) $$K_n = K_0 \cdot (1 + \frac{p}{100})^n \quad .$$

Wenn das *Startkapital* K_0, der *Zinssatz p* und die *Anzahl der Jahre n* vorgegeben sind, bietet diese Formel keine Schwierigkeiten.

Wie aber ist es, wenn nach der *Laufzeit* gefragt wird, um herauszufinden, wann sich ein Startkapital K_0 bis zu einer gewünschten Kapitalhöhe K_n entwickelt hat ?

Dann muss doch diese Gleichung nach n aufgelöst werden. Nach dem *Exponenten*. Mit den oben betrachteten ersten vier einfachen Umformungen, lediglich unter Verwendung der *Grundrechenarten*, wird das nicht möglich sein. Wie muss man hier vorgehen?

Hier hilft Regel (2.43) und wir können erneut den Umgang mit Logarithmen üben, indem wir gleich anfangs *beide Seiten der Gleichung logarithmieren*:

$$K_n = K_0 \cdot (1+\frac{p}{100})^n \qquad | \ln$$

(2.46)
$$\begin{aligned} \ln K_n &= \ln(K_0 \cdot (1+\frac{p}{100})^n) \\ \ln K_n &= \ln K_0 + \ln((1+\frac{p}{100})^n) \\ \ln K_n &= \ln K_0 + n \cdot \ln(1+\frac{p}{100}) \qquad | -\ln K_0 \end{aligned}$$

Die Subtraktion von $\ln K_0$ auf beiden Seiten und die anschließende Division beider Seiten durch $\ln(1+p/100)$ führen dann zur gesuchten Lösung:

(2.47)
$$n = \frac{\ln K_n - \ln K_0}{\ln(1+\frac{p}{100})} = \frac{\ln\frac{K_n}{K_0}}{\ln(1+\frac{p}{100})}$$

2.2.2 Quadratische Gleichungen

Betrachten wir nun eine spezielle Art von Gleichungen, die verhältnismäßig oft auftritt:

(2.48) $$x^2 + p \cdot x + q = 0$$

Es handelt sich um die bekannte *quadratische Gleichung*. Zu ihrer Lösung verwendet man die folgende Lösungsformel, gern als *p-q-Formel* bezeichnet:

(2.49) $$x_{1,2} = -\frac{p}{2} \pm \sqrt{(\frac{p}{2})^2 - q}$$

Ist der Ausdruck unter der Wurzel, die so genannte *Diskriminante*, positiv, dann gibt es *zwei reelle und verschiedene Lösungen* der quadratischen Gleichung.

Hat die Diskriminante den Wert Null, dann gibt es *eine (doppelt reelle) Lösung*.

Ergibt sich unter der Wurzel ein *negativer Wert*, dann hat die quadratische Gleichung *keine reelle Lösung*.

Bisweilen tritt die quadratische Gleichung auch in folgender Form auf:

(2.50) $$A \cdot x^2 + B \cdot x + C = 0$$

Durch *Division beider Seiten durch A* kann (2.50) in die Form (2.48) überführt werden. Aber es kann auch mit $p = B/A$ und $q = C/A$ aus (2.49) eine sofort nutzbare zweite *Lösungsformel* abgeleitet werden:

(2.51) $$x_{1,2} = -\frac{B}{2A} \pm \sqrt{(\frac{B}{2A})^2 - \frac{C}{A}} = -\frac{B}{2A} \pm \sqrt{\frac{B^2}{4A^2} - \frac{C}{A}} = \frac{1}{2A}(-B \pm \sqrt{B^2 - 4AC})$$

Die *Diskriminante* (d. h. der Wurzelinhalt) heißt hier $B^2 - 4AC$. Wir werden diese Formel später, bei den *Graphen der Polynome zweiten Grades*, wieder benötigen (siehe Seite 70).

2.2.3 Ungleichungen – Begriff und Lösungsmenge

Eine *Ungleichung* kann in den vier Formen

- linke Seite < rechte Seite
- linke Seite ≤ rechte Seite
- linke Seite > rechte Seite
- linke Seite ≥ rechte Seite

auftreten.

Auch hier besteht zumeist die Aufgabe darin, durch *Operationen*, die *die Ungleichheit nicht zerstören*, jede Ungleichung so umzuformen, dass die enthaltene Unbekannte, zumeist x, allein auf einer Seite steht.

Anders als bei Gleichungen gibt es hier *nur zwei* sofort und *unkritisch* anwendbare *Operationen für Ungleichungen.*

> Eine Ungleichung bleibt *unverändert*, wenn auf beiden Seiten derselbe Ausdruck *addiert oder subtrahiert* wird.

(2.52) $$\begin{aligned} a < b &\Leftrightarrow a + c < b + c \\ a < b &\Leftrightarrow a - c < b - c \end{aligned}$$

Dabei kann c eine *Zahl* oder auch ein beliebiger *Ausdruck* sein.

(2.53) $$\begin{aligned} 7x + 3 &< 6x - 5 \quad |-3 \\ 7x &< 6x - 8 \quad |-6x \\ x &< -8 \end{aligned}$$

Im Unterschied zu einer *Gleichung* erhält man bei einer *Ungleichung* im Allgemeinen keine konkrete Lösung in Form von einer oder mehreren Zahlen, sondern eine so genannte *Lösungsmenge*, d. h. ein oder mehrere *Intervalle reeller Zahlen*.

Die Lösungsmenge wird aber erst erkennbar, wenn die Unbekannte x allein auf einer Seite steht.

Deshalb besteht auch bei einer Ungleichung die grundsätzliche Aufgabe darin, mittels erlaubter Operationen beide Seiten entsprechend umzuformen.

Die *Lösungsmenge einer Ungleichung* kann sehr gut mit einer *Skizze* beschrieben werden, in der auf dem *Zahlenstrahl* alle Lösungswerte der Ungleichung hervorgehoben werden.

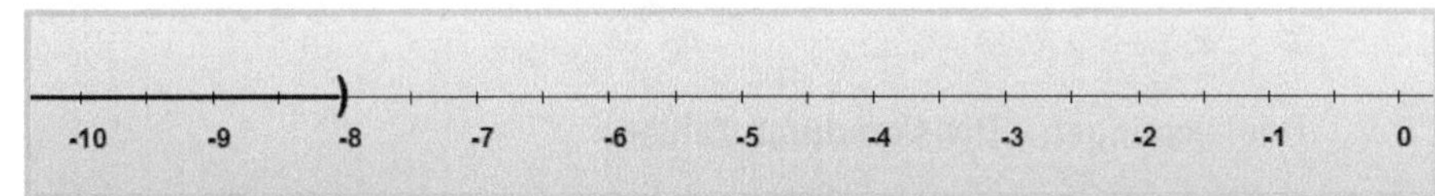

Bild 2.2: Lösungsmenge der Ungleichung (2.53)

Bild 2.2 benutzt dabei die *runde Klammer*, um zu zeigen, dass alle Zahlen links von -8 die Ungleichung erfüllen. Die Zahl -8 selbst gehört aber *nicht mehr zur Lösungsmenge*.

Eine zweite Art der Beschreibung der Lösungsmenge kann mit Hilfe der Intervallschreibweise erfolgen;

(2.54) $L = (-\infty, -8)$

Dabei werden *runde Klammern* verwendet, wenn der *Randwert nicht berücksichtigt* werden darf; *eckige Klammern* dagegen würden die Zugehörigkeit des jeweiligen Randwertes zur Lösungsmenge mitteilen.

Eine weitere Art der Beschreibung der Lösungsmenge schließlich besteht in der Verwendung von Symbolen der *Mengenlehre*, wobei $\Re$ die Menge der reellen Zahlen beschreibt:

(2.55) $L = \{x \in \Re \mid x < -8\}$

Diese Darstellung wird gelesen als: *Menge aller reellen Zahlen x mit der Eigenschaft* $x<-8$.

Zwischen den *Intervallschreibweisen* und der *Schreibweise der Mengenlehre* besteht folgender Zusammenhang:

(2.56)
$$(a,b) = \{x \in \Re \mid a < x < b\}$$
$$[a,b] = \{x \in \Re \mid a \le x \le b\}$$

2.2.4 Ungleichungen – Multiplikation mit bekannten Zahlen

Werden beide Seiten einer Ungleichung mit einer *positiven Zahl* multipliziert, dann bleibt die Ungleichung erhalten:

$$a < b \text{ und } c > 0 \Rightarrow a \cdot c < b \cdot c$$

Werden beide Seiten einer Ungleichung mit einer *negativen Zahl* multipliziert, dann dreht sich das Relationszeichen um:

$$a < b \text{ und } c < 0 \Rightarrow a \cdot c > b \cdot c$$

Höchste Aufmerksamkeit und Konzentration ist also erforderlich, wenn *beide Seiten einer Ungleichung multipliziert* werden. Dann ist unbedingt das *Vorzeichen des Multiplikators* zu berücksichtigen:

$$\begin{aligned} 5x - 3 &\le 6x + 5 && \mid +3 \\ 5x &\le 6x + 8 && \mid -6x \\ -x &\le 8 && \mid \cdot(-1) \quad (\leftarrow \text{Faktor ist negativ!}) \\ x &\ge -8 && \end{aligned} \tag{2.57}$$

2.2.5 Ungleichungen – Division durch Zahlen

Werden beide Seiten einer Ungleichung durch eine *positive Zahl* dividiert, dann bleibt das *Relationszeichen erhalten*:

$$a < b \text{ und } c > 0 \Rightarrow \frac{a}{c} < \frac{b}{c}$$

Werden beide Seiten einer Ungleichung aber durch eine *negative Zahl* dividiert, dann *dreht sich das Relationszeichen um*:

$$a < b \text{ und } c < 0 \Rightarrow \frac{a}{c} > \frac{b}{c}$$

Höchste Aufmerksamkeit und Konzentration sind also nötig, wenn beide Seiten einer Ungleichung *dividiert* werden. Dann ist unbedingt das *Vorzeichen des Divisors* zu berücksichtigen.

Die folgenden beiden Beispiele zeigen, wann die besondere Aufmerksamkeit nötig ist.

$$\begin{aligned} 7x - 3 &\le 5x + 5 && \mid +3 \\ 7x &\le 5x + 8 && \mid -5x \\ 2x &\le 8 && \mid :2 \quad (\leftarrow \text{positiver Divisor!}) \\ x &\le 4 && \end{aligned} \tag{2.58}$$

$$\begin{aligned} 4x - 3 &\le 6x + 5 && \mid +3 \\ 4x &\le 6x + 8 && \mid -6x \\ -2x &\le 8 && \mid :(-2) \quad (\leftarrow \text{negativer Divisor!}) \\ x &\ge -4 && \end{aligned} \tag{2.59}$$

2.2.6 Ungleichungen – Multiplikation/Division ohne Vorzeicheninformation

Wegen der Besonderheit bei Multiplikation und Division von Ungleichungen kommen wir nun, bei einer scheinbar leichten Ungleichungs-Aufgabe, in einen *fast unlösbaren Konflikt*.

Gesucht ist die Lösungsmenge der Ungleichung:

$$\frac{3x+7}{7-x} < 4 \quad . \tag{2.60}$$

Offensichtlich müssten wir, um die Lösungsmenge erhalten zu können, erst einmal *multiplizieren*. Optimistisch beginnen wir, schreiben rechts neben die Ungleichung den *Faktor*, mit dem wir beide Seiten multiplizieren wollen.

(2.61) $$\frac{3x+7}{7-x} < 4 \quad |\cdot(7-x)$$

> Doch – halt. Da gibt es doch diese kategorische *Regel*, dass *vor* dem Multiplizieren erst einmal festgestellt werden muss, ob der vorgesehene Faktor *positiv* oder *negativ* ist.

Denn bei einem *negativen Faktor* wechselt das Relationszeichen, wie in (2.57) erlebt.

Und nun kommt der scheinbar *unlösbare Konflikt*: Da der Faktor *(7−x)*, mit dem wir multiplizieren müssen, die Unbekannte x enthält, können wir doch *gar nicht wissen*, ob er negativ oder positiv sein wird.

> Was tun ? *Multiplizieren* dürfen wir nicht, weil wir *nichts über den Faktor* wissen. *Ohne Multiplikation* können wir aber nicht nach x auflösen und die Lösungsmenge bestimmen.

Versagt hier die Mathematik? Ganz im Gegenteil:

> Die Mathematik liefert das Instrumentarium, wie auch in solchen Fällen die *Lösungsmenge der Ungleichung* systematisch bestimmt werden kann.

Es beginnt damit, dass für den Faktor *(7−x)* eine erste *Annahme* gemacht wird: Nehmen wir *zuerst* an, (7–x) sei *positiv*, d.h. 7−x>0 (also x< 7) . Die *Null* müssen wir dabei natürlich ausschließen, da ein *Nenner niemals Null* werden darf.

Mit dieser *ersten Annahme* haben wir den gordischen Knoten gelöst, denn nun dürfen wir beide Seiten der Ungleichung mit *(7−x)* multiplizieren und weiter bearbeiten, so dass wir schließlich die Unbekannte x wie angestrebt allein auf der linken Seite vorfinden.

(2.62) $$\begin{aligned} \frac{3x+7}{7-x} &< 4 && |\cdot(7-x) \text{ gemäß Annahme positiv} \\ 3x+7 &< 28-4x && |-7+4x \\ 7x &< 21 && |:7 \text{ (positiv)} \\ x &< 3 \end{aligned}$$

Allerdings – das so gefundene offene Intervall $x<3$ ist noch *nicht die Lösungsmenge*, sondern nur die *Schlussfolgerung aus der gemachten ersten Annahme*.

> Beides zusammen, nämlich *Annahme* und *Schlussfolgerung*, liefern uns den *ersten Teil der Lösungsmenge* unserer Ungleichung.

Bild 2.3 zeigt uns die Zusammenhänge.

> Nur diejenigen Werte, die *sowohl zur Annahmemenge 1* als auch zur *Schlussfolgerungsmenge 1* gehören, bilden den *ersten Teil der Lösungsmenge*.
>
> Das heißt aber: Die Lösungsmenge eines Falles ist der *Durchschnitt aus Annahmemenge und Schlussfolgerungsmenge* für diesen betrachteten Fall.

Bild 2.3: Erste Annahme, erste Schlussfolgerung, erster Teil der Lösungsmenge

Was bleibt noch? Ja, die *andere Annahme*: Es kann doch auch sein, dass der Faktor $(7-x)$ *negativ* wäre (also $7-x<0$). Sehen wir uns die Rechnung an, die sich *daraus ergibt*:

$$\frac{3x+7}{7-x} < 4 \qquad |\cdot(7-x) \text{ gemäß Annahme negativ}$$

(2.63) $$3x+7 > 28-4x \qquad |-7+4x$$

$$7x > 21 \qquad |:7 \text{ (positiv)}$$

$$x > 3$$

Nun wiederholt sich die Situation: Aus der *zweiten Annahme* $x>7$ ergab sich die *zweite Schlussfolgerung* $x>3$. Bild 2.4 zeigt, wie daraus der *zweite Teil der Lösungsmenge* entsteht.

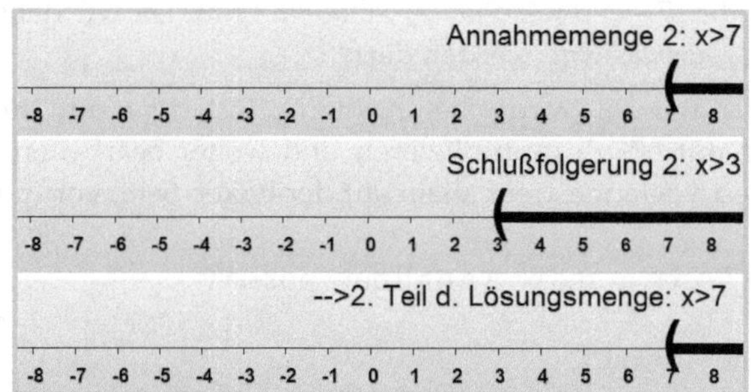

Bild 2.4: Zweite Annahme und Schlussfolgerung, zweiter Teil der Lösungsmenge

Mehr Annahmen sind hier nicht zu machen, die *beiden möglichen Fälle* sind bearbeitet, also können wir zur *Zusammenfassung* kommen.

Bild 2.5 stellt beide Teile der Lösungsmenge zusammen.

Will man die Lösungsmenge der Ungleichung (2.60) nicht grafisch, sondern in der *Mengenschreibweise* mitteilen, dann ist wie folgt zu formulieren:

(2.64) $$L=\{x\in\Re \mid x<3 \text{ oder } x>7\}$$

In der *Intervallschreibweise* muss man zusätzlich das *Vereinigungszeichen* benutzen:

(2.65) $$L=(-\infty,3)\cup(7,+\infty)$$

Die Gesamtlösungsmenge der Ungleichung ist die *Vereinigungsmenge aller Lösungsmengen* der betrachteten Teilfälle.

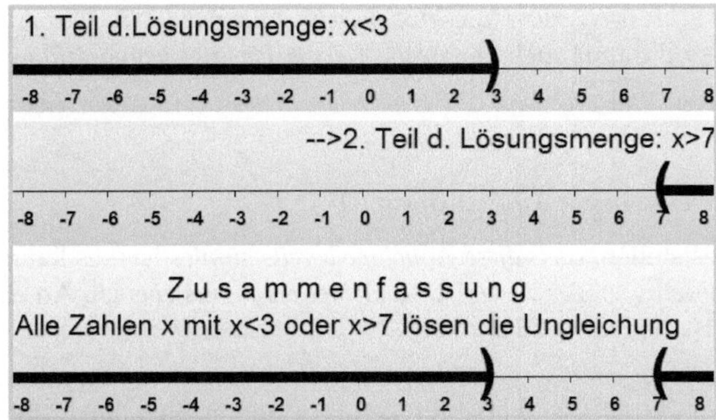

Bild 2.5: Lösungsmenge der Ungleichung

Es sei nicht verschwiegen, dass die soeben dargestellte Methode von Annahmen und Schlussfolgerungen *viel Konzentration* erfordert, vor allem dann, wenn es *mehrere Nenner* in einer Ungleichung gibt.

Das folgende Beispiel führt vor, dass bei diesen Fallunterscheidungen, um zu Lösungsmengen von Ungleichungen zu kommen, durchaus interessante Effekte zu beobachten sind.

Denn das Beispiel enthält sowohl (bei den ersten beiden Annahmen) die Situation, dass sich *Widersprüche* ergeben als auch (bei der dritten Annahme) den Effekt, dass bereits die *Annahme sinnlos* ist.

Zu bestimmen ist die Menge aller reellen Zahlen x, die die folgende Ungleichung erfüllen:

$$\frac{x+1}{x-1} < \frac{x+3}{x+1} \tag{2.66}$$

Beginnen wir mit der *ersten Annahme*, die sich diesmal auf *beide Nenner* beziehen muss, denn es müsste ja *mit beiden Nennern multipliziert* werden.

Nehmen wir im *ersten Fall* an, dass *beide Nenner positiv* seien. Was ergibt sich für diesen Fall ?

$$\begin{aligned} &A_1\colon\ x-1>0,\ x+1>0 \Leftrightarrow x>1 \text{ und } x>-1 \Rightarrow x>1 \\ &\Rightarrow (x+1)(x+1) < (x+3)(x-1) \\ &\Rightarrow x^2+2x+1 < x^2+2x-3 \quad | -x^2-2x \\ &\Rightarrow \qquad 1 < -3 \end{aligned} \tag{2.67}$$

Wir erhalten als *erste Schlussfolgerung* die offensichtlich *falsche Aussage 1<-3*. Die zugehörige *Schlussfolgerungsmenge* und damit auch der *erste Teil der Lösungsmenge* sind *leer*.

Nehmen wir nun im *zweiten Fall* an, dass *beide Nenner negativ* seien:

$$\begin{aligned} &A_2\colon\ x-1<0,\ x+1<0 \Leftrightarrow x<1 \text{ und } x<-1 \Rightarrow x<-1 \\ &\Rightarrow (x+1)(x+1) < (x+3)(x-1) \\ &\Rightarrow x^2+2x+1 < x^2+2x-3 \quad | -x^2-2x \\ &\Rightarrow \qquad 1 < -3 \end{aligned} \tag{2.68}$$

Wieder erhalten wir als *Schlussfolgerung* dieselbe *falsche Aussage 1<-3*. Die zugehörige Schlussfolgerungsmenge und damit auch der *zweite Teil der Lösungsmenge* sind *leer*.

Nehmen wir nun im dritten Fall an, dass der *erste Nenner positiv* und der *zweite Nenner negativ* sei:

(2.69) $A_3\colon\ x-1>0,\ x+1<0 \Leftrightarrow x>1 \text{ und } x<-1$

Hier müssen wir sofort feststellen, dass *diese Annahme bereits sinnlos* ist – es kann niemals eine Zahl geben, die *gleichzeitig größer als eins* und *kleiner als minus eins* ist. An einen *dritten Teil der Lösungsmenge* ist also nicht zu denken.

Versuchen wir es nun mit der *vierten Annahme*, der *linke Nenner* sei *negativ*, der *rechte Nenner* sei *positiv*. Diesmal enthält die Annahme keinen Widerspruch, auch die Schlussfolgerung ist eine wahre Aussage:

(2.70)
$$\begin{aligned} &A_4\colon\ x-1<0,\ x+1>0 \Leftrightarrow x<1 \text{ und } x>-1 \Rightarrow -1<x<1 \\ &\Rightarrow (x+1)(x+1) > (x+3)(x-1) \\ &\Rightarrow x^2+2x+1 > x^2+2x-3 \quad |-x^2-2x \\ &\Rightarrow \qquad 1>-3 \end{aligned}$$

Die Schlussfolgerung für den vierten Fall ist *immer richtig* und enthält kein x. Also besteht die *Schlussfolgerungsmenge dieses Falles* aus *allen reellen Zahlen x zwischen $-\infty$ und $+\infty$*. Der *Durchschnitt* aus der *vierten Annahmemenge $-1<x<1$* und dieser Schlussfolgerungsmenge, das ist also genau die *vierte Annahmemenge*.

Zusammengefasst ergibt sich die *Lösung*:

Nur die Zahlen x mit $-1<x<1$ lösen die Ungleichung.

2.2.7 Beträge

Steht eine Zahl oder ein Ausdruck zwischen zwei senkrechten Strichen , z.B. $|x|$ oder $|-4|$, so spricht man vom *Betrag von x* bzw. vom *Betrag von - 4*. Was darunter zu verstehen ist, wird durch folgende Definition erklärt:

(2.71)
$$|x| = \begin{cases} x, & \text{falls } x \geq 0 \\ -x, & \text{falls } x<0 \end{cases}$$

Ist der *Inhalt eines Betrages nichtnegativ*, dann können die *senkrechten Betragsstriche* durch *runde Klammern ersetzt* und ggf. weggelassen werden.

Ist der *Inhalt eines Betrages aber negativ*, dann sind die *senkrechten Betragsstriche* zu ersetzen durch *runde Klammern mit einem vorgesetzten Minuszeichen.*

Folglich gilt wegen des nichtnegativen Inhalts $|4+2|=(4+2)=6$, wogegen $|4-6|$ wegen des negativen Inhalts umzuformen ist in $|4-6|=-(4-6)=-(-2)=2$.

Da findet sich auch der landläufige Satz wieder, dass ein Betrag „das Minuszeichen wegnehme".

2.2.8 Betragsgleichungen und -ungleichungen

Wieder kommen wir zu einem *scheinbaren Konflikt*: Wenn wir zum Beispiel wissen wollen, welche Zahl oder welche Zahlen die Gleichung

(2.72) $|x-17|=4$

erfüllen, dann versagen die Operationen aus Abschnitt 2.2.1, um die Unbekannte x allein auf einer Seite der Gleichung zu erhalten.

Solange die Betragsstriche nicht beseitigt sind, kann nichts umgeformt werden.

Zur *Beseitigung der Betragsstriche* jedoch muss man wissen, ob der *Betragsinhalt negativ* oder *nichtnegativ* ist. Doch woher soll man das wissen, wenn der Betragsinhalt $x-17$ selbst die Unbekannte x enthält?

Die Frage nach dem weiteren Vorgehen kann in gleicher Weise wie im Abschnitt 2.2.6 beantwortet werden.

Die Zauberworte lauten: Annahmen und Schlussfolgerungen.

Nehmen wir also *zuerst* an, dass der *Betragsinhalt nichtnegativ* sei: $x-17 \geq 0$. Dann ergibt sich die erste Annahmemenge in der Form $A_1=[17,\infty)$. Nun kann gerechnet werden.

(2.73)
$$\begin{aligned} |x-17| &= 4 \quad | A_1: \ x-17 \geq 0 \ \Leftrightarrow \ x \geq 17 \\ (x-17) &= 4 \\ x-17 &= 4 \quad |+17 \\ x &= 21 \quad | S_1: \ x=21 \\ L_1: x &= 21 \end{aligned}$$

Mit der gemachten *Annahme* A_1 konnte der Betrag aufgelöst werden, die *Schlussfolgerungsmenge* S_1 liefert diesmal nur die *eine Zahl* $x=21$.

Den *ersten Teil der Lösungsmenge*, der wie bei den Ungleichungen aus allen x-Werten gebildet wird, die *sowohl in der Annahme- als auch in der Schlussfolgerungsmenge* enthalten sind, erhält man hier folglich nur mit dem einzelnen Wert $x=21$.

Es fehlt noch die *Alternativannahme* A_2 – der *Betragsinhalt* könnte ja auch *negativ* sein:

(2.74)
$$\begin{aligned} |x-17| &= 4 \quad | A_2: x-17<0 \Leftrightarrow x<17 \\ -(x-17) &= 4 \\ -x+17 &= 4 \quad |-17 \\ -x &= -13 \quad |S_2: x=13 \\ L_2: \ x &= 13 \end{aligned}$$

Zusammengefasst ergeben sich als *Lösung dieser Betragsgleichung* nur die *beiden Zahlen 13 und 21* – und das ist auch verständlich, denn genau diese beiden Zahlen befinden sich im Abstand 4 von der 17.

Man benutzt die Betragsstriche außerordentlich gern, um Zahlen-Bereiche elegant darzustellen.

Betrachten wir dazu die beiden Formulierungen

- Formulierung 1: Wir betrachten die *Menge aller Zahlen*, die sich auf der Zahlengeraden *entweder links von -1* oder *rechts von 3* befinden.
- Formulierung 2: Wir betrachten die Menge aller Zahlen x, für die gilt $|x-1|>2$.

Entscheiden Sie selbst, liebe Leserin, lieber Leser: Welche Formulierung klingt präziser, ist für Publikationen besser geeignet? Sicher ist das die zweite Formulierung – sofern sie der ersten entspricht. Das aber wollen wir schnell nachrechnen:

$$\begin{aligned} |x-1| &> 2 \quad && |A_1: x-1 \geq 0 \Leftrightarrow x \geq 1 \\ (x-1) &> 2 && \\ x &> 3 && |S_1: x>3 \\ & && \Rightarrow L_1: x>3 \end{aligned}$$

$$\begin{aligned} |x-1| &> 2 \quad && |A_2: x-1<0 \Leftrightarrow x<1 \\ -(x-1) &> 2 && \\ (x-1) &< -2 && \\ x &< -1 && |S_2: x<-1 \\ & && \Rightarrow L_2: x<-1 \end{aligned} \tag{2.75}$$

$$\Rightarrow L = L_1 \cup L_2 = \{x \in \Re \mid x<-1 \quad \text{oder} \quad x>3\}$$

Mit der eben in (2.75) erlebten *Lösung einer Betragsungleichung* haben wir ein weiteres Mal dieses *Wechselspiel zwischen Annahmen und Schlussfolgerungen*, zwischen den *Teilen der Lösungsmenge* und der schließlichen *Gesamtlösung* erlebt.

Damit ist auch nachgewiesen, dass die elegante Formulierung $|x-1|>2$ in der Tat die Formulierung 1 ersetzen kann.

2.3 Umgang mit dem Summenzeichen

Immer wieder ist festzustellen, dass in einer Mathematik-Vorlesung an Stellen, die scheinbar keine besonderen Schwierigkeiten aufweisen, das Verständnis wegen irgendeiner Kleinigkeit schlagartig verloren geht. Zu diesen Kleinigkeiten gehört, neben den bereits genannten Themen, auch das Summenzeichen, dieses große griechische Sigma Σ.

2.3.1 Einfache Summen

Schreibt ein Mathematik-Dozent zum Beispiel den Ausdruck

$$\sum_{k=1}^{6}(x_k - \bar{x}) \tag{2.76}$$

an die Tafel, dann tritt oft solch ein Effekt ein.

Dabei ist es eigentlich ganz einfach, hier wird nur eine *abkürzende Schreibweise* für eine *längere Summe* verwendet.

Ausgeschrieben sieht der Ausdruck aus (2.76) nämlich viel umständlicher aus:

$$\sum_{k=1}^{6}(x_k - \bar{x}) = (x_1 - \bar{x}) + (x_2 - \bar{x}) + (x_3 - \bar{x}) + (x_4 - \bar{x}) + (x_5 - \bar{x}) + (x_6 - \bar{x}) \tag{2.77}$$

Hier zeigt sich aber auch der Nutzen des Summenzeichens: *Man vermeidet lästige Schreibarbeit.*

Wie sollte man vorgehen, um sich mit diesen Summenzeichen anzufreunden?

Als erstes muss aus den Angaben unterhalb und oberhalb des Summenzeichens $\sum$ abgelesen werden, *welche Zahlenwerte* die *Laufvariable* annehmen soll. Die zu durchlaufende Teilmenge der Menge der ganzen Zahlen beginnt immer mit dem am Summenzeichen $\sum$ unten genannten *Startwert* und endet mit dem oben angegebenen *Endwert*.

$$\begin{aligned} &\sum_{k=0}^{25} \Leftrightarrow k = 0,\ 1,\ 2,\ \ldots,\ 23, 24, 25 \\ &\sum_{k=-3}^{3} \Leftrightarrow k = -3, -2, -1, 0, 1, 2, 3 \\ &\sum_{k=1}^{n} \Leftrightarrow k = 1, 2, 3,\ \ldots, n \\ &\sum_{k=1}^{\infty} \Leftrightarrow k = 1, 2, 3, \ldots \end{aligned} \tag{2.78}$$

Während in den oberen beiden Fällen ein ausführliches Aufschreiben der Summe grundsätzlich auch möglich gewesen wäre, wird die *abkürzende Schreibweise* der unteren beiden Beispiele aus (2.78) verwendet, wenn entweder der *konkrete Endwert nicht bekannt* ist, oder wenn die Laufvariable k alle nur möglichen natürlichen Zahlen *bis ins Unendliche* durchlaufen soll.

Ist der *Laufbereich* geklärt, sollten in Gedanken oder auf einem Blatt Papier die Ausdrücke des Summeninhalts für einige Werte der Laufvariablen aufgeschrieben werden.

Dabei wird ganz formal die Laufvariable k durch die jeweilig anstehende Zahl ersetzt:

$$\sum_{k=0}^{5} a_k x^k = ? \qquad \begin{aligned} k = 0&:\ a_0 x^0 \\ k = 1&:\ a_1 x^1 \\ k = 2&:\ a_2 x^2 \\ &\ldots \\ k = 5&:\ a_5 x^5 \end{aligned} \tag{2.79}$$

Es ist kein Zeichen von Schwäche, wenn man so vorgeht. Vielmehr schafft man sich die Voraussetzung, durch nachfolgendes Aufsummieren ein Gefühl für die besprochene Summe zu bekommen.

Danach wird genau hingesehen: Der Exponent 1 kann weggelassen werden, und x^0 ist gleich 1. Außerdem ist es üblich, derartige Summen *nach fallenden x - Potenzen* zu ordnen:

(2.80)
$$\begin{array}{l} a_0x^0 \\ \quad a_1x^1 \\ \quad\quad a_2x^2 \\ \quad\quad\quad \dots \\ \quad\quad\quad\quad a_5x^5 \\ \hline a_0x^0 + a_1x^1 + a_2x^2 + a_3x^3 + a_4x^4 + a_5x^5 \end{array}$$

(2.81)
$$\sum_{k=0}^{5} a_kx^k = a_5x^5 + a_4x^4 + a_3x^3 + a_2x^2 + a_1x + a_0$$

Solche Ausdrücke werden uns als *Polynome* bald wieder (schon auf Seite 65) begegnen.

Sehen wir uns noch einige Beispiele dafür an, wie *mit Hilfe des Summenzeichens* zu *verkürzter und mathematisch eleganter Schreibweise* übergegangen werden kann.

(2.82)
$$x_1y_1 + x_2y_2 + \dots + x_ny_n = \sum_{k=1}^{n} x_ky_k$$

(2.83)
$$1 + 2 + 3 + \dots + n = \sum_{k=1}^{n} k$$

(2.84)
$$\sum_{k=1}^{n}(-1)^k = (-1)^1 + (-1)^2 + \dots + (-1)^n = -1 + 1 - 1 + - \dots + (-1)^n = \begin{cases} 0 & n \text{ gerade} \\ -1 & n \text{ ungerade} \end{cases}$$

(2.85)
$$\sum_{k=1}^{n} 1 = \underbrace{1 + 1 + \dots + 1}_{n-mal} = n$$

2.3.2 Rechenregeln für einfache Summen

Es ist bekannt: Findet sich in allen Gliedern einer Summe oder Differenz derselbe Faktor, dann kann man ihn *ausklammern*.

Das lässt sich natürlich auch anwenden, wenn das *Summenzeichen* verwendet wird:

(2.86)
$$\sum_{k=1}^{n} \lambda a_k = \lambda a_1 + \lambda a_2 + \dots + \lambda a_n = \lambda(a_1 + a_2 + \dots + a_n) = \lambda \sum_{k=1}^{n} a_k$$

Summanden dürfen beliebig vertauscht werden, eine endliche Summe ist bekanntlich unabhängig von der Reihenfolge der Summanden.

Das führt uns zur *zweiten Regel für den Umgang mit dem Summenzeichen*:

(2.87) $$\sum_{k=1}^{n}(a_k + b_k) = (a_1 + b_1) + ... + (a_n + b_n) = (a_1 + ... + a_n) + (b_1 + ... + b_n) = \sum_{k=1}^{n} a_k + \sum_{k=1}^{n} b_k$$

Zusammengefasst ergibt sich dann das so genannte *Distributivgesetz für Summen*:

(2.88) $$\sum_{k=1}^{n}(\lambda a_k + \mu b_k) = \lambda \sum_{k=1}^{n} a_k + \mu \sum_{k=1}^{n} b_k$$

2.3.3 Doppelsummen

Einen besonders großen *Einsparungseffekt an Schreibarbeit* erzielt man durch Verwendung von *Doppelsummen*, falls der *Umgang mit doppelt indizierten Symbolen* (zum Beispiel a_{ij}) zu beschreiben ist:

(2.89) $$\begin{aligned} \sum_{i=1}^{n}\sum_{j=1}^{m} a_{ij} = \sum_{i=1}^{n}(a_{i1} + a_{i2} + ... + a_{im}) = \\ (a_{11} + a_{12} + ... + a_{1m}) \\ + (a_{21} + a_{22} + ... + a_{2m}) \\ + \quad ... \\ + (a_{n1} + a_{n2} + ... + a_{nm}) \end{aligned}$$

Das Vorgehen zur Auflösung einer solchen Doppelsumme ist in (2.89) ausführlich beschrieben:

- Zuerst wird die *innere Summe* mit dem *Laufindex j* ausgewertet, der *Laufindex i* der *äußeren Summe* bleibt dabei allgemein stehen, ebenso das *äußere Summenzeichen*.
- Anschließend durchläuft der *Laufindex i* der *äußeren Summe* seinen Laufbereich.

Manchmal hängt der Laufbereich der inneren Summe sogar vom Laufindex der äußeren Summe ab – Programmierer von so genannten *Zählschleifen* können ein Lied von der Kompliziertheit der gedanklichen Umsetzung solch abhängiger Doppelsummen singen:

(2.90) $$\begin{aligned} \sum_{i=1}^{n}\sum_{j=1}^{i} a_{ij} = \sum_{i=1}^{n}(a_{i1} + ... + a_{ii}) = \\ a_{11} \\ + a_{21} + a_{22} \\ + \quad ... \\ + a_{n1} + a_{n2} + ... + a_{nn} \end{aligned}$$

Da die innere Summe von Mal zu Mal um einen Summanden zunimmt, entwickelt sich die ausgeschriebene Doppelsumme dann rein optisch zu einer so genannten *Dreiecksform*.

2.3.4 Weitere Rechenregeln für Doppelsummen

Wenn der Fall (2.89) vorliegt, d. h. wenn der *Laufbereich der inneren Summe* nicht vom *Laufindex der äußeren Summe* abhängt, dann dürfen die *Summenzeichen vertauscht* werden:

$$
\begin{aligned}
&\sum_{i=1}^{n}\sum_{j=1}^{m} a_{ij} \\
&= \sum_{i=1}^{n}(a_{i1} + a_{i2} + \ldots + a_{im}) \\
&= (a_{11} + a_{12} + \ldots + a_{1m}) + (a_{21} + a_{22} + \ldots + a_{2m}) + \ldots + (a_{n1} + a_{n2} + \ldots + a_{nm}) \\
&= (a_{11} + a_{21} + \ldots + a_{n1}) + (a_{12} + a_{22} + \ldots + a_{n2}) + \ldots + (a_{1m} + a_{2m} + \ldots + a_{nm}) \\
&= \sum_{j=1}^{m}(a_{1j} + a_{2j} + \ldots + a_{nj}) \\
&= \sum_{j=1}^{m}\sum_{i=1}^{n} a_{ij}
\end{aligned}
\tag{2.91}
$$

2.4 Sinus, Kosinus und so weiter

2.4.1 Begriffe am rechtwinkligen Dreieck

Bekanntlich beträgt die *Summe der Innenwinkel eines ebenen Dreiecks 180°* . Ist einer der drei Innenwinkel ein *rechter Winkel* mit 90°, dann heißt das Dreieck *rechtwinklig*.

Jedes rechtwinkliges Dreieck besitzt neben dem rechten Winkel zwei weitere *spitze Winkel*.

Es besitzt *eine lange Seite*, die dem rechten Winkel gegenüber liegt, und *zwei kurze Seiten*, die den rechten Winkel einschließen.

Die lange Seite wird *Hypothenuse* genannt, die beiden kurzen Seiten heißen *Katheten* (Bild 2.6).

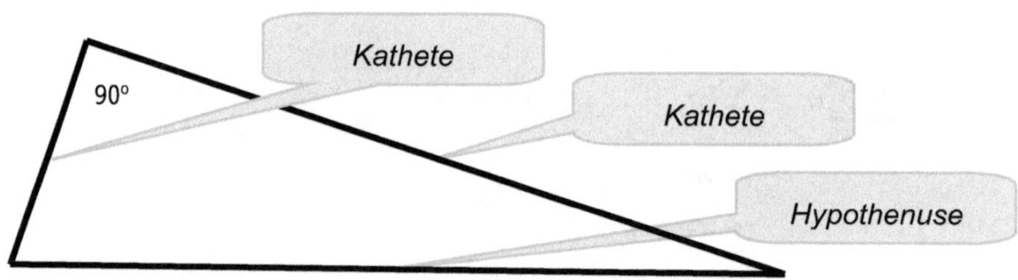

Bild 2.6: Rechtwinkliges Dreieck mit Katheten und Hypothenuse

Werden die Seiten eines rechtwinkligen Dreiecks in *mathematisch positivem Sinn* (d.h. entgegen dem Uhrzeigersinn) mit a, b und c bezeichnet (wie in Bild 2.7), dann wird der bekannte *Satz des PYTHAGORAS* durch eine sehr populäre Formel beschrieben.

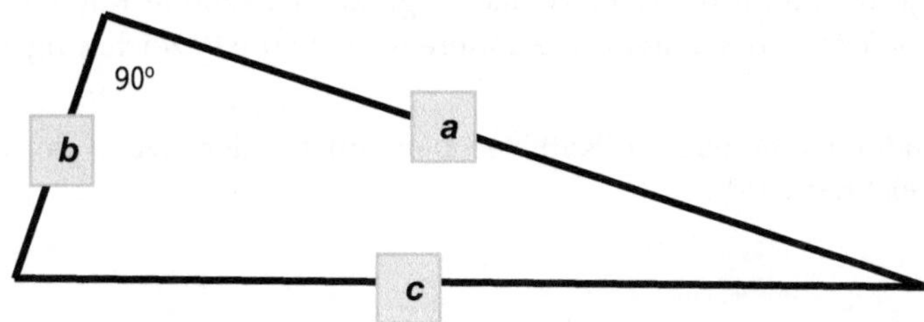

Bild 2.7: Mit diesen Bezeichnungen der Seiten gilt die Formel $a^2+b^2=c^2$

Werden dagegen – was keinesfalls verboten ist – die Seiten *anders bezeichnet* (wie zum Beispiel in Bild 2.7a), dann ist die Formel aus der Bildunterschrift von Bild 2.7 *falsch*:

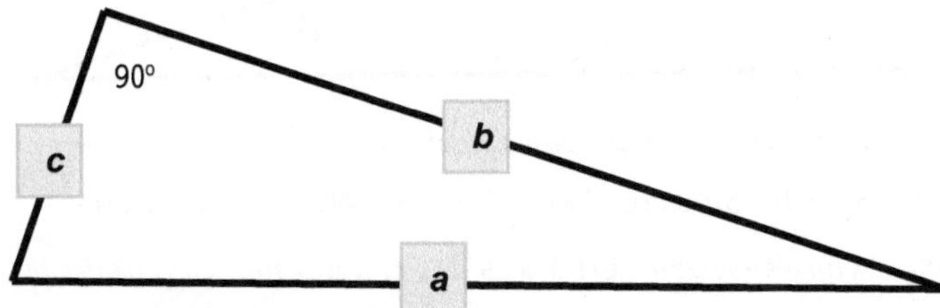

Bild 2.7a: Hier dagegen gilt $b^2+c^2=a^2$ *!*

Deshalb sollte man sich den Satz des PYTHAGORAS *niemals* mit der unklaren und *von der Bezeichnung der Seiten abhängigen* Formel $a^2+b^2=c^2$ merken, sondern stets in der folgenden *verbalen Form*:

Satz des PYTHAGORAS: In einem rechtwinkligen Dreieck ist die *Summe der Kathetenquadrate* gleich dem *Hypothenusenquadrat*.

2.4.2 Sinus und Kosinus

Kehren wir wieder zu der allgemein üblichen Bezeichnung der Seiten nach Bild 2.7 zurück und benennen einen der beiden spitzen Winkel mit dem griechischen Buchstaben α.

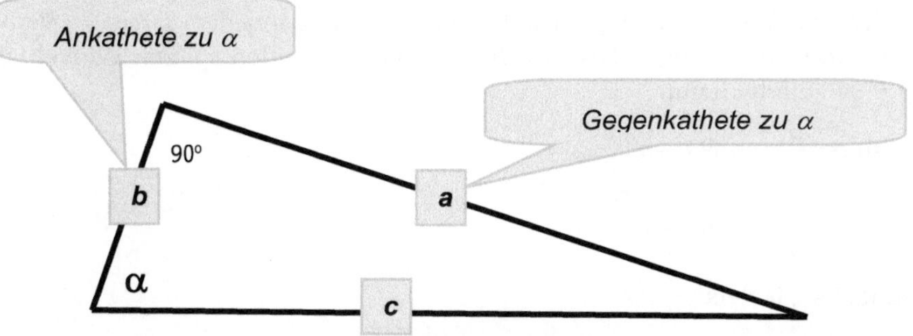

Bild 2.8: Spitzer Winkel α *und seine Gegen- und Ankathete*

Wie Bild 2.8 zeigt, bekommt die dem Winkel gegenüber liegende Kathete dann die Bezeichnung *Gegenkathete zu α*, während die andere Kathete die Bezeichnung *Ankathete zu α* bekommt.

Bild 2.8a zeigt andererseits, wie die Katheten benannt werden, wenn der andere spitze Winkel mit β bezeichnet wird:

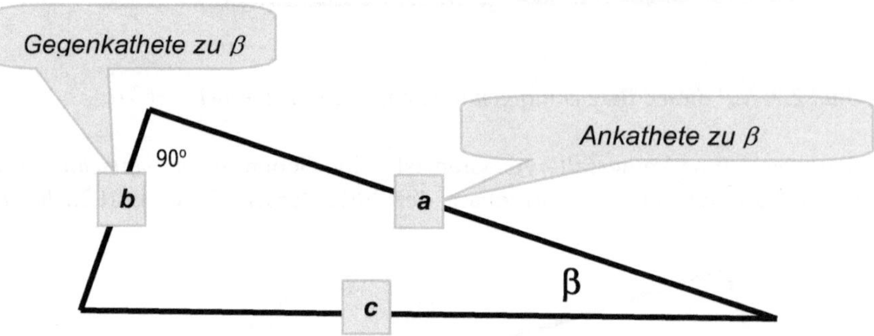

Bild 2.8a: Spitzer Winkel β und seine Gegen- und Ankathete

Nun können wir die Begriffe *Sinus* und *Kosinus* eines Winkels erklären:

Der *Sinuswert eines Winkels* ist das Verhältnis der *Länge seiner Gegenkathete* zur *Länge der Hypothenuse*.

Der *Kosinuswert eines Winkels* ist das Verhältnis der *Länge seiner Ankathete* zur *Länge der Hypothenuse*.

Wenn die Seitenbezeichnungen wie in den Bildern 2.8 und 2.8a gewählt werden, können wir das in *vier Formeln* ausdrücken, wobei, wie üblich, die Namen der Katheten und der Hypothenuse für deren Länge genommen werden:

(2.92)
$$\sin\alpha = \frac{a}{c} \qquad \cos\alpha = \frac{b}{c}$$
$$\sin\beta = \frac{b}{c} \qquad \cos\beta = \frac{a}{c}$$

Schon finden wir Zusammenhänge: Da die Winkelsumme in jedem Dreieck 180° beträgt, muss in einem rechtwinkligen Dreieck die Summe der beiden spitzen Winkel 90° sein. Wegen $\beta = 90° - \alpha$ folgt damit

(2.93)
$$\sin\alpha = \frac{a}{c} = \cos(90^o - \alpha)$$
$$\cos\alpha = \frac{b}{c} = \sin(90^o - \alpha)$$

Behauptung: Es gilt stets

(2.94) $(\sin\alpha)^2 + (\cos\alpha)^2 = 1$

Den *Beweis* dieser ebenfalls sehr bekannten Formel können wir anschaulich anhand von Bild 2.7 und mit Hilfe des Satzes von PYTHAGORAS führen:

(2.95) $$(\sin\alpha)^2 + (\cos\alpha)^2 = (\frac{a}{c})^2 + (\frac{b}{c})^2 = \frac{a^2 + b^2}{c^2} = 1$$

Bemerkung: Es ist üblich geworden, die Formel (2.94) ohne Klammern einfacher zu schreiben:

(2.96) $$\sin^2\alpha + \cos^2\alpha = 1$$

Ist speziell $\alpha=\beta=45°$, dann wird aus dem rechtwinkligen Dreieck sogar ein *gleichschenkliges Dreieck*, dessen *beide Katheten dieselbe Länge* besitzen. Mit den Bezeichnungen aus den Bildern 2.7 und 2.8 gilt dann $a=b$.

In diesem Fall kann aus dem Satz des PYTHAGORAS sogar die *Länge der beiden Katheten* in Abhängigkeit von der *Länge der Hypothenuse* berechnet werden:

(2.97) $$a^2 + a^2 = c^2 \Leftrightarrow 2a^2 = c^2 \Leftrightarrow a^2 = \frac{1}{2}c^2 \Leftrightarrow a = \sqrt{\frac{1}{2}c^2} = \sqrt{\frac{1}{2}}\, c$$

Setzt man die zuletzt erhaltene Beziehung für a in die Gleichung (2.92) ein, so erhält man den oft benötigten Zahlenwert für den *Sinus und den Kosinus von 45 Grad*:

(2.98) $$\sin 45^o = \cos 45^0 = \frac{a}{c} = \frac{\sqrt{\frac{1}{2}}\, c}{c} = \sqrt{\frac{1}{2}} = \frac{1}{2}\sqrt{2} \approx 0{,}7071$$

Für die ebenfalls oft auftretenden Winkel von 30 und 60 Grad lassen sich durch geometrische Überlegungen ebenfalls Zahlenwerte für Sinus und Kosinus herleiten (siehe z. B. in [1] und [24]).

Zusammenfassend soll hier jetzt aber eine *Merkhilfe* für die wichtigsten Winkel und ihre Sinus- und Kosinuswerte in Form einer leicht zu merkenden Tabelle vorgestellt werden:

Winkel α	$\sin\alpha$	$\cos\alpha$
0°	$\frac{1}{2}\sqrt{0}$	$\frac{1}{2}\sqrt{4}$
30°	$\frac{1}{2}\sqrt{1}$	$\frac{1}{2}\sqrt{3}$
45°	$\frac{1}{2}\sqrt{2}$	$\frac{1}{2}\sqrt{2}$
60°	$\frac{1}{2}\sqrt{3}$	$\frac{1}{2}\sqrt{1}$
90°	$\frac{1}{2}\sqrt{4}$	$\frac{1}{2}\sqrt{0}$

Bild 2.9: Merkhilfe für Sinus- und Kosinuswerte wichtiger Winkel

2.4.3 Tangens und Kotangens

Nehmen wir zuerst folgende Definitionen zur Kenntnis:

$$(2.99)\qquad \tan\alpha = \frac{\sin\alpha}{\cos\alpha} \qquad \cot\alpha = \frac{\cos\alpha}{\sin\alpha} \quad .$$

Daraus ergeben sich offensichtlich sofort die Zusammenhänge

$$(2.100)\qquad \tan\alpha = \frac{1}{\cot\alpha} \qquad \cot\alpha = \frac{1}{\tan\alpha}$$

das heißt, der *Kotangens eines Winkels* ist gleich dem *Reziprokwert des Tangens* und umgekehrt.

Doch was bedeutet das geometrisch? Sehen wir uns noch einmal Bild 2.8 auf Seite 47 an und setzen ein:

$$(2.101)\qquad \begin{aligned} \tan\alpha &= \frac{\sin\alpha}{\cos\alpha} = \frac{\frac{a}{c}}{\frac{b}{c}} = \frac{a}{b} \\ \cot\alpha &= \frac{\cos\alpha}{\sin\alpha} = \frac{\frac{b}{c}}{\frac{a}{c}} = \frac{b}{a} \end{aligned}$$

Damit ergibt sich die geometrische Bedeutung dieser beiden wichtigen mathematischen Begriffe:

Der *Tangenswert eines Winkels* ist das Verhältnis der *Länge seiner Gegenkathete* zur *Länge seiner Ankathete.*

Der *Kotangenswert eines Winkels* ist das Verhältnis der *Länge seiner Ankathete* zur *Länge seiner Gegenkathete.*

Anschaulich ist sofort ersichtlich: Wenn Gegen- und Ankathete dieselbe Länge haben, wenn der Winkel folglich 45 Grad beträgt, dann haben sowohl Tangens als auch Kotangens den Zahlenwert Eins.

Für $\alpha = 90^\circ$ ist der Tangens (wegen der dann erfolgenden Division durch Null) nicht erklärt, dasselbe gilt für den *Kotangens von Null Grad.*

2.4.4 Der Einheitskreis

Fassen wir den bisherigen Inhalt von Kapitel 2.4 zusammen, so können wir feststellen, dass mittels des rechtwinkligen Dreiecks die Begriffe Sinus, Kosinus, Tangens und Kotangens für Winkel zwischen Null und neunzig Grad erklärt sind.

Bleibt zu klären, ob es auch für andere, größere Winkel (zum Beispiel 135°, 400°, 1000°) Werte für Sinus bis Kotangens geben kann. Oder ob man auch für negative Winkel solche Werte finden kann. Das rechtwinklige Dreieck gibt darüber natürlich keine Auskunft. Hier hilft der *Einheitskreis.*

In Bild 2.10 ist in einen Kreis mit dem *Radius* von *einer Einheit* (d. h. dem *Durchmesser* von *zwei Einheiten*) ein *rechtwinkliges Koordinatensystem* gelegt worden.

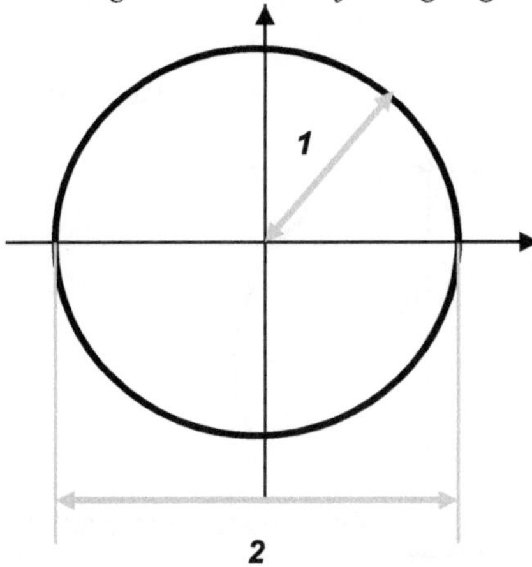

Bild 2.10: Einheitskreis

Nun legen wir den festen Winkelschenkel, im Ursprung beginnend, auf die nach rechts gerichtete waagerechte Achse, und mit einem freien Winkelschenkel, der in mathematisch positivem Sinn (entgegen dem Uhrzeigersinn) geöffnet wird, entsteht ein Winkel α.

Fällt man das Lot vom Durchstoßpunkt des freien Winkelschenkels auf die waagerechte Achse, dann entsteht ein *rechtwinkliges Dreieck* (Bild 2.11), wobei zu erkennen ist, dass dieses Lot die *Gegenkathete für* α und der Achsenabschnitt vom Kreismittelpunkt bis zum Fußpunkt des Lotes die *Ankathete für* α darstellt.

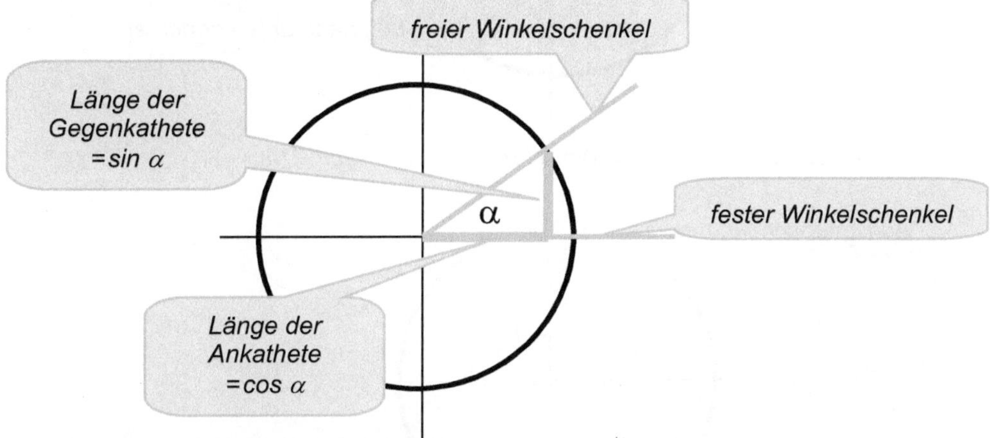

Bild 2.11: Einheitskreis mit Winkel α

Da die *Länge der Hypothenuse* (sie ist der *Radius im Einheits*kreis) *gleich Eins* ist, lassen sich Sinus- und Kosinuswert des Winkels α offensichtlich unmittelbar als *Länge von Lot und Achsenabschnitt* ablesen, so, wie es in Bild 2.11 bereits eingezeichnet ist.

Stellen wir uns nun vor, der freie Winkelschenkel wird gegen den Uhrzeigersinn über die 90 Grad hinaus bewegt, der Winkel α wird entsprechend vergrößert, wie es Bilder 2.12 bis 2.14 zeigen.

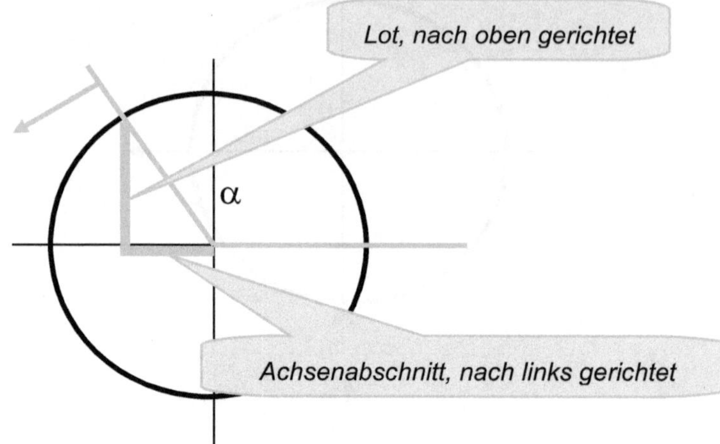

Bild 2.12: Einheitskreis mit Winkel α zwischen 90° und 180°

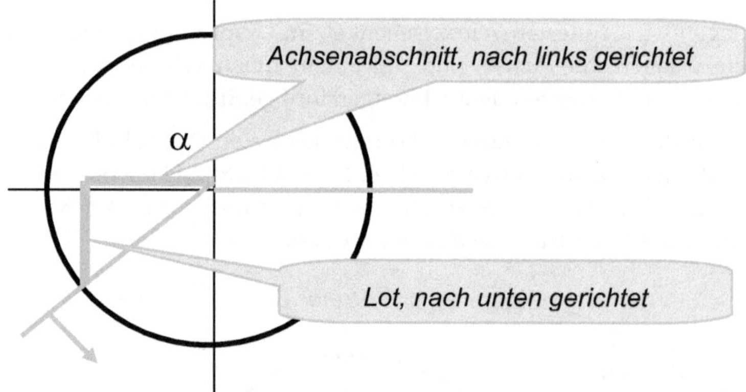

Bild 2.13: Einheitskreis mit Winkel α zwischen 180° und 270°

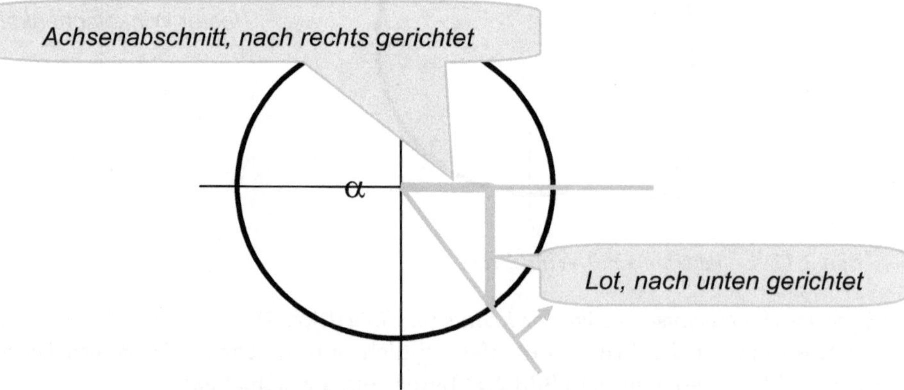

Bild 2.14: Einheitskreis mit Winkel α zwischen 270° und 360°

Dann gibt es wiederum das *Lot* vom *Durchstoßpunkt des Winkelschenkels* und einen *Achsenabschnitt* vom *Fußpunkt des Lotes bis zum Kreismittelpunkt.*

Bevor wir nun zur allgemeinen Definition von Sinus und Kosinus für beliebige Winkel kommen, muss aber noch eine *Festlegung* zur Kenntnis genommen werden:

Befindet sich das Lot *oberhalb der waagerechten Achse,* wird seine Länge *positiv* gezählt. Befindet es sich dagegen *unterhalb,* wird seine Länge *negativ* gezählt.

Befindet sich der Achsenabschnitt *rechts vom Mittelpunkt,* wird seine Länge *positiv* gezählt. Befindet er sich dagegen *links vom Mittelpunkt des Einheitskreises,* wird seine Länge *negativ* gezählt.

Nun sind alle anschaulichen und begrifflichen Vorarbeiten beendet, und wir können die folgenden Definitionen zur Kenntnis nehmen:

Der *Sinuswert* eines beliebigen Winkels α ergibt sich – unter Berücksichtigung der Lage – aus der *Länge des Lotes* vom Durchstoßpunkt des Winkelschenkels durch den *Einheitskreis* auf die waagerechte Achse.

Der *Kosinuswert* eines beliebigen Winkels α ergibt sich – unter Berücksichtigung der Richtung – aus der *Länge des Achsenabschnitts* vom Fußpunkt des Lotes bis zum Mittelpunkt des *Einheitskreises.*

In der folgenden Tabelle 2.1 sind ersichtliche Eigenschaften von Sinus und Kosinus zusammengestellt, die zur Übung nachvollzogen werden sollten, indem man sich vorstellt, dass der Winkel α, bei 0 Grad beginnend, immer weiter geöffnet wird.

Winkel α	Lot	sin α	Achsenabschnitt	cos α
$0° < \alpha < 90°$	nach oben	positiv	nach rechts	positiv
90°	nach oben, Länge = 1	=1	Länge = 0	= 0
$90° < \alpha < 180°$	nach oben	positiv	nach links	negativ
180°	Länge = 0	=0	nach links, Länge = −1	= −1
$180° < \alpha < 270°$	nach unten	negativ	nach links	negativ
270°	nach unten Länge = −1	= −1	Länge = 0	= 0
$270° < \alpha < 360°$	nach unten	negativ	nach rechts	positiv
360° = 0°	Länge = 0	= 0	nach rechts, Länge = 1	= 1

Tabelle 2.1: Ablesbare Eigenschaften

Mit einer *Skizze des Einheitskreises* lassen sich dann viele weitere Zusammenhänge feststellen.

So ergeben sich aus Symmetriebetrachtungen sofort die Gleichheiten von (2.102), Man braucht sich dazu nur zu überlegen, dass jeder in dieser Formel links stehende Winkel um plus oder minus 30 Grad von 90 bzw. 270 Grad abweicht:

$$\begin{aligned} &\sin 120^o = \sin 60^o \\ (2.102)\quad &\sin 240^o = -\sin 120^o = -\sin 60^o \\ &\sin 300^o = -\sin 60^o \end{aligned}$$

Damit könnte die Merkhilfe von Seite 49 problemlos auf die wichtigen Winkelwerte von 120, 135, 150 usw. bis 330 Grad erweitert werden – dies sei als Übung empfohlen.

Wie aber kommt man nun zum Sinuswert von $\alpha = 400^o$? Ganz einfach – man umfährt mit dem freien Winkelschenkel in *mathematisch positiver Richtung* den Einheitskreis entsprechend lange: Bei 360° ist die erste Umrundung beendet, folglich bleiben noch 40 Grad nach dem Beginn der zweiten Umrundung. Damit ergibt sich

(2.103) $$\sin 400^o = \sin 40^o$$

Und der Sinus von 1000 Grad? Kein Problem – nach 360 Grad ist der Einheitskreis einmal umrundet, nach 720 Grad das zweite Mal, die dritte Umrundung kann jedoch nicht vollendet werden, sie endet nach den restlichen 280 Grad:

(2.104) $$\sin 1000^o = \sin 280^o$$

Schließlich muss noch die Frage beantwortet werden, ob auch Sinus- und Kosinuswerte von *negativen Winkeln* erklärt sind.

Sinus- und Kosinuswerte von *negativen Winkeln* erhält man, indem der freie Winkelschenkel in *mathematisch negativer Richtung* (im Uhrzeigersinn) bewegt wird.

Bild 2.15 lässt erkennen., dass der Sinus von minus 60 Grad demzufolge denselben Zahlenwert besitzt wie der Sinus von 60 Grad, allerdings mit negativem Vorzeichen.

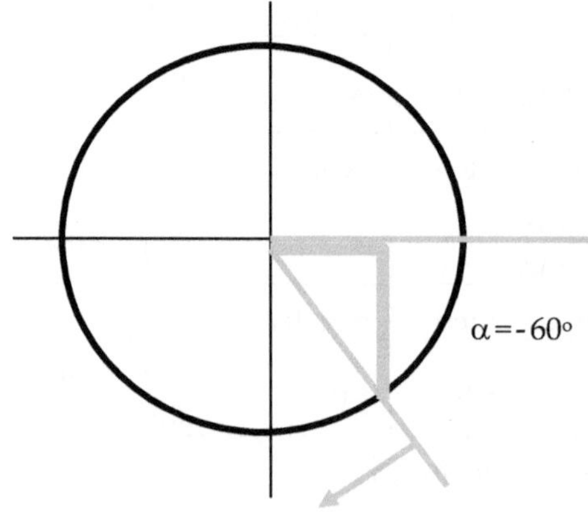

Bild 2.15: Einheitskreis und negativer Winkel α

Natürlich kann nun auch die geometrische Definition des Tangens von Seite 50 auf beliebig große und negative Winkel übertragen werden:

Der Tangenswert eines Winkels α ergibt sich aus dem Verhältnis der *Länge des Lotes* zu der *Länge des Achsenabschnittes*, jeweils unter Berücksichtigung der Richtung.

Die folgende Tabelle stellt einige ebenfalls aus dem Einheitskreis mit den Bildern 2.11 bis 2.15 ablesbaren *Eigenschaften des Tangens* zusammen:

Winkel α	Lot	Achsenabschnitt	tan α
0° < α <90°	nach oben	nach rechts	positiv
45°	gleiche Länge, gleiches Vorzeichen		= 1
90°	nach oben Länge = 1	Länge = 0	ex. nicht
90° < α<180°	nach oben	nach links	negativ
135°	gleiche Länge, ungleiches Vorzeichen		= –1
180°	Länge = 0	nach links Länge = –1	=0
180° < α <270°	nach unten	nach links	positiv
225°	gleiche Länge, gleiches Vorzeichen		= 1
270°	nach unten Länge = –1	Länge = 0	ex. nicht
270° < α <360°	nach unten	nach rechts	negativ
315°	gleiche Länge, ungleiches Vorzeichen		= –1
360° = 0°	Länge = 0	nach rechts, Länge = 1	= 0

Bild 2.16: Ablesbare Eigenschaften des Tangens

Das Anfertigen einer gleichartigen Tabelle für den *Kotangens* sei als Übung empfohlen:

Der *Kotangenswert* eines Winkels α ergibt sich aus dem Verhältnis der *Länge des Achsenabschnittes* zu der *Länge des Lotes*, jeweils unter Berücksichtigung der Richtung, d.h. der Kotangenswert eines Winkels ist der *Reziprokwert des Tangenswertes* dieses Winkels.

2.4.5 Grad- und Bogenmaß

Bleiben wir beim *Einheitskreis*, mit dessen Hilfe sich insbesondere Sinus- und Kosinuswerte und ihre Zusammenhänge sehr anschaulich erschließen lassen.

Bisher hatten wir den Winkel α durch das *Gradmaß* zwischen festem und freiem Winkelschenkel beschrieben. Gradzahlen oberhalb von 360 Grad wurden durch mehrfache Umrundung des Einheitskreises und negative Gradzahlen durch Bewegung des freien Winkelschenkels in mathematisch negativer Richtung erklärt.

Bild 2.17 lässt nun erkennen, dass ein *Winkel am Einheitskreis* auch auf eine zweite, gleichwertige Art beschrieben werden kann:

Man gibt keine Gradzahl an, sondern benennt statt dessen die Länge des Bogens zwischen freiem und festem Winkelschenkel.

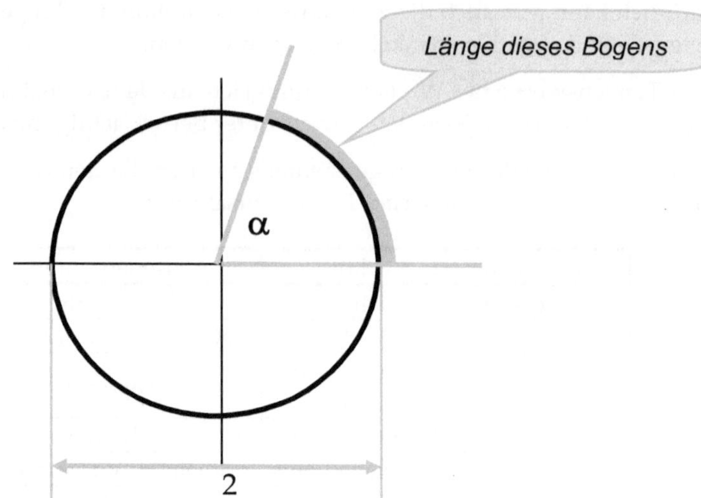

Bild 2.17: Beschreibung des Winkels α am Einheitskreis durch die Bogenlänge

Da der *Gesamtumfang des Einheitskreises* bekanntlich `U=2π` beträgt, lässt sich zu jedem Winkel α durch einfachen Dreisatz die zugehörige Bogenlänge und umgekehrt zu jeder Bogenlänge der zugehörige Winkel angeben:

$$\frac{\alpha}{360^\circ} = \frac{x}{2\pi} \Rightarrow x = \frac{\alpha}{360^\circ} 2\pi \qquad (2.105)$$
$$\Rightarrow \alpha = \frac{x}{2\pi} 360^\circ$$

Wird ein Winkel dadurch beschrieben, dass man die entsprechende Länge des Bogens auf dem Einheitskreis mitteilt, dann spricht man davon, dass der Winkel *im Bogenmaß* angegeben wird.

Am besten, man merkt sich dafür den einprägsamen Satz:

180 Grad entsprechen dem Bogenmaßwert $\pi \approx 3{,}14159$.

Stellen wir zur Übung einige oft benötigte Winkelangaben in Grad- und Bogenmaß zusammen:

Winkel in Grad	0°	30°	45°	60°	90°	180°	270°	360°	450°	-90°	-180°
Winkel in Bogenmaß als Teile/Vielfache von π	0	π/6	π/4	π/3	π/2	π	3π/2	2π	5π/2	-π/2	-π
Bogenmaß-zahlenwerte (gerundet)	0	0,52	0,79	1,05	1,57	3,14	4,71	6,28	7,85	-1,57	-3,14

Bild 2.18: Einige Winkel in Grad und Bogenmaß

Es ist also außerordentlich wichtig, dass bei der *Beschreibung eines Winkels in Grad* die *kleine hochgestellte Null* unbedingt angegeben wird.

Beispiel: Das *Symbol 10°* (die Angabe in Grad) beschreibt offensichtlich einen *völlig anderen Winkel* als der *Bogenmaßwert 10* (ohne hochgestellte kleine Null).

Überlegung: Welchen Winkel beschreibt denn die *Zahl 10*? Denken wir nach: Die Zahl 6,28, also rund 2π, entspricht dem *Winkel von 360 Grad*. Noch einmal zur Hälfte um den Einheitskreis gefahren, dann sind 3π erreicht, das entspricht ungefähr 9,42. Also befindet sich der Winkel, der durch den *Bogenmaßwert 10* beschrieben wird, zwischen 180 und 270 Grad, aber näher an 180°. Natürlich kann das mit der passenden Formel aus (2.105) auch exakt berechnet werden – man erhält $\alpha \approx 573°$. Davon sind 360° für die erste vollständige Umkreisung des Einheitskreises abzuziehen, es bleiben 213° übrig.

Fassen wir zusammen:

$$\begin{aligned} \sin 10^0 &\approx 0{,}1736 \\ \sin 10 &\approx \sin 213^0 \approx -0{,}5440 \end{aligned} \tag{2.106}$$

Nun soll weiter aus dem Erfahrungsschatz eines Hochschullehrers geplaudert werden: Wenn Studierenden die Aufgabe gestellt wird, den *Sinuswert von 10* (also *nicht* von 10 Grad) zu berechnen, dann gibt es immer mindestens eine Klausur, in der kühn formuliert wird:

Die Aufgabe kann nicht gelöst werden, da der Sinus niemals größer als Eins werden kann.

Was ist daran richtig, was ist falsch?

Der Autor oder die Autorin dieser Antwort verwechselt das *Sinus-Ergebnis* mit dem *Sinus-Argument*.

Einerseits stimmt es natürlich, dass das *Sinus-Ergebnis* tatsächlich niemals kleiner als –1 oder größer als +1 werden kann. Aber das *Sinus-Argument* (d.h. der Winkel, für den der Sinus zu berechnen ist, ganz gleich, ob er in Grad oder Bogenmaß angegeben ist) kann *völlig beliebig* sein, im Gradbereich von $-\infty°$ bis $+\infty°$ bzw. im Bogenmaßbereich von $-\infty$ bis $+\infty$.

2.4.6 Verwirrung bei Taschenrechner-Benutzung

Drei Dinge sind möglich, wenn in einem Taschenrechner die Zahl 1,5 eingetippt und danach die *Sinus-Taste* `sin` betätigt wird:

a) es erscheint das Ergebnis 0,0261769483…
b) es erscheint das Ergebnis 0,9974949866…
c) es erscheint das Ergebnis 0,0235597648…

Verwirrend – wie sind diese Ergebnisse jeweils zu werten, was sagt uns das über den Taschenrechner und seine Einstellung aus? Erst einmal – der Taschenrechner nimmt ja nur die *Zahl 1,5* entgegen. Ob der Nutzer diese Zahl als Grad- oder Bogenmaß-Angabe des Winkels verstanden haben will, das muss vom Nutzer selbst *vorher eingestellt* werden.

Der Taschenrechner verarbeitet die vorgenommene Eingabe stets *entsprechend der aktuellen Einstellung*.

Die Bilder 2.19 und 2.20 zeigen dies am Beispiel des *Windows-Rechners*. Er besitzt die üblichen Bezeichnungen für die Einstellungen.

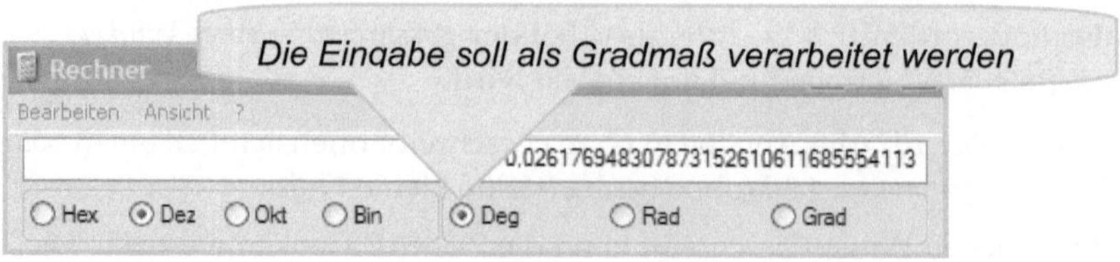

Bild 2.19: Der Taschenrechner ist auf Grad *eingestellt, er berechnet* $\sin 1{,}5^{\circ}$

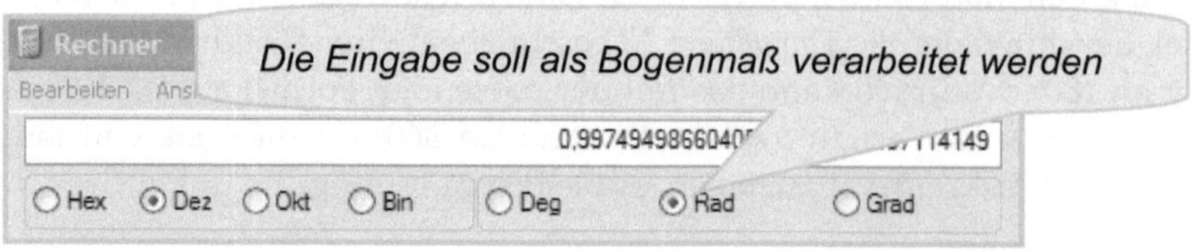

Bild 2.20: Der Taschenrechner ist auf Bogenmaß *eingestellt, er berechnet* $\sin 1{,}5$

Leider recht irreführend (mit der Bezeichnung *Grad*) ist die dritte Einstellung, sie verlangt nämlich, dass die Eingabe als *Neugrad* verarbeitet wird: Im *Vermessungswesen* hat der rechte Winkel nicht wie üblich neunzig, sondern sogar *einhundert Grad.* 1,5 Neugrad sind folglich *weniger* als 1,5 Grad, deshalb ist der Sinuswert c) kleiner als der Sinuswert a).

Bild 2.21: Der Taschenrechner ist auf Neugrad *eingestellt, er hat* $\sin 1{,}5^{g}$ *berechnet*

Auf vielen *Taschenrechnern* findet sich zur Festlegung, wie eine Eingabe verarbeitet werden soll, eine Taste `DRG` . Dabei steht `D` für `Degree` – die Eingabe soll als *klassisches Gradmaß* (rechter Winkel mit 90°) verarbeitet werden. `R` steht für `Radiant` – die Eingabe soll als *Bogenmaßangabe* verarbeitet werden. Und `G` steht (leider leicht irreführend) für `Grad`, wobei aber das *Neugrad* (rechter Winkel mit 100^{g}) gemeint ist.

2.4.7 Additionstheoreme

Ohne Beweis sollen hier abschließend einige wichtige Formeln für Sinus und Kosinus angegeben werden, ihr Beweis findet sich z. B. in [1], [24] und [32], und weitere Formeln finden sich in jedem Tafelwerk, insbesondere in [29]):

(2.107)
$$\begin{aligned} \sin(x+y) &= \sin x \cos y + \cos x \sin y \\ \sin(x-y) &= \sin x \cos y - \cos x \sin y \\ \cos(x+y) &= \cos x \cos y - \sin x \sin y \\ \cos(x-y) &= \cos x \cos y + \sin x \sin y \end{aligned}$$

(2.108)
$$\begin{aligned} \sin 2x &= 2 \sin x \cos x \\ \cos 2x &= \cos^2 x - \sin^2 x \end{aligned}$$

3 Funktionen I: Begriff und Aufgabe der Analysis

3.1 Funktionen

3.1.1 Begriff

Eine *Funktion* kann als eine *Vorschrift* aufgefasst werden, die reellen Zahlen aus einer Menge X *eindeutig* reelle Zahlen aus einer Menge Y zuordnet.

So kann durch die Vorschrift *Ordne allen positiven Werten das Dreifache ihres Wertes zu* eindeutig bestimmt werden, dass zu $x_1=2$ der Wert $y_1=6$ gehört. Zu $x_2=7/3$ gehört der Wert $y_2=7$, und für $x_3=-5$ wäre die Vorschrift nicht anwendbar, denn -5 ist keine positive Zahl.

Beispiel: Zahlt man zum Jahresbeginn einen Betrag K_0 auf ein Konto ein, das mit $i=3\,\%$ p. a. (*per annum*=pro Jahr) verzinst wird, so kann man *eindeutig* ausrechnen, dass man nach 2 Jahren einen Betrag von

(3.01) $$K_2 = K_0(1+0{,}03)^2$$

ausgezahlt bekommt. Nach 20 Jahren wäre der Betrag

(3.02) $$K_{20} = K_0(1+0{,}03)^{20}$$

angespart worden.

Beispiel: Bei der Bestimmung des Beitrages zur Krankenversicherung wird von der Krankenkasse „Bleib gesund" ein Beitragssatz von 14,5 % des Bruttogehaltes erhoben. Dieser Beitrag wird jeweils zur Hälfte vom Arbeitnehmer und vom Arbeitgeber gezahlt. Bei einem Bruttoeinkommen von 2000 € würde ein Arbeitnehmer also einen Beitrag von 145 € zahlen, der Arbeitgeber seinerseits muss ebenfalls 145 € an die Kasse überweisen.

Durch das Bruttoeinkommen wird also *eindeutig* die Höhe des Beitrages bestimmt.

Umgekehrt kann man aus der Höhe des Beitrages zur Krankenversicherung nicht immer auf die Höhe des Bruttoeinkommens schließen. Liegt die Beitragsbemessungsgrenze bei 4000 €, so wird beim angenommenen Beitragssatz ein Kassenbeitrag von 580 € fällig bei jedem Einkommen, das 4000 € übersteigt. Man könnte also lediglich feststellen, dass ein Bruttoeinkommen von 4000 € – oder darüber – vereinbart wurde, wenn bekannt ist, dass ein Arbeitnehmer 290 € Krankenversicherungsbeitrag zahlt.

Die *Vorschrift*, die die Zuordnung beschreibt, muss also nur den x-Werten eindeutig die y-Werte zuordnen, d. h. zu einem konkreten x-Wert gibt es *genau einen* y-Wert, wenn die Vorschrift eine *Funktion* sein soll.

Die x-Werte, für die die Vorschrift anwendbar ist, heißen *Argumente* oder *unabhängige Veränderliche*.

Die sich bei der Anwendung der Vorschrift auf die x-Werte ergebenden y-Werte heißen *Funktionswerte* oder *abhängige Veränderliche*.

Man schreibt häufig kurz

(3.03) $y = f(x)$

und liest diese Beziehung eigentlich *von rechts nach links* in folgender Weise:

> Nimm einen *zulässigen x-Wert,* wende auf diesen die *Vorschrift f* an, und es ergibt sich der *zugehörige y-Wert.*

Diese *Denkweise von rechts nach links* ist historisch bedingt: Im Mittelalter entfaltete sich die Blüte der damaligen Mathematik im arabischen Südspanien. Und im Arabischen, das ist bekannt, wird von rechts nach links gelesen – und also auch von rechts nach links gedacht. Neben den Ziffernzeichen haben wir also auch das von den alten Arabern übernommen.

Nicht immer wird es ausreichen, nur *ein einziges Argument* zu betrachten. So ist das *Endkapital* K_n, das nach *n* Jahren angespart wurde, nicht nur abhängig vom *eingezahlten Startkapital* K_0, sondern auch vom *Zinssatz i* und der *Laufzeit n*. Will man das deutlich machen, so schreibt man

(3.04) $K_n = f(K_0, i, n)$

Betrachtet man also eine *Funktion von mehr als einem Argument,* so schreibt man

(3.05) $y = f(x_1, x_2, \ldots, x_n)$

und liest auch hier wieder:

> Man nehme ein konkretes *Argument* $(x_1, x_2, \ldots, x_n)$, wende auf dieses die *Vorschrift f* an, und man erhält damit *einen y-Wert.*

Das klingt kompliziert, ist es aber nicht immer.

Betrachten wir zum Beispiel zwei Punkte in der Ebene, $P_1(x_1, y_1)$ und $P_2(x_2, y_2)$, so erhalten wir unter Verwendung des *Satzes von PYTHAGORAS* für den Abstand dieser beiden Punkte

(3.06) $d = \sqrt{(x_1 - x_2)^2 + (y_1 - y_2)^2}$.

Der Abstand *d* ist eine *Funktion,* die bereits von *vier unabhängigen Veränderlichen* abhängt.

Für die Punkte $P_1(4,1)$ und $P_2(1,-3)$ erhält man zum Beispiel

(3.07) $d(x_1 = 4, x_2 = 1, y_1 = 1, y_2 = -3) = \sqrt{(4-1)^2 + (1-(-3))^2} =.5$

Derselbe Abstand $d=5$ ergibt sich aber auch z. B. für die Punkte $P_1(3,2)$ und $P_2(-1,-1)$:

(3.08) $d(x_1 = 3, x_2 = -1, y_1 = 2, y_2 = -1) = \sqrt{(3-(-1))^2 + (2-(-1))^2} = 5$

Die *Eindeutigkeit der Zuordnung vom Argument zum Funktionswert* ist auch bei einer Funktion von mehr als einer unabhängigen Veränderlichen gegeben.

Umgekehrt kann man aus dem Funktionswert i. Allg. *nicht* eindeutig auf die unabhängigen Veränderlichen schließen.

3.1.2 Nutzen von Funktionen

Ein Baumarkt annonciert: *Unser Lager soll leer werden, wir brauchen Platz für neue Ware, alles muss raus.*

Wer von unserem Spezialprodukt bis 1000 Stück erwirbt, bezahlt einen Stückpreis von 1 € pro Stück. Für Abholmengen zwischen 1000 und 2000 Stück reduziert sich der Stückpreis auf 80 Cent, und wer über 2000 Stück erwirbt, braucht nur einen Stückpreis von 60 Cent zu zahlen.

Da es zu jeder angeforderten Stückzahl nur *genau einen Gesamtpreis* gibt, haben wir es hier mit einem *funktionalen Zusammenhang* `Menge → Gesamtpreis` zu tun. Die betrachtete Funktion ist hierbei rein *verbal*, in *Worten der natürlichen Sprache*, vorgegeben worden.

Unklar bei dieser verbalen Beschreibung könnte der Preis für eine Menge von 1000 Stück bzw. von 2000 Stück sein. Zahlt man dort schon den reduzierten Preis oder noch nicht?

Um hier *Klarheit* zu schaffen, versucht man, eine *Formel* zu finden, die es ermöglicht, zu jeder gekauften Menge m den zugehörigen Gesamtpreis p eindeutig zu errechnen.

Schreibt man den Zusammenhang in folgender Form auf

$$(3.09) \qquad p = p(m) = \begin{cases} 1{,}00 \cdot m & m < 1000 \\ 0{,}80 \cdot m & 1000 \leq m < 2000 \\ 0{,}60 \cdot m & 2000 \leq m \end{cases}$$

so kann man nun erkennen, dass für die Mengen von 1000 Stück bzw. 2000 Stück bereits der reduzierte Preis zu zahlen ist.

Die der *natürlichen Sprache* anhaftende *Unschärfe* ist in der *mathematisch-formelmäßigen Darstellung* nicht mehr vorhanden.

Jeder, der die mathematische Symbolik lesen kann, ist jetzt sofort in der Lage, zu *jedem gegebenem m-Wert* den *zugehörigen p-Wert* auszurechnen.

Funktionen entstehen üblicherweise nicht in den mathematischen Lehrveranstaltungen. Sie entstehen vielmehr dann, wenn ein Lehrender einer Fach-Vorlesung über die Zusammenhänge des behandelten Fachgebietes spricht und dazu die Formeln entwickelt und darlegt.

Das *Herausarbeiten einer Funktionsgleichung* zur Beschreibung eines fachspezifischen Zusammenhanges nennt man *mathematische Modellierung*.

Die in der Formel (3.09) enthaltene Funktion ist für das betrachtete kleine Beispiel das *mathematische Modell*, das wir jetzt weiter untersuchen wollen.

3.1.3 Graph der Funktion

Betrachten wir nun das *Bild* der gegebenen Funktion, die wir in (3.09) gewonnen haben. Dazu verwenden wir ein so genanntes *kartesisches Koordinaten-System* mit zwei *rechtwinklig aufeinander stehenden Achsen*.

Auf der *waagerechten Achse*, genannt *Abszisse* (oder Abszissenachse) werden die *Bestellmengen* abgetragen.

Die resultierenden *Gesamtpreise* werden auf der *senkrechten Achse,* der *Ordinate* (oder Ordinatenachse) abgetragen.

Leerer Kreis und *gefüllter Kreis* (hier etwas übertrieben dargestellt) erklären dabei jeweils, welcher Teil der Grafik für die interessanten Bestellmengen $m = 1000$ bzw. $m = 2000$ zu verwenden ist: Solange m kleiner als 1000 ist, gilt die *linke Gerade.* Ab $m = 1000$ gilt die *mittlere Gerade,* wenn m unterhalb von 2000 bleibt. Ab $m = 2000$ gilt dann die rechte Gerade (Bild 3.1).

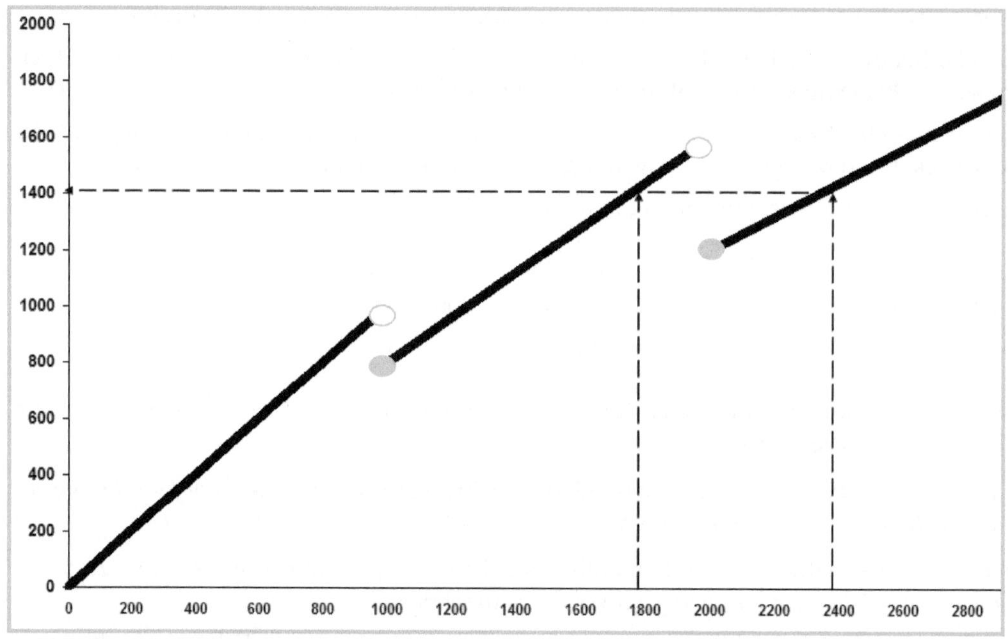

Bild 3.1: Bestellmenge und Gesamtpreis – Rabatt-Staffel-Funktion

Jetzt kann man sehen, dass man für eine Menge von 800 Stück den gleichen Gesamtpreis zahlt wie für eine Menge von 1000 Stück, nämlich 800 €.

Auch für die beiden Bestellmengen von 1500 Stück und 2000 Stück ergibt sich *ein und derselbe Gesamtpreis,* 1200 € .

Man erkennt: Spielen Lagerkosten oder Lagerkapazitäten keine Rolle, dann sind also *Bestellmengen in den Bereichen* $800<m<1000$ *und* $1500<m<2000$ *unsinnig*. Denn für dort anfallende Rechnungssummen bekommt man jenseits der Stückpreisgrenzen eine wesentlich größere Anzahl desselben Artikels.

In Bild 3.1 ist dies mit den gestrichelten Linien angedeutet: Für 1800 Stück wird zum Beispiel derselbe Gesamtpreis von 1440 € verlangt wie für 2400 Stück.

Fassen wir zusammen.

- Die *Verbalbeschreibung eines funktionalen Zusammenhanges* ist umfang- und wortreich. Wegen der Verwendung der natürlichen Sprache ist sie häufig *unscharf,* bietet *Anlass zu Missverständnissen.*
- Zur Beseitigung dieser Mängel versucht man, eine *Formel* zu finden, die den Zusammenhang beschreibt. Der Weg von einer Verbalbeschreibung zur formelmäßigen Darstellung der Funktion wird als *mathematische Modellierung* bezeichnet.
- Die mathematische Modellierung erfolgt meist durch die Vertreter der jeweiligen Fachdisziplin.
- Um leichter Erkenntnisse über die Zusammenhänge gewinnen zu können und bestimmte Eigenschaften herauszuarbeiten, ist eine *Formel* häufig aufgrund ihres *hohen Abstraktionsniveaus* nur bedingt geeignet.

  Hier hilft das *Bild der Funktion,* der so genannte *Graph,* die Zusammenhänge unmittelbar zu sehen, zu erkennen und sofort *Schlussfolgerungen* ziehen zu können.

3.2 Beschreibungsformen von Funktionen

In der *Physik* beschreibt man oft die *Bewegung eines Massepunktes,* indem man die Änderung der x- und y-Koordinate *getrennt in Abhängigkeit von der Zeit* angibt und erst danach, falls nötig, zu einer Funktionsgleichung der Form $y=f(x)$ übergeht.

Beispiel: Auf welcher Kurve bewegt sich ein Massenpunkt, dessen zeitliche Bewegung durch

$$\begin{aligned} x &= x(t) = 2-3t \\ & \qquad\qquad t \geq 0 \\ y &= y(t) = 1+4t \end{aligned} \tag{3.10}$$

beschrieben wird? Für $t=0$ erhält man $x(0)=2$ und $y(0)=1$: Der Massepunkt befindet sich anfangs im Punkt $P(2,1)$.

Löst man jetzt die erste Gleichung nach t auf

$$t=\frac{2-x}{3} \tag{3.11a}$$

und setzt den erhaltenen Ausdruck für t in die zweite Gleichung ein

$$y=1+4\frac{2-x}{3}\ , \tag{3.11b}$$

so erhält man den x-y-Zusammenhang

$$y=\frac{11}{3}-\frac{4}{3}x\ , \tag{3.11c}$$

der den räumlichen Ablauf der Bewegung des Massepunktes beschreibt.

Der Massepunkt bewegt sich somit im Zeitablauf auf einer *Geraden* (Bild 3.2). Wobei besser formuliert werden sollte, dass er sich auf dem *skizzierten Geradenstück* bewegt, das zum Zeitpunkt $t=0$ im Punkt $P(2,1)$ beginnt.

Da x mit wachsendem t fällt, bewegt sich der Massepunkt in Pfeilrichtung auf diesem Geradenstück.

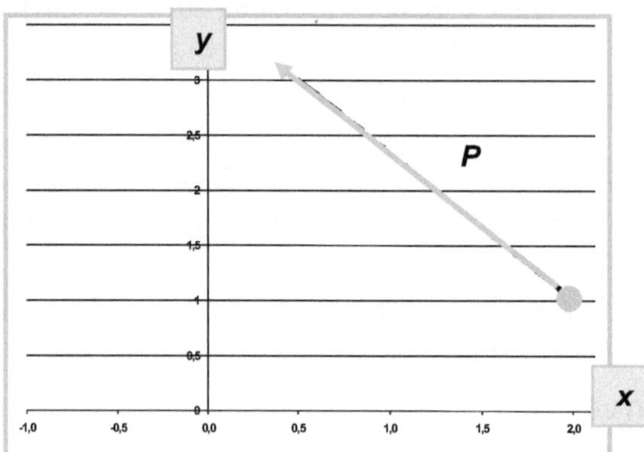

Bild 3.2: Bewegung eines Massepunktes im Zeitablauf

3.3 Aufgaben der Analysis

Die Analysis ist die Lehre von den Funktionen.

Der im Abschnitt 3.1 zuletzt genannte Sachverhalt beschreibt den wesentlichen *Konflikt*, zu dessen Lösung die Analysis beitragen wird: *Einerseits* ist die Beschreibung eines Zusammenhanges in Form einer mathematischen Funktion überaus anstrebenswert und führt zur klaren, *wissenschaftlich-abstrakten Darstellung*, ist international verständlich. Jede Wissenschaftsdisziplin strebt danach, ihre Beziehungen derart darzustellen. Dann ist sie *hoch mathematisiert*. *Andererseits* ist für den ungeübten Menschen die *abstrakte mathematische Funktion* als unmittelbare *Quelle der Erkenntnis* über die Eigenschaften beschriebener Zusammenhänge, als Basis für Diskussionen und Schlussfolgerungen, nur *bedingt geeignet*.

Besser wäre es sicherlich, wenn der Zusammenhang *in grafischer Form* dargestellt wird (sofern er überhaupt so darstellbar ist). Dann *sieht* man sofort die Eigenschaften, kann Schlussfolgerungen ziehen und spontan über das Wesen der Beziehung diskutieren.

Die Analysis stellt die Methoden bereit, mit deren Hilfe zu einer *gegebenen Funktion* der *Graph* erarbeitet werden kann.

Nicht immer muss aber erst der Graph einer Funktion aufwändig erarbeitet werden, damit Eigenschaften abgelesen und diskutiert werden können. Sofern ein gefestigtes Grundwissen über häufig auftretende Arten von Funktionen vorhanden ist, kann dieses unmittelbar angewandt werden.

Die Analysis vermittelt *Grundwissen über die wichtigsten Funktionen*, ihre *Graphen* und ihre *Eigenschaften*.

4 Funktionen II: Rationale Funktionen

4.1 Ganzrationale Funktionen: Polynome

4.1.1 Allgemeines

Wenn eine *Funktion einer Veränderlichen* die spezielle Form

(4.01) $$y = f(x) = a_n x^n + a_{n-1} x^{n-1} + a_{n-2} x^{n-2} + \ldots + a_2 x^2 + a_1 x + a_0 \,, \quad a_n \neq 0$$

besitzt und die Koeffizienten (Vorzahlen) a_n bis a_0 reelle Zahlen sind, dann sagt man, dass *y von x polynomial abhängt*. Oder kurz:

> Wenn eine Funktion die Gestalt (4.01) hat, dann nennt man sie ein *Polynom n-ten Grades* – oder auch eine *ganzrationale Funktion*.

4.1.2 Berechnung von Funktionswerten von Polynomen

Betrachten wir ein recht einfaches Beispiel: Gesucht sei der Funktionswert des Polynoms vierten Grades

(4.02) $$y = p_4(x) = 5x^4 + 3x^3 + 2x^2 + 4x + 7$$

an der Stelle $x=2$.

Nur *unwissende Anfänger* beginnen jetzt mit der extrem überflüssigen Aktion, viermal die Zahl 2 für x einzusetzen und dann mühsam die Potenzen auszurechnen:

(4.03) $$y(2) = p_4(2) = 5 \cdot 2^4 + 3 \cdot 2^3 + 2 \cdot 2^2 + 4 \cdot 2 + 7$$

Die Gefahr, dabei durch unsachgemäßen und unkonzentrierten Gebrauch der Taste $\boxed{x^y}$ einen falschen Wert auszurechnen, ist riesengroß. Kenner dagegen erinnern sich an die geniale Idee von G. W. HORNER: Er schlug vor fast zweihundert Jahren vor, in solchen Fällen einfach nur *geschickt auszuklammern*

(4.04) $$y = p_4(x) = (((5 \cdot x + 3) \cdot x + 2) \cdot x + 4) \cdot x + 7$$

und dann die Klammen *von innen nach außen* auszuwerten. Dann kann man sogar im Kopf rechnen:

(4.05) $$y(2) = p_4(2) = (((5 \cdot 2 + 3) \cdot 2 + 2) \cdot 2 + 4) \cdot 2 + 7 = 127$$

Wie gering wird der Rechenaufwand in diesem Falle: Nur vier Multiplikationen und vier Additionen, überhaupt kein Bedarf mehr nach einer Potenzierungstaste. HORNER, von dem bekannt ist, dass er schon in jungen Jahren Rektor einer Schule wurde, ging aber noch weiter: Er wusste ja, dass das Arbeiten mit Klammern nicht jedermanns Sache ist – also entwarf er sogar ein *Rechenschema,* in das nur passend einzutragen ist.

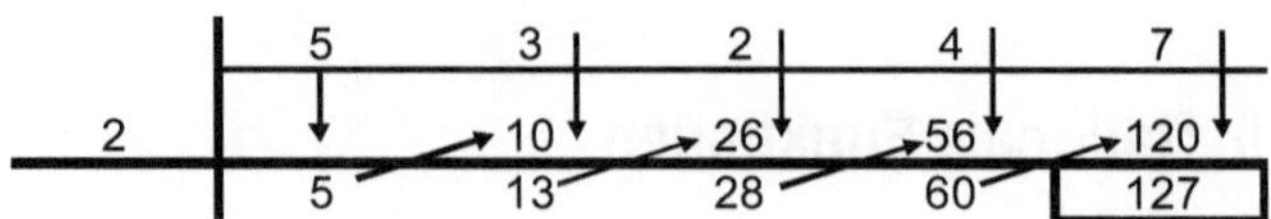

Bild 4.1: HORNER-Schema

Und so rechnet man mit diesem HORNER-Schema:

- Oben in das Schema werden zuerst die Koeffizienten des Polynoms eingetragen, geordnet *nach absteigenden Potenzen*.
- Links steht der x-Wert, für den man den Polynomwert sucht.
- Der Koeffizient der höchsten x-Potenz wird von oben nach unten übernommen (erster Pfeil nach unten).
- Die unten erscheinende Zahl wird mit dem x-Wert multipliziert (schräger Pfeil nach rechts oben) und eingetragen.
- Dann wird *addiert* (Pfeil nach unten) und wieder *multipliziert* (schräger Pfeil nach rechts oben) und eingetragen. Und so weiter.
- Zum Schluss erscheint rechts unten der gesuchte Funktionswert des Polynoms.

Es gibt nur *eine einzige Fehlerquelle* im Zusammenhang mit dem HORNER-Schema. Sie tritt auf, wenn *nicht alle x-Potenzen vertreten* sind, zum Beispiel in dem folgenden Polynom sechsten Grades

(4.06) $$y = p_6(x) = 2x^6 + 4x^5 + 4x + 5$$

In solchen Fällen muss darauf geachtet werden, dass *für die fehlenden x-Potenzen* unbedingt *Nullen* in die Kopfzeile des HORNER-Schemas einzutragen sind:

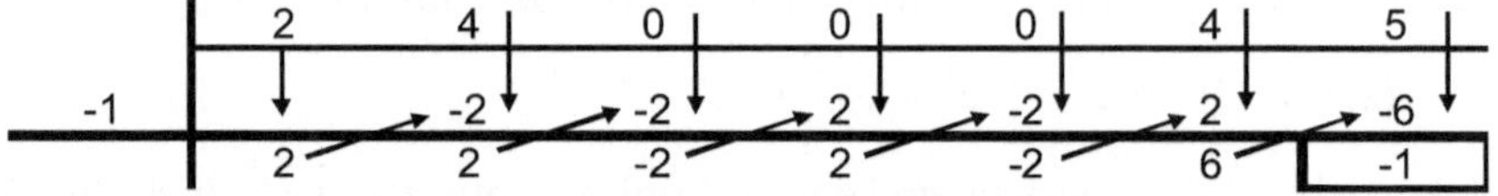

Bild 4.2: HORNER-Schema für die Berechnung von $p_6(-1)$

4.1.3 Graphen von Polynomen n-ten Grades, wenn n ungerade ist

Erinnern wir uns wieder an die Aufgabenstellung dieses Abschnitts: Wir wollen für wichtige Klassen von Funktionen deren Graphen zusammenstellen, damit soll *anwendungsbereites Grundwissen* erzeugt werden.

Fangen wir an, lernen wir, welche charakteristische Gestalt die *Graphen von Polynomen* haben. Betrachten wir zuerst allgemein Polynome beliebigen Grades n, und dabei zunächst speziell den Fall, dass n eine *ungerade Zahl* ist.

Es gibt nur zwei charakteristische Formen, in denen der *Graph eines Polynoms ungeraden Grades* auftreten kann.

Bild 4.3 zeigt den typischen Verlauf des Graphen eines solchen Polynoms, wenn der *Koeffizient der höchsten x-Potenz positiv* ist.

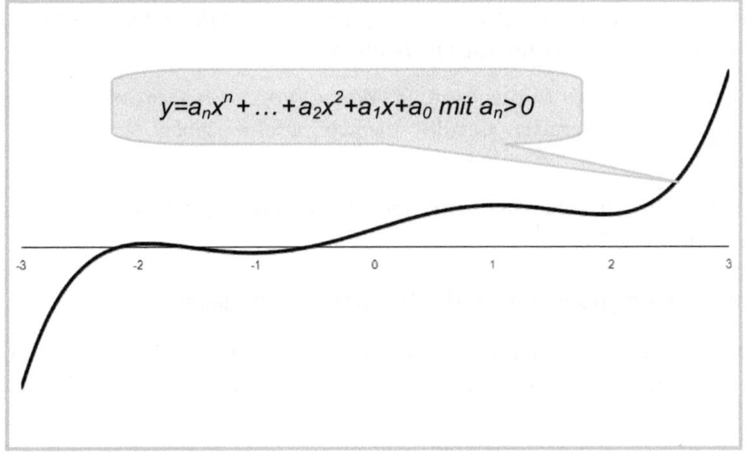

Bild 4.3 Graph eines Polynoms ungerader Potenz mit positivem a_n und $n>1$

Der Graph zeigt sich als durchgehend glatte Linie, es gibt *keine Unterbrechungen*, keine *Sprünge*, keine *Spitzen*. Der Graph kommt – und das ist typisch in diesem Fall – aus dem *negativen Unendlichen* und wendet sich, nachdem er ggf. einige „Schwingungen" vollführt hat, in das *positive Unendliche*.

Bild 4.4 dagegen zeigt den typischen Verlauf des Graphen eines *Polynoms ungeraden Grades*, wenn der *Koeffizient der höchsten x-Potenz negativ* ist.

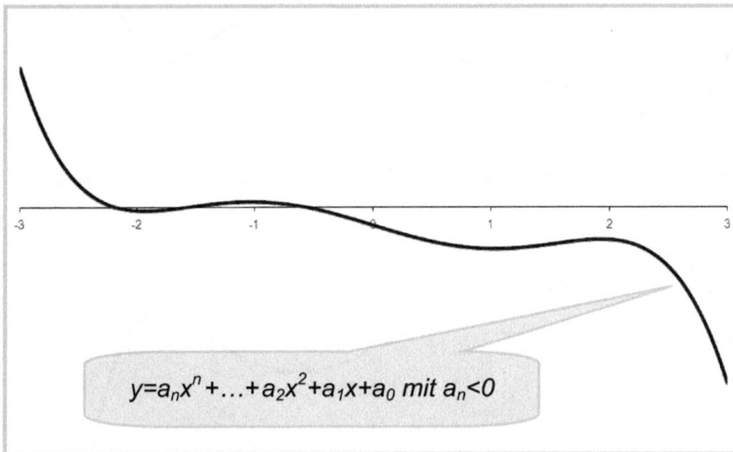

Bild 4.4 Graph eines Polynoms ungerader Potenz mit negativem a_n und $n>1$

Auch hier zeigt sich der Graph als durchgehend glatte Linie, es gibt auch diesmal *keine Unterbrechungen*, keine *Sprünge*, keine *Spitzen*. Der Graph kommt diesmal aus dem *positiven Unendlichen* und wendet sich, nachdem er ggf. einige „Schwingungen" vollführt hat, in das *negative Unendliche*.

Nachdem wir das Typische der *Graphen von Polynomen ungeraden Grades* herausgearbeitet haben, wollen wir weiter noch Folgendes feststellen:

Da offensichtlich stets alle Funktionswerte (y-Werte) von $-\infty$ bis $+\infty$ angenommen werden, haben Polynome ungeraden Grades *niemals absolut (global) größte oder kleinste Funktionswerte.*

Allerdings kann es, wie zu sehen ist, durchaus *Hochpunkte* (relative Maxima) und *Tiefpunkte* (relative Minima) geben.

4.1.4 Graphen von Polynomen n-ten Grades, wenn n gerade ist

Auch in diesem Falle muss unterschieden werden zwischen den beiden Fällen, die sich aus dem Vorzeichen des führenden Koeffizienten a_n ergeben, der vor der höchsten x-Potenz steht.

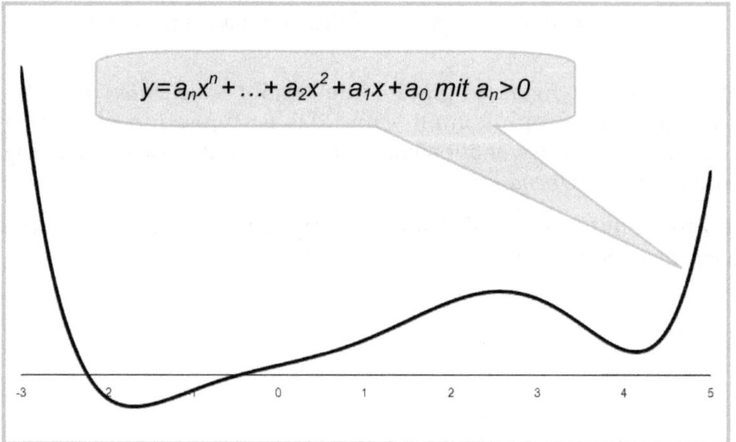

Bild 4.5 Graph eines Polynoms gerader Potenz mit positivem a_n und $n>1$

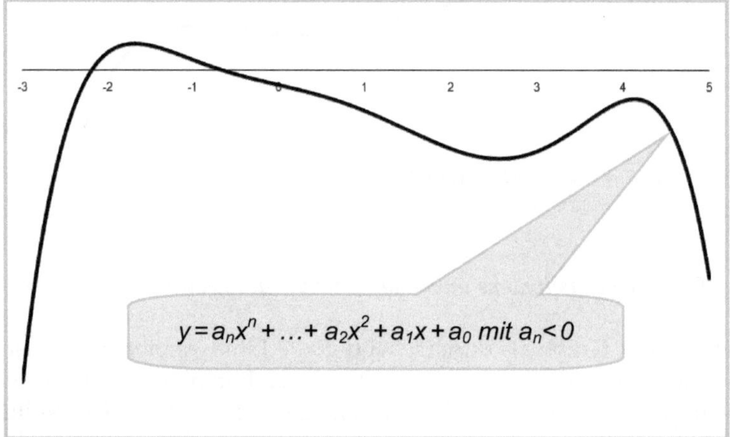

Bild 4.6 Graph eines Polynoms gerader Potenz mit negativem a_n und $n>1$

Der Graph *jedes Polynoms n−ten Grades mit geradem n* zeigt sich ebenfalls als *durchgehend glatte Linie*, es gibt keine *Unterbrechungen*, keine *Sprünge*, keine *Spitzen*.

Der Graph kommt aber diesmal, falls der Koeffizient der höchsten x-Potenz a_n *positiv ist*, aus dem *positiven Unendlichen* und wendet sich, nachdem er ggf. einige „Schwingungen" vollführt hat, wieder in das *positive Unendliche*.

Im Fall $a_n<0$ ist es genau umgekehrt – der Graph kommt aus dem *negativen Unendlichen* und wendet sich wieder in das *negative Unendliche*.

Das bedeutet, dass *Polynome n-ten Grades mit geradem n* entweder stets einen *absolut kleinsten Funktionswert* (globales Minimum) oder einen *absolut größten Wert* (globales Maximum) besitzen.

Hinzu können, wie unsere Beispiele zeigen, wieder *relative Maxima bzw. Minima* kommen.

4.1.5 Graphen von Polynomen zweiten Grades

Bei einem *Polynom zweiten Grades*

(4.07) $y = p_2(x) = a_2x^2 + a_1x + a_0$

spricht man von einer *quadratischen Funktion*. Der Grad $n=2$ ist hier eine *gerade Zahl*, folglich müssen sich auch hier die grundsätzlichen Eigenschaften aus dem vorigen Abschnitt 4.1.4 wieder finden.

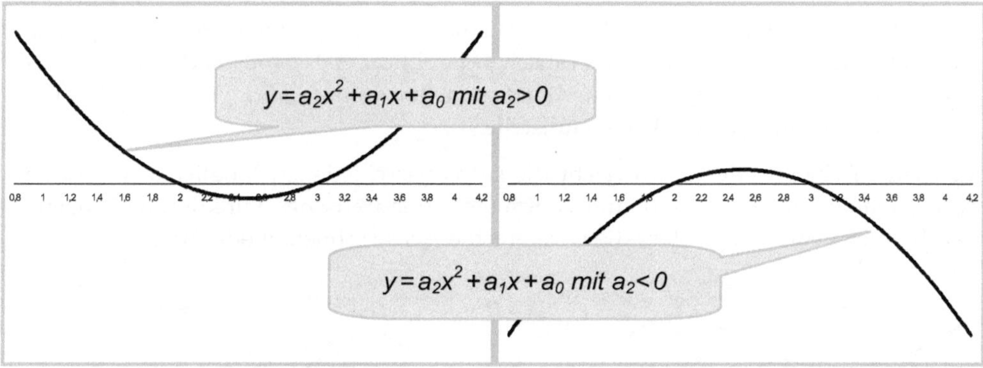

Bild 4.7: Graphen quadratischer Funktionen

Das Bild 4.7 zeigt es uns, und dazu die Besonderheit: Die *Graphen quadratischer Funktionen* sind nach oben oder nach unten geöffnete *Parabeln*, die außer *einen Tief-* bzw. *einem Hochpunkt* (dem so genannten *Scheitel* der Parabel) keine weiteren derartigen Punkte besitzen.

Die Parabeln können – wie im gezeigten Fall – die *waagerechte Achse schneiden*, sie können die Achse *berühren*, sie können sich aber auch gänzlich oberhalb oder unterhalb der waagerechten Achse befinden und *keine Schnitt- oder Berührungspunkte mit der waagerechten Achse* haben. Welche Situation jeweils vorliegt, das erfährt man aus dem *Lösungsverhalten der quadratischen Gleichung*

(4.08) $a_2x^2 + a_1x + a_0 = 0$

Hier schließt sich der Bogen zum Abschnitt 2.2.2. Dort wurde auf Seite 34 in (2.51) die Lösungsformel für die quadratische Gleichung (4.08) angegeben.

Diese wichtige Lösungsformel soll hier noch einmal wiederholt werden:

(4.09) $$x_{1,2} = \frac{1}{2a_2}(-a_1 \pm \sqrt{a_1^2 - 4a_0 a_2})$$

Der Wurzelinhalt, die so genannte Diskriminante

(4.10) $$D = a_1^2 - 4a_0a_2$$

entschied dort mit ihrem *Vorzeichen* über die Existenz von keiner, einer oder zwei Lösungen der quadratischen Gleichung (4.08).

Nun entscheidet sie auch über die Anzahl der *Nullstellen* des *Graphen von quadratischen Funktionen* (Polynomen zweiten Grades), also über die *Anzahl der Schnittpunkte der Parabel mit der waagerechten Achse*:

- Ist die Diskriminante D positiv, besitzt demnach die Gleichung (4.08) zwei Lösungen, dann *schneidet* der Graph der quadratischen Funktion (4.07) an zwei Stellen die waagerechte Achse. Die quadratische Funktion besitzt zwei Nullstellen.
- Hat die Diskriminante D den Wert Null, besitzt folglich die Gleichung (4.08) genau eine Lösung, dann *berührt* der Graph der quadratischen Funktion (4.07) die waagerechte Achse. Die quadratische Funktion besitzt eine (doppelte) Nullstelle.
- Ist die Diskriminante D negativ, besitzt also die Gleichung (4.08) keine Lösung, dann befindet sich der Graph der quadratischen Funktion (4.07) vollständig oberhalb oder unterhalb der waagerechten Achse und hat *keine Schnittpunkte* mit ihr. Die quadratische Funktion hat keine Nullstelle.

Stellen wir in einer weiteren Übersicht die sechs verschiedenen Möglichkeiten zusammen, wie man erkennen kann, ob der Graph einer quadratischen Funktion nach oben oder nach unten geöffnet ist, ob er die waagerechte Achse schneidet oder berührt:

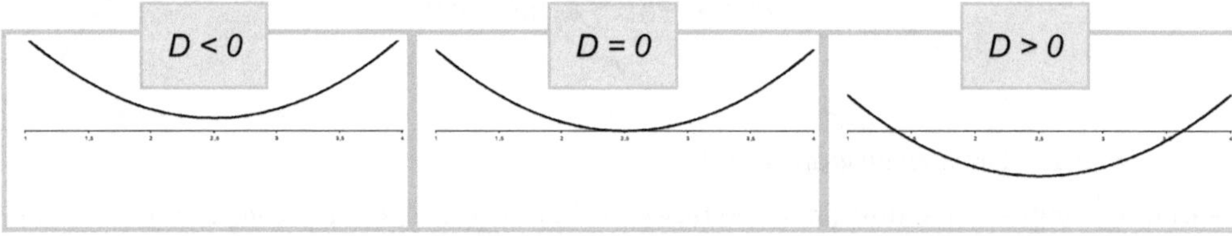

Bild 4.8: Nach oben geöffnete Parabeln mit $a_2>0$ und $D<0$, $D=0$ und $D>0$

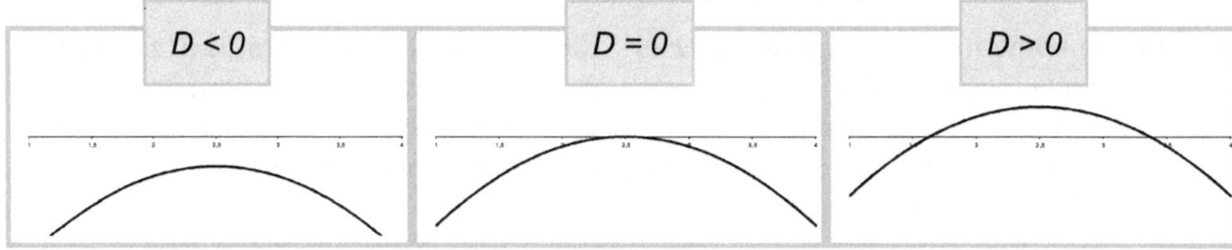

Bild 4.9: Nach unten geöffnete Parabeln mit $a_2<0$ und $D<0$, $D=0$ und $D>0$

Aus den Bildern 4.7 bis 4.9 ist abzulesen, dass die Graphen von Polynomen zweiten Grades (d. h. von *quadratischen Funktionen*) stets *symmetrische Parabeln* sind.

Falls die Parabel die Achse *berührt* (falls also $D=0$ gilt) , dann berührt sie sie folglich in ihrem höchsten oder tiefsten Punkt, im *Scheitel* – damit kann bei verschwindender Diskriminante auch ohne Differentialrechnung mit dem Berührungspunkt sofort das *relative* und gleichzeitig *globale Extremum* gefunden werden.

Gibt es zwei Nullstellen, weil die Diskriminante positiv ist, dann befindet sich der Scheitel genau *in der Mitte zwischen beiden Nullstellen.* Diese Tatsache kann man nutzen, um ohne Differentialrechnung Minima oder Maxima von Polynomen zweiten Grades, deren Graph die waagerechte Achse zweimal schneidet, bestimmen zu können.

4.1.6 Parabeln zeichnen

Bisweilen gibt es die Aufgabe, sich nicht nur grundsätzlich – wie im Bild 4.7 – über den Verlauf des *Graphen einer quadratischen Funktion* zu informieren, sondern diese *Parabel* auch in einem Koordinatensystem zu skizzieren. Dazu reichen neben der Information darüber, ob die Parabel *nach unten oder nach oben geöffnet* ist und dem *Schnittverhalten mit der waagerechten Achse* meist weitere vier bis sechs Punkte der Parabel aus.

Am einfachsten ist die Situation, wenn bekannt ist, dass die Parabel die waagerechte Achse schneidet. Sehen wir uns das gleich an einem Beispiel an.

Gesucht ist eine brauchbare Skizze der Parabel

(4.11) $$y = 2x^2 - 10x + 12$$

Beginnen wir mit den Basisinformationen: Vor der höchsten x-Potenz steht die positive Zahl 2, also ist die Parabel *nach oben geöffnet*.

Für die Diskriminante ergibt sich gemäß Formel (4.10) der Wert

(4.12) $$a_1^2 - 4 \cdot a_0 \cdot a_2 = (-10)^2 - 4 \cdot 2 \cdot 12 = 100 - 96 = 4$$

Dieser Wert ist *positiv*, also hat die Parabel *zwei Schnittpunkte mit der waagerechten Achse.* Um sie zu finden, muss die quadratische Gleichung

(4.13) $$2x^2 - 10x + 12 = 0$$

gelöst werden. Dazu können wir die Lösungsformel (2.5.1) aus Abschnitt 2.2.2 von Seite 34 verwenden: Es ergibt sich

(4.14) $$x_{1,2} = \frac{1}{2 \cdot 2}(-(-10) \pm \sqrt{(-10)^2 - 4 \cdot 2 \cdot 12}) = \frac{1}{4}(10 \pm 2) \Rightarrow x_1 = 2,\ x_2 = 3$$

Damit sind die beiden Achsendurchgänge der nach oben geöffneten Parabel bekannt, *weitere vier Punkte* reichen völlig aus, um sie dann gut skizzieren zu können. Drei von diesen vier Punkten suchen wir zweckmäßig in der Nachbarschaft der Achsendurchgänge.

Zur Berechnung der Funktionswerte liefert uns auch hier das HORNER-Schema gute Dienste (siehe Bild 4.10).

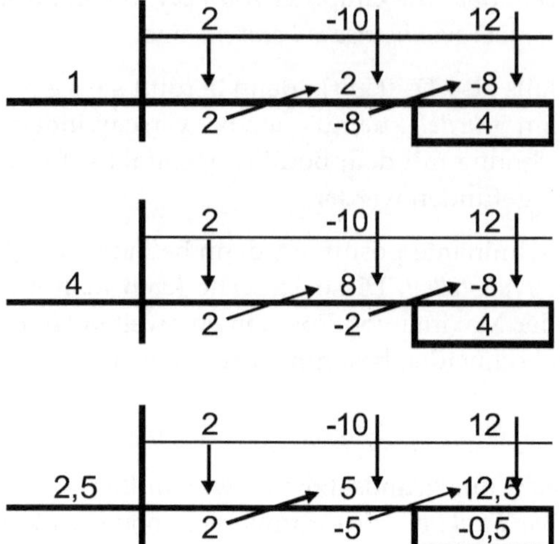

Bild 4.10: Rechnungen mit dem HORNER-Schema

Also wissen wir nun, dass die gesuchte Parabel durch die fünf Punkte $P_1(1,4)$, $P_2(2,0)$, $P_3(3,0)$, $P_4(4,4)$, $P_5(5,12)$ und $P_6(2,5\ ,\ -0,25\,)$ geht.

Hinzu kommt noch der *Schnittpunkt mit der senkrechten Achse* $P_0(0,12)$, den wir leicht berechnen können – wir brauchen dazu ja nur $x=0$ einzusetzen. Bild 4.11 zeigt uns die gefundenen sieben Parabelpunkte und dazu die gesamte Parabel.

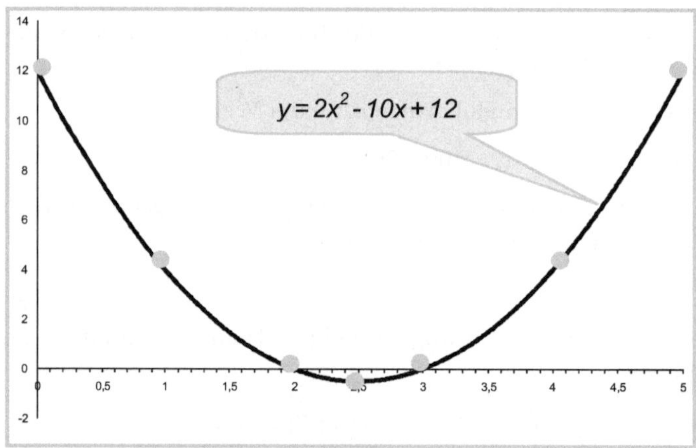

Bild 4.11: Parabel schneidet die waagerechte Achse

Als nächstes soll die Parabel

(4.15) $\quad y=-2x^2+10x-12{,}5$

skizziert werden. Sie ist wegen der *negativen Zahl* vor x^2 *nach unten geöffnet*, und wer nachrechnet, der wird feststellen, dass diesmal die Diskriminante $a_1{}^2-4\,a_0\,a_2$ genau den Wert Null ergibt.

Also *berührt* die nach unten geöffnete Parabel von unten die waagerechte Achse. Um die Stelle herauszufinden, an welcher Stelle diese Berührung stattfindet, verwenden wir wieder die Lösungsformel der quadratischen Gleichung von Seite 34.

So werden wir informiert, dass die Berührungsstelle sich bei $x=2{,}5$ befindet.

Mit dem *HORNER-Schema* werden noch für $x=1$, $x=4$, $x=5$ drei weitere Parabelwerte berechnet, dazu kommt noch der Achsendurchgang der senkrechten Achse bei $y=-12{,}5$. Bild 4.12 zeigt uns die gefundenen Punkte und die zugehörige Parabel.

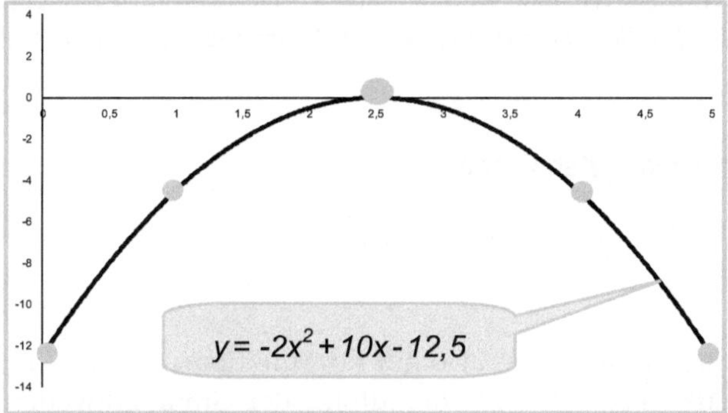

Bild 4.12: Parabel berührt die waagerechte Achse von unten

Wenden wir uns zum Schluss der Situation zu, dass der Graph der gegebenen Funktion die waagerechte Achse weder berührt noch schneidet. Das wird sich bei der Diskussion des Polynoms

(4.16) $$y = x^2 - 5x + 8$$

herausstellen. Doch zuerst registrieren wir, dass es sich wieder um eine *nach oben geöffnete Parabel* handelt. Die Diskriminante $a_1^2 - 4\,a_0 a_2$ hat nun den Wert minus 7, also müssen wir in der Tat eine *nach oben geöffnete Parabel* ohne gemeinsame Punkte mit der waagerechten Achse erwarten.

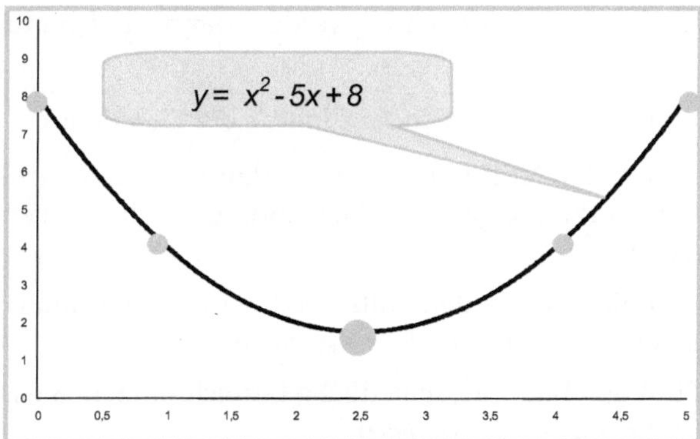

Bild 4.13: Parabel ohne Schnittpunkte mit der waagerechten Achse

Bisher hatten wir die bekannten Punkte aber zum Anlass genommen, in deren Nachbarschaft ein paar weitere Funktionswerte zu besorgen.

Wo sollen wir aber jetzt unsere Punkte suchen? Hier hilft eine Formel, die uns sagt, wo sich der Scheitelpunkt der Parabel befindet. Diese so genannte *Scheitelformel* lautet:

$$x_S = -\frac{1}{2} \cdot \frac{a_1}{a_2} \tag{4.17}$$

Setzen wir unsere Werte aus (4.16) ein, dann erhalten wir $x_S=2{,}5$. Damit ergibt sich nach dem Einsetzen in die Parabelgleichung der Funktionswert $y_S=1{,}75$.

Diese Angabe sagt uns sofort, dass wir also in der Nähe von $x=2{,}5$, zum Beispiel bei $x=1$, $x=4$ und $x=5$ mit dem *HORNER-Schema* für eine kleine Wertetabelle sorgen sollten. Bild 4.13 zeigt das Ergebnis.

4.1.7 Graphen von Polynomen ersten Grades

Ein *Polynom ersten Grades*, auch als *lineare Funktion* bezeichnet

$$p_1(x) = a_1x + a_0 \tag{4.18}$$

ist zuallererst ein *Polynom ungeraden Grades*, also gilt für Funktionen dieser Art natürlich auch die Gesetzmäßigkeit aus Abschnitt 4.1.3, derzufolge der Graph entweder aus dem negativen Unendlichen kommt und ins positive Unendliche verschwindet.

Oder umgekehrt, je nachdem, welches Vorzeichen der führende Koeffizient a_1 hat.

Hinzu kommt aber die Besonderheit, dass der Graph eines *Polynoms ersten Grades* stets *eine Gerade* ist.

Diese Gerade *steigt* – wenn sie einen *positiven Anstieg* hat, der aus $a_1>0$ erkennbar ist. Sie *fällt*, wenn sie einen *negativen Anstieg* $a_1<0$ hat.

Sie wird bei $a_0= 0$ durch den *Nullpunkt* oder bei $a_0\neq 0$ *nicht* durch den *Nullpunkt* gehen.

Es gibt genau *vier Möglichkeiten* für den *Graphen eines Polynoms erster Ordnung*; sie sind in den Bildern 4.14 und 4.15 dokumentiert.

Soll der *Graph eines Polynoms ersten Grades* gezeichnet werden, dann ist also nur eine *Gerade* gesucht.

Zum *Zeichnen einer Geraden* braucht man lediglich *zwei Punkte* der Geraden.

Geht die Gerade wegen $a_0=0$ durch den Nullpunkt, dann ist damit auf natürlichste Weise bereits der erste der beiden nötigen Punkte gegeben. Den anderen sucht man sich mit einem beliebigen, bequemen x-Wert.

Verläuft die Gerade wegen $a_0\neq 0$ nicht durch den Nullpunkt, dann nimmt man als ersten Geradenpunkt zum Beispiel den *Schnittpunkt mit der senkrechten Achse*.

Die Zahl a_1 in einer linearen Funktion hat unterschiedliche Bezeichnungen. Sie ist sowohl der *führende Koeffizient* als auch der *Anstieg der Geraden*.

Die Zahl a_1 beschreibt, wie sich der y-Wert ändert, wenn sich der x-Wert um eine Einheit ändert.

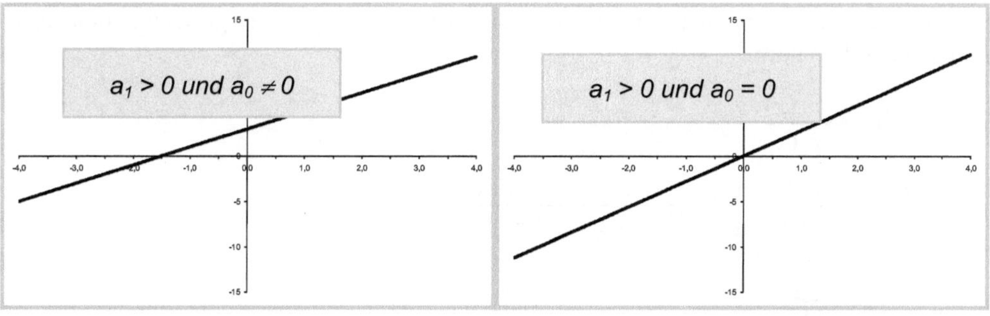

Bild 4.14: Graphen von Polynomen 1. Ordnung mit $a_1>0$ bei $a_0 \neq 0$ und $a_0=0$

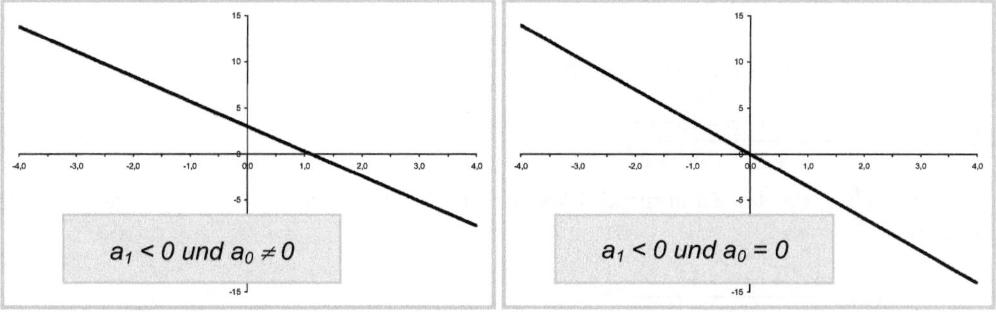

Bild 4.15: Graphen von Polynomen 1. Ordnung mit $a_1<0$ bei $a_0 \neq 0$ und $a_0=0$

4.1.8 Polynome nullten Grades und ihre Graphen

Die Funktion $y=f(x)=a_0$ ordnet jedem beliebigen x-Wert die gleiche Zahl a_0 zu. Sie lässt sich also auch ansehen als *Polynom n-ten Grades mit $n=0$*. Deshalb bezeichnet man solche Funktionen als *Polynom nullten Grades.*

Der Graph eines Polynoms nullten Grades ist eine *Gerade,* die stets *parallel zur waagerechten Achse* verläuft und die senkrechte Achse bei $y=a_0$ schneidet.

Ein *Spezialfall eines Polynoms nullten Grades* ist die *Null-Funktion,* die jedem x-Wert die Zahl Null zuordnet: $y=f(x)=0$.

Der *Graph der Null-Funktion* ist die *waagerechte Achse.*

4.2 Gebrochen rationale Funktionen

4.2.1 Begriffe

Eine Funktion heißt *gebrochen rational,* wenn ihre Funktionsformel die Form eines *Quotienten aus zwei Polynomen* besitzt.

Ist der *Grad des Nennerpolynoms größer als der Grad des Zählerpolynoms,* so heißt die Funktion *echt gebrochen rational.* Andernfalls heißt sie *unecht gebrochen rational.*

Sehen wir uns in (4.19) im Detail an, wie die *Funktionsformel einer gebrochen rationalen Funktion* aussehen kann:

$$f(x)=\frac{p_m(x)}{p_n(x)}$$
$$=\frac{a_m x^m + a_{m-1}x^{m-1} + \ldots + a_2 x^2 + a_1 x + a_0}{b_n x^n + b_{n-1}x^{n-1} + \ldots + b_2 x^2 + b_1 x + b_0} \tag{4.19}$$
$$=\frac{\sum_{i=0}^{m} a_i x^i}{\sum_{j=0}^{n} b_j x^j}$$

Beispiele: Die gebrochen rationale Funktion

$$f(x)=\frac{4x^3+13x^2+15x+3}{x^4+3x^3+3x^2+x} \tag{4.20}$$

ist *echt gebrochen*, da der Zählergrad 3 kleiner als der Nennergrad 4 ist. Dagegen ist die Funktion

$$f(x)=\frac{4x^4+13x^3+15x+3}{6x^4+18x^3+3x^2+x} \tag{4.21}$$

wegen des *gleichen Grades von Zähler- und Nennerpolynom* unecht gebrochen. Das gilt auch für die Funktion

$$f(x)=\frac{2x^7-13x^3+15}{8x^4+18x^3+3} \quad , \tag{4.22}$$

bei der der Zählergrad 7 größer als der Nennergrad 4 ist.

4.2.2 Unendlichkeitsstellen und Lücken bei gebrochen rationalen Funktionen

Leider lassen sich über die Graphen gebrochen rationaler Funktionen nicht solche grundsätzlichen und allgemein gültigen Aussagen machen, wie sie im vorigen Abschnitt zu den Polynomen erfolgen konnten. Zwei Feststellungen allerdings können getroffen werden:

> An allen *Nullstellen des Nennerpolynoms*, d. h. für alle reellen x-Werte, die die Gleichung $p_n(x)=0$ lösen, gibt es keinen Graphen der Funktion.

Bild 4.16 zeigt dazu den Graphen der Funktion

$$f(x)=\frac{x+1}{x^2-5x+6} \quad , \tag{4.23}$$

dessen Nennerpolynom (mit der *p-q-Formel* ist das leicht auszurechnen) an den Stellen $x=2$ und $x=3$ verschwindet. Genau an diesen Stellen gibt es, im Bild deutlich zu erkennen, keinen Graphen, man spricht dort von einer so genannten *Unendlichkeitsstelle*.

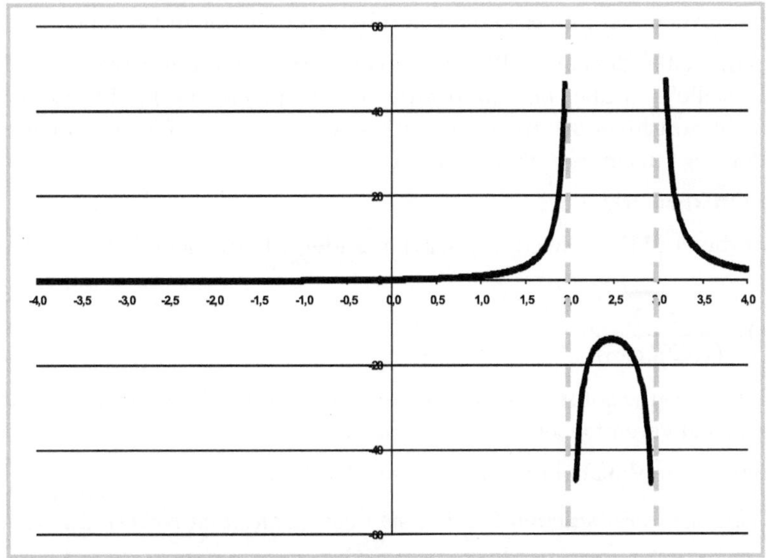

Bild 4.16: Graph der gebrochen rationalen Funktion (4.23)

Ein anderer Effekt ist bei der Funktion

(4.24) $$f(x)=\frac{x-2}{x^2-5x+6}$$

festzustellen.

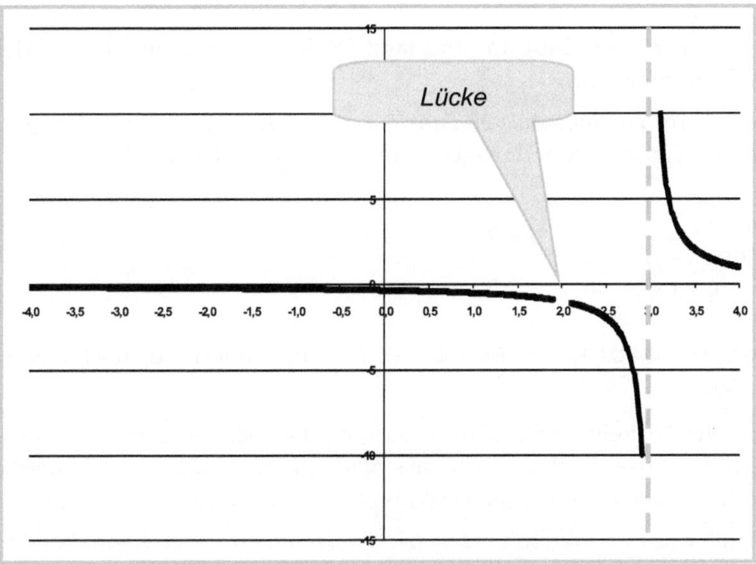

Bild 4.17: Graph der gebrochen rationalen Funktion (4.24)

Bild 4.17 zeigt es: Auch hier gibt es keinen Graphen an den Stellen $x=2$ und $x=3$.

Doch die Situation ist anders als in Bild 4.16: Während die Funktionswerte bei der Annäherung an die Stelle $x=3$ über alle Grenzen wachsen, liefern die Funktionswerte, wenn man sich sowohl von links als auch von rechts der Stelle $x=2$ nähert, einen endlichen Zahlenwert, der der Eins immer näher kommt.

Wie ist dieser Effekt zu erklären?

Betrachten wir die Funktionsgleichung (4.24) in anderer Form, schreiben wir den Nenner als Produkt:

$$(4.24a) \qquad f(x)=\frac{x-2}{(x-2)(x-3)}$$

Wer nun meint, er könne sofort und für immer den Faktor x-2 heraus kürzen und damit die Funktionsformel vereinfachen, der denkt *falsch*.

Denn – wie wurde die Vokabel *Kürzen* auf Seite 19 erklärt?

Das *Kürzen eines Bruches* bedeutet die *Division von Zähler und Nenner* durch *denselben Divisor*.

Für $x=2$ würde aber der Divisor x-2 gleich Null sein.

Also darf *nur für x ungleich* 2 Zähler und Nenner durch x-2 geteilt werden:

$$(4.24b) \qquad f(x)=\begin{cases} \dfrac{1}{(x-3)} & x\neq 2 \\ \dfrac{x-2}{(x-2)(x-3)} & x=2 \end{cases}$$

Bild 4.17 setzt die Formel (4.24b) um und lässt folglich bei $x=2$ eine *Lücke*. Mehr ist *mit dieser Funktion* nicht möglich.

Es sei denn, man geht zu einer *anderen Funktion g(x)* über, indem der *beidseitige Grenzwert* für die Annäherung an $x=2$ zum dortigen Funktionswert erklärt wird:

$$(4.24c) \qquad g(x)=\begin{cases} \dfrac{1}{(x-3)} & x\neq 2 \\ 1 & x=2 \end{cases}$$

Diese Funktion $g(x)$ besitzt keine Lücke bei $x=2$ mehr, sondern nur noch eine *Unendlichkeitsstelle* bei $x=3$.

Zusammenfassung: Löst eine reelle Zahl x^* sowohl die Gleichung $p_n(x^*)=0$ als auch die Gleichung $p_m(x^*)=0$ (ist sie also *gemeinsame Nullstelle von Zähler- und Nennerpolynom*), dann besitzt die gebrochen rationale Funktion (4.19) an der Stelle x^* eine *Lücke*.

Da man anstelle dieser Funktion eine *andere Funktion* betrachten kann, bei der für die Stelle x^* der *gemeinsame links- und rechtsseitige Grenzwert* als Funktionswert festgelegt wird, spricht man auch von einer *hebbaren Unstetigkeit*.

4.2.3 Verhalten im Unendlichen

Die Bilder 4.16 und 4.17 zeigen beispielhaft, was sich als allgemeines Gesetz nachweisen lässt:

Der Graph echt gebrochen rationaler Funktionen nähert sich immer mehr der waagerechten Achse, wenn das Argument x positiv über alle Grenzen wächst oder wenn es gegen minus Unendlich strebt.

In mathematischer Terminologie wird dies durch das so genannte *Limes-Zeichen* ausgedrückt:

$$(4.25) \qquad m<n \Rightarrow \begin{cases} \lim\limits_{x\to+\infty} \dfrac{p_m(x)}{p_n(x)} = 0 \\ \lim\limits_{x\to-\infty} \dfrac{p_m(x)}{p_n(x)} = 0 \end{cases}$$

Für unecht gebrochen rationale Funktionen gibt es den Begriff der *Asymptote,* über den zum Beispiel in [1] und [32] berichtet wird, wenn die so genannte *Polynomdivision* erklärt wird.

4.2.4 Vereinfachung echt gebrochen rationaler Funktionen

Behauptung: Jede *echt gebrochen rationale Funktion* kann *wesentlich vereinfacht* werden durch ihre Darstellung als *Summe von Partialbrüchen.*

Sehen wir uns einige Beispiele an, die diese Behauptung illustrieren und uns gleichzeitig dem Begriff der *Partialbrüche* näher bringen:

$$(4.26a) \qquad \frac{3x-5}{x^2-3x+2} = \frac{2}{x-1} + \frac{1}{x-2}$$

$$(4.26b) \qquad \frac{2x-1}{x^2-4x+4} = \frac{2}{x-2} + \frac{3}{(x-2)^2}$$

$$(4.26c) \qquad \frac{-7x+11}{2x^3-12x^2+22x-12} = \frac{1}{2}[\frac{2}{x-1} + \frac{3}{x-2} - \frac{5}{x-3}]$$

$$(4.26d) \qquad \frac{x-5}{x^3-7x^2+16x-12} = \frac{2}{x-1} + \frac{3}{(x-2)^2} - \frac{2}{x-3}$$

$$(4.26e) \qquad \frac{2x^2-4}{x^3-6x^2+12x-8} = \frac{2}{x-2} + \frac{8}{(x-2)^2} + \frac{4}{(x-2)^3}$$

(4.26f) $$\frac{5x^2-6x-2}{x^3-4x^2+7x-6}=\frac{2}{x-2}+\frac{3x+4}{x^2-2x+3}$$

(4.26g) $$\frac{3x^2+20}{x^4-16}=\frac{1}{x-2}-\frac{1}{x+2}-\frac{1}{x^2+4}$$

(4.26h) $$\frac{4x^3+13x^2+15x+3}{x^4+3x^3+3x^2+x}=\frac{3}{x}+\frac{1}{x+1}+\frac{2}{(x+1)^2}+\frac{3}{(x+1)^3}$$

Der Vergleich zwischen den linken und den rechten Seiten der Formeln (4.26a) bis (4.26h) zeigt es deutlich:

> Rechts stehen mit den *Summen von Partialbrüchen* stets wesentlich einfacher zu handhabende Ausdrücke.

Der Übergang von *echt gebrochen rationalen Funktionen* zu *Summen von Partialbrüchen* wird später in der *Integralrechnung* eine große Rolle spielen (siehe Abschnitt 13.4 ab Seite 236).

Was notwendig ist und *als Übung sehr empfohlen* wird, das ist jeweils der *Nachweis der Gleichheit*. Führen wir diesen Nachweis beispielhaft für die Formel (4.26g) durch, und gehen wir dabei von der rechten Seite aus:

(4.27)
$$\begin{aligned}
&\frac{1}{x-2}-\frac{1}{x+2}-\frac{1}{x^2+4}= \\
&\qquad\qquad <\!-\!-\text{Hauptnenner}: (x-2)(x+2)(x^2+4) \\
&=\frac{1(x+2)(x^2+4)}{(x-2)(x+2)(x^2+4)}-\frac{1(x-2)(x^2+4)}{(x-2)(x+2)(x^2+4)}-\frac{1(x-2)(x+2)}{(x-2)(x+2)(x^2+4)} \\
&=\frac{(x+2)(x^2+4) \quad -(x-2)(x^2+4) \quad -(x-2)(x+2)}{(x-2)(x+2)(x^2+4)} \\
&=\frac{x^3+2x^2+4x+8 \quad -[x^3-2x^2+4x-8] \quad -[x^2-4]}{(x^2-4)(x^2+4)} \\
&=\frac{3x^2+20}{x^4-16}
\end{aligned}$$

Zuerst muss für die *Addition der drei Partialbrüche* ein *Hauptnenner* gesucht werden – hier ist es offensichtlich das *Produkt aus den drei Teilnennern*. Nach den Regeln der Bruchrechnung (siehe Seite 20) wird nun jeder Bruch mit dem *Quotienten aus Hauptnenner und Teilnenner* erweitert – ob man dabei richtig gearbeitet hat, kann sofort überprüft werden, indem gedanklich in der zweiten Zeile wieder gekürzt wird.

Anschließend wird die Summe aus den nunmehr gleichnamigen Brüchen gebildet – es wird alles auf den *Hauptnenner* geschrieben. Das Ausmultiplizieren und Zusammenfassen ergibt im Zähler sofort den Zähler von (4.26g), der Nenner kann unter Anwendung der *binomischen Formeln* noch schneller vereinfacht werden.

Damit ist die Gleichheit (4.26g) bewiesen.

Weisen wir noch für den Fall (4.26h) die Gleichheit nach. In diesem Fall wäre die Bildung des *Hauptnenners* als *Produkt aller Teilnenner* unsinnig, denn sowohl der zweite als auch der dritte Teilnenner ist als Faktor im vierten Teilnenner enthalten.

Die Suche nach dem *kleinsten gemeinsamen Vielfachen* führt hier dazu, das *Produkt aus erstem und viertem Teilnenner* als *Hauptnenner* zu wählen:

$$\frac{3}{x}+\frac{1}{x+1}+\frac{2}{(x+1)^2}+\frac{3}{(x+1)^3}=$$

<-- Hauptnenner: $x(x+1)^3$

(4.28)
$$\begin{aligned}
&=\frac{3(x+1)^3}{x(x+1)^3}+\frac{1x(x+1)^2}{x(x+1)^3}+\frac{2x(x+1)}{x(x+1)^3}+\frac{3x}{x(x+1)^3} \\
&=\frac{3(x+1)^3 \quad +x(x+1)^2 \quad +2x(x+1) \quad +3x}{x(x+1)^3} \\
&=\frac{3(x^3+3x^2+3x+1)+x(x^2+2x+1)+2x(x+1)+3x}{x(x+1)^3} \\
&=\frac{3(x^3+3x^2+3x+1)+x(x^2+2x+1)+2x(x+1)+3x}{x(x^3+3x^2+3x+1)} \\
&=\frac{4x^3+13x^2+15x+3}{x^4+3x^3+3x^2+x}
\end{aligned}$$

Auch hier sollte, nachdem die einzelnen Brüche durch die jeweiligen Quotienten aus Hauptnenner und Teilnenner erweitert wurde, durch gedankliches Kürzen die Richtigkeit des Vorgehens kritisch geprüft werden.

4.2.5 Partialbruchzerlegung

Was fehlt nun noch? Natürlich – es fehlt die *Beschreibung des Verfahrens*, mit dessen Hilfe echt gebrochen rationale Funktionen so sehr, wie in den Beispielen (4.26a) bis (4.26h) zu erkennen war, vereinfacht werden können.

Wie schon erwähnt, wird ein solches Verfahren unbedingt benötigt, wenn derartige Funktionen integriert werden müssen (siehe Abschnitt 13.4 ab Seite 236).

> Das Verfahren, mit dessen Hilfe echt gebrochen rationale Funktionen vereinfacht werden können, ist die *Partialbruchzerlegung*.

Beginnen wir, lernen wir die Partialbruchzerlegung in ihren einzelnen Schritten kennen:

> *Erster Schritt der Partialbruchzerlegung*: Wenn der Koeffizient der *höchsten x-Potenz* des *Nennerpolynoms* ungleich Eins ist (wenn also in Formel (4.19) $b_n \neq 1$ gilt), dann ist passend auszuklammern. In den weiteren Schritten der Partialbruchzerlegung wird der ausgeklammerte Zahlen-Faktor nicht berücksichtigt.

Beispiel: Vor der höchsten Potenz x^4 des Nennerpolynoms steht keine Eins, sondern eine Sieben. Diese muss folglich ausgeklammert werden:

$$
\begin{aligned}
f(x) &= \frac{4x^3+13x^2+15x+3}{7x^4+x^3+3x^2+2x+12} \\
&= \frac{1}{7}\cdot\frac{4x^3+13x^2+15x+3}{x^4+\frac{1}{7}x^3+\frac{3}{7}x^2+\frac{2}{7}x+\frac{12}{7}}
\end{aligned}
\tag{4.29}
$$

In den weiteren Schritten wird dann der Faktor 1/7 nicht berücksichtigt, erst nach beendeter Partialbruchzerlegung wird er wieder hinzu gefügt – in Beispiel (4.26c) auf Seite 79 erkennt man dieses Vorgehen.

Zweiter Schritt der Partialbruchzerlegung: Man finde *alle n Lösungen* der Gleichung

$$p_n(x)=0 \quad . \tag{4.30}$$

Nun kommt der *Konflikt*: In diesem zweiten Schritt wird verlangt, alle *n Lösungen* der Gleichung

Nennerpolynom gleich Null

zu finden. *Unbedingt*.

Das heißt, wenn das Nennerpolynom den Grad 2 hat, müssen *zwei Lösungen* her. Hat es den Grad 3, benötigt die Partialbruchzerlegung *drei Lösungen* der Gleichung (4.30). Ein Nennerpolynom vierten Grades muss *vier Lösungen* liefern. Und so weiter.

Doch ist das überhaupt machbar? Wir wissen doch, schon von der *p-q-Formel* (siehe Seite 33) her, dass bereits ein Nennerpolynom zweiten Grades keinesfalls immer zwei Lösungen liefern muss: Wenn unter der Wurzel ein negativer Radikand erscheint, gibt es, so haben wir es bisher gelernt, schließlich überhaupt keine Lösung: Der Graph des Polynoms zweiten Grades, die Parabel, schneidet nirgends die waagerechte Achse.

Was tun? Die Partialbruchzerlegung als *allgemein gültiges Verfahren* doch infrage stellen? Andererseits gilt die Behauptung der Mathematiker, dass sie *immer durchführbar* sei.

Wie kann das aber sein, wenn doch nach unserem bisherigem Kenntnisstand keinesfalls sicher ist, dass *jedes Nennerpolynom* $p_n(x)$ die geforderte Anzahl an Lösungen der Gleichung (4.30) liefern wird?

Es gibt nur eine *Lösung dieses Konflikts*: Wir müssen uns von der bisherigen Vorstellung lösen, dass die Lösungen der genannten Polynomgleichung nur im *Bereich der bisher bekannten Zahlen*, der *reellen* Zahlen, zu suchen sind.

Wir müssen eine *Erweiterung des Zahlensystems* durch die *komplexen Zahlen* kennen lernen. Davon wird der nächste Abschnitt handeln.

Anschließend setzen wir dann ab Seite 99 im Abschnitt 6.1 die Beschreibung der Partialbruchzerlegung fort.

5 Einschub: Komplexe Zahlen

5.1 Ein Ausgangspunkt (einer von vielen)

Äußerst vielfältig ist die Menge der Zugänge zu den so genannten *komplexen Zahlen*. Wir wollen hier anknüpfen an die Aufgabenstellung des vorigen Abschnitts von Seite 82 und deren einfachste Form wählen:

Gegeben ist ein *Polynom zweiter Ordnung* (d. h. eine *quadratische Funktion*)

(5.01) $p_2(x) = x^2 + a_1 x + a_0$,

zu ermitteln sind *genau zwei Lösungen* der Gleichung

(5.02) $p_2(x) = 0$.

Betrachten wir dazu drei Beispiele:

Beispiel 1: Für das Polynom

(5.03a) $p_2(x) = x^2 - 5x + 6$

ergeben sich die gesuchten *beiden Lösungen* der Gleichung (5.02) aus der bekannten *p-q-Formel* (siehe Seite 33):

(5.03b) $x^2 - 5x + 6 = 0 \Leftrightarrow x_{1,2} = -(\frac{-5}{2}) \pm \sqrt{(\frac{-5}{2})^2 - 6} = \frac{5}{2} \pm \sqrt{\frac{25}{4} - \frac{24}{4}} = \frac{5}{2} \pm \frac{1}{2} \Leftrightarrow \begin{cases} x_1 = 2 \\ x_2 = 3 \end{cases}$

Beispiel 2: Für das Polynom

(5.04a) $p_2(x) = x^2 - 2x + 1$

liefert die *p-q-Formel* ebenfalls *zwei Lösungen*, dass sie zufällig gleich sind, ist dabei nicht wichtig:

(5.04b) $x^2 - 2x + 1 = 0 \Leftrightarrow x_{1,2} = -(\frac{-2}{2}) \pm \sqrt{(\frac{-2}{2})^2 - 1} = 1 \pm \sqrt{1-1} = 1 \pm 0 \Leftrightarrow \begin{cases} x_1 = 1 \\ x_2 = 1 \end{cases}$

Beispiel 3: Doch was passiert bei dem Polynom

(5.05a) $p_2(x) = x^2 - 2x + 10$?

Jetzt erscheint bei der Anwendung der p-q-Formel ein *negativer Radikand*, das heißt, unter dem Wurzelzeichen ist eine *negative Zahl* zu sehen:

(5.05b) $x^2 - 2x + 10 = 0 \Leftrightarrow x_{1,2} = -(\frac{-2}{2}) \pm \sqrt{(\frac{-2}{2})^2 - 10} = 1 \pm \sqrt{1-10} = 1 \pm \sqrt{-9}$

Hier hilft nun – man darf es ruhig so sagen – ein kleiner Trick, den sich die Mathematiker im ausgehenden Mittelalter haben einfallen lassen, und der dann später von Leonhard EULER (1707-1783) verallgemeinert wurde:

Es wird ganz formal ein Symbol i benutzt und

(5.05c) $-1 = i^2$

gesetzt.

Damit können nun auch für das dritte Polynom (5.05a) *zwei Lösungen* der Gleichung $p_2(x)=0$ angegeben werden:

(5.05d) $$x_{1,2} = 1 \pm \sqrt{-9} = 1 \pm \sqrt{9\cdot(-1)} = 1 \pm \sqrt{9}\sqrt{(-1)} = 1 \pm 3\sqrt{i^2} = 1 \pm 3i \Leftrightarrow \begin{cases} x_1 = 1+3i \\ x_2 = 1-3i \end{cases}$$

Diese beiden „Lösungen“ x_1 und x_2 sind offensichtlich mit dem bisherigen Zahlenverständnis nicht mehr zu erfassen. Es sind Lösungen aus einer *Erweiterung des Zahlensystems*:

Die beiden Lösungen $x_1=1+3i$ und $x_2=1-3i$ werden als *komplexe Lösungen* bezeichnet.

Man kann es ganz nüchtern sehen: Die Einführung der komplexen Zahlen mit dem Symbol i, das von Leonhard EULER den Namen *imaginäre Einheit* erhielt, und die Festlegung $i^2=-1$ – das sind gewissermaßen Vehikel der Mathematiker, um dafür zu sorgen, dass auch dann Lösungen von Gleichungen erhalten werden können, wenn das bisherige intuitive Zahlen-Verständnis versagt.

Wenn die bisher bekannten *reellen Zahlen* nicht ausreichen, um für ein Polynom n-ten Grades $p_n(x)$ die geforderten n Lösungen der Gleichung $p_n(x)=0$ zu beschaffen, müssen eben die *komplexen Zahlen* zu Hilfe genommen werden.

Nachdem die komplexen Zahlen im 17./18. Jahrhundert als mathematische Interna erschienen und diskutiert wurden, beschäftigten sich anschließend die Vertreter von Naturwissenschaft und Technik mit diesen neuartigen Zahlen und fanden in ihren Fachgebieten interessante Anwendungsmöglichkeiten.

Insbesondere die *Elektrotechnik* nutzt heute die komplexen Zahlen sehr erfolgreich, um viele fachspezifische Probleme zu lösen. Einen kleinen Konflikt gibt es dort allerdings:

Das Formelzeichen i war seit langem für die *elektrische Stromstärke* vergeben:

In der Elektrotechnik wird für die *imaginäre Einheit* der Buchstabe j verwendet, dort gilt also $-1=j^2$.

Zu den Anwendungen der komplexen Zahlen in Naturwissenschaft und Technik gibt es umfangreiche Ausführungen z. B. in [1], [24] und [32].

Wir werden in diesem Buch die komplexen Zahlen vor allem als *innermathematische Hilfsmittel* benötigen: Bei der *Fortsetzung der Partialbruchzerlegung* in Abschnitt 6.1 ab Seite 99 sowie bei der *Lösung bestimmter Differentialgleichungen* in Abschnitt 15.2.1 ab Seite 255.

Doch beginnen wir zuerst mit den Grundlagen – welche *Begriffe* gibt es in der Welt der komplexen Zahlen, wie wird dort *gerechnet*, was ist wichtig für die *mathematische Allgemeinbildung jedes Ingenieurs*?

5.2 Komplexe Zahlen in arithmetischer Form

5.2.1 Real- und Imaginärteil, rein imaginäre und konjugiert komplexe Zahlen

Die *arithmetische Form* der Darstellung einer komplexen Zahl

(5.06) $z = a + bi$,

die wir schon in (5.05d) kennen lernten, beschreibt links vom Pluszeichen den so genannten *Realteil*, und als *Faktor vor der imaginären Einheit* den *Imaginärteil* der komplexen Zahl.

Beispiele:

(5.07a)
$$z = 3 + 4i \rightarrow \begin{cases} \mathrm{Re}(z) = 3 \\ \mathrm{Im}(z) = 4 \end{cases}$$
$$z = -1 - 7i = -1 + (-7)i \rightarrow \begin{cases} \mathrm{Re}(z) = -1 \\ \mathrm{Im}(z) = -7 \end{cases}$$

Man beachte: Sowohl *Realteil* als auch *Imaginärteil* von komplexen Zahlen sind *reelle Zahlen* – insbesondere gehört die imaginäre Einheit *i nicht* zum Imaginärteil.

Sehen wir uns nun zwei wichtige *Spezialfälle* an:

(5.07b) $$z = 12i = 0 + 12i \rightarrow \begin{cases} \mathrm{Re}(z) = 0 \\ \mathrm{Im}(z) = 12 \end{cases}$$

(5.07c) $$z = -24 = -24 + 0i \rightarrow \begin{cases} \mathrm{Re}(z) = -24 \\ \mathrm{Im}(z) = 0 \end{cases}$$

In (5.07b) fehlt offensichtlich der *Realteil*, diese Zahl besitzt *nur einen Imaginärteil*:

Komplexe Zahlen *mit verschwindendem Realteil werden als rein imaginäre Zahlen* bezeichnet.

Dagegen besitzt die komplexe Zahl in (5.07c) den *Imaginärteil Null* – sie ist *reell*:

Jede *reelle Zahl* kann betrachtet werden als *komplexe Zahl mit verschwindendem Imaginärteil.*

Daraus folgt:

Die *Menge der reellen Zahlen* ist eine *Teilmenge der Menge der komplexen Zahlen.*

Betrachten wir nun noch einmal die beiden komplexen Lösungen, die durch die *p-q-Formel* in (5.05d) geliefert wurden:

(5.08) $$\begin{cases} x_1 = 1 + 3i \\ x_2 = 1 - 3i \end{cases}$$

Es ist klar erkennbar – die beiden *Realteile* sind gleich, die beiden *Imaginärteile* sind zwar betragsgleich, besitzen aber unterschiedliches Vorzeichen.

Da solche Situationen oft auftreten werden, gibt es für derartig *verwandte Paare komplexer Zahlen* einen besonderen Fachausdruck:

Zwei komplexe Zahlen z_1 und z_2 mit den Eigenschaften

$$\begin{aligned}\mathrm{Re}(z_1) &= \mathrm{Re}(z_2)\\ \mathrm{Im}(z_1) &= -\mathrm{Im}(z_2)\end{aligned} \tag{5.09}$$

heißen (zueinander) *konjugiert komplex.*

Offensichtlich erhält man durch die *p-q-Formel*, wenn sie komplexe Zahlen liefert, wegen des Doppel-Operationszeichens ± vor der Wurzel immer ein *Paar konjugiert komplexer Zahlen.*

5.2.2 Addition und Subtraktion komplexer Zahlen

Zwei komplexe Zahlen werden addiert bzw. subtrahiert, indem die *Realteile und Imaginärteile getrennt* addiert bzw. subtrahiert werden.

Beispiele:

$$z_1 = 3+4i, z_2 = 7+12i \to z_1 + z_2 = (3+7)+(4+12)i = 10+16i \tag{5.10a}$$

$$z_1 = 3+4i, z_2 = 7+12i \to z_1 - z_2 = (3-7)+(4-12)i = -4+(-8)i = -4-8i \tag{5.10b}$$

Wenden wir die bisher gelernten Begriffe an:

Sind zwei komplexe Zahlen z_1 und z_2 zueinander *konjugiert komplex*, dann ist ihre *Summe* stets reell, ihre *Differenz* dagegen ist stets rein imaginär.

$$z_1 = a+bi, z_2 = a-bi \to \begin{cases} z_1 + z_2 = (a+a)+(b-b)i & = 2a \\ z_1 - z_2 = (a-a)+(b-(-b))i = 2bi \end{cases} \tag{5.10c}$$

5.2.3 Multiplikation komplexer Zahlen

Zwei komplexe Zahlen $z_1=a_1+b_1i$ und $z_2=a_2+b_2i$ werden multipliziert, indem – wie üblich – die Klammen ausmultipliziert werden und $i^2=-1$ berücksichtigt wird:

$$\begin{aligned} z_1 = a_1 + b_1 i,\ z_2 = a_2 + b_2 i \to z_1 \cdot z_2 &= (a_1 + b_1 i)\cdot(a_2 + b_2 i)\\ &= a_1a_2 + a_1b_2i + b_1a_2i + b_1b_2i^2\\ &= a_1a_2 + a_1b_2i + b_1a_2i + b_1b_2(-1)\\ &= a_1a_2 - b_1b_2 + (a_1b_2 + b_1a_2)i\\ &\to \begin{cases}\mathrm{Re}(z_1\cdot z_2) = a_1a_2 - b_1b_2\\ \mathrm{Im}(z_1\cdot z_2) = a_1b_2 + b_1a_2\end{cases}\end{aligned} \tag{5.11}$$

Beispiel:

$$\begin{aligned} z_1 = 3+4i, z_2 = 7+12i \to z_1\cdot z_2 &= 3\cdot 7 + 3\cdot 12i + 4\cdot 7i + 4\cdot 12i^2\\ &= 21+36i+28i+48(-1)\\ &= -27+64i\end{aligned} \tag{5.11a}$$

Bemerkung: Wird eine komplexe Zahl $z_1=a+bi$ mit ihrer konjugiert komplexen Zahl $z_2=a-bi$ multipliziert, dann entsteht immer eine *reelle Zahl*:

(5.11b)
$$\begin{aligned} z_1=a+bi,\ z_2=a-bi \rightarrow z_1\cdot z_2 &= (a+bi)\cdot(a-bi) \\ &= a^2-(bi)^2 \\ &= a^2+b^2 \end{aligned}$$

5.2.4 Division komplexer Zahlen

Sind zwei komplexe Zahlen in arithmetischer Form $z_1=a_1+b_1i$ und $z_2=a_2+b_2i$ gegeben, dann wird zur Durchführung der Division

(5.12a) $$z_1:z_2=\frac{z_1}{z_2}=\frac{a_1+b_1i}{a_2+b_2i}$$

zuerst der gesamte Bruch mit der *konjugiert komplexen Zahl des Nenners* erweitert:

(5.12b) $$z_1:z_2=\frac{z_1}{z_2}=\frac{a_1+b_1i}{a_2+b_2i}=\frac{(a_1+b_1i)\cdot(a_2-b_2i)}{(a_2+b_2i)\cdot(a_2-b_2i)}$$

Dadurch entsteht im Nenner stets (siehe obige Bemerkung) eine reelle Zahl, und der Zähler wird anschließend ausmultipliziert.

Beispiel:

(5.12c) $$z_1:z_2=\frac{z_1}{z_2}=\frac{3+4i}{1-2i}=\frac{(3+4i)\cdot(1+2i)}{(1-2i)\cdot(1+2i)}=\frac{(3+4i)\cdot(1+2i)}{5}=\frac{-5+10i}{5}=-1+2i$$

5.2.5 Potenzieren einer komplexen Zahl

Ist eine komplexe Zahl in arithmetischer Form $z=a+bi$ gegeben, so erfolgt das Potenzieren durch Anwendung des *binomischen Satzes* (siehe Abschnitt 1.4.3 auf Seite 24).

Beispiel:

(5.13)
$$\begin{aligned} (1+i)^8 &= \binom{8}{0}1^8+\binom{8}{1}1^7i^1+\binom{8}{2}1^6i^2+\binom{8}{3}1^5i^3+\binom{8}{4}1^4i^4+\binom{8}{5}1^3i^5+\binom{8}{6}1^2i^6+\binom{8}{7}1^1i^7+\binom{8}{8}i^8 \\ &= 1+8i+28i^2+56i^3+70i^4+56i^5+28i^6+8i^7+i^8 \\ &= 1+8i+28(-1)+56(-i)+70+56i+28(-1)+8(-i)+1 \\ &= 1+8i+28(-1)+56(-i)+70+56i+28(-1)+8(-i)+1 \\ &= 16 \end{aligned}$$

5.3 GAUSSsche Zahlenebene

Die *reellen Zahlen*, die wir bisher nur kannten, ließen sich hinsichtlich ihrer Lage vergleichen, indem man sie auf einem *Zahlenstrahl* auftrug, der von minus Unendlich bis plus Unendlich reichte. Dieser Zahlenstrahl leistete auch gute Dienste, wenn *Lösungsmengen von Ungleichungen* darzustellen waren (siehe z. B. Abschnitt 2.2.3 ab Seite 34).

Wie aber kann man sich komplexe Zahlen veranschaulichen?

Die Antwort darauf gab Carl Friedrich GAUSS (1777-1855), der vorschlug, komplexe Zahlen in ein *rechtwinkliges Koordinatensystem* einzutragen, in dem die *waagerechte Achse* als *reelle Achse* und die *senkrechte Achse* als *imaginäre Achse* bezeichnet wird:

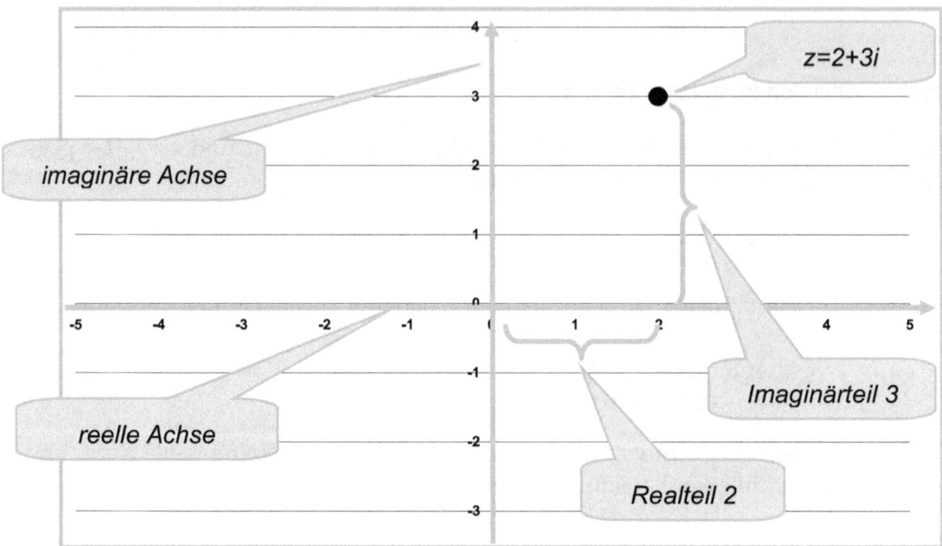

Bild 5.1: GAUSSsche Zahlenebene mit der komplexen Zahl z=2+3i

Es ist ganz einfach – der *Realteil* der gegebenen komplexen Zahl wird auf der *reellen (waagerechten) Achse* je nach Vorzeichen nach rechts oder links abgetragen, der *Imaginärteil* entsprechend auf der *senkrechten (imaginären) Achse,* damit entsteht jede komplexe Zahl als *Punkt in der GAUSSschen Zahlenebene.*

Diese Veranschaulichung macht auch sofort deutlich, dass es zwischen komplexen Zahlen – anders als zwischen reellen Zahlen – *keine Kleiner- oder Größer-Beziehung* gibt.

Weiter wird auch sofort deutlich, dass *rein imaginäre Zahlen* offensichtlich auf der *senkrechten Achse* liegen werden, wogegen alle *reellen Zahlen* (also alle komplexen Zahlen mit verschwindendem Imaginärteil) ihren Platz auf der *reellen Achse* finden werden.

5.4 Trigonometrische Darstellung komplexer Zahlen

Bild 5.2 zeigt lässt am Beispiel einer komplexen Zahl vermuten, dass grundsätzlich folgende *Aussage* gilt:

Jeder *Punkt in der GAUSSschen Zahlenebene,* das heißt *jede komplexe Zahl* $z=a+bi$, lässt sich

- entweder durch die beiden *Achsenabschnitte a und b,* die dem Real- und Imaginärteil entsprechen, oder
- durch den *Abstand vom Koordinatenursprung* r und den *Winkel* φ

beschreiben. Beide Beschreibungen sind *völlig gleichwertig.*

Für Bild 5.2 ist die komplexe Zahl $z=1+i\cdot\sqrt{3}$ gewählt worden, bei ihr lässt sich schon mit grober Skizze der Winkel von 60 Grad und der Abstand $r=2$ ablesen.

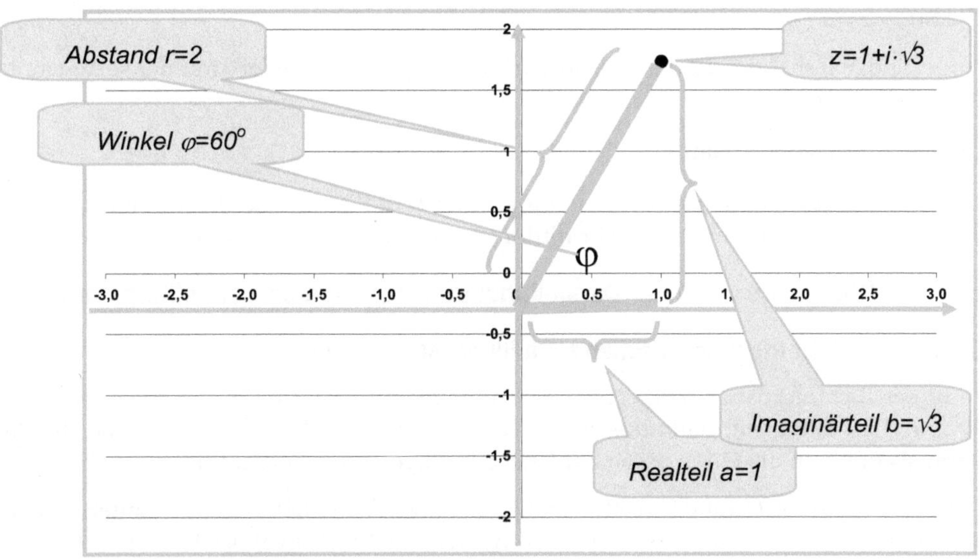

Bild 5.2: Zwei Arten der Beschreibung von $z=1+i\cdot\sqrt{3}$

Wo liegt das Problem? Es liegt in der *Mitteilungsform*. Nehmen wir die *Unterschiede* zur Kenntnis: Wird eine komplexe Zahl in ihrer *arithmetischen Form* beschrieben durch Real- und Imaginärteil, dann teilt man eine *Gleichung* mit:

Wir betrachten die komplexe Zahl $z=1+i\cdot\sqrt{3}$.

Wird sie dagegen beschrieben durch *Radius und Winkel*, dann würde man nur *zwei Werte* mitteilen:

Wir betrachten die komplexe Zahl z mit $r=2$ *und* $\varphi=60^{\circ}$.

Oder – falls man den Winkel nicht im Grad- sondern im *Bogenmaß* (siehe Abschnitt 2.4.5 ab Seite 55) beschreiben möchte, dann sind es aber auch nur *zwei Werte*:

Wir betrachten die komplexe Zahl z mit $r=2$ *und* $\varphi=\pi/3$.

Während bei der ersten Mitteilungsform sofort Real- und Imaginärteil abgelesen werden können, ist dies bei der zweiten Art der Mitteilung offensichtlich nicht möglich. Deshalb hat man sich entschlossen, zuerst einmal die Zusammenhänge zwischen Radius, Winkel, Real- und Imaginärteil festzustellen.

Weil der *Realteil von z* als *Ankathete des Winkels φ*, der *Imaginärteil von z* als *Gegenkathete* und der *Radius* als *Hypothenuse* im rechtwinkligen Dreieck erkennbar ist, erhält man (siehe auch Abschnitt 2.4.1 ab Seite 46) die folgenden *Zusammenhangsformeln*:

$$\left.\begin{array}{l}\sin\varphi=\dfrac{b}{r}\to b=r\cdot\sin\varphi\\ \cos\varphi=\dfrac{a}{r}\to a=r\cdot\cos\varphi\end{array}\right\}\Rightarrow z=a+b\cdot i=r(\cos\varphi+i\cdot\sin\varphi) \tag{5.14}$$

Das ist die Lösung – man teilt von einer komplexen Zahl z entweder in der *arithmetischen Form*

(5.15a) $z = a + b \cdot i$

sofort und ablesbar den *Real- und Imaginärteil* mit – oder man liefert mit der so genannten *trigonometrischen Form*

(5.15b) $z = r(\cos\varphi + i \cdot \sin\varphi)$

mit *sofort ablesbarem Radius und Winkel* auch gleich die *Berechnungsformel* zum Übergang zur arithmetischen Form und zur Ermittlung von Real- und Imaginärteil.

5.5 Übergänge von einer Darstellungsform zur anderen Darstellungsform

5.5.1 Von der trigonometrischen zur arithmetischen Form

In dieser Richtung ist es *recht einfach*: Wird eine komplexe Zahl in der *trigonometrischen Form* (5.15b) mitgeteilt, dann lassen sich sofort *Radius* und *Winkel* ablesen, und die Zahl kann als Punkt in die GAUSSsche Zahlenebene eingetragen werden(Bilder 5.3a bis 5.3c).

Die *Achsenabschnitte* auf der reellen und imaginären Achse liefern dann – unter Berücksichtigung ihrer Richtung – den (positiven oder negativen) Real- und Imaginärteil und damit die *arithmetische Darstellung* der komplexen Zahl.

Wem dies zu ungenau ist, der kann den Real- und Imaginärteil der komplexen Zahl auch mit Hilfe der beiden Formeln *ausrechnen*:

(5.16) $$a = r \cdot \cos\varphi$$ $$b = r \cdot \sin\varphi$$

Dabei muss auf jeden Fall berücksichtigt werden, ob der Winkel φ in *Grad-* oder *Bogenmaß* angegeben ist - (siehe Abschnitt 2.4.5 ab Seite 55).

In den Bildunterschriften der Bilder (5.3a) bis (5.3c) sind deshalb die Winkel φ jeweils zweimal beschrieben – einmal im *Gradmaß* und einmal im *Bogenmaß*.

Es wird empfohlen, mit dem Taschenrechner zur Übung die dort angegebenen Real- und Imaginärteile zweimal auszurechnen, um den simultanen Umgang mit beiden Arten der Winkeldarstellungen zu festigen.

Während in Bild 5.3a und 5.3c offensichtlich bei guter Zeichnung sofort die arithmetische Darstellung der eingetragenen komplexen Zahlen abgelesen werden kann, empfiehlt sich in Bild 5.3b die Verwendung der Merkhilfe für oft benötigte Sinus- und Kosinuswerte von Seite 49.

Bemerkenswert an Bild 5.3c ist der Umgang mit dem gegebenen Winkel von *765 Grad*. Wie zu sehen ist (vergleiche auch hier die Abschnitte über das *Grundwissen zu Sinus und Kosinus* ab Seite 46), findet man die Stelle, an der der Punkt $z = \sqrt{2} \cdot (\cos 765^\circ + i\sin 765^\circ)$ einzutragen ist, indem man sich überlegt, wie oft der Vollkreis von 360 Grad zu durchlaufen ist – hier ist es zweimal. Dann bleibt ein Rest von 45 Grad, womit der *abzutragende Winkel* gefunden ist. Ähnlich wäre auch bei *negativem Winkel* vorzugehen.

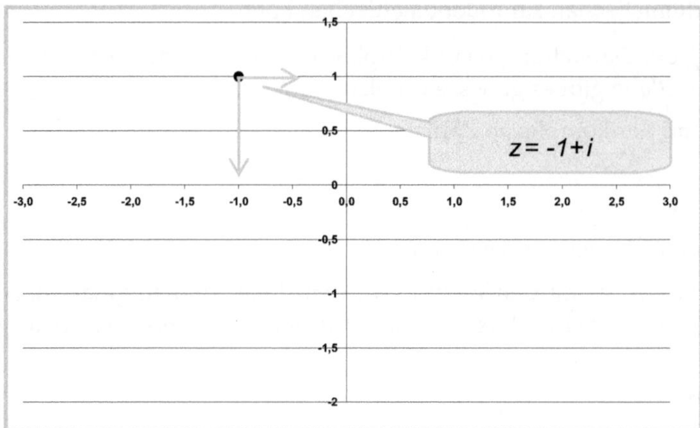

Bild 5.3a: $z=\sqrt{2}\,(\cos 135^\circ + i \sin 135^\circ) = \sqrt{2}\,(\cos 3\pi/4 + i \sin 3\pi/4)$

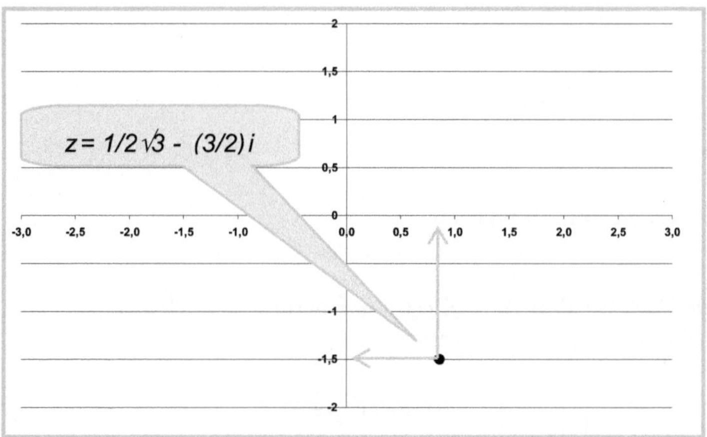

Bild 5.3b: $z=\sqrt{3}\,(\cos 300^\circ + i \sin 300^\circ) = \sqrt{3}\,(\cos 5\pi/3 + i \sin 5\pi/3)$

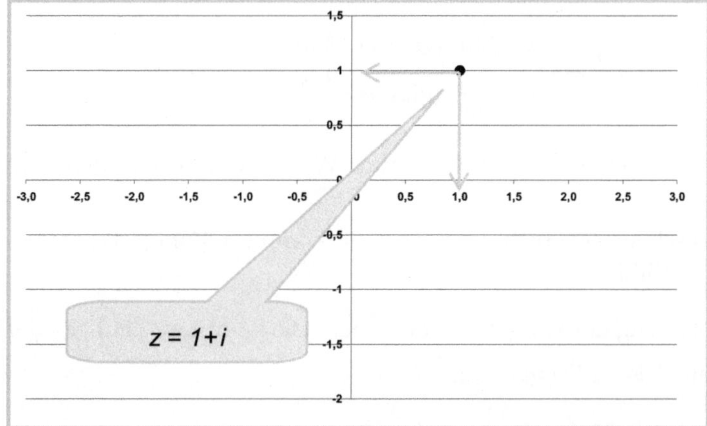

Bild 5.3c: $z= z=\sqrt{2}\,(\cos 765^\circ + i \sin 765^\circ) = \sqrt{2}\,(\cos 17\pi/4 + i \sin 17\pi/4) = \sqrt{2}\,(\cos \pi/4 + i \sin \pi/4)$

5.5.2 Von der arithmetischen zur trigonometrischen Form

Bei der Umformung der Darstellung einer komplexen Zahl z aus der *arithmetischen* in die *trigonometrische Darstellung* gibt es gewisse Probleme.

Lernen wir sie anhand der komplexen Zahl

(5.17) $$z=\frac{1}{2}\sqrt{3}-\frac{1}{2}i$$

kennen. Gesucht ist die *trigonometrische Form*.

Schritt 1: Bestimmen wir zuerst den *Radius*. Mit dem Real- und Imginärteil, sofort aus (5.17) abgelesen, ergibt sich der Radius r aus dem *Satz des Pythagoras* (siehe Seite 47):

(5.17a) $$r^2=a^2+b^2$$

Schritt 2: Aus

(5.17b) $$\frac{a}{r}=\cos\varphi$$

oder

(5.17c) $$\frac{b}{r}=\sin\varphi$$

könnte nun der Winkel φ ermittelt werden.

Doch was passiert?

Anstelle von *einem Wert* für den Winkel φ finden sich im Bereich von 0° bis 360° (bzw. von 0 bis 2π) jeweils *zwei verschiedene Werte*:

(5.17d) $$\cos\varphi=\frac{a}{r}=\frac{\frac{1}{2}\sqrt{3}}{1}=\frac{1}{2}\sqrt{3}\Leftrightarrow\begin{cases}\varphi=30^0 \text{ oder } \varphi=330^0\\ \varphi=\frac{\pi}{6} \text{ oder } \varphi=\frac{11\pi}{6}\end{cases}$$

(5.17e) $$\sin\varphi=\frac{a}{r}=\frac{-\frac{1}{2}}{1}=-\frac{1}{2}\Leftrightarrow\begin{cases}\varphi=210^0 \text{ oder } \varphi=330^0\\ \varphi=\frac{7\pi}{6} \text{ oder } \varphi=\frac{11\pi}{6}\end{cases}$$

Nun ist guter Rat teuer – was stimmt denn nun? Wie bekommt man den zutreffenden Winkel heraus?

Ganz einfach – man scheue sich nicht und trage die komplexe Zahl (5.17) in die GAUSS-sche Zahlenebene ein (Bild 5.4).

Und schon ist die Lösung der Aufgabe zu erkennen: Die komplexe Zahl $z=\frac{1}{2}\sqrt{3}-\frac{1}{2}i$ besitzt die trigonometrische Darstellung

(5.17f) $$z=\cos 330^o+i\sin 330^0=\cos\frac{11}{6}\pi+i\sin\frac{11}{6}\pi$$

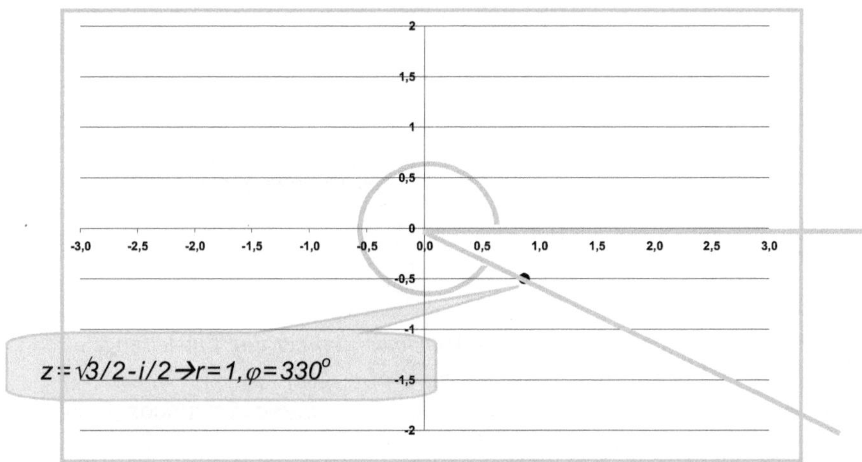

Bild 5.4: In der GAUSSschen Zahlenebene erkennt man den zutreffenden Winkel: 330°

Wer nun denkt, er könne mit dem *Taschenrechner* dieser soeben geschilderten Verwirrung bei der Suche nach dem richtigen Winkel entgehen, dem sei hier mitgeteilt, dass genau das Gegenteil der Fall ist:

Wohl besitzen heutige Taschenrechner zwei Tasten mit den Bezeichnungen `arcsin` und `arccos` , mit denen angeblich die Suche nach dem Winkel bei gegebenem Sinus- bzw. Kosinuswert durchgeführt werden kann, aber sehen wir uns an, was sie liefern:

- Ist die Anzeige des Taschenrechners auf *Gradmaß* (i. allg. `Deg`) eingestellt, wird dann in das Eingabefeld $\sqrt{3}/2 \approx 0{,}866025$ eingetragen und die Taste `arccos` gedrückt, dann erscheint das Ergebnis 30.
- Ist die Anzeige des Taschenrechners auf *Bogenmaß* (i. allg. `Rad`) eingestellt, wird dann in das Eingabefeld $\sqrt{3}/2 \approx 0{,}866025$ eingetragen und die Taste `arccos` gedrückt, dann erscheint in der Anzeige $0{,}52359977559829887307710723054658 \approx \pi/6$.
- Ist die Anzeige des Taschenrechners auf *Gradmaß* (i. allg. `Deg`) eingestellt, wird dann in das Eingabefeld -1/2 eingetragen und die Taste `arcsin` gedrückt, dann erscheint das Ergebnis -30. Man beachte das *Minuszeichen*: Minus 30 Grad sind dasselbe wie plus 330 Grad!
- Ist die Anzeige des Taschenrechners auf *Bogenmaß* (i. allg. `Rad`) eingestellt, wird dann in das Eingabefeld -1/2 eingetragen und die Taste `arcsin` gedrückt, dann erscheint in der Anzeige $-0{,}52359877559829887307710723054658 \approx -\pi/6$.

Grundsätzlich gilt (und wird in Abschnitt 9.3.2 ab Seite 156 auch begründet):

Die Taste `arccos` liefert von den *beiden Winkeln,* die zu einem gegebenen Kosinus-Ergebnis gehören, grundsätzlich nur den *einen Winkel,* der zwischen 0° und 180° (bzw. zwischen 0 und π) liegt.

Die Taste `arcsin` liefert von den beiden Winkeln zu einem gegebenen Sinus-Ergebnis grundsätzlich nur den *einen Winkel,* der zwischen -90° und +90° (bzw. zwischen $-\pi/2$ und $+\pi/2$) liegt.

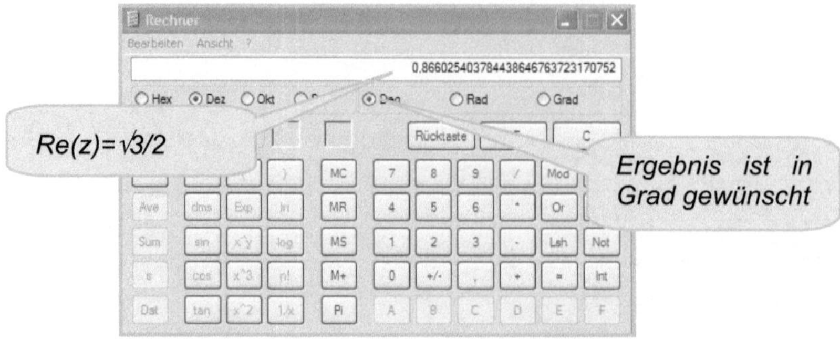

Bild 5.5a: Eingabe des Realteils in den Windows-Rechner und Einstellungen

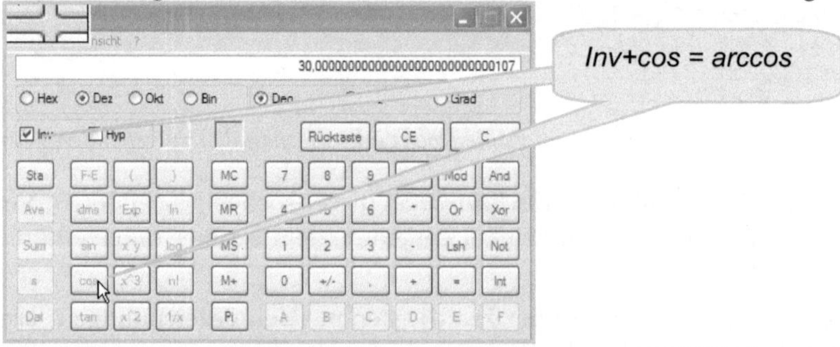

Bild 5.5b: Anzeige eines Winkelwertes in Gradmaß durch `arc cos`

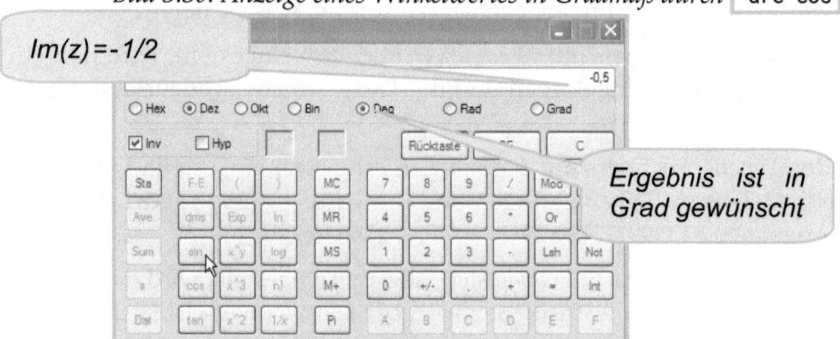

Bild 5.6a: Eingabe des Imaginärteils in den Windows-Rechner und Einstellungen

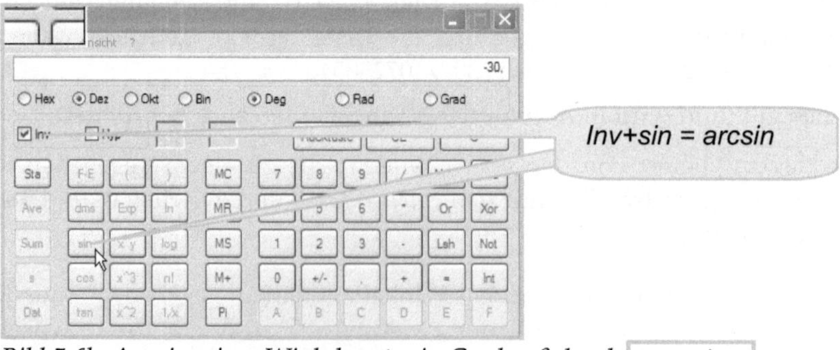

Bild 5.6b: Anzeige eines Winkelwertes in Gradmaß durch `arc sin`

Es bleibt dabei: Ohne Skizze der GAUSSschen Zahlenebene ist der Übergang von einer Darstellungsform einer komplexen Zahl zur anderen sehr schwierig.

Mit Skizze und Taschenrechner (und ausreichendem Grundwissen über Sinus und Kosinus) dagegen wird es einfacher.

5.6 Multiplikation und Division bei trigonometrischer Form

Während Multiplikation und Division zweier komplexer Zahlen z_1 und z_2 recht aufwändig sind, wenn beide Zahlen in arithmetischer Form vorliegen (siehe Seite 85), werden diese beiden Operationen ganz einfach, wenn man von der *trigonometrischen Form* ausgehen kann:

(5.18)
$$\left.\begin{aligned} z_1 &= r_1\cdot(\cos\varphi_1 + i\sin\varphi_1) \\ z_2 &= r_2\cdot(\cos\varphi_2 + i\sin\varphi_2) \end{aligned}\right\} \Rightarrow \begin{cases} z_1\cdot z_2 = r_1\cdot r_2\cdot(\cos(\varphi_1+\varphi_2) + i\sin(\varphi_1+\varphi_2)) \\[2ex] \dfrac{z_1}{z_2} = \dfrac{r_1}{r_2}\cdot(\cos(\varphi_1-\varphi_2) + i\sin(\varphi_1-\varphi_2)) \end{cases}$$

Beschreiben wir es mit Worten:

Wenn zwei komplexe Zahlen in trigonometrischer Form vorliegen, dann werden sie miteinander *multipliziert*, indem ihre *Radien multipliziert* und ihre *Winkel addiert* werden.

Wenn zwei komplexe Zahlen in trigonometrischer Form vorliegen, dann werden sie durcheinander *dividiert*, indem ihre *Radien dividiert* und ihre *Winkel subtrahiert* werden.

Beispiele:

(5.18a)
$$z_1 = 2\cdot(\cos 45^0 + i\sin 45^0),\ z_2 = 3\cdot(\cos 135^0 + i\sin 135^0) \Rightarrow z_1\cdot z_2 = 6\cdot(\cos 180^0 + i\sin 180^0) = -6$$
$$z_1 = 2\cdot(\cos\frac{\pi}{4} + i\sin\frac{\pi}{4}),\quad z_2 = 3\cdot(\cos\frac{3\pi}{4} + i\sin\frac{3\pi}{4}) \quad \Rightarrow z_1\cdot z_2 = 6\cdot(\cos\pi + i\sin\pi) \quad = -6$$

(5.18b)
$$z_1 = 2\cdot(\cos 45^0 + i\sin 45^0),\ z_2 = 3\cdot(\cos 135^0 + i\sin 135^0) \Rightarrow \frac{z_1}{z_2} = \frac{2}{3}\cdot(\cos(-90^0) + i\sin(-90^0)) = -\frac{2}{3}$$
$$z_1 = 2\cdot(\cos\frac{\pi}{4} + i\sin\frac{\pi}{4}),\quad z_2 = 3\cdot(\cos\frac{3\pi}{4} + i\sin\frac{3\pi}{4}) \quad \Rightarrow \frac{z_1}{z_2} = \frac{2}{3}\cdot(\cos(-\frac{\pi}{2}) + i\sin(-\frac{\pi}{2})) \quad = -\frac{2}{3}$$

Die Einfachheit der beiden Formeln führen zu folgender Empfehlung, die sich auch in vielen Übungsaufgaben für Studierende findet:

Empfehlung: Sind zwei komplexe Zahlen miteinander zu multiplizieren oder durcheinander zu dividieren, so überführe man beide Zahlen zuerst in *trigonometrische Form* und führe dann die Multiplikation bzw. Division aus.

Man kann die vier Grundrechenarten mit komplexen Zahlen in der GAUSSschen Zahlenebene auch geometrisch deuten. Einzelheiten dazu können in [1], [25] und [32] nachgelesen werden.

5.7 Potenzieren und Radizieren bei trigonometrischer Form

5.7.1 Potenzen

Erinnern wir uns an das Beispiel $(1+i)^8$ von Seite 87: Der binomische Satz musste angewandt werden, neun Summanden mit fünf verschiedenen Binomialkoeffizienten mussten berechnet werden, dazu wurden zusätzlich die Potenzen der imaginären Einheit i benötigt – welch ein Aufwand.

Wie einfach ist dagegen die Potenzformel, wenn man von der *trigonometrischen Form* der komplexen Zahl ausgehen kann:

(5.19) $$z = r\cdot(\cos\varphi + i\sin\varphi) \Rightarrow z^n = [r\cdot(\cos\varphi + i\sin\varphi)]^n = r^n\cdot(\cos n\varphi + i\sin n\varphi)$$

In Worten:

Wenn eine komplexe Zahl in trigonometrischer Form vorliegt, dann wird sie potenziert, indem ihr *Radius potenziert* und ihr *Winkel mit dem Exponenten multipliziert* wird.

Diese Regel ist auch als *Gesetz von MOIVRE* bekannt.

Beispiel:

(5.19a)
$$z=(1+i)=\sqrt{2}\cdot(\cos 45^\circ + i\sin 45^\circ) \Rightarrow z^8 = (\sqrt{2})^8\cdot(\cos 8\cdot 45^\circ + i\sin 8\cdot 45^\circ) = 2^4\cdot(\cos 360^\circ + i\sin 360^\circ) = 16$$
$$z=(1+i)=\sqrt{2}\cdot(\cos\frac{\pi}{4} + i\sin\frac{\pi}{4}) \Rightarrow z^8 = (\sqrt{2})^8\cdot(\cos 8\frac{\pi}{4} + i\sin 8\frac{\pi}{4}) = 2^4\cdot(\cos 2\pi + i\sin 2\pi) = 16$$

5.7.2 Wurzeln aus komplexen Zahlen

Von den reellen Zahlen her kennen wir den Begriff der Wurzel: *Eine* nichtnegative reelle Zahl a heißt *n-te Wurzel* aus einer anderen reellen Zahl b, wenn gilt $a^n=b$.

Lässt sich das auch auf komplexe Zahlen übertragen?

Beginnen wir mit einem Beispiel, betrachten wir die drei (durchaus verschiedenen) komplexen Zahlen

(5.20a)
$$z_1 = 3\cdot(\cos\frac{\pi}{9} + i\cdot\sin\frac{\pi}{9})$$
$$z_2 = 3\cdot(\cos 140^\circ + i\cdot\sin 140^\circ)$$
$$z_3 = 3\cdot(\cos\frac{13\pi}{9} + i\cdot\sin\frac{13\pi}{9})$$

Zuerst sollten wir das Durcheinander von Grad- und Bogenmaß beseitigen – so oder so:

(5.20b)
$$z_1 = 3\cdot(\cos\frac{\pi}{9} + i\cdot\sin\frac{\pi}{9}) = 3\cdot(\cos 20^\circ + i\cdot\sin 20^\circ) = 3\cdot(\cos\frac{\pi}{9} + i\cdot\sin\frac{\pi}{9})$$
$$z_2 = 3\cdot(\cos 140^\circ + i\cdot\sin 140^\circ) = 3\cdot(\cos 140^\circ + i\cdot\sin 140^\circ) = 3\cdot(\cos\frac{7\pi}{9} + i\cdot\sin\frac{7\pi}{9})$$
$$z_3 = 3\cdot(\cos\frac{13\pi}{9} + i\cdot\sin\frac{13\pi}{9}) = 3\cdot(\cos 260^\circ + i\cdot\sin 260^\circ) = 3\cdot(\cos\frac{13\pi}{9} + i\cdot\sin\frac{13\pi}{9})$$

Das wäre geschafft. Sehen wir uns nun die dritten Potenzen z_1^3, z_2^3 und z_3^3 dieser drei verschiedenen komplexen Zahlen z_1, z_2 und z_3 an, beschränken wir uns dabei auf das Gradmaß (die Potenzen im Bogenmaß werden als Übung empfohlen):

$$\begin{aligned} z_1^3 &= [3\cdot(\cos 20^\circ + i\cdot\sin 20^\circ)]^3 &&= 27\cdot(\cos\ 60^\circ + i\cdot\sin\ \ 60^\circ) \\ z_2^3 &= [3\cdot(\cos 140^\circ + i\cdot\sin 140^\circ)]^3 &&= 27\cdot(\cos 420^\circ + i\cdot\sin 420^\circ) \\ z_3^3 &= [3\cdot(\cos 260^\circ + i\cdot\sin 260^\circ)]^3 &&= 27\cdot(\cos 780^\circ + i\cdot\sin 780^\circ) \end{aligned} \tag{5.20c}$$

Sehen wir uns diese Ergebnisse genauer an, erinnern wir uns dabei an den *Einheitskreis* und die Ausführungen über *Sinus- und Kosinuswerte bei Winkeln*, die *größer als 360 Grad* sind (siehe Seite 54):

Dann stellen wir nämlich fest:

Sinus und Kosinus von 420 Grad sind gleich dem Sinus und Kosinus von 60 Grad (weil eine volle Umkreisung des Einheitskreises abgezogen wird).

Sinus und Kosinus von 780 Grad sind auch gleich dem Sinus und Kosinus von 60 Grad (weil zwei volle Umkreisungen des Einheitskreises abgezogen werden).

Damit ergibt sich aus (5.20c)

$$\begin{aligned} z_1^3 &= 27\cdot(\cos 60^\circ + i\cdot\sin 60^\circ) && = 27\cdot(\frac{1}{2}+\frac{1}{2}\sqrt{3}\cdot i) = \frac{27}{2}(1+i\cdot\sqrt{3}) \\ z_2^3 &= 27\cdot(\cos 420^\circ + i\cdot\sin 420^\circ) = 27\cdot(\cos 60^\circ + i\cdot\sin 60^\circ) && = 27\cdot(\frac{1}{2}+\frac{1}{2}\sqrt{3}\cdot i) = \frac{27}{2}(1+i\cdot\sqrt{3}) \\ z_3^3 &= 27\cdot(\cos 780^\circ + i\cdot\sin 780^\circ) = 27\cdot(\cos 60^\circ + i\cdot\sin 60^\circ) && = 27\cdot(\frac{1}{2}+\frac{1}{2}\sqrt{3}\cdot i) = \frac{27}{2}(1+i\cdot\sqrt{3}) \end{aligned} \tag{5.20d}$$

und wir erkennen die *Gleichheit der drei dritten Potenzen* von ursprünglich *drei verschiedenen komplexen Zahlen.*

Aussage (ohne Beweis): Zu jeder komplexen Zahl z gibt es n verschiedene komplexe Zahlen $z_1, z_2, \ldots, z_n$, deren n-te Potenz gleich dieser Zahl z ist:

$$z = z_1^n = z_2^n = z_3^n = \ldots = z_n^n \tag{5.21}$$

Diese n-Zahlen werden (komplexe) Wurzeln von z genannt.

Ist speziell $z=1+0\cdot i=1$ (die reelle Zahl 1 wird als *komplexe Zahl mit verschwindendem Imaginärteil* angesehen), dann werden die n Zahlen mit

$$1 = z_1^n = z_2^n = z_3^n = \ldots = z_n^n \tag{5.21a}$$

als *n-te Einheitswurzeln* bezeichnet. Sie liegen gleichmäßig verteilt auf dem Rande des Einheitskreises. Weitere Aussagen dazu finden sich z. B. in [1], [25] und [32].

5.8 Die EULERsche Formel

Nehmen wir die EULERsche Formel einfach als eine *abkürzende Schreibweise* zur Kenntnis:

(5.22) $e^{i\varphi} = \cos\varphi + i\sin\varphi$

Welchen Nutzen bringt sie uns?

Mit Hilfe der EULERschen Formel kann man darauf verzichten, sich die drei Regeln für Multiplikation, Division und Potenz von komplexen Zahlen in trigonometrischer Darstellung merken zu müssen.

(5.22a)
$$\left.\begin{aligned} z_1 &= r_1(\cos\varphi_1 + i\sin\varphi_1) = r_1 e^{i\varphi_1} \\ z_2 &= r_2(\cos\varphi_2 + i\sin\varphi_2) = r_2 e^{i\varphi_2} \end{aligned}\right\} \Rightarrow z_1 \cdot z_2 = r_1 e^{i\varphi_1} \cdot r_2 e^{i\varphi_2} = r_1 r_2 e^{i\varphi_1} e^{i\varphi_2} = r_1 r_2 e^{i(\varphi_1+\varphi_2)} =$$
$$= r_1 r_2 (\cos(\varphi_1 + \varphi_2) + i\sin(\varphi_1 + \varphi_2))$$

(5.22b)
$$\left.\begin{aligned} z_1 &= r_1(\cos\varphi_1 + i\sin\varphi_1) = r_1 e^{i\varphi_1} \\ z_2 &= r_2(\cos\varphi_2 + i\sin\varphi_2) = r_2 e^{i\varphi_2} \end{aligned}\right\} \Rightarrow \frac{z_1}{z_2} = \frac{r_1 e^{i\varphi_1}}{r_2 e^{i\varphi_2}} = \frac{r_1}{r_2} \frac{e^{i\varphi_1}}{e^{i\varphi_2}} = r_1 r_2 e^{i(\varphi_1-\varphi_2)} =$$
$$= \frac{r_1}{r_2}(\cos(\varphi_1 - \varphi_2) + i\sin(\varphi_1 - \varphi_2))$$

(5.22c)
$$z = r(\cos\varphi + i\sin\varphi) = re^{i\varphi} \Rightarrow z^n = [re^{i\varphi}]^n = r^n[e^{i\varphi}]^n = r^n e^{in\varphi}$$
$$= r^n(\cos(n\varphi) + i\sin(n\varphi))$$

Die Formeln (5.22a) bis (5.22c) lassen es erkennen: Die Regeln für Multiplikation, Division zweier komplexer Zahlen sowie für das Potenzieren ergeben sich, wenn man die EULERsche Formel als *abkürzende Schreibweise* benutzt, tatsächlich aus den grundlegenden *Gesetzen der Potenzrechnung* (siehe Abschnitt 2.1.2 auf Seite 25).

6 Funktionen III: Rationale bis trigonometrische Funktionen

6.1 Echt gebrochen rationale Funktionen (Fortsetzung)

6.1.1 Lösung der Gleichung: Nennerpolynom gleich Null

Kehren wir nun zurück zu den Ausführungen von Kapitel 4.2 über *echt gebrochen rationale Funktionen*:

> Behauptung: Jede *echt gebrochen rationale Funktion*
>
> (6.01) $$f(x)=\frac{p_m(x)}{p_n(x)}=\frac{a_m x^m+a_{m-1}x^{m-1}+\ldots+a_2x^2+a_1x+a_0}{b_n x^n+b_{n-1}x^{n-1}+\ldots+b_2x^2+b_1x+b_0}$$
>
> kann *wesentlich vereinfacht* werden durch ihre Darstellung als *Summe von Partialbrüchen*.

Wie diese Summe von Partialbrüchen aussehen kann und welch beachtliche Vereinfachung der Funktionsformel echt gebrochen rationaler Funktionen sich dadurch ergibt, das wurde auf den Seiten 79 und 80 mit den Beispielen (4.26a) bis (4.26h) illustriert.

Weiter wurde in Kapitel 4.2 mit der Antwort auf die Frage begonnen, *wie* diese so genannte *Partialbruchzerlegung einer echt gebrochen rationalen Funktion* durchgeführt werden kann. Der *erste Schritt* jeder Partialbruchzerlegung ist allerdings nur nötig, wenn die höchste x-Potenz im Nenner nicht die Eins als Faktor besitzt (siehe (4.26c) auf Seite 79):

> *Erster Schritt der Partialbruchzerlegung*: Wenn der Koeffizient der höchsten x-Potenz des Nennerpolynoms ungleich Eins ist (wenn also in Formel (6.01) $b_n \neq 1$ gilt), dann ist *passend auszuklammern*. In den weiteren Schritten der Partialbruchzerlegung wird dann der ausgeklammerte Zahlen-Faktor bis zum Schluss nicht berücksichtigt.

Auf Seite 82 wurde mit dem *zweiten Schritt der Partialbruchzerlegung* begonnen:

> *Zweiter Schritt der Partialbruchzerlegung*: Man finde *alle n Lösungen* der Gleichung
>
> (6.02) $$p_n(x)=0 \quad .$$

An dieser Stelle musste im Kapitel 4.2 die Beschäftigung mit der Partialbruchzerlegung abgebrochen werden, weil mit dem damals nur bekannten *Bereich der reellen Zahlen* keinesfalls gesichert werden konnte, dass immer *ausreichend viele Lösungen* dieser Gleichung *Nennerpolynom gleich Null* gefunden werden können.

Nun, nach dem *Einschub über die komplexen Zahlen* im vorigen Kapitel, ist das anders, denn nun können wir den so genannten *Fundamentalsatz der Algebra* zur Kenntnis nehmen:

> Wenn $p_n(x)$ ein Polynom n-ten Grades ist, dann hat die Gleichung $p_n(x)=0$ im Bereich der komplexen Zahlen *genau n Lösungen*.

Folglich geht es jetzt nicht mehr darum, *ob* man ausreichend viele Lösungen der Gleichung *Nennerpolynom gleich Null* finden kann – vielmehr ist herauszufinden, *wie* man zu diesen Lösungen kommen kann.

Erster Fall: Nennerpolynom ist vom Grad 2

Fangen wir mit einem *Nennerpolynom zweiten Grades* an und nehmen, wie ab jetzt immer, die *Eins* als *Koeffizienten der höchsten x-Potenz* an (um dies zu erreichen, wurde notfalls der erste Schritt der Partialbruchzerlegung durchgeführt):

(6.03a) $p_2(x) = x^2 + b_1 x + b_0$

Hier finden sich die geforderten beiden Lösungen der Gleichung $p_2(x)=0$ immer durch Anwendung der bekannten *p-q-Formel*:

(6.03b) $x_{1,2} = -\frac{b_1}{2} \pm \sqrt{(\frac{b_1}{2})^2 - b_0}$

Drei Fälle können auftreten:

- Es gibt für $p_2(x)=0$ *zwei reelle und verschiedene Lösungen* x_1 und x_2 (wenn der Radikand positiv ist).
- Es gibt für $p_2(x)=0$ *zwei gleiche, reelle Lösungen* $x_1=x_2$ (wenn der Radikand gleich Null ist).
- Es gibt für $p_2(x)=0$ *zwei konjugiert komplexe Lösungen* (wenn der Radikand negativ ist).

Für jeden Fall ist auf Seite 106 im Abschnitt 6.1.3 ein Beispiel vorgestellt.

Zweiter Fall: Nennerpolynom ist vom Grad 3

Wie kommt man aber im Fall $n=3$ zu den *drei Lösungen* der Gleichung

(6.04a) $p_3(x) = x^3 + b_2 x^2 + b_1 x + b_0 = 0$

Welche (Lösungs-) Fälle sind hier denkbar? Bevor wir uns damit beschäftigen, sollten wir *zwei wichtige Aussagen* zur Kenntnis nehmen:

> Ist $p_n(x)$ ein *Polynom n-ten Grades*, so beschreibt jede *reelle Lösung* der Gleichung $p_n(x)=0$ eine Stelle, an der der *Graph des Polynoms* die *waagerechte Achse schneidet* (eine so genannte *Nullstelle*).
> Dagegen gibt es für *komplexe Lösungen* keine Interpretation hinsichtlich sichtbarer Eigenschaften des Graphen.

> Komplexe Lösungen treten stets nur paarweise als *Paare zueinander konjugiert komplexer Zahlen* auf.

Was aber wissen wir von den Graphen von *Polynomen dritten Grades*? Sie schneiden immer mindestens einmal die waagerechte Achse, besitzen stets mindestens eine Nullstelle.

> Folglich gibt es bei *Nennerpolynomen dritten Grades* stets *mindestens eine reelle Lösung* der Gleichung (6.04a).

Und da *komplexe Lösungen nur paarweise* auftreten können, sind nur die folgenden Fälle denkbar:

- Es gibt für *$p_3(x)=0$ drei reelle Lösungen, alle verschieden:* x_1 , x_2 und x_3
- Es gibt für *$p_3(x)=0$ drei reelle Lösungen, zwei sind gleich $x_1=x_2$* , eine verschieden $x_3 \neq x_1$
- Es gibt für *$p_3(x)=0$ drei reelle Lösungen, alle drei sind gleich $x_1=x_2=x_3$*
- Es gibt für $p_3(x)=0$ eine reelle und *zwei konjugiert komplexe Lösungen*

Da es bei *Nennerpolynomen dritten Grades* immer *mindestens eine reelle Lösung* von $p_3(x)=0$ geben muss, sollte sie zuerst gesucht werden.

Dazu gibt es folgende *Empfehlung*, die oft zum Ziel führt:

> Man betrachte alle Faktoren des absoluten Gliedes b_0 als *Vermutungen* für eine reelle Lösung.

Natürlich müssen die so (oder anders, zum Beispiel mit einer Wertetabelle gefundenen) Vermutungen *überprüft* werden. Dazu sollte das bekannten HORNER-Schema genutzt werden.

Betrachten wir dazu folgendes *Beispiel*:

(6.04b) $$p_3(x) = x^3 - 6x^2 + 11x - 6$$

Mit dem HORNER-Schema lassen sich schnell alle Kandidaten untersuchen, die als Faktoren des absoluten Gliedes -6 erkennbar sind: 6 / -6 / 3 / -3 / 2 / -2 / 1 / -1:

	1	-6	11	-6
6		6	0	66
	1	0	11	**60**

Bild 6.1a: Untersuchung des vermuteten Wertes 6 - negativ

	1	-6	11	-6
-6		-6	72	-498
	1	-12	83	**-504**

Bild 6.1b: Untersuchung des vermuteten Wertes -6 - negativ

Restpolynom x^2-3x+2

	1	-6	11	[illegible]
3		3	[illegible]	6
	1	-3	2	**0**

Bild 6.1c: Untersuchung des vermuteten Wertes 3 - erfolgreich

Hier können wir die Untersuchung bereits beenden, denn eine reelle Lösung ist mit $x_1=3$ schon gefunden. Doch wie geht es weiter? Auch hier hilft das HORNER-Schema:

> *Aussage*: Ist $p_n(x)$ ein Polynom n-ten Grades und wird mit dem HORNER-Schema eine *Vermutung einer reellen Lösung* der Gleichung $p_n(x)=0$ bestätigt (d. h. rechts unten ist eine *Null* zu sehen), dann können in der *Fußzeile des HORNER-Schemas* die *Koeffizienten des Restpolynoms $p_{n-1}(x)$* vom Grade *n-1* abgelesen werden.
> Die weiteren Lösungen ergeben sich mit diesem Restpolynom aus $p_{n-1}(x) =0$.

Da unser Restpolynom, in Bild 6.1c ablesbar, nur noch ein *Polynom zweiten Grades* ist, ergeben sich die beiden anderen Lösung aus der Anwendung der *p-q-Formel*:

(6.04c) $$x_{2,3}=-\frac{(-3)}{2}\pm\sqrt{(\frac{-3}{2})^2-2}=\frac{3}{2}\pm\frac{1}{2}\Rightarrow\begin{cases}x_2=2\\x_3=1\end{cases}$$

Zusammenfassung: Hier ergeben sich *drei reelle, verschiedene Lösungen* der Gleichung *Nennerpolynom gleich Null.*

Beispiel (für zwei gleiche und eine andere reelle Lösung):

(6.04d) $$p_3(x)=x^3-4x^2+5x-2$$

Überprüfung einer reellen Vermutung $x_1=1$ mit dem HORNER-Schema:

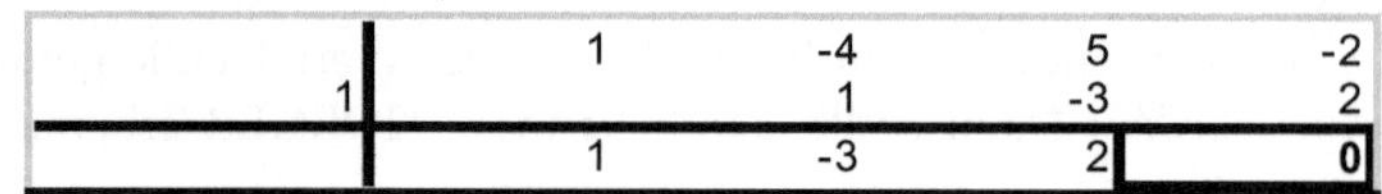

	1	-4	5	-2
1		1	-3	2
	1	-3	2	0

Bild 6.2: Überprüfung der Vermutung $x_1=1$

Ablesen des *Restpolynoms* und Anwendung der *p-q-Formel*:

(6.04e) $$p_2(x)=x^2-3x+2$$
$$x_{2,3}=-\frac{(-3)}{2}\pm\sqrt{(\frac{-3}{2})^2-2}=\frac{3}{2}\pm\frac{1}{2}\Rightarrow\begin{cases}x_2=2\\x_3=1\end{cases}$$

Man erhält drei reelle Lösungen, von denen zwei gleich sind: $x_1=x_3=1$, $x_2=2$.

Beispiel (für drei gleiche reelle Lösungen):

(6.04f) $$p_3(x)=x^3-3x^2+3x-1$$

Überprüfung einer reellen Vermutung $x_1=1$ mit dem HORNER-Schema:

	1	-3	3	-1
1		1	-2	1
	1	-2	1	0

Bild 6.3a: Überprüfung der Vermutung $x_1=1$

Ablesen des Restpolynoms und Anwendung der *p-q-Formel*:

(6.04g) $$p_2(x)=x^2-2x+1$$
$$x_{2,3}=-\frac{(-2)}{2}\pm\sqrt{(\frac{-2}{2})^2-1}\Rightarrow\begin{cases}x_2=1\\x_3=1\end{cases}$$

Man erhält drei reelle Lösungen, die alle gleich sind: $x_1=x_2=x_3=1$.

Beispiel (für eine reelle und zwei konjugiert komplexe Lösungen):

(6.04h) $p_3(x) = x^3 - x^2 + 2$

Überprüfung einer reellen Vermutung $x_1 = -1$ mit dem HORNER-Schema:

	1	-1	0	2
-1		-1	2	-2
	1	-2	2	**0**

Bild 6.3b: Überprüfung der Vermutung x_1=-1

Ablesen des Restpolynoms und Anwendung der *p-q-Formel*:

(6.04i)
$$p_2(x) = x^2 - 2x + 2$$
$$x_{2,3} = -\frac{(-2)}{2} \pm \sqrt{(\frac{-2}{2})^2 - 2} = 1 \pm \sqrt{-1} \Rightarrow \begin{cases} x_2 = 1+i \\ x_3 = 1-i \end{cases}$$

Man erhält eine reelle und zwei konjugiert komplexe Lösungen: $x_1 = -1$ $x_2 = 1+i$, $x_3 = 1-i$.

Dritter Fall: Nennerpolynom ist vom Grad 4

Für den Fall, dass das *Nennerpolynom sogar den Grad 4* besitzt, sollten wir erst einmal überlegen, welche *Lösungssituationen* der Gleichung *Nennerpolynom gleich Null* sich überhaupt ergeben können:

- Es gibt für *$p_4(x)=0$ vier reelle Lösungen, gleich oder verschieden.*
- Es gibt für *$p_4(x)=0$ zwei reelle (gleiche oder verschiedene) und zwei konjugiert komplexe Lösungen.*
- Es gibt für *$p_4(x)=0$ zwei verschiedene Paare konjugiert komplexer Lösungen.*
- Es gibt für *$p_4(x)=0$ zwei gleiche Paare konjugiert komplexer Lösungen.*

Was fällt auf? Es kann hier durchaus vorkommen, dass *nicht eine einzige* der vier Lösungen *reell* ist.

Stimmt das auch mit unserem Grundwissen über Polynome und ihre Graphen überein?

> Ja, denn Polynome geraden Grades, wie auf Seite 68 ausgeführt, *können* zwar die waagerechte Achse schneiden, *müssen* aber nicht.

Und wenn ihr Graph *keine Nullstelle* besitzt, dann gibt es eben *nicht eine einzige reelle Lösung*.

Oft jedoch (zum Beispiel in Übungsaufgaben von Mathematik-Seminaren) wird mitgeteilt, dass es *mindestens eine reelle Lösung* gibt.

Dann können – wie das folgende Beispiel zeigt – durch zweimalige Anwendung des HORNER-Schemas die *andere reelle Lösung* und die restlichen beiden (reellen oder konjugiert komplexen) Lösungen gefunden werden.

Beispiel:

(6.04j) $$p_4(x) = x^4 - 6x^3 + 11x^2 - 6x$$

Offensichtlich ist die Null die erste reelle Lösung der Gleichung $p_4(x)=0$. Die Überprüfung mit dem HORNER-Schema bestätigt die erste Vermutung.

Da das Restpolynom (nun 3. Grades) mit dem absoluten Glied -6 endet, empfehlen sich die Faktoren dieser Zahl als weitere Vermutungen. Bild 6.4 zeigt, wie das HORNER-Schema zur Überprüfung beider Vermutungen ($x_1=0$ und nachfolgend $x_2=3$) effektiv verwendet werden kann.

Vermutung						
		1	-6	11	-6	0
$x_1=$	0		0	0	0	0
		1	-6	11	-6	**0**
$x_2=$	3		3	-9	6	
		1	-3	2	**0**	

Bild 6.4: Zweimalige Anwendung des HORNER-Schemas

In der Schlusszeile des unteren Schemas befinden sich nur noch drei Zahlen, also ist das letzte Restpolynom vom Grad 2 und kann mit der *p-q-Formel* behandelt werden:

(6.04k) $$p_2(x) = x^2 - 3x + 2$$
$$x_{3,4} = -\frac{(-3)}{2} \pm \sqrt{(\frac{-3}{2})^2 - 2} = \frac{3}{2} \pm \frac{1}{2} \Rightarrow \begin{cases} x_3 = 2 \\ x_4 = 1 \end{cases}$$

Zusammenfassung: Für das Polynom vierten Grades $p_4(x)$ aus (6.04j) besteht die Lösung der Gleichung $p_4(x)=0$ aus den vier reellen Zahlen $x_1=0$, $x_2=3$, $x_3=2$ und $x_4=1$.

Ein Beispiel für den Fall *zweier reeller* und *zweier konjugiert komplexer Lösungen* wird im Zusammenhang mit der Integration echt gebrochen rationaler Funktionen auf Seite 239 vorgestellt.

6.1.2 Ansätze für die Partialbrüche

Nachdem geklärt ist, ob es eine ausreichende Anzahl von Lösungen der Gleichung Nennerpolynom gleich Null gibt und wie diese reellen und/oder komplexen Lösungen mit Hilfe von Vermutung, HORNER-Schema und Restpolynom erhalten werden können, muss nun die Frage beantwortet werden, welche *Ansätze für die Partialbrüche* vorzunehmen sind.

Die jeweils anzuwendenden Ansätze hängen dabei von der Lösungssituation ab. Sehen wir uns das für Nennerpolynome zweiten, dritten und vierten Grades an.

Erster Fall: Nennerpolynom ist vom Grad 2

Falls die p-q-Formel zwei konjugiert komplexe oder zwei gleiche reelle Lösungen der Gleichung $p_2(x)=0$ liefert, gibt es keinen Handlungsbedarf.

Falls aber zwei verschiedene reelle Lösungen x_1 und x_2 gefunden werden, dann ist nach

(6.05) $$f(x)=\frac{p_1(x)}{p_2(x)}=\frac{a_1x+a_0}{x^2+b_1x+b_0}=\frac{A}{x-x_1}+\frac{B}{x-x_2}$$

vorzugehen.

Zweiter Fall: Nennerpolynom ist vom Grad 3

Falls sich die Lösung der Gleichung $p_3(x)=0$ aus drei verschiedenen reellen Zahlen x_1, x_2 und x_3 ergibt, ist folgender Ansatz zu wählen:

(6.06a) $$f(x)=\frac{p_2(x)}{p_3(x)}=\frac{a_2x\ +a_1x+a_0}{x^3+b_2x^2+b_1x+b_0}=\frac{A}{x-x_1}+\frac{B}{x-x_2}+\frac{C}{x-x_3}$$

Falls sich die Lösung der Gleichung $p_3(x)=0$ aus drei reellen Zahlen ergibt, von denen zwei gleich sind ($x_1=x_2$ und x_3), ist folgender Ansatz zu wählen:

(6.06b) $$f(x)=\frac{p_2(x)}{p_3(x)}=\frac{a_2x\ +a_1x+a_0}{x^3+b_2x^2+b_1x+b_0}=\frac{A}{x-x_1}+\frac{B}{(x-x_1)^2}+\frac{C}{x-x_3}$$

Falls sich die Lösung der Gleichung $p_3(x)=0$ aus drei gleichen reellen Zahlen $x_1=x_2=x_3$ ergibt, ist folgender Ansatz zu wählen:

(6.06c) $$f(x)=\frac{p_2(x)}{p_3(x)}=\frac{a_2x\ +a_1x+a_0}{x^3+b_2x^2+b_1x+b_0}=\frac{A}{x-x_1}+\frac{B}{(x-x_1)^2}+\frac{B}{(x-x_1)^3}$$

Falls sich die Lösung der Gleichung $p_3(x)=0$ aus einer reellen Zahlen x_1 und zwei zueinander konjugiert komplexen Zahlen x_2 und x_3 ergibt, ist folgender Ansatz zu wählen

(6.06d) $$f(x)=\frac{p_2(x)}{p_3(x)}=\frac{a_2x\ +a_1x+a_0}{x^3+b_2x^2+b_1x+b_0}=\frac{A}{x-x_1}+\frac{Bx+C}{(x-x_2)(x-x_3)}$$

Dritter Fall: Nennerpolynom ist vom Grad 4

Aus den vier ausführlich vorgestellten Fällen für *Nennerpolynome dritten Grades* ergibt sich die Strategie der zu wählenden Ansätze:

- Treten reelle Lösungen mehrfach auf, sind Potenzen in den Nennern der Ansatz-Brüche zu wählen (siehe (6.06b) und (6.06c)).
- Treten konjugiert komplexe Lösungen auf, so ist deren Produkt in den Nenner zu schreiben, und ein Polynom ersten Grades kommt in den Zähler (siehe (6.06d).

Im Zusammenhang mit der *Integration gebrochen rationaler Funktionen* werden später Beispiele für die Partialbruchzerlegung bei Nennerpolynomen vierten Grades vorgerechnet.

6.1.3 Bestimmung der Ansatzkoeffizienten

Die mit den Großbuchstaben A, B, C bezeichneten Unbekannten werden als *Ansatzkoeffizienten* bezeichnet. Sind sie ermittelt, ist die *Partialbruchzerlegung beendet.*

Es soll jetzt an fünf Beispielen vorgeführt werden, wie die Ansatzkoeffizienten ermittelt werden können.

Zuvor wird jedoch ein *Satz über Polynome* benötigt:

Satz: Besitzt ein *Polynom n-ten Grades* vor der höchsten x-Potenz x^n den Koeffizienten 1 und sind alle n reellen und/oder komplexen Lösungen $x_1, \ldots, x_n$ der Gleichung $p_n(x)=0$ bekannt, dann gilt die Gleichung

$$p_n(x)=x^n+b_{n-1}x^{n-1}+b_{n-2}x^{n-2}+\ldots+b_1x+b_0=(x-x_1)(x-x_2)(x-x_3)\ldots(x-x_n) \tag{6.07}$$

Diese Gleichung ist im Falle von n=2 als Wurzelsatz von VIETA bekannt. Sie stellt den Zusammenhang mit der *Potenzdarstellung eines Polynoms* (brauchbar insbesondere für das HORNER-Schema) und der so genannten *Produktdarstellung* her.

Erster Fall: Nennerpolynom ist vom Grad 2

Beispiel mit zwei verschiedenen, reellen Lösungen der Gleichung *Nennerpolynom gleich Null*:

$$f(x)=\frac{3x-5}{x^2-3x+2} \quad x_1=1,\ x_2=2 \Rightarrow \text{Ansatz}: \frac{3x-5}{x^2-3x+2}=\frac{A}{x-1}+\frac{B}{x-2} \tag{6.08a}$$

Als erstes wird nun unter Anwendung von Satz (6.07) das *Nennerpolynom in der Produktform* aufgeschrieben:

$$\frac{3x-5}{(x-1)(x-2)}=\frac{A}{x-1}+\frac{B}{x-2} \tag{6.08b}$$

Nun werden beide Seiten der Gleichung mit der Produktform des Nennerpolynoms multipliziert und es wird rechts gekürzt:

$$\begin{aligned} \frac{3x-5}{(x-1)(x-2)}&=\frac{A}{x-1}+\frac{B}{x-2} \quad |\cdot(x-1)(x-2) \\ 3x-5&=\frac{A\cdot\cancel{(x-1)}(x-2)}{\cancel{x-1}}+\frac{B\cdot(x-1)\cancel{(x-2)}}{\cancel{x-2}} \\ 3x-5&=A(x-2)+B(x-1) \end{aligned} \tag{6.08c}$$

Nun werden in die Gleichung für x die beiden reellen Lösungen eingesetzt – damit ergeben sich die Ansatzkoeffizienten A und B:

$$\begin{aligned} x=1 &\Rightarrow\ 3\cdot1-5=A(1-2)+B(1-1)\Rightarrow A=2 \\ x=2 &\Rightarrow\ 3\cdot2-5=A(2-2)+B(2-1)\Rightarrow B=1 \end{aligned} \tag{6.08d}$$

Die Partialbruchzerlegung ist damit beendet:

$$\frac{3x-5}{(x-1)(x-2)}=\frac{2}{x-1}+\frac{1}{x-2} \tag{6.08e}$$

Zweiter Fall: Nennerpolynom ist vom Grad 3

Beispiel mit *drei verschiedenen reellen Lösungen* der Gleichung *Nennerpolynom gleich Null*: Bei diesem Beispiel wiederholt sich das *grundsätzliche Vorgehen des vorigen Beispiels*: Das Nennerpolynom wird in *Produktform* geschrieben, die Gleichung wird *mit dem Nennerpolynom multipliziert*, es wird *gekürzt*, und nach dem *Einsetzen der drei reellen Lösungen* für x in beide Seiten erhält man die *Ansatzkoeffizienten*:

$$f(x)=\frac{-7x+11}{x^3-6x^2+11x-6} \qquad x_1=1,\ x_2=2,\ x_3=3$$

$$\text{Ansatz:}\ \frac{-7x+11}{x^3-6x^2+11x-6}=\frac{A}{x-1}+\frac{B}{x-2}+\frac{C}{x-3}$$

$$\frac{-7x+11}{(x-1)(x-2)(x-3)}=\frac{A}{x-1}+\frac{B}{x-2}+\frac{C}{x-3} \quad |\cdot(x-1)(x-2)(x-3)$$

(6.09) $$-7x+11 = A(x-2)(x-3)+B(x-1)(x-3)+C(x-1)(x-2)$$

$$x=1 \Rightarrow\ 4=2A \ \Rightarrow A=2$$

$$x=2 \Rightarrow\ -3=-B \ \Rightarrow B=3$$

$$x=3 \Rightarrow -10=2C \ \Rightarrow C=-5$$

$$\frac{-7x+11}{x^3-6x^2+11x-6}=\frac{2}{x-1}+\frac{3}{x-2}-\frac{5}{x-3}$$

Beispiel mit *drei reellen Lösungen*, von denen *zwei gleich* sind: Auch hier bewährt sich das Vorgehen der beiden vorigen Beispiele. Allerdings gibt es nur *zwei reelle Lösungswerte*, deshalb können nicht sofort alle drei Ansatzkoeffizienten durch Einsetzen der beiden Lösungswerte ermittelt werden:

$$f(x)=\frac{x^2+1}{x^3-x^2-x+1} \qquad x_1=1,\ x_2=1,\ x_3=-1$$

$$\text{Ansatz:}\ \frac{x^2+1}{x^3-x^2-x+1}=\frac{A}{x-1}+\frac{B}{(x-1)^2}+\frac{C}{x+1}$$

(6.10a) $$\frac{x^2+1}{(x-1)^2(x+1)}=\frac{A}{x-1}+\frac{B}{(x-1)^2}+\frac{C}{x+1} \quad |\cdot(x-1)^2(x+1)$$

$$x^2+1 = A(x-1)(x+1)+B(x+1)+C(x-1)^2$$

$$x=1 \Rightarrow\ 2=2B \ \Rightarrow B=1$$

$$x=-1 \Rightarrow\ 2=4C \ \Rightarrow C=\frac{1}{2}$$

Was ist nun zu tun? Hier gibt es zwei Möglichkeiten – den so genannten *Koeffizientenvergleich* (siehe dazu z. B. [1]) oder das Einsetzen eines weiteren, beliebig und bequem gewählten x-Wertes. Nehmen wir doch einfach $x=0$ und kommen damit zum Ergebnis:

$$x^2+1=A(x-1)(x+1)+B(x+1)+C(x-1)^2$$

(6.10b) $$x=0 \Rightarrow \quad 1=A\cdot(-1) \quad +B \quad +C=-A+\frac{3}{2} \ \Rightarrow A=\frac{1}{2}$$

$$\text{Zusammenfassung:}\ \frac{x^2+1}{x^3-x^2-x+1}=\frac{1}{2}\cdot\frac{1}{x-1}+\frac{1}{(x-1)^2}+\frac{1}{2}\cdot\frac{1}{x+1}$$

Beispiel mit *drei reellen Lösungen*, die *gleich* sind.

Auch hier bewährt sich das Vorgehen der beiden vorigen Beispiele. Zur *Bestimmung der Ansatzkoeffizienten* ist hier lediglich die *beliebige Wahl von zwei x-Werten* erforderlich – dann ergibt sich als Nebenrechnung ein kleines *Gleichungssystem* von *zwei Gleichungen* mit *zwei Unbekannten*:

$$f(x)=\frac{2x^2-4}{x^3-6x^2+12x-8} \qquad x_1=2,\ x_2=2,\ x_3=2$$

$$\text{Ansatz: } \frac{2x^2-4}{x^3-6x^2+12x-8}=\frac{A}{x-2}+\frac{B}{(x-2)^2}+\frac{C}{(x-2)^3}$$

$$\frac{2x^2-4}{(x-2)^3}=\frac{A}{x-2}+\frac{B}{(x-2)^2}+\frac{C}{(x-2)^3} \quad |\cdot(x-2)^3$$

(6.11) $$2x^2-4=A(x-2)^2+B(x-2)+C$$

$$x=2 \Rightarrow 4=C \Rightarrow C=4$$

$$\left.\begin{array}{l} x=0 \Rightarrow -4=4A-2B+4 \\ x=1 \Rightarrow -2=A-B+4 \end{array}\right\} \Rightarrow \left.\begin{array}{l} 4A-2B=-8 \\ A-B=-6 \end{array}\right\} \Rightarrow A=2, B=8$$

$$\frac{2x^2-4}{x^3-6x^2+12x-8}=\frac{2}{x-2}+\frac{8}{(x-2)^2}+\frac{4}{(x-2)^3}$$

Beispiel mit *einer reellen* und *zwei konjugiert komplexen* Lösungen:

Auch hier bewährt sich das Vorgehen der beiden vorigen Beispiele. Sehen wir es uns an:

$$f(x)=\frac{5x^2-6x-2}{x^3-4x^2+7x-6} \qquad x_1=2,\ x_2=1+i\sqrt{2},\ x_3=1-i\sqrt{2}$$

$$\text{Ansatz: } \frac{5x^2-6x-2}{x^3-4x^2+7x-6}=\frac{A}{x-2}+\frac{Bx+C}{(x-(1+i\sqrt{2}))(x+(1+i\sqrt{2}))}$$

$$\frac{5x^2-6x-2}{x^3-4x^2+7x-6}=\frac{A}{x-2}+\frac{Bx+C}{x^2-2x+3}$$

$$\frac{5x^2-6x-2}{(x-2)(x^2-2x+3)}=\frac{A}{x-2}+\frac{Bx+C}{x^2-2x+3} \quad |\cdot(x-2)(x^2-2x+3)$$

(6.12) $$5x^2-6x-2=A(x^2-2x+3)+(Bx+C)(x-2)$$

$$x=2 \Rightarrow 6=3A \Rightarrow A=2$$

$$\left.\begin{array}{l} x=0 \Rightarrow -2=3A-2C \\ x=1 \Rightarrow -3=2A+(B+C)(-1) \end{array}\right\} \Rightarrow C=4, B=3$$

$$\frac{5x^2-6x-2}{x^3-4x^2+7x-6}=\frac{2}{x-2}+\frac{3x+4}{x^2-2x+3}$$

Hinzuweisen wäre hier auf das möglichst frühzeitige Ausmultiplizieren der beiden unhandlichen Faktoren, die als Subtrahenden die beiden komplexen Lösungen enthalten.

Wer dieses Beispiel nachrechnet, wird feststellen, dass sich als Produkt der beiden Faktoren mit den komplexen Lösungen gerade das *Restpolynom* ergibt:

(6.12a) $(x-(1+i\sqrt{2}))(x+(1+i\sqrt{2}))=x^2-2x+3$

Vermutung $x_1=$ 2	1	-4	7	-6
		2	-4	6
	1	-2	3	0

Bild 6.5: Das Produkt der Faktoren mit komplexen Zahlen ist das Restpolynom

Das ist kein Zufall, sondern eine Gesetzmäßigkeit, die bei weiteren Aufgaben dieser Art verwendet werden kann.

6.2 Unecht gebrochen rationale Funktionen

Jede *unecht gebrochen* rationale Funktion

(6.13) $$f(x)=\frac{p_m(x)}{p_n(x)}=\frac{a_m x^m+a_{m-1}x^{m-1}+\ldots+a_2x^2+a_1x+a_0}{b_n x^n+b_{n-1}x^{n-1}+\ldots+b_2x^2+b_1x+b_0} \quad \text{mit } m\geq n$$

kann durch *Polynomdivision* zerlegt werden in einen *ganzrationalen Teil* (ein Polynom) und einen *echt gebrochen rationalen* Teil.

Beispiel: Zur Durchführung der Polynomdivision der unecht gebrochen rationalen Funktion

(6.14a) $$f(x)=\frac{x^4-6x^3+14x^2-16x+7}{x^3-5x^2+8x-6}$$

sollte zuerst der Bruch als *Divisionsaufgabe mit Doppelpunkt* geschrieben werden, so wie es auch von der *schriftlichen Division von Zahlen* bekannt ist. Dabei steht links vom Doppelpunkt der *Dividend*, rechts vom Doppelpunkt steht der *Divisor*:

(6.14b) $(x^4-6x^3+14x^2-16x+7):(x^3-5x^2+8x-6)=$

Die Division beginnt – der erste Summand im Dividend wird durch den ersten Summand im Divisor geteilt, es entsteht das erste Zeichen des Quotienten:

(6.14c) $(x^4-6x^3+14x^2-16x+7):(x^3-5x^2+8x-6)=x$

Anschließend wird der Divisor mit dem erhaltenen ersten Zeichen des Quotienten multipliziert und dieses Produkt wird mit passenden Positionen unter den Dividenden geschrieben:

(6.14d) $$\begin{array}{l}(x^4-6x^3+14x^2-16x+7):(x^3-5x^2+8x-6)=x\\ x^4-5x^3+\ 8x^2-\ 6x\end{array}$$

Das Multiplikationsergebnis wird abgezogen:

(6.14e)
$$\begin{array}{l} (x^4-6x^3+14x^2-16x+7):(x^3-5x^2+8x-6)=x \\ -(x^4-5x^3+\ 8x^2-\ 6x) \\ \text{-----------------} \\ \quad\quad -x^3+\ 6x^2-10x+7 \end{array}$$

Wenn das erste Zeichen der unter dem Strich erhaltenen Differenz immer noch durch das erste Zeichen des Divisors teilbar ist, wird der Vorgang wiederholt:

(6.14f)
$$\begin{array}{l} (x^4-6x^3+14x^2-16x+7):(x^3-5x^2+8x-6)=x-1 \\ -(x^4-5x^3+\ 8x^2-\ 6x) \\ \text{-----------------} \\ \quad\quad -x^3+\ 6x^2-10x+7 \\ \quad -(-x^3+\ 5x^2-\ 8x+6) \\ \quad\quad \text{-------------} \\ \quad\quad\quad\quad x^2-\ 2x+1 \end{array}$$

Mit der nun unter dem Strich erhaltenen Differenz ist keine weitere Division mehr möglich, und das Ergebnis wird aufgeschrieben, indem der Quotient aus der letzten Differenz und dem Divisor rechts angefügt wird:

(6.14g)
$$\begin{array}{l} (x^4-6x^3+14x^2-16x+7):(x^3-5x^2+8x-6)=x-1+\dfrac{x^2-\ 2x+1}{x^3-5x^2+8x-6} \\ -(x^4-5x^3+\ 8x^2-\ 6x) \\ \text{-----------------} \\ \quad\quad -x^3+\ 6x^2-10x+7 \\ \quad -(-x^3+\ 5x^2-\ 8x+6) \\ \quad\quad \text{-------------} \\ \quad\quad\quad\quad x^2-\ 2x+1 \end{array}$$

Zusammenfassend und wieder in der gewohnten Bruch-Schreibweise ergibt sich schließlich die Zerlegung der unecht gebrochen rationalen Funktion in einen Polynomialteil und einen echt gebrochen rationalen Teil:

(6.14h)
$$f(x)=\frac{x^4-6x^3+14x^2-16x+7}{x^3-5x^2+8x-6}=x-1+\frac{x^2-2x+1}{x^3-5x^2+8x-6}$$

Damit ist die in Kapitel 4 begonnene Beschäftigung mit echt und unecht gebrochen rationalen Funktionen vorerst beendet. Wie schon mehrfach angedeutet, werden wir dieser Funktionenklasse im Kapitel zur Integration ab Seite 236 wieder begegnen.

Dort wird sich auch der tiefere Sinn und Nutzen der Partialbruchzerlegung zeigen.

6.3 Exponentialfunktionen

6.3.1 Begriff

Von einer *Exponentialfunktion* spricht man, wenn eine Zuordnungsvorschrift der Form

(6.15) $y = f(x) = a \cdot b^{cx}, \quad b > 0\,, b \neq 1$

vorliegt. Dabei sind *a, b* und *c* Zahlen, *b* ist die *Basis* der Exponentialfunktion.

Häufig verwendete Basiswerte sind die EULERsche Zahl *e=2,71828…* und die Zahl 10. Wir werden nur Basiswerte $b>1$ betrachten.

Die Zahlen *a* und *c* dürfen sowohl positiv als auch negativ sein.

6.3.2 Graphen von Exponentialfunktionen

Für jede der *vier möglichen Vorzeichenkombinationen von a und c* nimmt der Graph der Exponentialfunktion eine ganz charakteristische Gestalt an.

Ist *a* positiv, dann liegt der Graph der Exponentialfunktion *vollständig oberhalb der waagerechten Achse.* Falls zusätzlich c, der Koeffizient von *x* im Exponenten, *negativ* ist, dann nähert sich der Graph bei $x \to +\infty$ der waagerechten Achse von oben an. Andernfalls erfolgt die Annäherung an die waagerechte Achse bei $x \to -\infty$ (Bild 6.6).

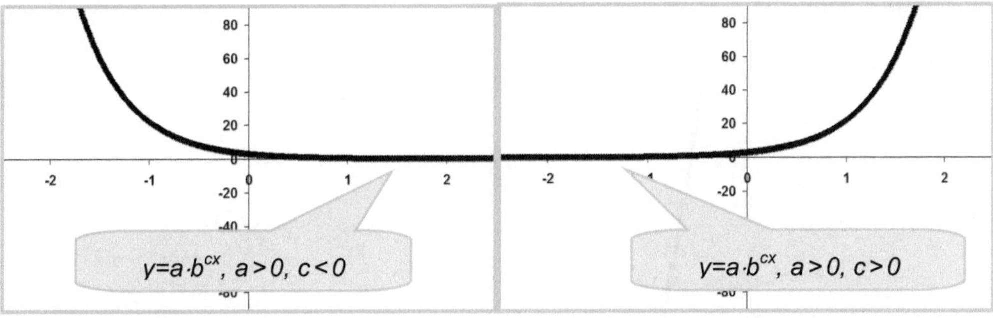

Bild 6.6: Graphen der Exponentialfunktion bei a>0, c<0 bzw. c>0 (b>1)

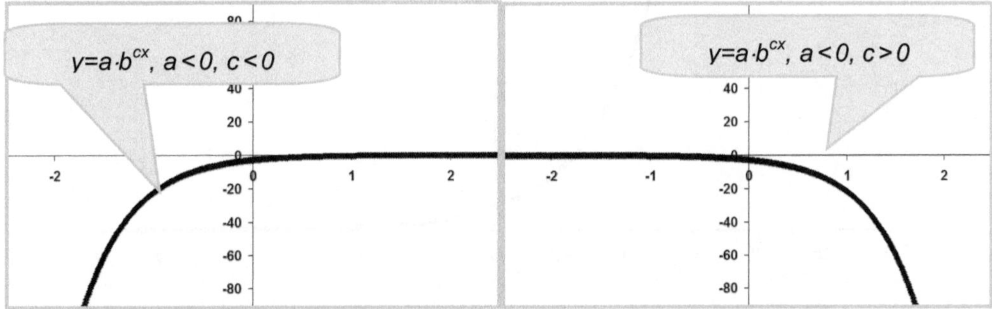

Bild 6.7: Graphen der Exponentialfunktion bei a<0, c<0 bzw. c>0 (b>1)

Ist *a negativ*, dann liegt der Graph der Exponentialfunktion *vollständig unterhalb der waagerechten Achse.* Falls *c*, der Koeffizient von *x* im Exponenten, negativ ist, dann nähert sich der Graph bei $x \to +\infty$ der waagerechten Achse von unten. Andernfalls erfolgt die Annäherung an die waagerechte Achse bei $x \to -\infty$ (Bild 6.7).

Stellen wir, ausgehend von den vier Bildern, die charakteristischen Merkmale jeder Exponentialfunktion noch einmal zusammen:

- Kein Graph einer Exponentialfunktion der Form (4.19) schneidet jemals die *waagerechte Achse.* Er liegt immer vollständig darüber oder vollständig darunter. Das hängt vom Vorzeichen des Faktors *a* ab.
- Der Graph ist immer eine *glatte Kurve*, ohne *Unterbrechung, Sprünge, Spitzen.*
- Der Graph einer Exponentialfunktion ist stets *streng monoton* – entweder *streng monoton wachsend* oder *streng monoton fallend.*
- Der Graph einer Exponentialfunktion nähert sich entweder nach links oder nach rechts der waagerechten Achse schnell an und geht jeweils in der Gegenrichtung nach Unendlich.

Zusätzlich ist aus den Bildern 6.6 und 6.7 sofort ablesbar, dass der Graph einer Exponentialfunktion stets bei $y=a$ die senkrechte Achse schneidet (man setze $x=0$, um das zu erkennen).

Graphen von Exponentialfunktionen zeichnen sich dadurch aus, dass sie sehr steil ansteigen oder abfallen.

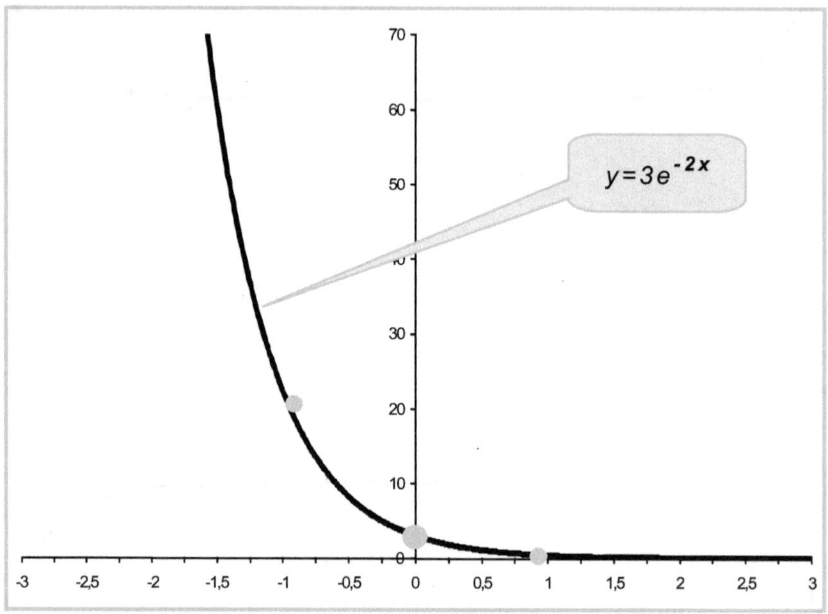

Bild 6.8: Stark fallender Graph der Exponentialfunktion (6.16)

6.3.3 Zeichnen des Graphen

Wegen der strengen Monotonie, dem steilen Anstieg oder Gefälle sowie dem raschen Annähern an die waagerechte Achse kann man sich schnell eine Skizze beschaffen. Betrachten wir zum Beispiel die Funktion

(6.16) $$y = f(x) = 3 \cdot e^{-2x}$$

Die Vorzeichen des Faktors 3 vor dem Basiswert e und der Zahl –2 im Exponenten führen uns sofort zum *linken Teilbild* von Bild 6.8. Wir können also eine *streng monoton fallende Funktionskurve* erwarten, die *vollständig oberhalb der waagerechten Achse* liegt und sich *von oben* schnell der Achse annähern wird.

Setzen wir $x=0$ ein, dann erhalten wir den *Schnittpunkt mit der senkrechten Achse* bei $y=3$. Damit kennen wir schon einen ersten Punkt des Graphen. Für $x=1$ erhalten wir in der Annäherungszone an die waagerechte Achse bereits $y=3e^{-2}$, also nur noch rund drei Siebentel (denn e^2 ist rund 7), für $x=-1$ erhalten wir andererseits in der steilen Abstiegszone schon $y=3\,e^2$, etwa 21.

Es wird also plausibel sein, mit diesen drei Punkten die Skizze des Graphen zu versuchen. Bild 6.8 zeigt das Ergebnis.

6.4 Hyperbelfunktionen

Zwei wichtige Kombinationen aus Exponentialfunktionen, deren Basis die EULERsche Zahl $e \approx 2{,}718281828$ ist, werden in gewissen Anwendungsgebieten der Technik so oft benötigt, dass sie *eigene Namen* bekommen haben:

(6.17)
$$\sinh(x) = \frac{1}{2}(e^x - e^{-x})$$
$$\cosh(x) = \frac{1}{2}(e^x + e^{-x})$$

Die erstgenannte Differenz aus zwei Exponentialfunktionen wird *Hyperbelsinus* (oder `sinus hyperbolicus`) genannt, die gemittelte Summe aus den beiden Exponentialfunktionen bekam den Namen *Hyperbelkosinus* (oder `cosinus hyperbolicus`).

Die Bilder 6.9a und 6.9b zeigen die Graphen dieser beiden Funktionen.

Die besondere Bedeutung der zweiten Funktion ergibt sich daraus, dass die Linie, die eine an zwei Punkten aufgehängte und aufgrund ihrer Eigenlast *durchhängende Kette* bildet, durch den Hyperbelkosinus beschrieben werden kann.

Deshalb nennt man den *Graph des Hyperbelkosinus* auch *Kettenlinie* oder *Kettenkurve.*

Analog zu den trigonometrischen Funktionen definiert man weiter die beiden Quotienten-Funktionen in (6.18) als *Hyperbeltangens* und *Hyperbelkotangens*:

(6.18)
$$\tanh(x) = \frac{\sinh(x)}{\cosh(x)} = \frac{e^x - e^{-x}}{e^x + e^{-x}}$$
$$\coth(x) = \frac{\cosh(x)}{\sinh(x)} = \frac{e^x + e^{-x}}{e^x - e^{-x}}$$

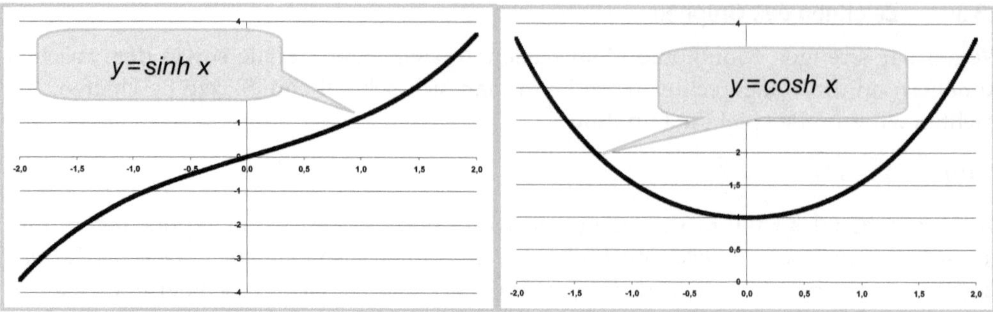

Bild 6.9: Hyperbelsinus und Hyperbelkosinus

6.5 Logarithmusfunktionen

6.5.1 Begriff

Von einer *Logarithmusfunktion* spricht man, wenn ein funktionaler Zusammenhang durch eine Beziehung der Art

(6.19) $y = f(x) = a \cdot \log_b x$

beschrieben wird. Dabei ist die Zahl *a*, $a \neq 0$, ein beliebiger Faktor, während für den *Basiswert b* des Logarithmus $b>0$, $b \neq 1$ gilt.

Ein häufig verwendeter Basiswert ist die EULERsche Zahl e=2,718... dann spricht man vom *natürlichen Logarithmus*. Auch $b=10$ wird oft verwendet, dann handelt es sich um den *dekadischen Logarithmus*.

Wie wir auf Seite 28 im Abschnitt 2.1.5 lernten, liefert der Logarithmus die Antwort auf die Frage „*b hoch wie viel ist … ?*“

Unsere Logarithmus-Funktion ist demnach so zu interpretieren, dass *für jedes mögliche x* die Antwort auf die Frage „*b hoch wie viel ist x ?*“ gesucht werden soll.

Diese Antwort, das ist dann der *Funktionswert y*.

Da die durch den Logarithmus zu beantwortende Frage für $x \leq 0$ offenbar *unsinnig* ist, wird sich der *Graph der Logarithmusfunktion* mit Sicherheit nur *rechts von der senkrechten Achse* befinden können.

6.5.2 Graphen von Logarithmusfunktionen

Wir betrachten im folgenden nur Funktionen der Gestalt (6.19) mit Basiswerten $b>1$.

Der Graph jeder Logarithmusfunktion der Form (6.19) ist eine *glatte Kurve*, ohne *Unterbrechungen, Sprünge, Spitzen*. Er befindet sich nur rechts von der senkrechten Achse.

Weiterhin fällt auf, dass es sich bei positivem Faktor $a>0$ um eine streng monoton wachsende Funktion handelt, bei negativem Faktor $a<0$ dagegen um eine streng monoton fallende Funktion.

Jeder Graph einer Logarithmusfunktion der Art (6.19) schneidet *immer bei x=1* die waagerechte Achse.

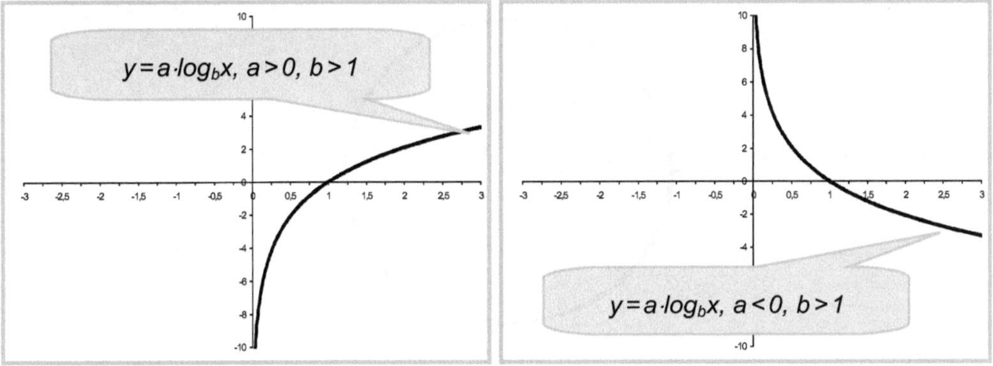

Bild 6.10: Logarithmusfunktionen

6.6 Trigonometrische Funktionen

6.6.1 Zugang zum Graph von *y=sin x*

Der Graph der Funktion

(6.20) $y = \sin x$

beschreibt den Sinuswert *y* (das *Sinus-Ergebnis*) zu jedem gegebenen *Winkelwert x*. Dabei kann der Winkelwert (siehe Abschnitt 2.4.5 auf Seite 55) entweder im *Gradmaß* oder im *Bogenmaß* angegeben sein.

Unverzichtbares Hilfsmittel für die Erarbeitung des Sinus-Graphen ist deshalb der bereits aus Abschnitt 2.4.4 bekannte *Einheitskreis,* d. h. der Kreis mit dem *Radius 1* und dem *Durchmesser 2,* dessen *Umfang* folglich 2π beträgt (Bild 6.11):

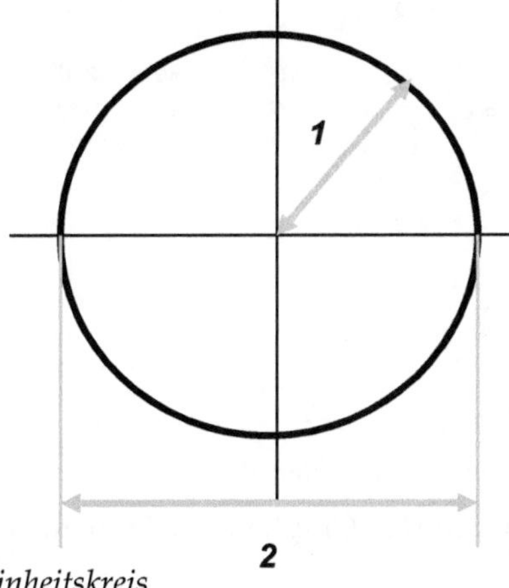

Bild 6.11: Einheitskreis

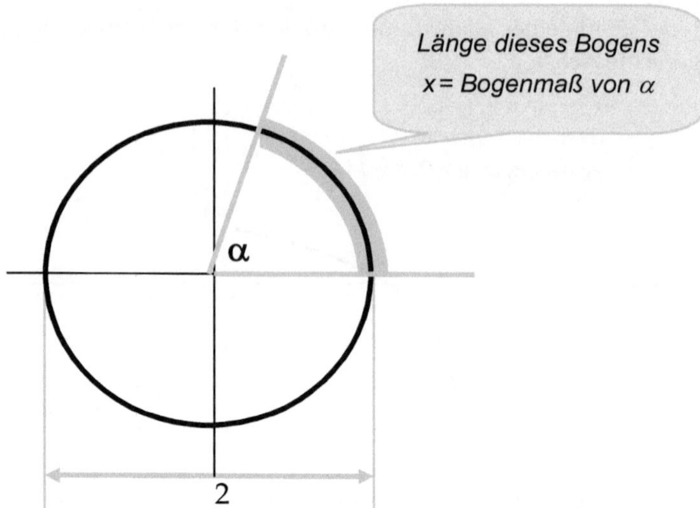

Bild 6.11a: Beschreibung des Winkels α am Einheitskreis durch die Bogenlänge x

Da sich ein Winkel stets *sowohl durch Grad- als auch durch Bogenmaß* beschreiben lässt, sollte am Anfang der Erarbeitung des Graphen der Sinusfunktion die waagerechte Achse immer eine *Doppelskalierung* bekommen (Bild 6.12).

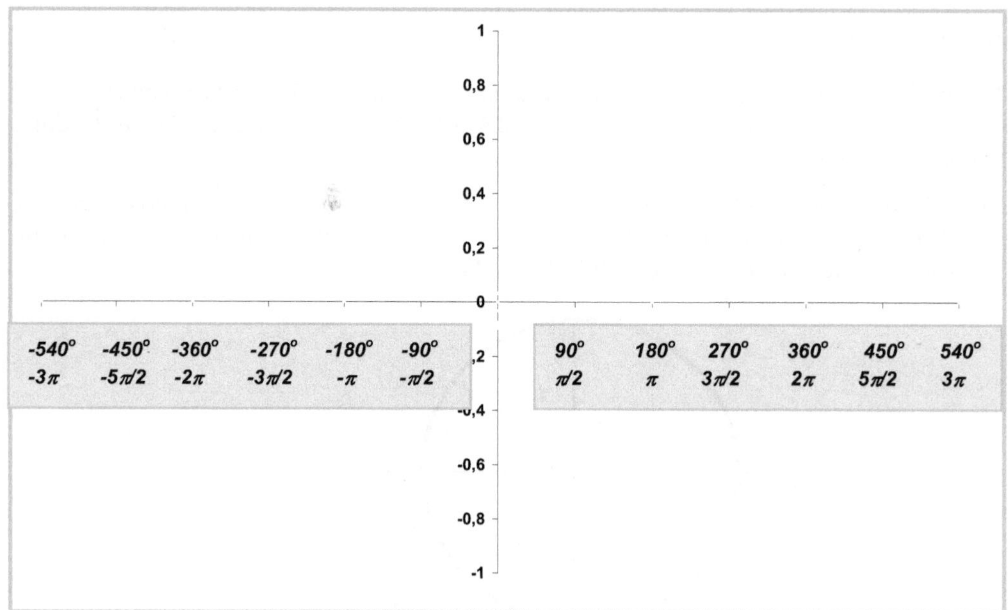

Bild 6.12: Doppelskalierung der waagerechten Achse

Erarbeiten wir uns nun zuerst den Teil des Graphen der Sinusfunktion, der rechts von der waagerechten Achse liegt.

Dazu sollten wir uns anhand von Bild 6.13 überlegen, welche Länge und Richtung das Lot vom Durchstoßpunkt des Winkelschenkels jeweils haben wird, der in mathematisch positiver Richtung um den Einheitskreis wandert.

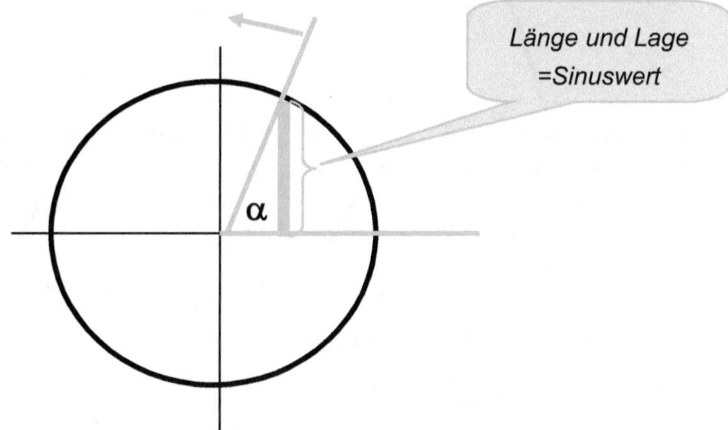

Bild 6.13: Winkeländerung mathematisch positiv

Offensichtlich hat das Lot bei Null Grad (Bogenmaßwert Null) die Länge Null, bei 90 Grad (Bogenmaßwert $\pi/2$) hat es die Länge 1, bei 180 Grad (Bogenmaßwert π) die Länge Null, bei 270 Grad (Bogenmaßwert $3\pi/2$) ist es mit Länge 1 nach unten gerichtet, und bei 360 Grad besitzt das Lot wieder die Länge Null.

Beginnen wir eine zweite Umkreisung des Einheitskreises, dann hat das Lot bei 450 Grad (also bei 360 plus 90 Grad, Bogenmaßwert $5\pi/2$) wieder die Länge Eins usw.

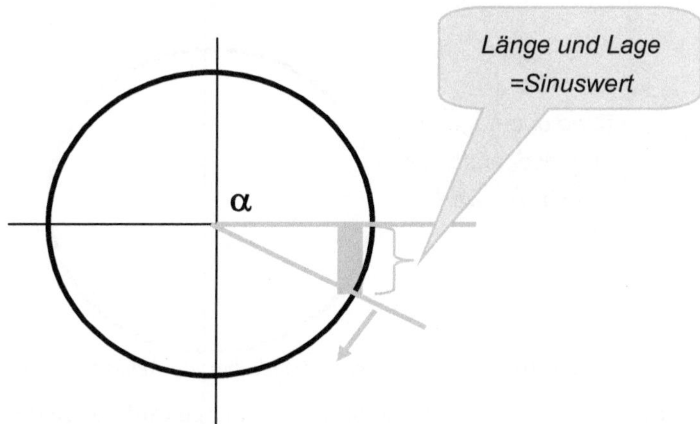

Bild 6.14: Winkeländerung mathematisch negativ

Überlegen wir uns andererseits, wie sich das Lot verhalten wird, wenn wir den zweiten Winkelschenkel mathematisch negativ, also im Uhrzeigersinn, um den Einheitskreis wandern lassen: Dann wird bei minus 90 Grad (minus $\pi/2$) das Lot mit Länge 1 nach unten zeigen, bei minus 180 Grad (minus π) die Länge Null haben und so weiter.

Zusammenfassend ergibt sich schließlich das bekannte Bild 6.15 der Sinusfunktion:

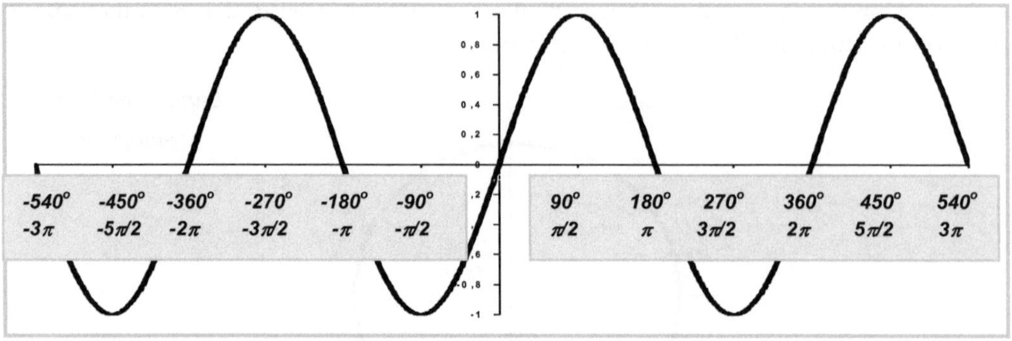

Bild 6.15: Sinusfunktion als unendlich schwingende Welle

6.6.2 Zugang zum Graph von $y = \cos x$

Der Graph der Funktion

(6.21) $y = \cos x$

beschreibt den *Kosinuswert y* (das *Kosinus-Ergebnis*) zu jedem gegebenen *Winkelwert x*. Dabei kann der Winkelwert entweder im *Gradmaß* oder im *Bogenmaß* angegeben sein.

Um sich den *Graphen der Kosinusfunktion* zu erarbeiten, empfiehlt sich wieder die Verwendung des *Einheitskreises*. Wie bereits in Abschnitt 2.4.4 auf Seite 53 beschrieben, lässt sich am Einheitskreis der Kosinus-Wert jedes Winkels ablesen als *Länge und Lage des Achsenabschnitts* vom Kreismittelpunkt zum Fußpunkt des Lotes (Bild 6.16).

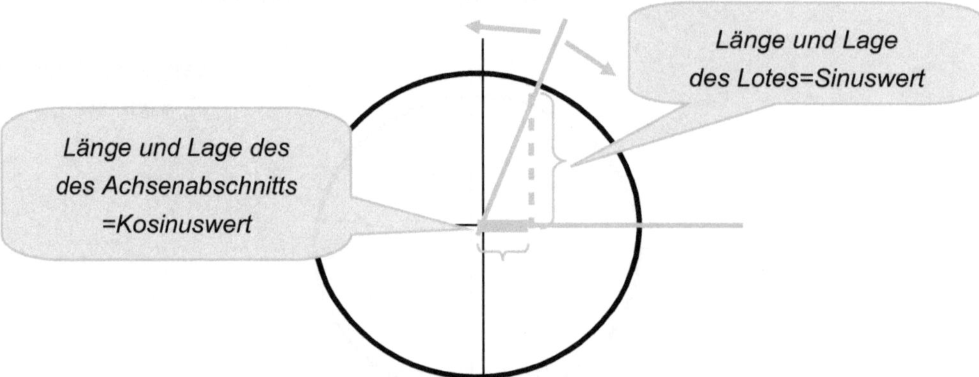

Bild 6.16: Der Kosinuswert ist ablesbar als Achsenabschnitt

Überlegen wir uns wieder zuerst, wie sich Lage und Länge des Achsenabschnittes verändern werden, wenn der freie Winkelschenkel in *mathematisch positiver Richtung*, also entgegen dem Uhrzeigersinn, bewegt würde: Offensichtlich hat der Achsenabschnitt bei Null Grad (Bogenmaßwert Null) die Länge Eins, bei 90 Grad (Bogenmaßwert $\pi/2$) hat er die Länge Null, bei 180 Grad (Bogenmaßwert π) die Länge Eins und negative Richtung, bei 270 Grad (Bogenmaßwert $3\pi/2$) hat er wieder die Länge Null, und bei 360 Grad besitzt der Achsenabschnitt wieder die Länge Eins und positive Richtung.

Beginnen wir eine zweite Umkreisung des Einheitskreises, dann hat der Achsenabschnitt bei 450 Grad (also bei 360 plus 90 Grad, Bogenmaßwert 5π/2) wieder die Länge Null usw.

In gleicher Weise können wir uns überlegen, wie sich *Länge und Lage des Achsenabschnitts* verändern werden, wenn der freie Winkelschenkel in *mathematisch negativer Richtung* um den Einheitskreis bewegt wird. Zusammenfassend ergibt sich der *Graph der Kosinusfunktion* in Bild 6.17 als *unendlich schwingende Welle.*

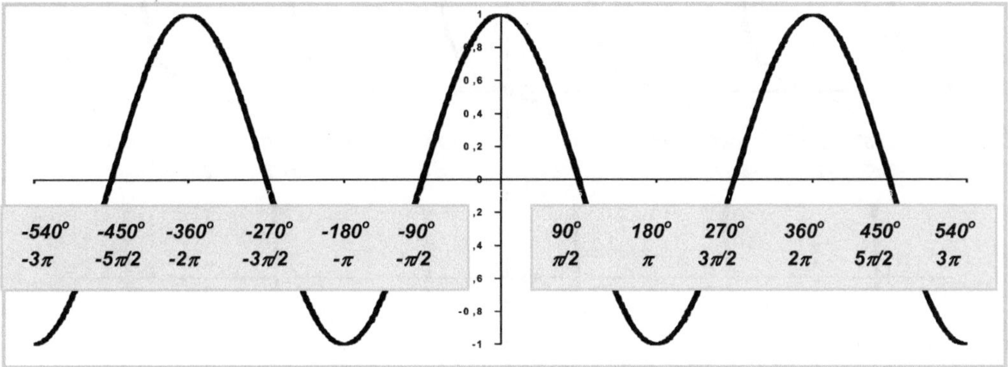

Bild 6.17: Kosinusfunktion als unendlich schwingende Welle

Wir werden später (in Abschnitt 7.5.2 ab Seite 132 genauer darauf eingehen – aber durch Vergleich der Bilder 6.15 und 6.17 ist schon ersichtlich, dass sich Sinus- und Kosinusfunktion durch bestimmte *Verschiebungen* (man spricht dann von *Phasenverschiebungen*) ineinander überführen lassen.

Ebenfalls erkennbar ist, dass sich der Graph der Kosinusfunktion an der *senkrechten Achse spiegeln* lässt – es ist eine *gerade Funktion.*

Andererseits ist der Graph der Sinusfunktion *punktsymmetrisch zum Nullpunkt* – diese Funktion ist *ungerade.*

6.6.3 Zugang zu den Graphen von *y = tan x* und *y = cot x*

Bekanntlich sind die beiden weiteren trigonometrischen Funktionen

$$y = \tan x = \frac{\sin x}{\cos x}$$

(6.22)

$$y = \cot x = \frac{\cos x}{\sin x} = \frac{1}{\tan x}$$

erklärt als *Quotienten von Sinus- und Kosinusfunktion.*

Da in einem Quotienten der Nenner niemals Null werden darf, gibt es *keine Tangenswerte für die Vielfachen von π/2*, wogegen *keine Kotangenswerte für die Vielfachen von π* existieren. Am Graph des Tangens kann man erkennen, dass die Tangensfunktion wieder – wie die Sinusfunktion – eine *ungerade Funktion* ist:

Der Graph des Tangens ist *punktsymmetrisch zum Koordinatenursprung.*

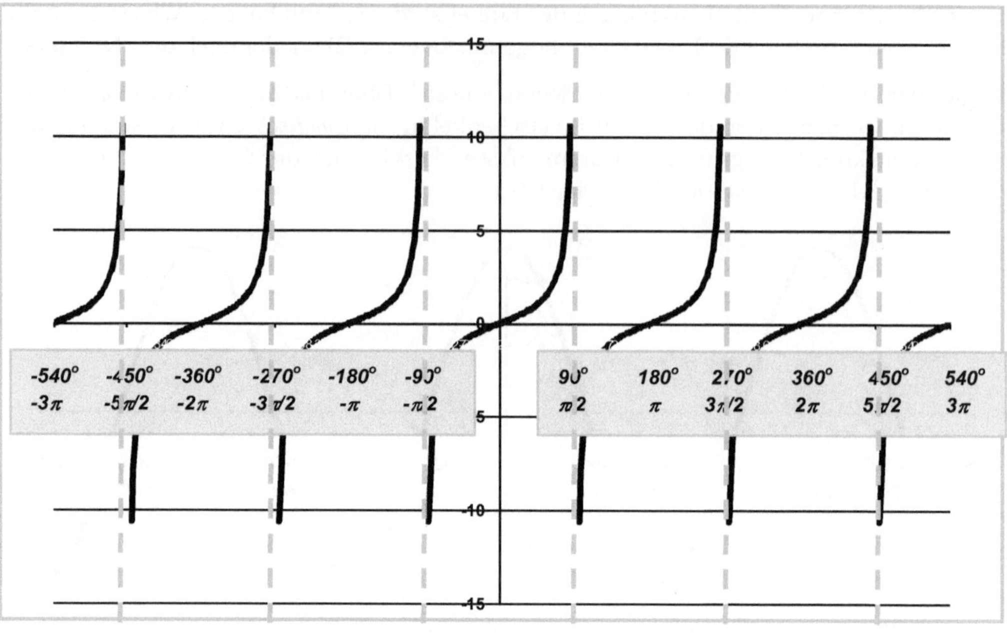

Bild 6.18: Graph der Funktion y=tan x

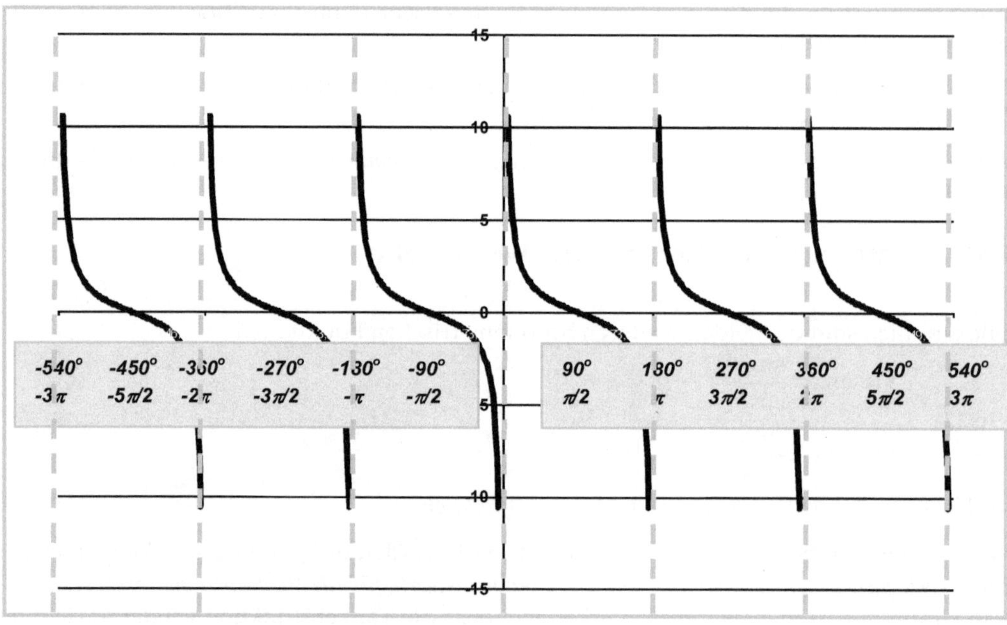

Bild 6.19: Graph der Funktion y=cot x

Weiter lässt sich die *Periodizität* ablesen: Würde der Graph des Tangens um 180 Grad (oder im Bogenmaß: um π) nach rechts oder links verschoben, ergäbe sich keine Änderung:

(6.23) $\tan(x+\pi)=\tan x$

Auch der Graph des Kotangens ist *punktsymmetrisch,* lässt sich *am Koordinatenursprung spiegeln*:

Der Kotangens ist ebenfalls eine *ungerade Funktion.*

Auch die *Periodizität des Kotangens* ist erkennbar – wie beim Tangens würde sich keine Änderung des Graphen zeigen, wenn er um die *Periode* π nach rechts oder links verschoben würde:

(6.24) $\cot(x+\pi)=\cot x$

6.6.4 Ergänzung: Tangens und Kotangens am Einheitskreis

Wir haben uns für die *Erarbeitung der Graphen von Tangens und Kotangens* auf die grundsätzlichen *Quotienten-Definitionen* und die *Eigenschaften von Sinus und Kosinus* bezogen.

Es gibt aber noch einen anderen Weg, wieder mit Hilfe des *Einheitskreises.*

Die Bilder 6.20 und 6.21 zeigen, wie Tangens- und Kotangenswerte für beliebige Winkel abgelesen werden können:

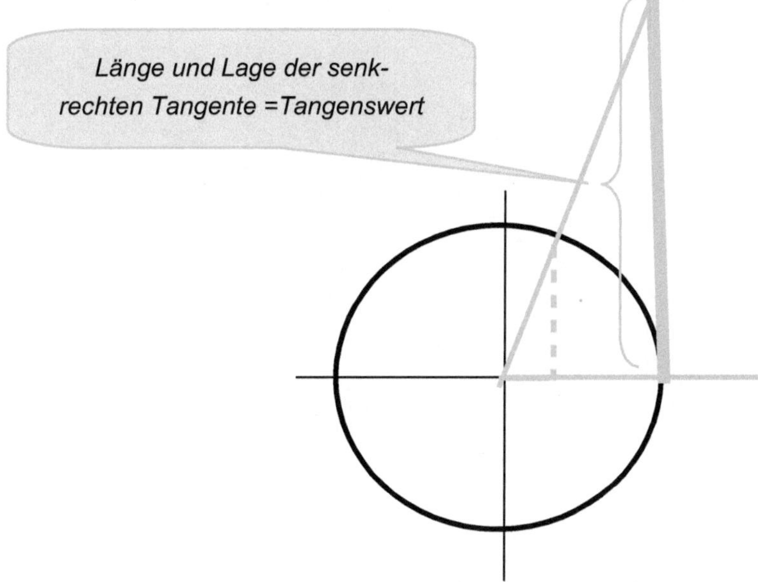

Bild 6.20: Der Tangenswert ist ablesbar an der senkrechten Tangente

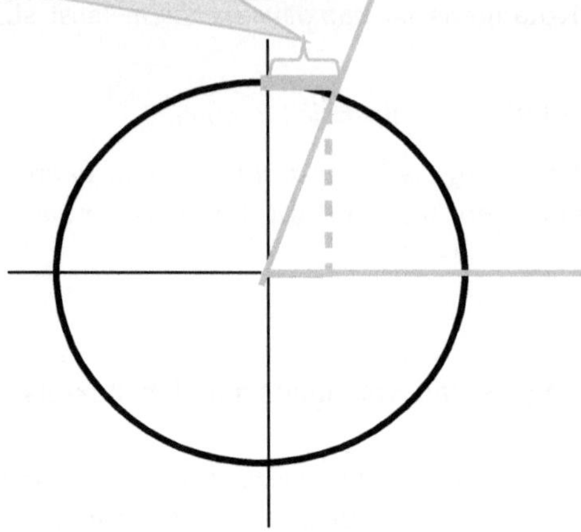

Bild 6.21: Der Kotangenswert ist ablesbar an der waagerechten Tangente

7 Funktionen IV: Verwandte Funktionen und ihre Graphen

7.1 Begriffserklärung

Im vergangenen Abschnitt lernten wir mit den *Polynomen*, den *Exponential-* und *Hyperbelfunktionen, den Logarithmusfunktionen* und vor allem den *trigonometrischen Funktionen* wichtige *grundlegende Funktionenklassen* kennen, die häufig in der Technik auftreten. Deshalb sollte die Kenntnis der grundlegenden Eigenschaften ihrer Graphen zum *anwendungsbereiten Grundwissen* gehören.

Doch die Welt ist nicht so einfach, dass immer und überall nur diese vergleichsweise einfachen Funktionen auftreten. Wie kommt man aber bei anderen, komplizierteren funktionalen Zusammenhängen zum Graphen, mit dessen Hilfe Eigenschaften abgeleitet, Diskussionen geführt, Schlussfolgerungen gezogen werden können?

Die Antwort darauf beginnt im nächsten Kapitel, wenn nämlich das Instrumentarium vorgestellt wird, mit dessen Hilfe auch in solchen Fällen der Graph erarbeitet werden kann, allerdings mit größerem Aufwand. Wir werden uns dann mit der *Methodik der Kurvendiskussion* beschäftigen, denn unter diesem Namen sind alle Instrumente zusammengefasst.

Zuvor aber wollen wir uns noch mit der speziellen Situation beschäftigen, dass Funktionen zu analysieren sind, die mit den bisher *behandelten Grundfunktionen* immer noch in gewisser Weise *verwandt* sind.

Wenn erkennbar ist, dass eine Funktion $g(x)$ durch die einfachen Operationen *Addition* oder *Subtraktion* reeller Zahlen, durch *Multiplikationen* mit minus 1 oder durch *Betragsbildungen* aus einer der Grundfunktionen $f(x)$ des vorigen Kapitels abgeleitet worden ist, dann kann man einfache Gesetze anwenden, die beschreiben, wie sich *der Graph einer verwandten Funktion* aus dem *Graphen der bekannten Funktion* ergibt.

Speziell werden wir folgende acht Fälle untersuchen:

- Die betrachtete Funktion $g(x)$ entsteht aus einer bekannten Funktion $f(x)$ durch *Addition einer positiven Zahl:* $g(x)=f(x)+a,\ a>0$.
- Die betrachtete Funktion $g(x)$ entsteht aus einer bekannten Funktion $f(x)$ durch *Subtraktion einer positiven Zahl:* $g(x)=f(x)-a,\ a>0$.
- Die betrachtete Funktion $g(x)$ entsteht aus einer bekannten Funktion $f(x)$, indem x durch $x+a$ *ersetzt* wird: $g(x)=f(x+a),\ a>0$.
- Die betrachtete Funktion $g(x)$ entsteht aus einer bekannten Funktion $f(x)$, indem x durch $x-a$ *ersetzt* wird: $g(x)=f(x-a),\ a>0$.
- Die betrachtete Funktion $g(x)$ entsteht aus einer bekannten Funktion $f(x)$, indem x durch $-x$ *ersetzt* wird: $g(x)=f(-x)$.
- Die betrachtete Funktion $g(x)$ entsteht aus einer bekannten Funktion $f(x)$ durch *Multiplikation mit* (-1) : $g(x)=-f(x)$.
- Die betrachtete Funktion $g(x)$ entsteht aus einer bekannten Funktion $f(x)$, indem x durch $|x|$ *ersetzt* wird: $g(x)=f(|x|)$.

- Die betrachtete Funktion *g(x)* entsteht aus einer bekannten Funktion *f(x)*, indem der *Betrag von f(x)* gebildet wird: *g(x)= |f(x)|*.

Für jeden dieser Fälle lässt sich ein Gesetz angeben, wie der Graph von g(x) sich aus dem bekannten Graphen von f(x) ableiten lässt.

7.2 Additionen und Subtraktionen

Unser durchgängiges Beispiel für eine bekannte Funktion, aus der die verwandten Funktionen entstehen, wird die *Logarithmusfunktion y = ln x* sein. Sehen wir uns zuerst an, wie sich der Graph verändern wird, wenn *zu einer Funktion eine Zahl addiert oder subtrahiert* wird.

7.2.1 Addition und Subtraktion zur Funktion

Wir betrachten also zuerst die beiden Beispielfunktionen *f(x)* und ihre „Verwandte" *g(x)*

(7.01) $f(x) = \ln x, \quad g(x) = \ln x + 3$

Bild 7.1 zeigt uns, wie sich beim *Hinzufügen der Zahl 3* der Graph verändert.

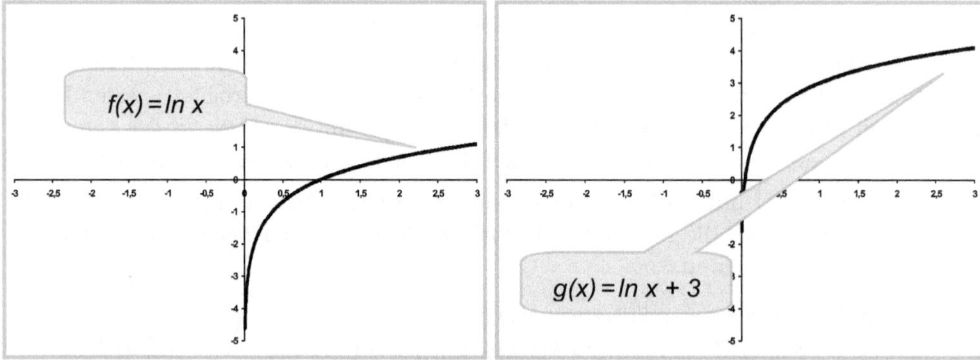

Bild 7.1: Verschiebung nach oben bei Addition

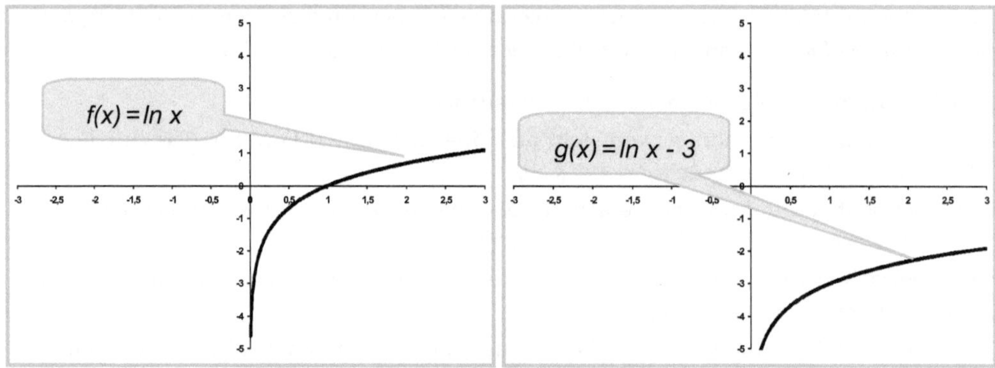

Bild 7.2: Verschiebung nach unten bei Subtraktion

> *Gesetz*: Entsteht eine verwandte Funktion *g(x)* aus einer bekannten Funktion *f(x)* durch *Addition einer positiven Konstanten a>0*, dann entsteht der *Graph der verwandten Funktion* durch *Parallelverschiebung des bekannten Graphen* um *a* Einheiten *nach oben.*

Bild 7.2 informiert uns in gleicher Weise darüber, dass sich bei der Subtraktion der Drei der Graph um *drei Einheiten nach unten* verschiebt.

Gesetz: Entsteht eine verwandte Funktion $g(x)$ aus einer bekannten Funktion $f(x)$ durch *Subtraktion einer positiven Konstanten* $a>0$, dann entsteht der *Graph der verwandten Funktion* durch *Parallelverschiebung des bekannten Graphen* um a Einheiten *nach unten*.

7.2.2 Addition und Subtraktion zum Argument

Wie wird sich der Graph verändern, wenn das Argument x in der Ausgangsfunktion durch $x+3$ ersetzt wird? Sehen wir uns dazu Bild 7.3 an.

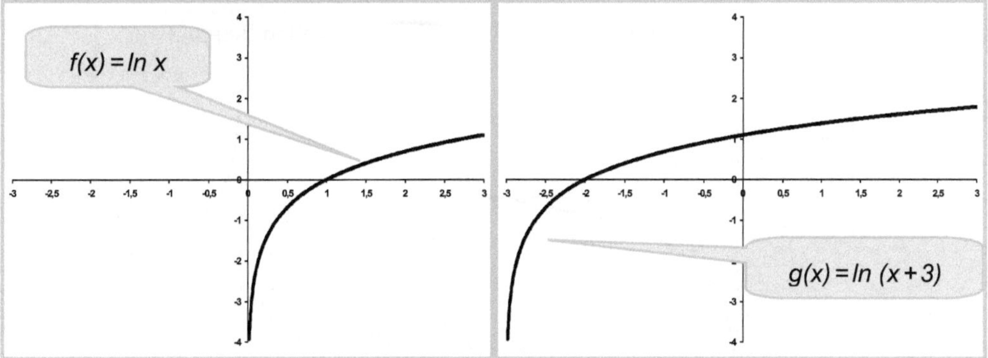

Bild 7.3: Überraschend: Linksverschiebung bei Addition im Argument

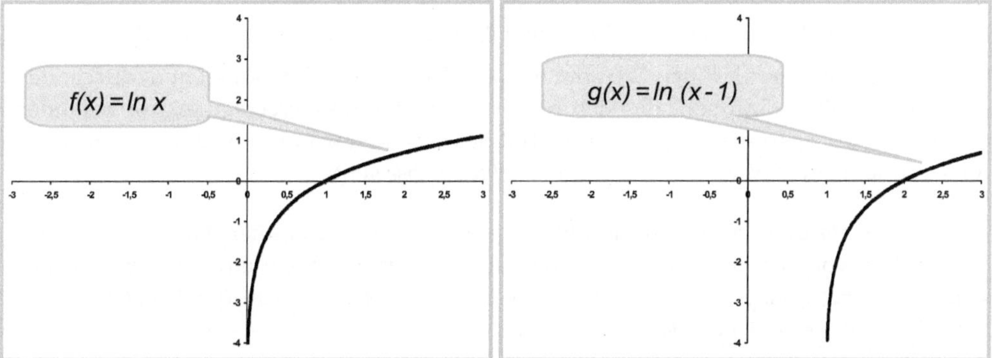

Bild 7.4: Rechtsverschiebung, wenn im Argument subtrahiert wird

Die Bildunterschrift bringt es zum Ausdruck: Es ist ein wenig überraschend – nicht nach rechts, sondern nach links verschiebt sich der Graph.

Gesetz: Entsteht eine verwandte Funktion $g(x)$ aus einer bekannten Funktion $f(x)$ dadurch, dass das Argument x durch das Argument $x+a$ $(a>0)$ ersetzt wird, dann entsteht der *Graph der verwandten Funktion* durch *Parallelverschiebung des bekannten Graphen* um a Einheiten *nach links*.

Die Vermutung, dass beim Ersetzen von x durch $x-1$ andererseits eine Rechtsverschiebung stattfindet, wird durch Bild 7.4 bestätigt.

Gesetz: Entsteht eine verwandte Funktion $g(x)$ aus einer bekannten Funktion $f(x)$ dadurch, dass das Argument x durch das Argument $x-a$ $(a>0)$ ersetzt wird, dann entsteht der *Graph der verwandten Funktion* durch *Parallelverschiebung des bekannten Graphen* um a Einheiten *nach rechts*.

7.3 Multiplikationen

7.3.1 Multiplikation der Funktion mit (– 1)

Was passiert, wenn *vor die gesamte Funktion ein Minuszeichen* geschrieben wird? Wenn also in unserem Beispiel die Funktion *y=ln x* in folgender Weise geändert wird?

(7.02) $f(x) = \ln x, \quad g(x) = -\ln x$

Sehen wir uns zuerst im Bild 7.5 die Antwort bei diesem speziellen Beispiel an.

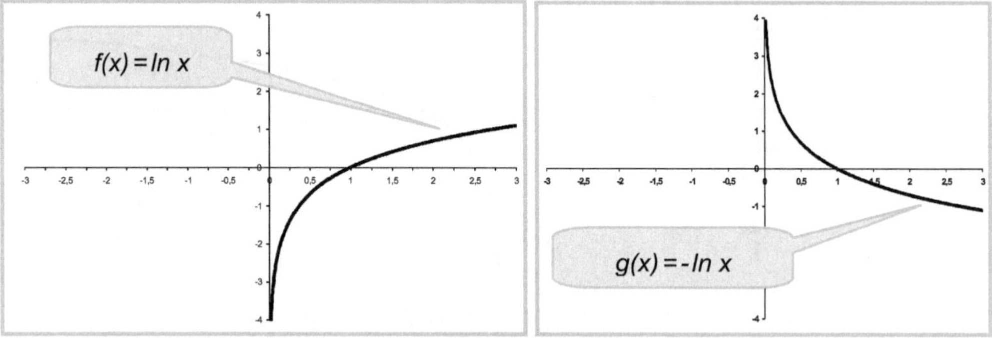

Bild 7.5: Von ln x zu - ln x: Spiegelung des Graphen an der waagerechten Achse

Die Bildunterschrift erklärt den Zusammenhang: Der neue Graph entsteht dadurch, dass alle Teile des alten Graphen, die sich bisher unter der waagerechten Achse befanden, nach oben abgetragen werden, der obere Teil des Graphen wandert nach unten. Kurz gesagt – es findet eine *Spiegelung an der waagerechten Achse* statt:

Gesetz: Entsteht eine verwandte Funktion *g(x)* aus einer bekannten Funktion *f(x)* dadurch, dass vor den gesamten Ausdruck auf der rechten Seite ein *Minuszeichen* geschrieben wird, d. h. *g(x)=–f(x)*, dann entsteht der *Graph der verwandten Funktion* durch *Spiegelung des bekannten Graphen* an der *waagerechten Achse.*

7.3.2 Multiplikation des Arguments mit (– 1)

Eine verwandte Funktion kann auch dadurch entstehen, dass durchgängig *x* durch -*x* ersetzt wird.

Mathematisch gesprochen: Das Argument *x* wird überall durch das Argument -*x* ersetzt.

(7.03) $f(x) = \ln x, \quad g(x) = \ln(-x)$

Auch in diesem Fall kommt es zu einer *Spiegelung* (Bild 7.6), allerdings nun an der *senkrechten Achse.*

Gesetz: Entsteht eine verwandte Funktion *g(x)* aus einer bekannten Funktion *f(x)* dadurch, dass durchgängig *x* durch *–x* ersetzt wird, d. h. *g(x)=f(–x)*, dann entsteht der Graph der verwandten Funktion durch *Spiegelung* des bekannten Graphen an der senkrechten Achse.

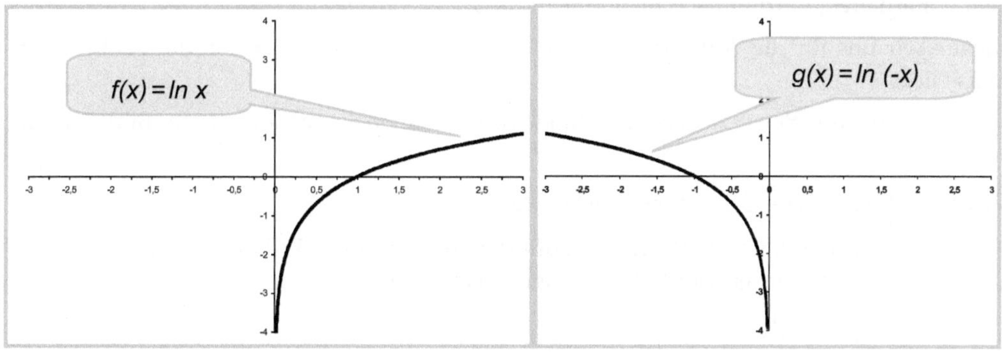

Bild 7.6: Von ln x zu ln (-x) : Spiegelung des Graphen an der senkrechten Achse

7.4 Betragsbildungen

7.4.1 Betragsbildung im Argument

Was passiert, wenn in einer Funktion durchgängig das Argument x beidseitig mit Betragsstrichen versehen wird, wenn also die verwandte Funktion dadurch entsteht, dass x durch $|x|$ ersetzt wird? Gibt es dann auch eine gesetzmäßige Veränderung des Graphen?

(7.04) $f(x) = \ln x, \quad g(x) = \ln|x|$

Nun muss man in Bild 7.7 genau hinsehen, um zu erkennen, was passiert: Der Teil des Graphen, der sich *rechts von der senkrechten Achse* befindet, bleibt *erhalten*. Und er wird hier zusätzlich nach links gespiegelt. Durch die Betragsbildung entsteht ein *symmetrischer Graph*, und die verwandte Funktion kann plötzlich auch *negative x–Werte* verarbeiten.

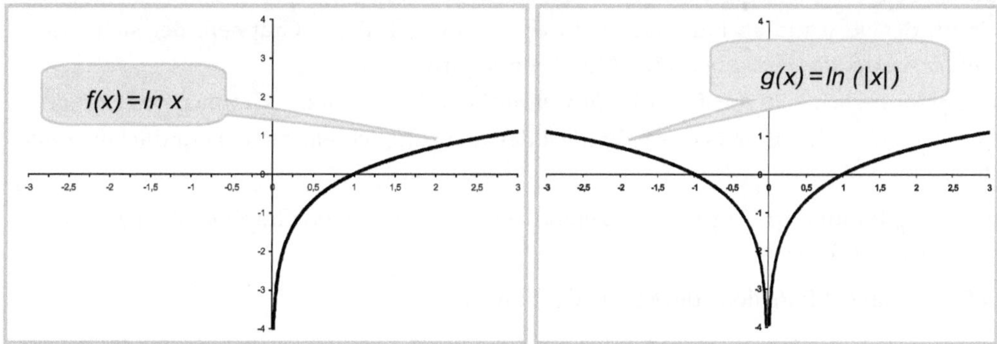

Bild 7.7: Rechter Teil des Graphen wird nach links gespiegelt

Schade nur, dass unser Beispiel-Logarithmus *ln x* nur einen Graphen hat, der *vollständig rechts von der senkrechten Achse* liegt.

So können wir mit seiner Hilfe leider nicht herausfinden, was bei der Betragsbildung mit demjenigen Teil des Graphen passiert, der sich ursprünglich *links von der senkrechten Achse* befand.

Bleibt er erhalten, wird er nach rechts gespiegelt oder verschwindet er?

Suchen wir uns für die Antwort eine Funktion, deren Graph beidseitig der senkrechten Achse liegt.

Nehmen wir zum Beispiel den nach links verschobenen Logarithmus aus Bild 7.3 von Seite 125:

(7.05) $f(x) = \ln(x+3), \quad g(x) = \ln(|x|+3)$

Versuchen wir damit, in Bild 7.8 herauszufinden, was mit dem Teil des Graphen der Ausgangsfunktion passiert ist, der links von der senkrechten Achse lag.

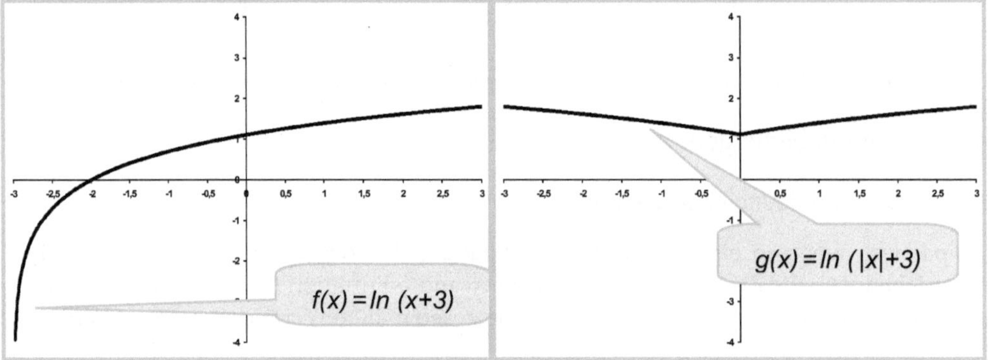

Bild 7.8: Der linke Teil verschwindet, der rechte Teil erscheint gespiegelt links

Tatsächlich, der *linke Teil des Graphen* verschwindet bei der Betragsbildung im Argument, stattdessen erscheint auf der linken Seite die *Spiegelung des vorher nur rechten Teils.*

Gesetz: Entsteht eine verwandte Funktion *g(x)* aus einer bekannten Funktion *f(x)* dadurch, dass durchgängig *x* durch |*x*| ersetzt wird, d. h. *g(x)=f(|x|)*, dann entsteht der Graph der verwandten Funktion dadurch, dass der Teil des Graphen, der sich *rechts von der senkrechten Achse* befindet, *übernommen* wird.

Der ursprünglich *links von der senkrechten Achse* befindliche Teil des Graphen *verschwindet.* Stattdessen erscheint links das *Spiegelbild* des ursprünglich *nur rechts* befindlichen Teils des Graphen.

Die Betragsbildung im Argument erzeugt deshalb immer einen Graphen, der *symmetrisch zur senkrechten Achse* ist.

7.4.2 Von der Funktion zum Betrag der Funktion

Wie wird sich der Graph einer Funktion verändern, wenn wir *anstelle der Funktionswerte* deren *Absolutbeträge* betrachten? Unsere beiden verwandten Funktionen, mit deren Hilfe wir uns das entsprechende Gesetz erarbeiten wollen, lauten also

(7.06) $f(x) = \ln x, \quad g(x) = |\ln x|$

Bild 7.9 erklärt uns, dass diesmal ein vergleichbarer Vorgang wie im vorigen Abschnitt stattfindet, nun aber in Bezug auf die waagerechte Achse.

Gesetz: Entsteht eine verwandte Funktion *g(x)* aus einer bekannten Funktion *f(x)* dadurch, dass der *Betrag der Funktion* gebildet wird, d. h. $g(x)=|f(x)|$, dann entsteht der Graph der verwandten Funktion dadurch, dass der Teil des Graphen, der sich *oberhalb der waagerechten Achse* befindet, *unverändert übernommen* wird.

Der ursprünglich *unter der waagerechten Achse* befindliche Teil des Graphen *verschwindet*. Stattdessen erscheint oberhalb der waagerechten Achse das *Spiegelbild* des ursprünglich unten befindlichen Teils.

Die Betragsbildung bei den Funktionswerten erzeugt deshalb *immer* einen Graphen, der *nur oberhalb der waagerechten Achse* liegt, sie aber von oben *berühren* kann.

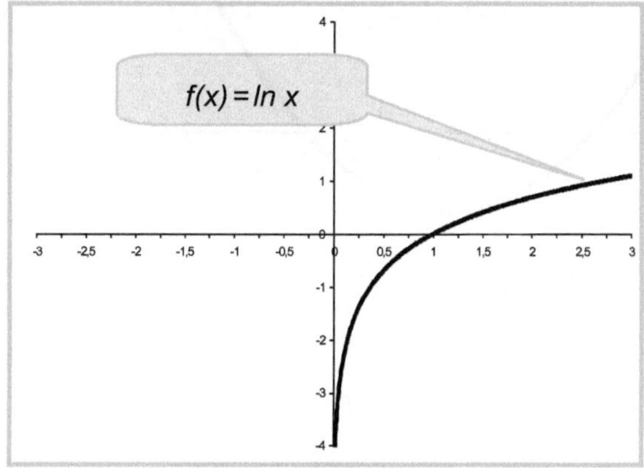

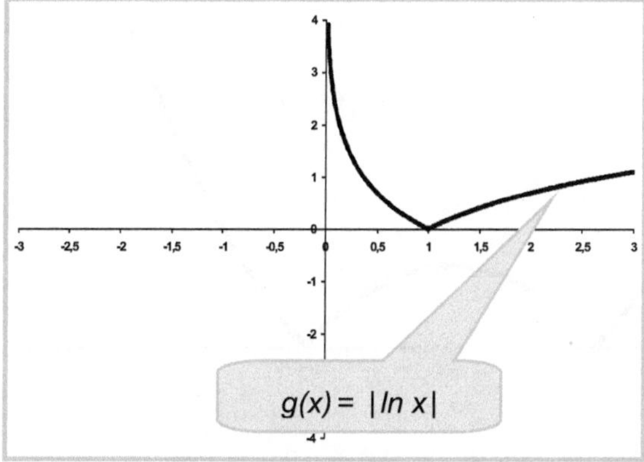

Bild 7.9: Der Negativteil des Graphen wird nach oben gespiegelt

Auch hier wollen wir uns noch ein zweites Beispiel ansehen, um das Gesetz besser verstehen zu können:

Betrachten wir dazu eine *quadratische Funktion*, deren *nach oben geöffnete Parabel* die waagerechte Achse an zwei Stellen schneidet, sowie die Betragsfunktion davon:

(7.07) $$f(x) = x^2 - 5x + 6, \quad g(x) = | x^2 - 5x + 6 |$$

Was können wir erwarten? Der unterhalb der waagerechten Achse befindliche Teil des Graphen müsste nach oben gespiegelt werden.

Bild 7.10 bestätigt uns, dass diese Vermutung richtig ist.

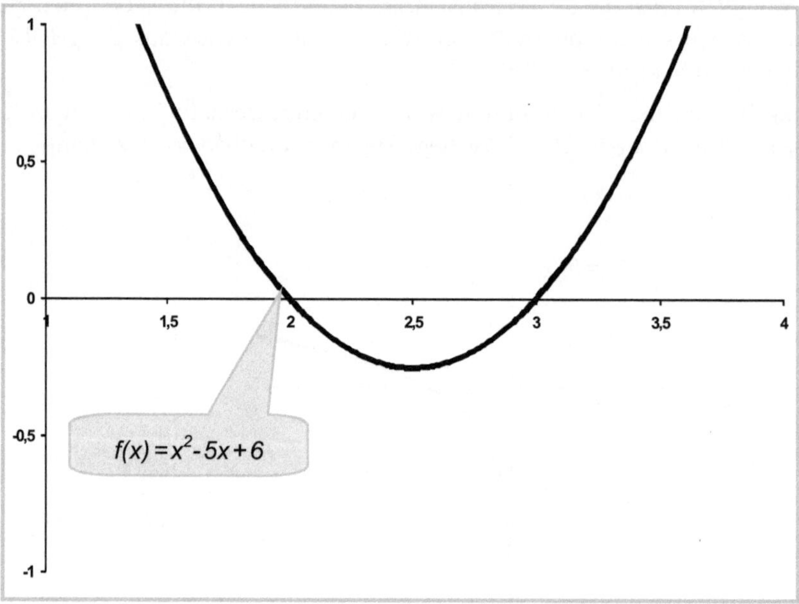

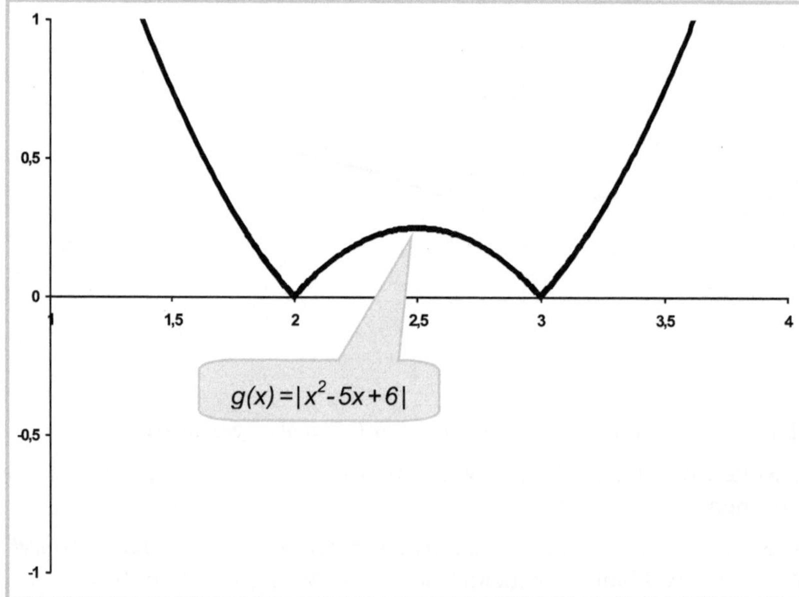

Bild 7.10: Der untere Teil der Parabel wird nach oben gespiegelt

7.5 Trigonometrische Funktionen und ihre Verwandten

Anhand der Sinusfunktion und ihres Graphen soll demonstriert werden, wie der Übergang zu „Sinus-Verwandten" sich jeweils im Graph anschaulich zeigt.

Da die senkrechten Verschiebungen für die Anwendungen recht uninteressant sind, wollen wir uns gleich den *Betragsbildungen* zuwenden.

Sie sind mathematisch interessant, sorgen sie doch dafür, dass aus einer glatten Sinuskurve eine Kurve mit einer bzw. unendlich vielen *Spitzen* wird.

7.5.1 Betragsbildungen

In den Bilder 7.11a bis 7.11c sind die Graphen der drei Funktionen

(7.08a) $y = \sin x$

(7.08b) $y = \sin|x|$

(7.08c) $y = |\sin x|$

zu sehen. Sie sie ergeben sich aus den Gesetzen über die Betragsbildung von Seite 40.

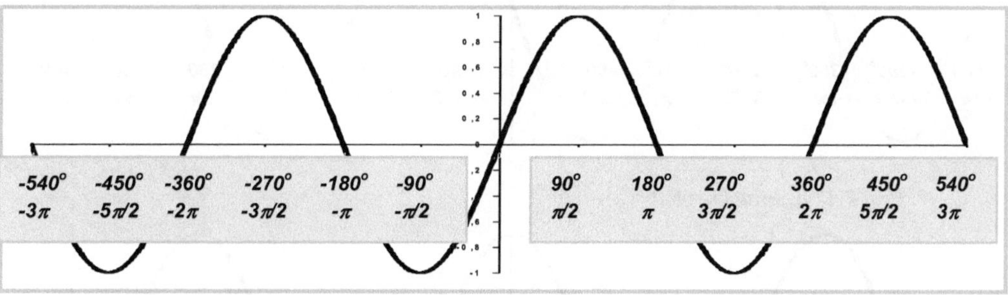

Bild 7.11a: Graph der Funktion y=sin x

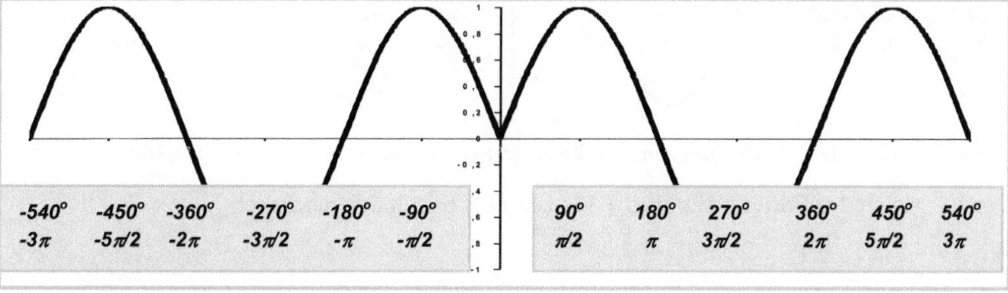

Bild 7.11b: Graph der Funktion y=sin |x|

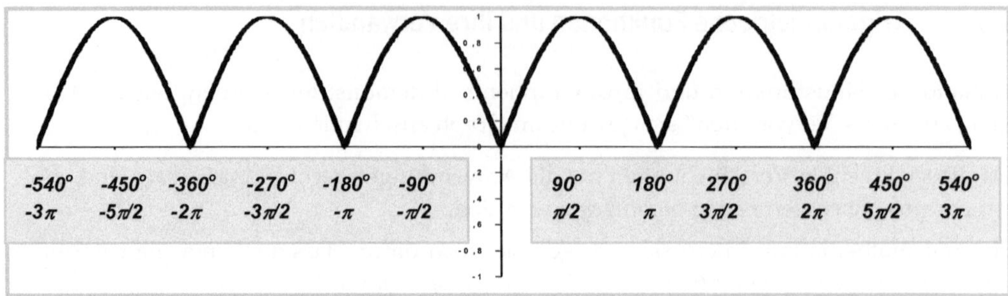

Bild 7.11c: Graph der Funktion y=|sin x|

7.5.2 Waagerechte Verschiebungen mit und ohne Spiegelung

Besonders interessant sind die *waagerechten Verschiebungen*, lassen sich mit ihnen doch auf einfach Art *Zusammenhänge zwischen der Sinus- und der Kosinusfunktion* erkennen.

So zeigen die Bilder 7.12a und 7.12b, dass eine *Linksverschiebung des Sinus um eine Viertelperiode* (d.h. der Übergang von *sin x* zu *sin (x+π/2)* zum Kosinus führt.

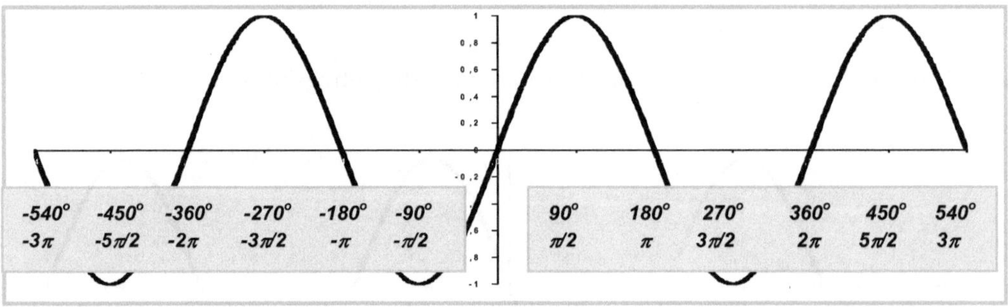

Bild 7.12a: Sinuskurve

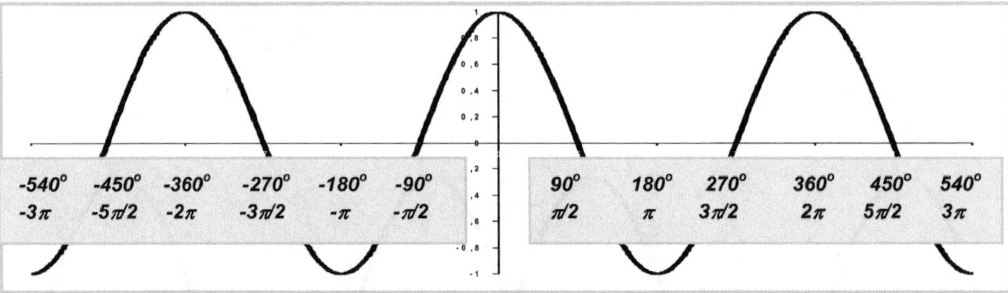

Bild 7.12b: Nach links um eine Viertelperiode (x+π/2) verschobene Sinuskurve

Der Vergleich der Bilder 7.12b und 7.12c zeigt es: Es gilt offensichtlich

(7.09a) $$\sin(x+\frac{\pi}{2})=\cos x$$

Man kann auch auf andere Art vom Sinus-Graph zum Kosinus-Graph kommen:

Wenn zuerst der *Graph der Sinusfunktion* durch Übergang von *sin x* zu *sin (-x)* an der *senkrechten Achse gespiegelt* (Bild 7.14a) und danach um eine *Viertelperiode nach rechts verschoben* (Bild 7.14b) wird, entsteht ebenfalls wieder der Graph der Kosinusfunktion. In Formeln:

(7.09b) $\sin(-x-\frac{\pi}{2})=\cos x$

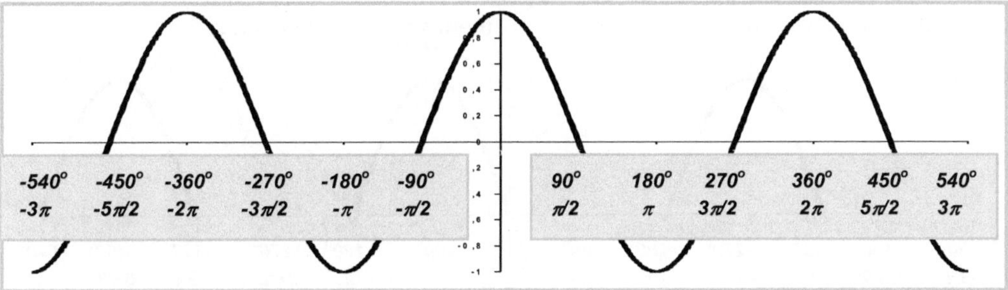

Bild 7.13: Graph der Kosinusfunktion

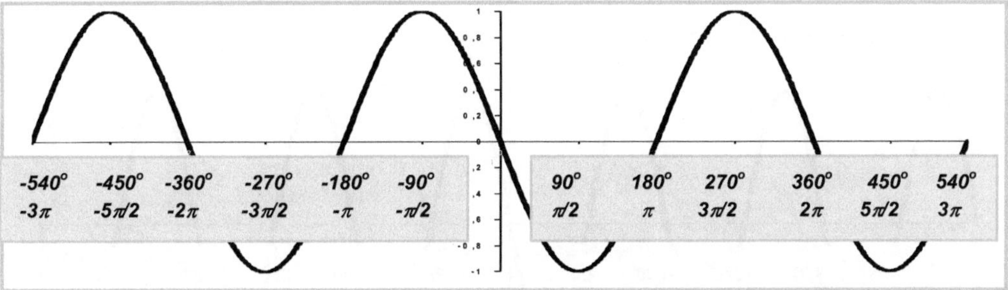

Bild 7.14a: Mit sin (-x) an der senkrechten Achse gespiegelte Sinuskurve

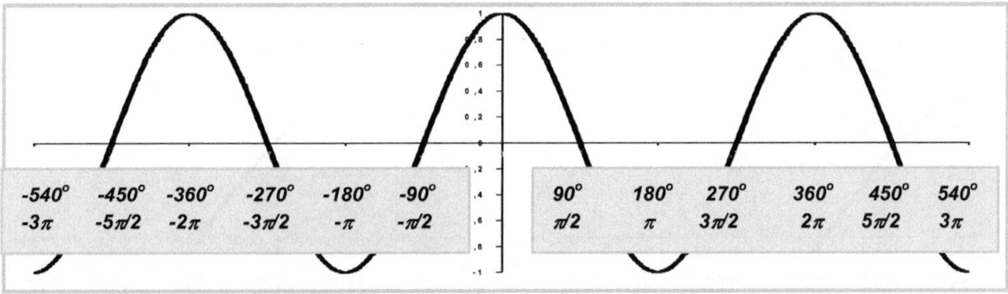

Bild 7.14b: Gespiegelte Sinuskurve, nach rechts um eine Viertelperiode verschoben

Als Übung wird empfohlen, sich anhand des *Graphen vom Kosinus* und *an der waagerechten Achse gespiegeltem Kosinus* die folgende Gesetzmäßigkeit graphisch zu erarbeiten:

(7.10a) $\cos(x-\frac{\pi}{2})=\sin x$

(7.10b) $-\cos(x+\frac{\pi}{2})=\sin x$

7.5.3 Waagerechte Streckungen und Stauchungen

Bei den trigonometrischen Funktionen ist weiterhin von Interesse, wie sich der Graph ändert, denn das Argument verdoppelt oder halbiert wird.

Bild 7.15a zeigt noch einmal den Graph der Sinusfunktion *sin x*, während in Bild 7.15b den Graph der Sinusfunktion mit verdoppeltem Argument *sin 2x* und in Bild 7.15c der Graph der Sinusfunktion mit halbiertem Argument *sin x/2* zu sehen ist:

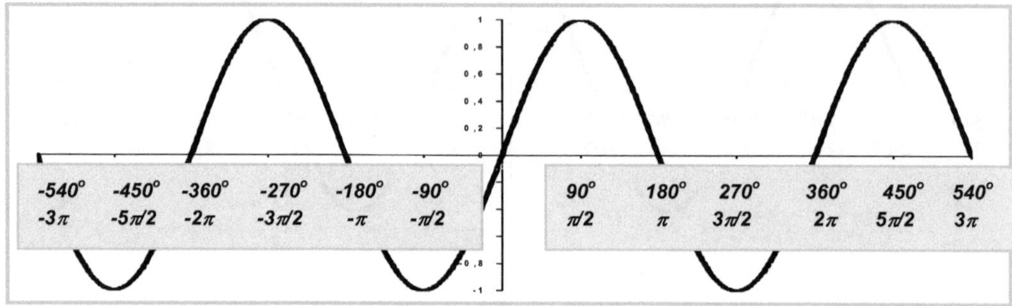

Bild 7.15a: Graph der Sinusfunktion sin x

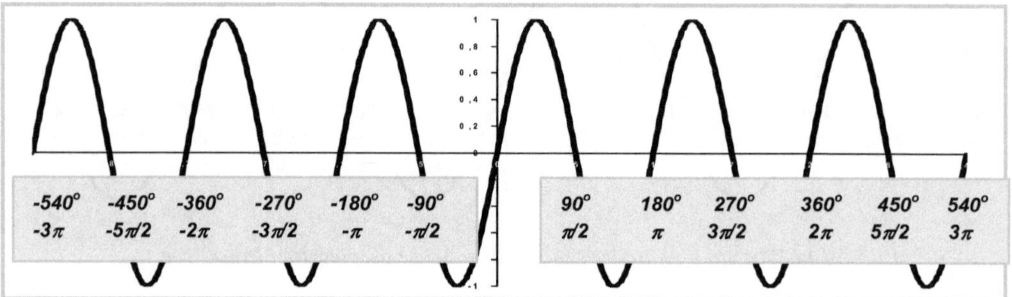

Bild 7.15b: Graph der Sinusfunktion mit verdoppeltem Argument sin 2x

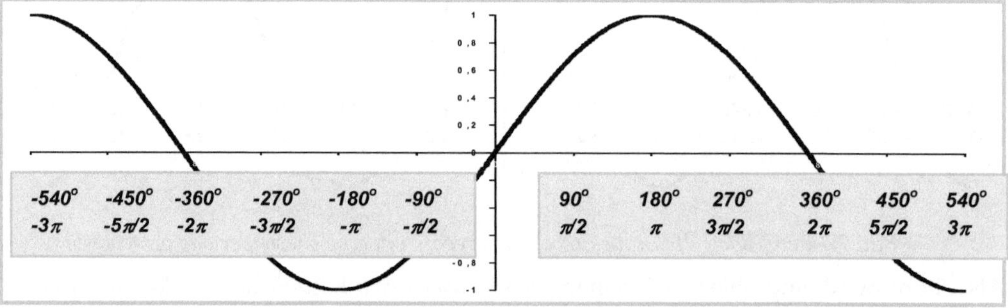

Bild 7.15c: Graph der Sinusfunktion mit halbiertem Argument sin x/2

Folgendes *Gesetz* ist zu erkennen: Bei *Verdoppelung des Arguments* schwingt die Sinuskurve doppelt so schnell, die *Periode halbiert sich.* Bei *Halbierung des Arguments* schwingt die Sinuskurve halb so schnell, die *Periode verdoppelt sich.*

8 Funktionen V: Stetigkeit, Beschränktheit, Monotonie

8.1 Stetigkeit

8.1.1 Definition

Eine Funktion $y=f(x)$ heißt an einer Stelle x_0 ihres Definitionsbereiches $D(f)$ stetig, wenn sowohl der *linksseitige Grenzwert*

(8.01) $$\lim_{x \to x_0 - 0} f(x)$$

als auch der *rechtsseitige Grenzwert*

(8.02) $$\lim_{x \to x_0 + 0} f(x)$$

existieren, wenn *beide Grenzwerte gleich* sind und wenn beide Grenzwerte darüber hinaus *mit dem Funktionswert* $f(x_0)$ übereinstimmen:

(8.03) $$\lim_{x \to x_0 - 0} f(x) = \lim_{x \to x_0 + 0} f(x) = f(x_0)$$

Die *Stetigkeit einer Funktion* ist eine Eigenschaft, die von beachtlicher innermathematischer Bedeutung ist. Für den *Anwender* ergibt sich zuerst die Frage, wie man erkennt, wann eine Funktion *nicht stetig* ist und welche Bedeutung das hat.

Sehen wir uns dazu das folgende Beispiel an:

(8.04) $$y = f(x) = \begin{cases} 2 & x < 1 \\ 3 & x = 1 \\ 4 & x > 1 \end{cases}$$

Die Zuordnungsvorschrift (8.04) besagt, dass allen Argumentwerten *links der Eins* der Funktionswert $y=2$ zugeordnet wird; ist $x=1$, dann (und nur dann) wird der Funktionswert auf $y=3$ festgelegt, und für alle größeren x-Werte gilt der Funktionswert $y=4$.

Bild 8.1 zeigt den Graphen dieser Funktion, mit dessen Hilfe sich ganz deutlich ablesen lässt, dass an der Stelle $x=1$ die beiden Grenzwerte *nicht* übereinstimmen. Weiter unterscheidet sich auch der *Funktionswert* $f(1)$ von den Grenzwerten.

(8.05) $$\lim_{x \to 1 - 0} f(x) = 2 \qquad f(1) = 3 \qquad \lim_{x \to 1 + 0} f(x) = 4$$

Die Funktion $y=f(x)$ ist also *unstetig an der Stelle* $x_0=1$.

Und die passende Vokabel für das *Verhalten des Graphen an so einer Unstetigkeitsstelle* ist auch schnell gefunden.

Ist eine Funktion $y=f(x)$ an einer Stelle x_0 mit endlichen einseitigen Grenzwerten unstetig, da $\lim_{x \to x_0 - 0} f(x) \neq \lim_{x \to x_0 + 0} f(x)$ ist, dann besitzt der Graph der Funktion an dieser Stelle x_0 einen *endlichen Sprung*.

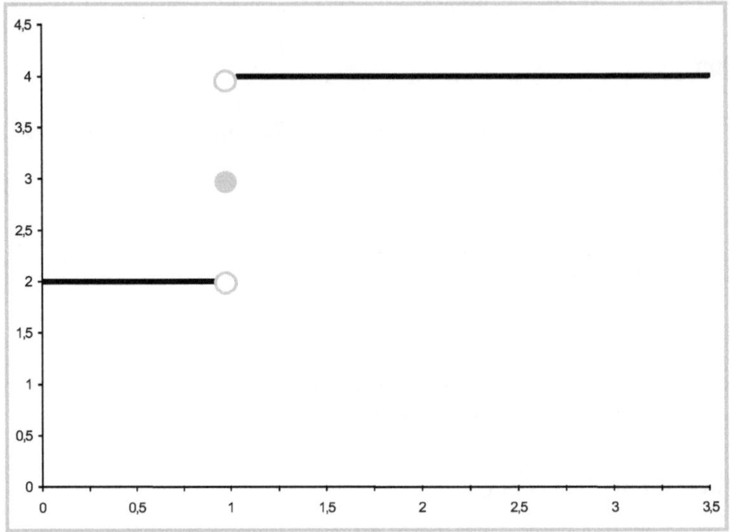

Bild 8.1: Sprung im Graphen

Nachdem wir den Begriff der *Stetigkeit an einer Stelle des Definitionsbereiches* kennen gelernt haben, können wir nun die *Stetigkeit einer Funktion* allgemein definieren:

Gibt es im ganzen Definitionsbereich *D(f)* einer Funktion $y=f(x)$ keine Unstetigkeitsstelle x_0, dann heißt die Funktion stetig (auch: *überall stetig*).

Nicht selten formulieren Lehrende auch die so genannte *Studentendefinition der Stetigkeit*:

Wenn der Graph der Funktion über dem gesamten Definitionsbereich ohne abzusetzen von links nach rechts durchgezeichnet werden kann, ist die Funktion stetig.

8.1.2 Konsequenzen von Stetigkeit und Unstetigkeit

Betrachten wir den Wertebereich der Funktion aus Bild 8.1: Der Wertebereich beginnt bei 2 und endet bei 4. Aber wegen der Unstetigkeit dieser Funktion wird *keinesfalls jeder Wert zwischen 2 und 4* angenommen.

Oder formulieren wir es mit den Begriffen aus Abschnitt 6.4:

Unstetige Funktionen müssen *nicht alle Zwischenwerte* zwischen der *unteren* und der *oberen Grenze* ihres *Wertebereiches* annehmen.

Bei stetigen Funktionen ist das offensichtlich anders:

Eine stetige Funktion lässt in ihrem Wertebereich *keinen Zwischenwert aus*.

8.1.3 Arten der Unstetigkeit

Es soll hier nicht verschwiegen werden, dass es auch *andere Arten der Unstetigkeit* als die bisher betrachteten Sprünge gibt.

Betrachten wir zum Beispiel die folgende Funktion:

(8.06) $$f(x) = \frac{x-1}{x^2-1}$$

Der Definitionsbereich *D(f)* dieser Funktion muss offensichtlich die Werte -1 und +1 ausschließen, das sind die Werte, für die der *Nenner Null* würde, was nicht passieren darf:

(8.07) $$D(\frac{x-1}{x^2-1}) = \{x \in \Re \mid x \neq -1 \text{ und } x \neq +1\} = (-\infty,-1) \cup (-1,+1) \cup (1,+\infty)$$

Die Definition der Stetigkeit aus dem vorigen Abschnitt geht davon aus, dass wir grundsätzlich nur die Frage erörtern, welche Situation an solchen Stellen vorliegt, die *zum Definitionsbereich* gehören. Die in (8.06) definierte Funktion ist für -1 und +1 nicht definiert, dort kann die Funktion nicht stetig sein.

An den Stellen, für die es überhaupt keine Funktionswerte gibt, sollte man nicht nach Eigenschaften der Funktion fragen.

Ein einfacher Vergleich: Wer würde denn, am oberen Rande des Grand Canyon stehend, nach der Farbe des Rasens fragen, wenn es vor ihm gar keinen Rasen gibt?

Andererseits – sehen wir uns doch schnell einmal den Graphen der Funktion in Bild 8.2 an.

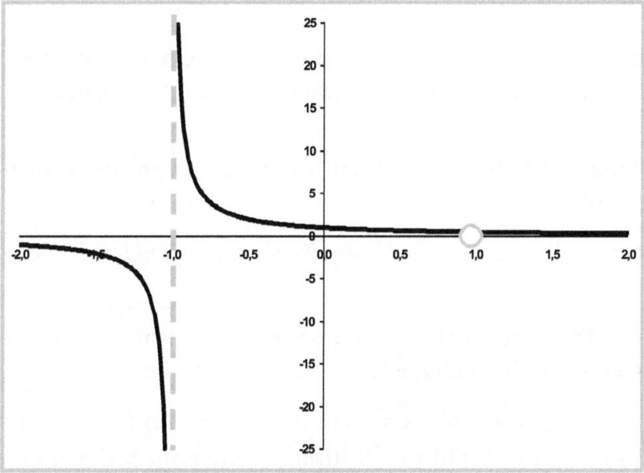

Bild 8.2: Dreigeteilter Definitionsbereich

Es gibt nicht eine einzige Stelle im Definitionsbereich, an der ein *endlicher Sprung* stattfindet. Man kann den Graphen im linken Teil des dreigeteilten Definitionsbereiches ohne abzusetzen durchzeichnen, auch im mittleren Teil und im rechten Teil ist das möglich. Dazwischen bei $x=-1$ und $x=+1$ muss abgesetzt werden.

Wo kein Graph existiert, kann er auch nicht gezeichnet werden.

Da aber der Graph bei Annäherung an die Stelle $x=-1$ in die Unendlichkeit verschwindet, besitzt die Funktion dort, so sagt man, eine *Unendlichkeits-* oder *Polstelle.*

Und weil der Graph für $x=+1$ zwar nicht existiert, aber die beiden Grenzwerte

$$(8.08)\qquad \lim_{x\to 1-0}\frac{x-1}{x^2-1}=0{,}5 \qquad \lim_{x\to 1+0}\frac{x-1}{x^2-1}=0{,}5$$

offensichtlich gleich sind, spricht man weiter von einer *Lücke* bei $x=+1$.

Würde man die Funktionsvorschrift ändern in

$$(8.09)\qquad y=f(x)=\begin{cases}\dfrac{x-1}{x^2-1} & x\neq 1\\ 0{,}5 & x=1\end{cases},$$

zerfällt der Definitionsbereich nur noch in die zwei Intervalle $(-\infty,-1)$ und $(-1,+\infty)$. Und bei $x=+1$ gibt es dann nicht einmal mehr eine *Lücke*, dort wäre die Funktion plötzlich sogar stetig. Also könnte von -1 bis ins positive Unendliche der Graph durchgehend gezeichnet werden.

Durch die Ergänzung der Funktionsgleichung nach Formel (8.09) hätten wir erreicht, dass die *Lücke verschwunden* wäre.

Die Funktion besitzt also, so sagt man auch, an der Stelle $x=+1$ eine *hebbare Unstetigkeit.*

8.1.4 Suche nach Unstetigkeitsstellen

Wann muss man denn überhaupt mit Unstetigkeiten rechnen? Unendlichkeitsstellen und Lücken finden wir sofort, wenn wir uns den Definitionsbereich der gegebenen Funktion erarbeiten.

Bleibt also nur noch die Frage zu klären, wann wir mit *endlichen Sprüngen* rechnen müssen. Zuerst die gute Nachricht:

> Die Graphen aller *Polynome,* aller *Exponential-* und *Logarithmusfunktionen* besitzen niemals Sprünge.

Diese Funktionen haben darüber hinaus alle einen ungeteilten, zusammenhängenden Definitionsbereich und besitzen deshalb auch keine Polstellen und Lücken.

> Auch alle *verwandten Funktionen* von Polynomen, Exponential- und Logarithmusfunktionen, die durch Addition oder Subtraktion, Multiplikationen mit Minus Eins oder Betragsbildung aus den *Grundfunktionen* entstehen (siehe Abschnitt 7 auf Seite 123), besitzen *keine Sprünge* im Definitionsbereich.

Die Arten der Unstetigkeit lassen sich wieder diskutieren, wenn wir den Übergang von der einfachen Logarithmusfunktion $y=\ln x$ zur verwandten Funktion $y=\ln|x|$ ansehen.

Der Definitionsbereich der erstgenannten Funktion $y=\ln x$ umfasst nur die *positiven Zahlen,* denn *von negativen Zahlen oder der Null kann kein Logarithmus gebildet werden.*

Demgegenüber muss man im Definitionsbereich der verwandten Funktion $y=ln|x|$ nur die Null ausschließen. Ihr Graph zerfällt also in zwei Teile (Bild 8.3).

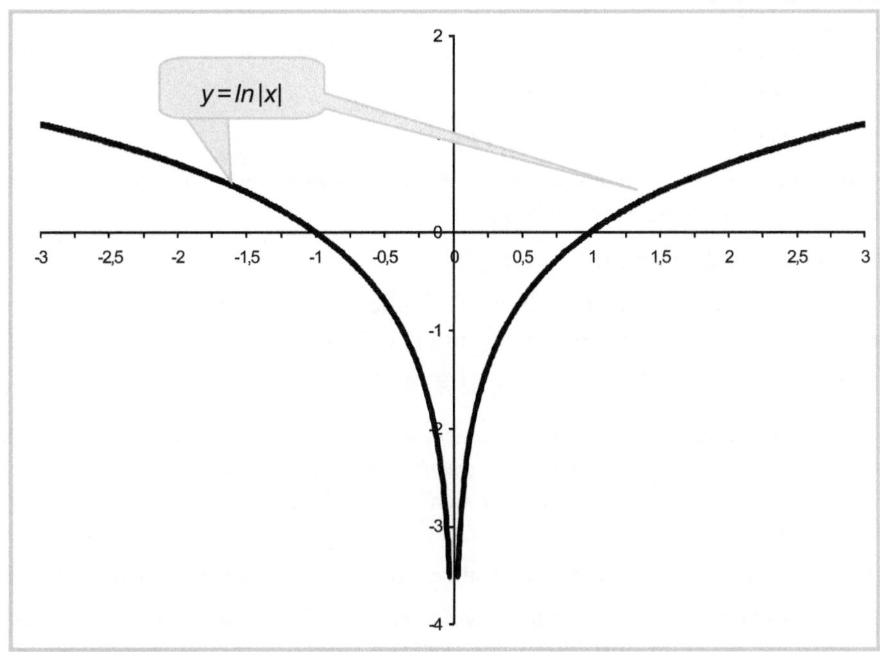

Bild 8.3: Keine endlichen Sprünge, aber eine Unendlichkeitsstelle (Polstelle)

Im gesamten Definitionsbereich von $y=ln|x|$ gibt es offensichtlich keine endlichen Sprünge.

Doch bei $x=0$, also *außerhalb des Definitionsbereiches*, verschwindet der Graph der Funktion in das negative Unendliche.

Wer also den gesamten Graph von $y=ln|x|$ beschreiben will, der wird sagen, dass bei $x=0$ eine *Unendlichkeitsstelle* vorliegt.

Wenn eine Funktion dagegen *für verschiedene Teile ihres Definitionsbereiches* unterschiedliche Berechnungsformeln für den Funktionswert enthält, wenn sie also ganz allgemein in der folgenden Art aus Teilen zusammengesetzt wird,

$$(8.10) \qquad y = f(x) = \begin{cases} f_1(x) & x \in D_1 \\ f_2(x) & x \in D_2 \\ f_3(x) & x \in D_3 \\ \cdots & \cdots \\ f_n(x) & x \in D_n \end{cases}$$

dann *muss damit gerechnet werden*, dass an den Stellen, wo die Teile des Definitionsbereiches D_1 und D_2, D_2 und D_3 usw. aneinander stoßen, im Graphen der Funktion Unstetigkeiten auftreten können. Beispiele dafür sind die *Rabatt-Staffel-Funktion* aus Abschnitt 3.1.2 auf Seite 62 sowie die Funktion (8.04) von Seite 135.

8.2 Beschränktheit

8.2.1 Definitionen

Eine Funktion $y=f(x)$ heißt in ihrem Definitionsbereiches $D(f)$ *nach unten beschränkt*, wenn es eine endliche Zahl K gibt mit

(8.11) $f(x) \geq K \quad \text{für alle} \quad x \in D(f)$

Eine Funktion $y=f(x)$ heißt in ihrem Definitionsbereiches $D(f)$ *nach oben beschränkt*, wenn es eine endliche Zahl L gibt mit

(8.12) $f(x) \leq L \quad \text{für alle} \quad x \in D(f)$

Eine Funktion $y=f(x)$ heißt in ihrem Definitionsbereiches $D(f)$ *beschränkt* (nach unten und oben beschränkt), wenn es zwei endliche Zahlen M_1 und M_2 , $M_1 < M_2$ gibt mit

(8.13) $M_1 \leq f(x) \leq M_2 \quad \text{für alle} \quad x \in D(f)$

Das bedeutet anschaulich, dass der Graph einer nach unten beschränkten Funktion sich *vollständig oberhalb einer Parallelen zur waagerechten Achse* befindet. Der Graph einer nach oben beschränkten Funktion befindet sich *vollständig unterhalb einer Parallelen zur waagerechten Achse.*

Der Graph einer beschränkten Funktion *verläuft vollständig innerhalb eines Streifens.*

Der *Wertebereich* einer *nach unten beschränkten Funktion* beginnt also bei der Schranke K und erstreckt sich von dort bis in das positive Unendliche. Demgegenüber beginnt der *Wertebereich* einer *nach oben beschränkten Funktion* also im negativen Unendlichen und erstreckt sich von dort bis zur Schranke L.

Der Wertebereich einer *beschränkten Funktion* liegt immer zwischen M_1 und M_2.

Polynome geraden Grades $p_n(x)=a_nx^n+...+a_1x+a_0$ sind *stets nach unten beschränkt,* wenn $a_n>0$ ist. Ist die Zahl vor der höchsten (geraden) x-Potenz dagegen *negativ*, d. h. $a_n<0$, dann ist das Polynom *nach oben beschränkt.*

Polynome mit *ungerader höchster x-Potenz* sind *weder nach unten noch nach oben* noch überhaupt beschränkt. Ihr Wertebereich lautet immer $W(p_n,\ n\ \text{ungerade})=(-\infty,+\infty)$.

Alle *Exponentialfunktionen* $y=f(x)=a\cdot b^{cx}$ $(b>1)$ sind stets *nach unten beschränkt*, wenn $a>0$ ist, und sie sind *nach oben beschränkt* für $a<0$. Die Schranke ist in diesem Fall jeweils die Null.

Die *Logarithmusfunktionen* $y=f(x)=\log_a x$ $(a>0,\ a\neq 1)$ sind *weder nach unten noch nach oben* noch überhaupt beschränkt, denn der Graph jeder Logarithmusfunktion erstreckt sich bekanntlich zwischen dem negativen und positiven Unendlichen.

Was fehlt uns noch? Gibt es überhaupt eine Funktion, die so beschränkt ist, dass ihr Graph in einem echten *Streifen* verläuft?

In Bild 8.4 wird diese Frage beispielhaft mit dem Graphen der Funktion $y=f(x)=\sin x$ beantwortet. Diese Funktion ist bekanntlich *überall definiert*. Ihr Graph liegt ganz in dem *Streifen* zwischen minus Eins und plus Eins.

Dabei werden sowohl der untere Streifenrand, also die Gerade $y=-1$ als auch der obere Streifenrand, die Gerade $y=+1$, unendlich oft erreicht. Mit anderen Worten, der Wertebereich dieser Funktion lautet $W(\sin x)=[-1, 1]$.

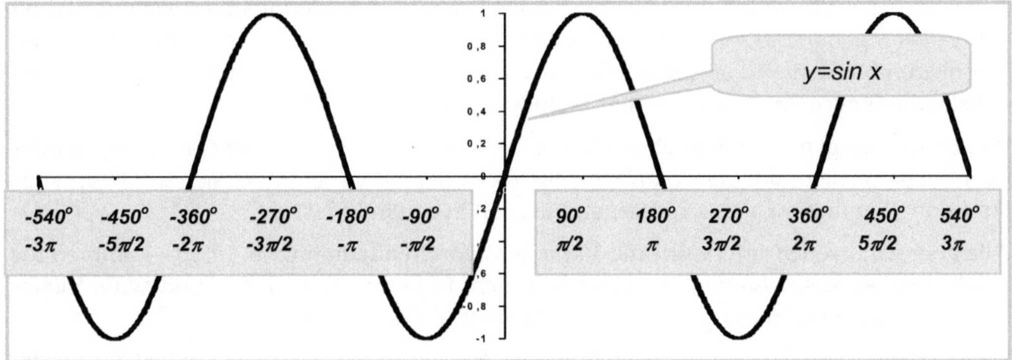

Bild 8.4: Graph einer beschränkten Funktion

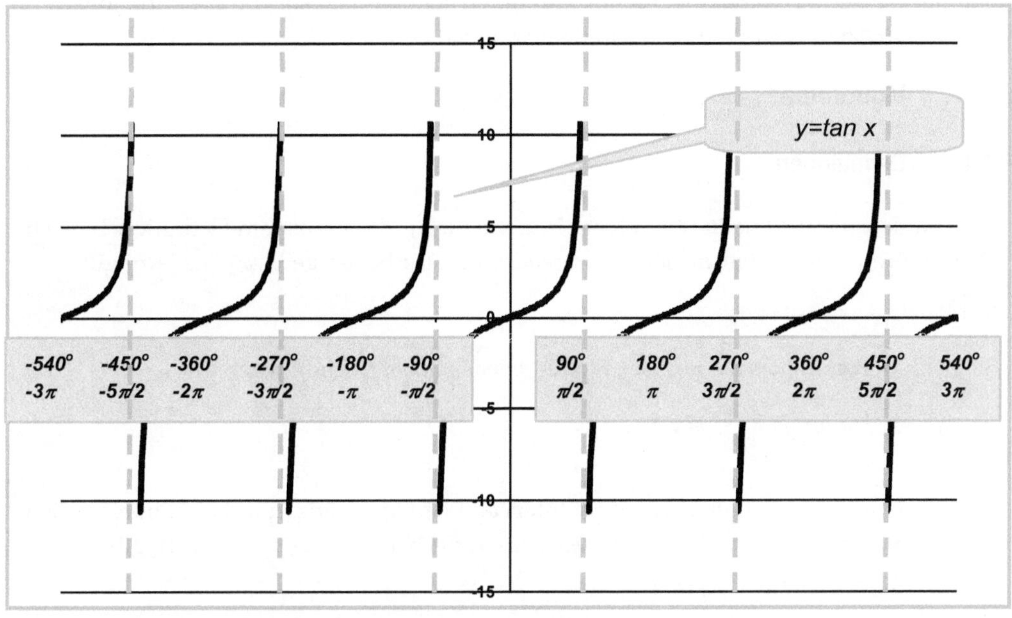

Bild 8.5: Graph einer unbeschränkten Funktion

8.2.2 Stetigkeit und Beschränktheit

> Über jedem abgeschlossenen Intervall [a, b], das ganz zum Definitionsbereich *D(f)* einer stetigen Funktion gehört, ist diese Funktion beschränkt.

Ein *abgeschlossenes Intervall* enthält dabei seine Randpunkte *a* und *b* – man vergleiche dazu im Abschnitt 2.2.3 auf Seite 35 die Beziehung (2.56).

Das ist sehr wichtig, denn für *offene Intervalle* gilt diese Aussage nicht, wie wir uns zum Beispiel am Graphen der Funktion $y = \tan x$ und dem offenen Intervall $(-\pi/2, +\pi/2)$ verdeutlichen könnten:

Wenn auch das offene Intervall $(-\pi/2, +\pi/2)$ vollständig zum Definitionsbereich der Funktion $y = \tan x$ gehört, so wird es doch niemals weder einen unteren Streifenrand noch einen oberen Streifenrand so geben, dass der Graph der Funktion sich für $-\pi/2 < x < +\pi/2$ vollständig innerhalb dieses Streifens befindet.

Wenn wir dagegen irgendein abgeschlossenes Intervall $[a, b]$ (zum Beispiel $[-\pi/4, 0]$ oder $[0, \pi/4]$) betrachten, das *ganz im Definitionsbereich* liegt, dann befindet sich der Graph der Funktion über diesem abgeschlossenen Intervall in einem *Streifen*.

Alle abgeschlossenen Intervalle, die *Vielfache von* $\pi/2$ enthalten (z. B. $[0, \pi]$) kommen für Beschränktheitsdiskussionen grundsätzlich nicht in Betracht, weil $\pi/2$ (und seine Vielfachen) nicht zum Definitionsbereich der Tangensfunktion gehören.

Der eingangs dieses Abschnittes genannte *Zusammenhang zwischen Stetigkeit und Beschränktheit über jedem abgeschlossenen Intervall* des Definitionsbereiches einer Funktion kann immer dann mit Nutzen verwendet werden, wenn untersucht werden soll, ob die Funktionswerte über alle Grenzen wachsen oder ins Bodenlose fallen können.

8.3 Monotonie

8.3.1 Definitionen

Eine Funktion $y=f(x)$ heißt über einem Intervall [a,b], das ganz zum Definitionsbereich $D(f)$ gehören muss, *streng monoton wachsend*, wenn für beliebige x_1, x_2 aus [a,b] gilt:

(8.14) $x_1 < x_2 \Rightarrow f(x_1) < f(x_2)$

Sie heißt dort nur *monoton wachsend* (oder *monoton nicht fallend*), wenn gilt

(8.15) $x_1 < x_2 \Rightarrow f(x_1) \leq f(x_2)$

Eine Funktion $y=f(x)$ heißt über einem Intervall [a,b], das ganz zum Definitionsbereich $D(f)$ gehören muss, *streng monoton fallend*, wenn für beliebige x_1, x_2 aus [a,b] gilt:

(8.16) $x_1 < x_2 \Rightarrow f(x_1) > f(x_2)$

Sie heißt dort nur *monoton fallend* (oder *monoton nicht wachsend*), wenn gilt

(8.17) $x_1 < x_2 \Rightarrow f(x_1) \geq f(x_2)$

In Bild 8.6 ist der Graph einer Funktion dargestellt, mit dessen Hilfe wir uns sehr gut diese vier Begriffe veranschaulichen können.

Alle x-Werte des Intervalls von -2 bis + 3 bilden den *Definitionsbereich* der dargestellten Funktion, so dass wir beliebige Teilintervalle aus diesem Intervall für unsere Monotoniebetrachtungen herausgreifen können.

Im Intervall von -2 bis -1 ist die Funktion *streng monoton wachsend*, denn bei jedem Übergang von einem x-Wert x_1 zu einem rechts daneben befindlichen anderen x-Wert x_2 wird der Funktionswert größer.

Betrachten wir dagegen das Intervall von -2 bis 0, so ist in diesem Intervall die Funktion nur noch *monoton wachsend* (oder besser: *nicht fallend*), denn bei jedem Übergang von einem x-Wert x_1 aus diesem Intervall zu einem rechts daneben befindlichen anderen x-Wert x_2 des Intervalls wird der Funktionswert nicht kleiner.

Im Intervall von 0 bis 1,5 dagegen ist die Funktion *streng monoton fallend*, denn bei jedem Übergang von einem x-Wert x_1 zu einem rechts daneben befindlichen anderen x-Wert x_2 wird der Funktionswert kleiner.

Betrachten wir dagegen das Intervall von 0 bis 3, so ist in diesem Intervall die Funktion nur noch *monoton fallend* (oder besser: *nicht wachsend*), denn bei jedem Übergang von einem x-Wert x_1 aus diesem Intervall zu einem rechts daneben befindlichen anderen x-Wert x_2 des Intervalls wird der Funktionswert nicht größer.

Für das Intervall von -1,5 bis +1,5 dagegen kann *überhaupt keine Monotonieaussage* getroffen werden, weil beim Übergang von einem beliebigen x-Wert x_1 aus diesem Intervall zu einem rechts daneben befindlichen anderen x-Wert x_2 der Funktionswert sowohl größer als auch nicht größer als auch kleiner werden kann.

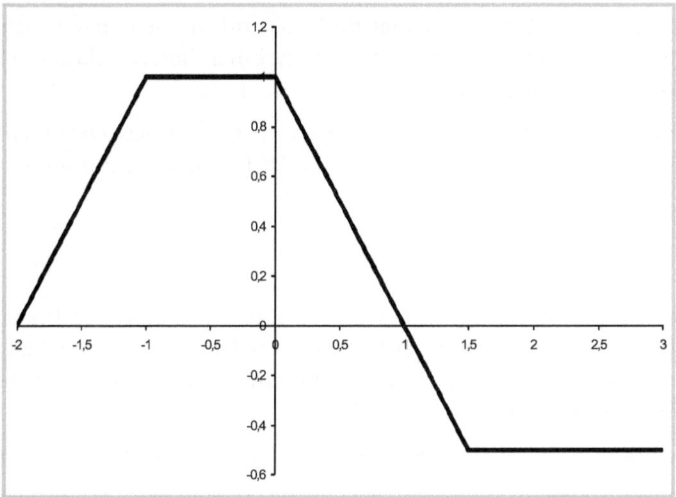

Bild 8.6: Funktion mit verschiedenen Monotoniebereichen

Wieder muss darauf hingewiesen werden, dass bei *nicht zusammenhängendem Definitionsbereich* (wenn also einzelne x-Werte oder ganze Bereiche der waagerechten Achse ausgeschlossen werden müssen) die Monotoniebetrachtungen *nur für die einzelnen Teile des Definitionsbereiches* vorgenommen werden können.

Der Koordinatenursprung in Bild 8.7 stellt offensichtlich eine *Unendlichkeitsstelle* der Funktion $y=f(x)=1/x$ dar. Also gehört $x=0$ *nicht* zum Definitionsbereich, und die Frage nach dem *Monotonieverhalten der gesamten Funktion* ist ebenso unsinnig wie die Frage nach dem Monotonieverhalten im Intervall von -1 bis +1.

Für alle Intervalle, die vollständig links oder vollständig rechts der senkrechten Achse liegen, darf dagegen die Monotoniefrage gestellt werden, dort ist die Funktion überall streng monoton fallend.

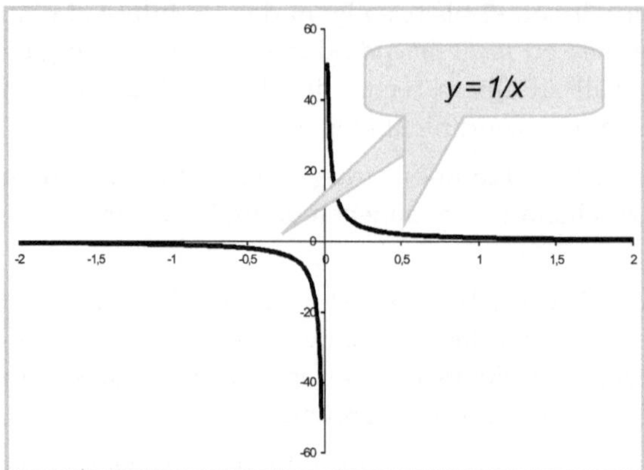

Bild 8.7: Getrennter Definitionsbereich

8.3.2 Rechnerische Bestimmung des Monotonieverhaltens

Bleiben wir gleich bei der Funktion $y=1/x$ aus Bild 8.7 und versuchen wir, durch *reine Rechnung* herauszufinden, was uns der Graph augenscheinlich liefert – dass die Funktion für $x<0$ bzw. für $x>0$ *streng monoton fällt.*

Nehmen wir dafür zuerst x_1 und x_2 beliebig aus dem *linken Teil des Definitionsbereiches* und gehen von $x_1<x_2<0$ aus. Dann erhalten wir für die Differenz der Funktionswerte $f(x_1) - f(x_2)$ den Bruch

(8.18) $$f(x_1) - f(x_2) = \frac{1}{x_1} - \frac{1}{x_2} = \frac{x_2 - x_1}{x_1 x_2}$$

x_2 ist laut Voraussetzung größer als x_1 – also ist der *Zähler* des ganz rechts stehenden Bruches positiv. Da beide x-Werte sich im linken Teil des Definitionsbereiches befinden sollen, sind sie *beide negativ*. Also ist das Produkt, das im Nenner des Bruches steht, als Produkt zweier negativer Zahlen insgesamt *positiv*.

Somit erhält der ganze Bruch einen *positiven Wert*, was uns sofort zur Schlussfolgerung (8.19) führt.

(8.19) $$f(x_1) - f(x_2) > 0 \Leftrightarrow f(x_1) > f(x_2)$$

Das aber bedeutet doch nichts anderes, als dass beim Übergang von einem negativen x-Wert x_1 zu einem rechts daneben befindlichen, ebenfalls negativen x-Wert x_2 der zugehörige Funktionswert sich *stets verringert*.

Also ist die Funktion *im linken Teil des Definitionsbereiches streng monoton fallend.*

Für den *rechten Teil des Definitionsbereiches* kann der *Beweis der strengen Monotonie* von $y=1/x$ in gleicher Weise geführt werden.

8.3.3 Stetigkeit und Monotonie

Hängen *Stetigkeit und Monotonie* voneinander ab? Besitzt eine stetige Funktion zwangsläufig immer eine Monotonie-Eigenschaft, ist sie also stets entweder streng monoton wachsend oder streng monoton fallend oder wenigstens monoton nicht wachsend bzw. monoton nicht fallend?

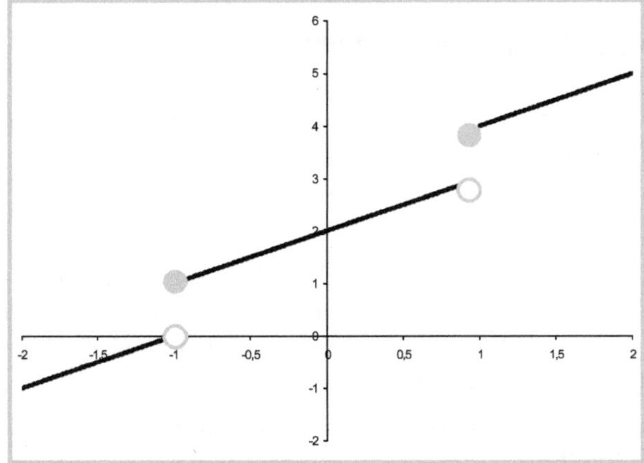

Bild 8.8: Strenge Monotonie, ungeteilter Definitionsbereich, aber keine Stetigkeit

Oder ergibt es sich – umgekehrt gefragt – dass eine streng monotone Funktion immer stetig sein muss?

Zur Beantwortung der ersten Frage brauchen wir nur unser *Grundwissen* über die wichtigsten Funktionen-Arten zu aktivieren, oder zurückzuschlagen zu den Bildern der Graphen von Polynomen zweiten und höheren Grades auf den Seiten 53 und 54.

Zweifellos sind *alle Polynome stetig,* sie haben dazu sogar stets den *ungeteilten Definitionsbereich* von $-\infty$ bis $+\infty$, man kann ihre Graphen ohne abzusetzen von links nach rechts durchzeichnen.

Doch schon eine einfache *Parabel,* d. h. der *Graph der quadratischen Funktion* (des Polynoms zweiter Ordnung) lässt es erkennen:

> Die *Stetigkeit* einer Funktion $y=f(x)$ zieht niemals zwangsläufig eine bestimmte, durchgehende *Monotonie-Eigenschaft* der Funktion nach sich.

Auch für die Antwort auf die zweite Frage finden wir ein Gegenbeispiel. Dazu betrachten wir die Funktion

(8.20) $$y = \begin{cases} x+1 & x < -1 \\ x+2 & -1 \le x. < 1 \\ x+3 & 1 \le x \end{cases}$$

Diese Funktion besitzt den unendlichen Definitionsbereich $(-\infty, +\infty)$ – es gibt kein Argument x, für das sich nicht mit Hilfe von (8.20) der *zugehörige Funktionswert* berechnen lassen würde.

Zweifellos ist diese Funktion auch *streng monoton wachsend*. Trotzdem kann keine Rede davon sein, dass sie *überall stetig* ist, denn immerhin besitzt sie zwei deutlich erkennbare Sprünge bei $x=-1$ und $x=1$ (Bild 8.8).

Wenn eine Funktion monoton oder streng monoton ist, so zieht das nicht zwangsläufig eine Stetigkeitsaussage nach sich.

8.4 Mittelbare Funktionen: Funktionen von Funktionen

Es ist immer wieder erstaunlich: Wird in einer Übungsaufgabe oder Klausur die Frage nach dem Definitions- und Wertebereich der Funktion

(8.21) $$y = f(x) = e^{\sqrt{x^2-1}}$$

gestellt, dann beginnt in der Regel sofort fleißiges Nachdenken: Der Term unter der Wurzel darf nicht negativ werden, also dürfen nur solche x-Werte verarbeitet werden, die links von -1 oder rechts von +1 liegen. Alle Werte zwischen -1 und +1 sind also ausgeschlossen, können nicht zum Definitionsbereich gehören.

Die Randwerte +1 und -1 dagegen bleiben erlaubt, denn die Wurzel aus Null kann ja gezogen werden, sie ist Null. Schnell wird der erkannte Definitionsbereich aufgeschrieben, die Hälfte der Aufgabe ist gelöst:

(8.22) $$D(e^{\sqrt{x^2-1}}) = \{x \in \Re | x \le -1 \text{ oder } x \ge 1\} = (-\infty, -1] \cup [1, +\infty)$$

Auch zum *Wertebereich*, zur *Menge aller zu erwartenden y-Werte*, gibt es eine rasche Aussage: Da die Wurzel für den Exponenten der e-Funktion als kleinsten Wert die Null, *niemals aber negative Zahlen* liefern wird, erstreckt sich der Bereich der zu erwartenden Funktionswerte auf der senkrechten Achse von der 1 an aufwärts:

(8.23) $$W(e^{\sqrt{x^2-1}}) = \{y \in \Re | y \ge 1\} = [1, +\infty)$$

Dieselbe Aufgabe lässt sich in folgender Weise anders, aber gleichwertig aufschreiben:

Man betrachte die drei Funktionen f, g und h gemäß

(8.24) $$h(x) = x^2 - 1, \quad g(x) = \sqrt{x}, \quad f(x) = e^x$$

und ermittle damit den Definitions- und Wertebereich der Funktion w:

(8.25) $$w(x) = f(g(h(x)))$$

Kaum zu glauben, aber nun erlebt ein Lehrender massenweise Blätter, die oft lediglich die abgeschriebene Aufgabenstellung enthalten – damit ist dann aber auch schon die Aufgabe „behandelt“.

Eine *andere Schreibweise* desselben Problems, und große Schwierigkeiten tun sich auf.

Dabei beschreibt die rechte Seite von (8.25) doch ganz genau, was nacheinander zu tun ist:

- Zuerst ist für einen gegebenen x-Wert die Funktion $h(x)$ auszuwerten: Es ist das *Quadrat zu bilden und davon die Zahl 1 abzuziehen.*
- Das *Ergebnis dieser Rechnung* geht dann als x-Wert in die nächste Funktion g ein – es muss *die Wurzel gezogen* werden.
- Schließlich wird dieses Ergebnis in die äußerste Funktion f als x-Wert eingesetzt – die EULERsche Zahl e wird mit dem errechneten Wert für $g(h(x))$ potenziert.

Damit sind die *drei Rechenschritte* vom ersten x-Wert bis zum schließlichen Funktionswert der gegebenen Funktion $y=w(x)=f(g(h(x)))$ nur in Teilschritten absolviert worden.

Fassen wir das Festgestellte zusammen:

Wenn eine Funktion $y=F(x)$ in einer *zusammengesetzten Form* $F(x)=f_n(f_{n-1}(\ldots f_2(f_1(x))\ldots))$ mit gegebenen (einfachen) Funktionen $y=f_1(x)$, $y=f_2(x)$, … , $y=f_n(x)$ beschrieben wird, dann bezeichnet man $F(x)$ als eine *Funktion von Funktionen* oder als *mittelbare Funktion.*

Zur *Berechnung eines Funktionswertes* der zusammengesetzten Funktion F sind die einzelnen Funktionen $f_1, f_2, \ldots, f_n$ von *innen nach außen* in folgender Weise auszuwerten:

Zuerst wird mit dem gegebenen x-Wert die *innen stehende Funktion* $f_1(x)$ ausgewertet, der erhaltene Funktionswert wird anschließend *als unabhängige Veränderliche* x in die *nachfolgende Funktion* $f_2(x)$ eingesetzt, deren Funktionswert danach wiederum als x-Wert nach der Vorschrift $f_3(x)$ verarbeitet usw.

Will man von einer mittelbaren Funktion die übliche, klassische Darstellung $y=F(x)$ erhalten, wobei auf der rechten Seite dann eine (mehr oder weniger komplizierte) Formel zur Verarbeitung von x steht, dann braucht man nur die *Funktionsvorschriften der gegebenen Funktionen* von *innen nach außen* nacheinander einzusetzen.

Betrachten wir dazu ein weiteres Beispiel. Gegeben sind die vier Funktionen

$$f_1(x) = x + 2, \quad f_2(x) = x^2, \quad f_3(x) = \sqrt{\frac{x}{3}}, \quad f_4(x) = 1 + |x| \tag{8.26}$$

Zu untersuchen ist die daraus entstehende mittelbare Funktion

$$y = F(x) = f_4(f_3(f_2(f_1(x)))) \tag{8.27}$$

Zugegeben, das sieht alles sehr kompliziert aus. Beginnen wir trotzdem die Überlegungen zu der mittelbaren Funktion $F(x)$ damit, dass wir einfach versuchen, für $x=1$ den zugehörigen y-Wert zu ermitteln. Ob das gelingt, ist allerdings nicht sicher – vielleicht gehört die 1 gar nicht zum Definitionsbereich von F. Wir werden es sehen.

Fangen wir an. Zuerst wird f_1 ausgewertet, wir erhalten $f_1(1)=1+2=3$. Wir merken uns das Ergebnis 3 und setzen diese Drei nun als x in f_2 ein: $f_2(3)=3^2=9$.

Das nächste Zwischenergebnis ist also 9. Diese Neun wird anschließend als x in f_3 eingesetzt: $f_3(9)=\sqrt{(9/3)}=\sqrt{3}=1{,}732050808\ldots$ Wir erhalten ein weiteres Zwischenergebnis, und dieses bildet schließlich den x-Wert für die letzte unserer vier gegebenen Funktionen f_4, für die äußerste Funktion: $f_4(\sqrt{3})=1+|\sqrt{3}| = 1+|1{,}732050808\ldots|=2{,}732050808\ldots$

Zwei Dinge konnten damit festgestellt werden: Die Eins gehört offensichtlich *zum Definitionsbereich von F*, und der berechnete Funktionswert lautet: *F(1)=2,732050808…*

Wenn es auch kompliziert ist – durch konsequentes und konzentriertes Nachdenken können wir sogar den *vollständigen Definitionsbereich von F* herausfinden. Auch dort sollten wir wieder von innen nach außen, in der Reihenfolge der eben durchgeführten Rechnung, vorgehen: Die Funktion $f_1(x)=x+2$ ist ein *Polynom ersten Grades* und verarbeitet bekanntlich alle möglichen Eingabewerte von $-\infty$ bis $+\infty$. Sie hat einen unendlichen Wertebereich, ebenfalls von $-\infty$ bis $+\infty$.

Die anschließende Funktion $f_2(x)=x^2$ hat als *Polynom zweiten Grades* mit diesem Bereich, der *Menge der möglichen Ergebnisse der inneren Funktion*, keine Probleme: Sie kann gleichermaßen beliebige negative wie positive Zahlen verarbeiten.

Sie allerdings liefert stets nur *nichtnegative Zwischenergebnisse* weiter. Das ist aber gut so: Unabhängig davon, mit welchem x anfangs begonnen wurde – die Funktion $f_3(x)=\sqrt{\frac{x}{3}}$ erhält somit immer einen *nichtnegativen Eingangswert* und kann diesen problemlos weiter verarbeiten. Sie liefert ihrerseits auch immer einen *nichtnegativen Wert* weiter, und von diesem den Betrag zu bilden und ihn um 1 zu erhöhen – das kann die letzte, die äußerste Funktion $f_4(x)=1+|x|$ allemal.

Fassen wir zusammen: Der *Definitionsbereich der mittelbaren Funktion F(x)* besteht aus der uneingeschränkten Menge der reellen Zahlen:

$$D(F) = D(f_1(f_2(f_3(f_4)))) = \Re = (-\infty, +\infty) \tag{8.28}$$

Muss das alles so kompliziert sein? Natürlich nicht, oder nicht immer. Versuchen wir doch einfach, die Vorgehensweise umzusetzen, wie aus den vier ineinander geschachtelten Funktionen *eine einzige Funktion* erzeugt werden kann. Setzen wir nacheinander ein:

$$\begin{aligned} & f_1(x) = x + 2 \\ & \Rightarrow f_2(f_1(x)) = (f_1(x))^2 = (x+2)^2 \\ & \Rightarrow f_3(f_2(f_1(x))) = \sqrt{\frac{f_2(f_1(x))}{3}} = \sqrt{\frac{(x+2)^2}{3}} \\ & \Rightarrow f_4(\, f_3(f_2(f_1(x)))) = 1 + |\, f_3(f_2(f_1(x)))| = 1 + \left|\sqrt{\frac{(x+2)^2}{3}}\right| \end{aligned} \tag{8.29}$$

Da die Betragsstriche wegen des ohnehin stets nichtnegativen Wurzelwertes überflüssig sind, ergibt sich schließlich

$$F(x) = 1 + \sqrt{\frac{(x+2)^2}{3}} = 1 + \sqrt{\frac{1}{3}}\sqrt{(x+2)^2} = 1 + \frac{1}{3}\sqrt{3}\sqrt{(x+2)^2} \tag{8.30}$$

Und warum wird nicht weiter vereinfacht? Heben sich die *Quadratwurzel und das innere Quadrat* nicht gegenseitig auf? Dürfen wir nicht sogar einfach schreiben

$$F(x) = 1 + \frac{\sqrt{3}}{3}\sqrt{(x+2)^2} = 1 + \frac{\sqrt{3}}{3}(x+2) \tag{8.31}$$

Kommen wir zum Kern der Frage. Zu klären wäre, ob für alle x die Gleichheit gilt:

$$\sqrt{(x+2)^2} = x + 2 \tag{8.32}$$

Antwort: Das wird nicht immer stimmen. Denn *rechts* können durchaus *negative Zahlen* auftreten (schon für $x=-3$, $x=-4$ usw.), der *links* stehende Term liefert dagegen *niemals negative Zahlen.*

Überlegen wir zum Beispiel, was für $x=-5$ passiert: Unter der Wurzel wird zuerst der Ausdruck $x+2=-5+2=-3$ quadriert, ergibt +9, daraus die Wurzel, ergibt +3. Rechts steht -3. Wie aber wird das (falsche) Minuszeichen auf der rechten Seite beseitigt? Das ist die Lösung: Mit *zwei Betragsstrichen* wird die falsche Beziehung (8.38) plötzlich richtig.

$$\sqrt{(x+2)^2} = |x + 2| \tag{8.33}$$

Zusammengefasst erhalten wir damit für unsere ursprünglich nur mittelbar gegebene Funktion eine ziemlich einfache Formel:

$$F(x) = 1 + \frac{\sqrt{3}}{3}\sqrt{(x+2)^2} = 1 + \frac{\sqrt{3}}{3}|x + 2| \tag{8.34}$$

Ein letztes Beispiel wollen wir noch betrachten. Bei der Ausarbeitung einer Analysis-Klausur entsteht bei so manchem Mathematik-Dozenten der Wunsch, neben Rechen- und Routineaufgaben einmal eine solche Aufgabe zu stellen, bei der vor allem das zielstrebige Herangehen, das nüchterne Überlegen seiner Prüflinge gefordert wird.

Es wird zum Beispiel wie folgt formuliert: Gegeben sind die beiden Funktionen

$$\begin{aligned} f_1(x) &= \ln x \\ f_2(x) &= \begin{cases} -1 & x < 0 \\ 0 & x = 0 \\ 1 & x > 0 \end{cases} \end{aligned} \tag{8.35}$$

Gesucht ist der Graph von

$$y = F(x) = f_2(f_1(x)) \tag{8.36}$$

Wo liegt das Problem? Warum wird diese Aufgabe so selten gelöst? Was ist zu tun?

Man braucht nur *zielgerichtet und schrittweise* an die Aufgabe herangehen. Zuerst wird die *innere Funktion* betrachtet, also $f_1(x)$. Das ist der *natürliche Logarithmus*. Ist das *Basiswissen* vorhanden, dann weiß man sofort – den Logarithmus gibt es *nur für positive x-Werte*.

Folglich kann der Definitionsbereich der mittelbaren Funktion *F* maximal die *Menge aller positiven reellen Zahlen* umfassen – wenn er nicht noch durch die äußere Funktion eingeschränkt werden sollte. Doch das ist nicht der Fall – denn für Funktion $f_2(x)$ gibt es offensichtlich keine auszuschließenden Werte.

Also stellen wir fest:

$$D(F) = F(f_2(f_1)) = \Re^+ = \{x \in \Re | x > 0\} = (0, +\infty) \tag{8.37}$$

Ist die Aufgabe damit gelöst? Nein, denn es soll ja der *Graph der mittelbaren Funktion* skizziert werden. Immerhin wissen wir aber nun schon, dass wir dafür nur die x-Werte *rechts von der senkrechten Achse* untersuchen müssen.

Fangen wir mit einem Wert zwischen 0 und 1 an, nehmen wir zum Beispiel $x=0{,}5$. Entweder man überlegt sich nun, dass der *natürliche Logarithmus von 0,5* die Antwort auf die Frage *e hoch wie viel ist 0,5* ist.

Oder besser – der x-Wert wird als *gemeiner Bruch* geschrieben und dann wird das bekannte Logarithmengesetz (2.34) von Seite 31 angewandt:

(8.38) $$\ln 0{,}5 = \ln\frac{1}{2} = \ln 1 - \ln 2 = 0 - \ln 2 = -\ln 2$$

Auf beiden Wegen (man vergleiche (3.28) im Abschnitt 3.1.6) findet man heraus, dass der Logarithmenwert von $x=0{,}5$, also der Funktionswert der inneren Funktion f_1, negativ ist.

Ein negativer Wert, anschließend von der äußeren Funktion f_2 nach der Vorschrift aus (8.35) verarbeitet, bringt als resultierenden Funktionswert der mittelbaren Funktion das negative Ergebnis: $F(0{,}5) = -1$. Werden noch weitere x-Werte *zwischen 0 und 1* betrachtet, ergibt sich immer wieder der gleiche Funktionswert: -1.

Erst für $x=1$ liefert der natürliche Logarithmus die Null, also ergibt sich $F(1)=0$. Für alle x-Werte *rechts von der 1* bringt der natürliche Logarithmus *positive Werte*. Zusammengefasst erhalten wir damit in einer Formel und mit dem Graphen die gesuchte Lösung:

(8.39) $$F(x) = \begin{cases} -1 & 0 < x < 1 \\ 0 & x = 1 \\ 1 & x > 1 \end{cases}$$

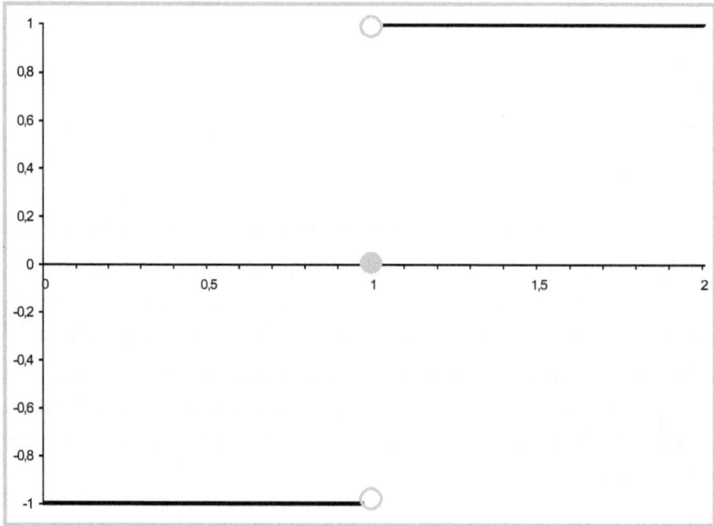

Bild 8.9: Unstetiger Graph der mittelbaren Funktion F(x)

Es war eine eigentlich leicht zu lösende Aufgabe, bei der man bei Betrachtung des Graphen außerdem sofort erkennen kann, dass die Funktion *F(x) unstetig an der Stelle x= 1* ist.

9 Funktionen VI: Inverse Funktionen (Umkehrfunktionen)

9.1 Fragestellung

Erinnern wir uns an den Anfang unserer Beschäftigung mit der Analysis, mit der Lehre von den Funktionen, im Abschnitt 3 auf Seite 59:

> Wir sprechen nur dann von einer *Funktion*, wenn es zu einem Argument *genau einen Funktionswert* gibt.

Mit dieser Festlegung hatten wir damals den Begriff *funktionaler Zusammenhang* erklärt.

Gleichzeitig hatten wir die Möglichkeit festgestellt, dass es umgekehrt aber zu einem Funktionswert durchaus mehrere Argumente, die ihn erzeugen, geben kann. Die Rabatt-Staffel-Funktion von Seite 62 war unser erstes Beispiel dafür, dass *ein und derselbe Funktionswert* auf *verschiedene Weise* entstehen kann.

> Nun wollen wir uns mit der Frage beschäftigen, ob es Funktionen gibt, bei denen nicht nur, wie bei jeder Funktion, zu *einem Argument genau ein Funktionswert* existiert, sondern bei denen auch *umgekehrt* von *jedem Funktionswert zweifelsfrei* und *eindeutig* auf das *zugehörige Argument* geschlossen werden kann.

Dazu wollen wir uns zwei exemplarische Graphen ansehen.

Bild 9.1 zeigt zuerst den Graphen der linearen Funktion $y=f(x)=2x+1$. Dieses *Polynom ersten Grades* hat wegen des positiven Faktors vor x als Graph eine *ansteigende Gerade* (siehe Abschnitt 4.1.7 auf Seite 74).

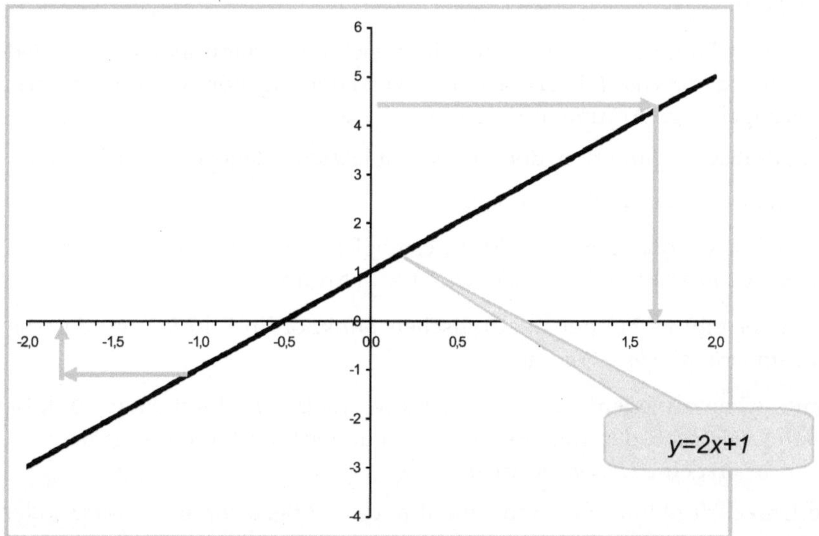

Bild 9.1: Zum Funktionswert y lässt sich stets das Argument x eindeutig ermitteln

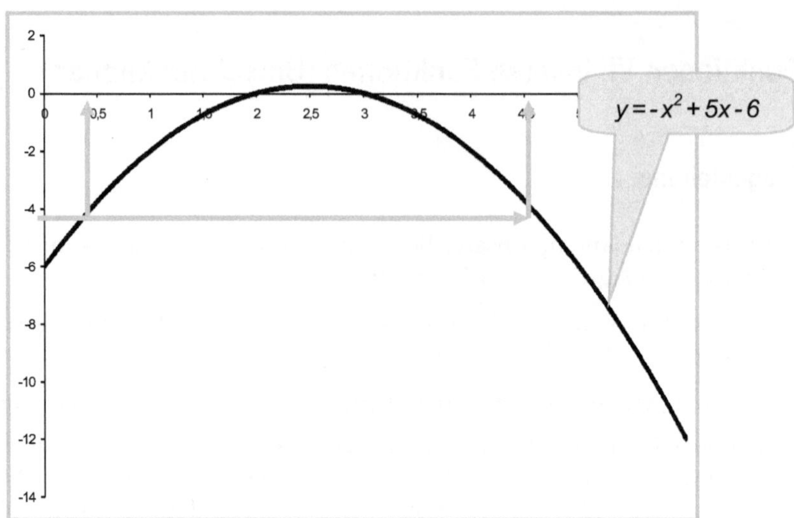

Bild 9.2: Funktionswert y, der zu zwei verschiedenen Argumenten x_1 und x_2 gehört

Bild 9.2 zeigt dagegen den Graphen eines *Polynoms zweiten Grades*, der quadratischen Funktion $y=f(x)=-x^2+5x-6$, eine nach unten geöffnete Parabel, die die waagerechte Achse zweimal schneidet.

Man sieht es sofort: Bei beiden Funktionen lässt sich zweifelsfrei *zu jedem Wert der waagerechten Achse* (dem Argument) der zugehörige *Wert der senkrechten Achse* (der Funktionswert) ablesen.

Sonst wären es ja auch keine Funktionen, wenn es zu *einem* Argument *mehrere* Funktionswerte gäbe.

Bei der linearen Funktion, der Geraden, lässt sich dazu dann *umgekehrt* zu jedem Wert auf der senkrechten Achse (also zu jedem y-Wert) der zugehörige Wert der waagerechten Achse (das zugehörige Argument x) ablesen.

Bei der quadratischen Funktion, der Parabel, ist letzteres dagegen unmöglich.

Anschaulich klar ist damit die Aussage:

Die lineare Funktion $y=2x+1$ in Bild 9.1 ermöglicht *zu jedem Funktionswert y* den *zweifelsfreien Rückschluss* auf den *zugehörigen x-Wert* (Argument).

Demgegenüber gibt es bei der quadratischen Funktion in Bild 9.2 mindestens einen y-Wert, zu dem *mehr als ein x-Wert* gehört.

Nur dann, wenn zu jedem, aber auch wirklich *zu jedem y-Wert* einer Funktion $y=f(x)$ zweifelsfrei *umgekehrt* der zugehörige x-Wert angebbar ist, dann sagt man, die Funktion $y=f(x)$ besitzt eine *Umkehrfunktion*.

Für die Umkehrfunktion wird manchmal auch die Bezeichnung *Inverse* (oder *inverse Funktion*) verwendet.

Es bleiben nun, nach dem optischen Zugang, noch *zwei Fragen* offen:

Haben nur Funktionen, deren Graphen *Geraden* sind, eine Umkehrfunktion? Und – wie erhält man die Funktionsgleichung der Umkehrfunktion?

Die erste Frage kann leicht mit *nein* beantwortet werden. Befragen wir unser *Grundwissen*:

Die *Graphen der Exponentialfunktion* $y=a \cdot b^{cx}$ $(b>0, b\neq 1)$ (siehe Seite 111) sowie der *Logarithmusfunktion* $y=a \cdot \log_b x$ (siehe Seite 114) sind ebenfalls von der Art, dass *zu jedem y- Wert genau ein x-Wert* gehört.

Jede Exponential- und Logarithmusfunktion besitzt eine Umkehrfunktion.

Versuchen wir nun mit diesen Aussagen, das Grundsätzliche herauszufinden.

Offensichtlich besitzen alle stetigen Funktionen mit zusammenhängendem Definitionsbereich, deren Graphen über dem gesamten Definitionsbereich streng monoton wachsend oder über dem gesamten Definitionsbereich streng monoton fallend sind, eine Umkehrfunktion.

Ist der Definitionsbereich nicht zusammenhängend, gibt es Unstetigkeitsstellen oder Lücken oder endliche Sprünge, dann müssen gesonderte Untersuchungen vorgenommen werden.

Wie die Funktion $y=1/x$ zeigt, ist aber auch in solchen Fällen (siehe Graph auf Seite 144) die Existenz einer Umkehrfunktion nicht ausgeschlossen.

9.2 Berechnung der Umkehrfunktion

Bild 9.1 zeigte es uns – die Funktion $y=2x+1$ besitzt eine Umkehrfunktion. Es müsste also eine *Formel* geben, mit deren Hilfe *zu jedem y der zugehörige x-Wert* ausgerechnet werden kann.

Diese Formel erhält man ganz einfach – man braucht nur nach x aufzulösen:

(9.01) $$y = 2x + 1 \Leftrightarrow 2x = y - 1 \Leftrightarrow x = \frac{1}{2}(y - 1)$$

Probieren wir es aus: Zum Argument $x=1$ gehört wegen $y=2x+1$ der Funktionswert $y=3$. Setzen wir in (9.01) rechts $y=3$ ein, so erhalten wir tatsächlich rückwärts $x=1$.

Nun gibt es aber ein *Darstellungs-Problem*: Die mathematischen Konventionen (Schreibweisen) leben von der Lesart, dass auf der rechten Seite einer solchen Funktionsgleichung eben stets x, und links eben stets y steht. So ist man es gewohnt.

Also werden x und y vertauscht, und der *Zusammenhang zwischen Funktion und Umkehrfunktion* wird gewöhnlich in folgender Weise beschrieben:

(9.02) $$y = f(x) = 2x + 1 \Leftrightarrow y = f^{-1}(x) = \frac{1}{2}(x - 1)$$

Wie ist das zu lesen? Zuerst wird zu einem gegebenen x-Wert der *zugehörige y-Wert* mit der gegebenen Funktion f ausgerechnet.

Wird dieses Ergebnis dann, wieder als x-Wert, in die *Formel der Umkehrfunktion* f^{-1} eingesetzt, muss sich wieder der anfängliche Wert ergeben.

Kontrollieren wir: Die 3 als x-Wert in $f(x)=2x+1$ eingesetzt liefert den *y-Wert 7*. Setzen wir dieses Ergebnis, die Zahl 7, anschließend sofort als Argument x in $f^{-1}(x)=(x-1)/2$ ein, dann erhalten wir wieder die 3.

Die Umkehrfunktion $y=f^{-1}(x)$ *annulliert das Ergebnis der Funktion* $y=f(x)$.
Folglich gilt stets $f^{-1}(f(x))=x$.

Stellen wir nun ein weiteres Paar von *Funktion und zugehöriger Umkehrfunktion* zusammen und überprüfen die letzte Aussage:

Gesucht ist die Umkehrfunktion $y=f^{-1}(x)$ zur einfachen Exponentialfunktion $y=f(x)=e^x$.

Wie wird gerechnet? Wie kann man diese Funktionsgleichung nach x auflösen? Erinnern wir uns an die Regel von Seite 32 aus Abschnitt 2.2.1, nach der man beide Seiten einer Gleichung *logarithmieren* darf, sofern sie *nichtnegativ* sind:

(9.03) $$y = e^x \Leftrightarrow \ln y = \ln e^x \Leftrightarrow \ln y = x \cdot \ln e \Leftrightarrow x = \ln y$$

Nun folgt noch, gewissermaßen als formaler Akt, die *Vertauschung von x und y*, und damit können *Funktion und Umkehrfunktion* in üblicher Weise beschrieben werden:

(9.04) $$y = f(x) = e^x \Leftrightarrow y = f^{-1}(x) = \ln x$$

Kontrollieren wir auch hier wieder, ob das *Wechselspiel zwischen Funktion und Umkehrfunktion* funktioniert:

Setzen wir in die gegebene Funktion $y=f(x)$ für x die Zahl (das Argument) Eins ein. Dann erhalten wir als *Funktionswert y* die EULERsche Zahl $e=2{,}7182...$.

Wird die EULERsche Zahl e anschließend als x in die Umkehrfunktion $y=f^{-1}(x)$ eingesetzt, dann ergibt sich dort als *Funktionswert der Umkehrfunktion* der Wert $y=\ln e$. Dies aber ist bekanntlich die Antwort auf die Frage *e hoch wie viel ist e*.

Wir erhalten als Funktionswert der Umkehrfunktion die Zahl Eins, den ursprünglichen Argumentwert der Originalfunktion.

Es bewahrheitete sich ein weiteres Mal:

(9.05) $$\ln e^x = x$$

Schließlich wollen wir uns noch mit der Logarithmusfunktion $y=\ln x$ beschäftigen. Sie ist stetig, und ihr Graph ist über dem gesamten Definitionsbereich *streng monoton wachsend*.

Wenn rechte und linke Seite der Funktionsgleichung als *Exponenten von e* geschrieben werden, kann nach x aufgelöst werden.

Die anschließende *Vertauschung von x und y* ergibt schließlich die Aussage, dass die Exponentialfunktion e^x die natürliche Logarithmusfunktion $\ln x$ aufhebt.

(9.06) $$\begin{aligned} &y = \ln x \Leftrightarrow e^y = e^{\ln x} \Leftrightarrow e^y = x \Leftrightarrow x = e^y \\ &y = f(x) = \ln x \Leftrightarrow y = f^{-1}(x) = e^x \end{aligned}$$

9.3 Taschenrechner-Verwirrungen

9.3.1 Funktion ohne Taste

Eigentlich sollte jeder Taschenrechner *die beiden wichtigen Tasten* besitzen:

- die Taste `e^x` zur Berechnung von Potenzen von *e*, d. h. zur Berechnung von *Funktionswerten der Funktion* $y = e^x$,
- und die Taste `lnx` für den *natürlichen Logarithmus*.

Doch schon der *Windows-Taschenrechner*, wie viele andere Taschenrechner auch, sie überraschen uns damit, dass es nur *eine der beiden Tasten* gibt, nämlich nur die Taste `lnx`.

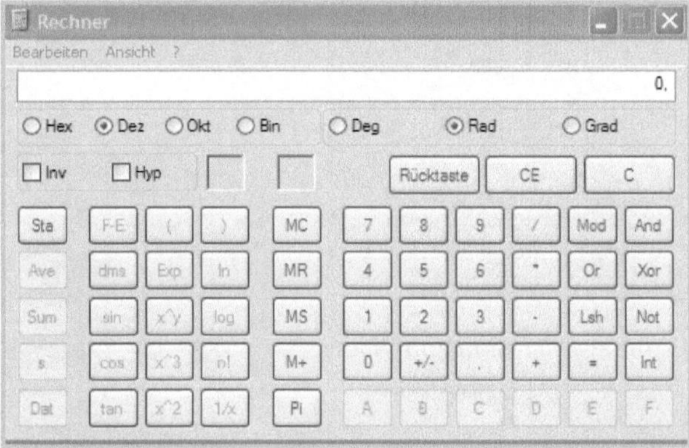

Bild 9.3: Taschenrechner ohne Taste `e^x`

Ist es demzufolge unmöglich, mit diesem Rechenhilfsmittel einen beliebigen Funktionswert der Funktion $y = e^x$, zum Beispiel für $x = 0{,}5234$, auszurechnen? Bild 9.4 zeigt die Antwort:

> Jeder, der weiß, dass die Funktion $y=e^x$ die *Umkehrfunktion* (die *Inverse*) zu $y=\ln x$ ist, kann den gesuchten Wert $e^{0,5234}$ berechnen, indem er $x=0{,}5234$ eingibt und die *Inversfunktion zu* $\ln x$ anfordert.

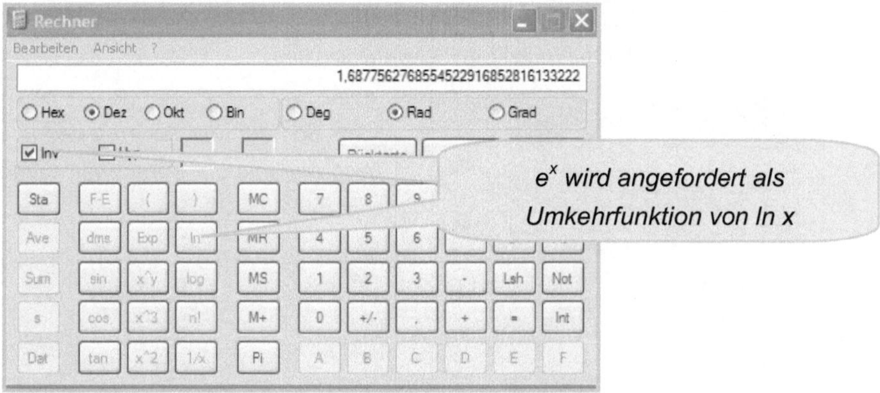

Bild 9.4: Berechnung von $y=e^x$ *als Umkehrfunktion von* $y=\ln x$

9.3.2 Tasten ohne Funktionen

Während im vorigen Abschnitt geschildert wurde, wie man sich behelfen kann, wenn wichtige Tasten, wie zum Beispiel die Taste e^x fehlen, wollen wir uns nun mit der scheinbar paradoxen Situation beschäftigen., dass es Tasten gibt, zu denen aus rein mathematischer Sicht gar keine Funktion existieren dürfte.

Die Bilder 9.5a bis 9.5c zeigen uns im Windows-Rechner drei solche Tastenkombinationen – sie sollen angeblich die „Umkehrfunktionen" zum Sinus, Kosinus und Tangens berechnen:

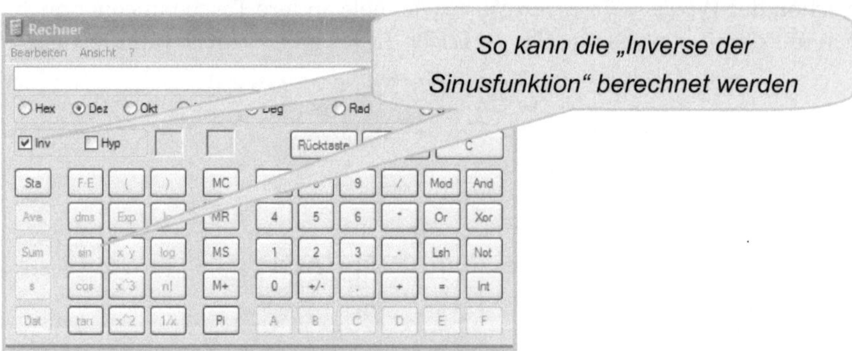

Bild 9.5a: Taste für die Inverse der Sinusfunktion

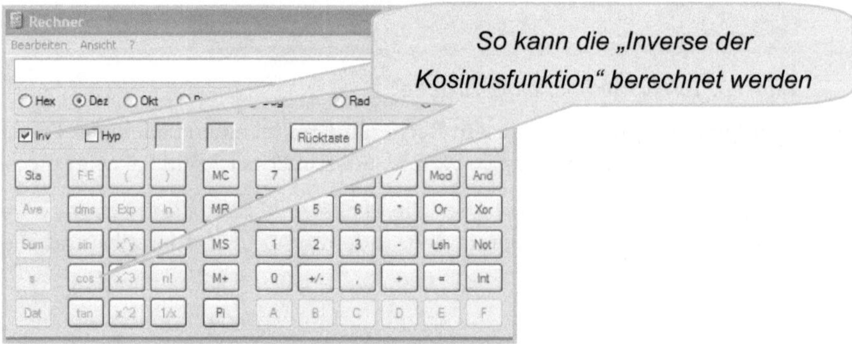

Bild 9.5b: Taste für die Inverse der Kosinusfunktion

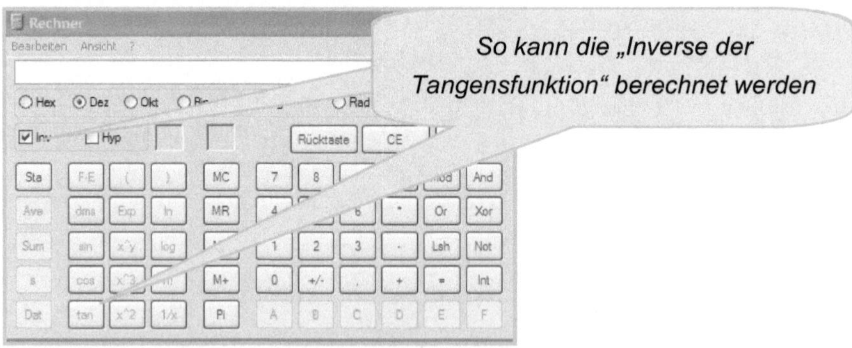

Bild 9.5c: Taste für die Inverse der Tangensfunktion

Wo liegt das Problem? Wiederholen wir aus Abschnitt 6.6 die Graphen der drei wichtigsten trigonometrischen Funktionen:

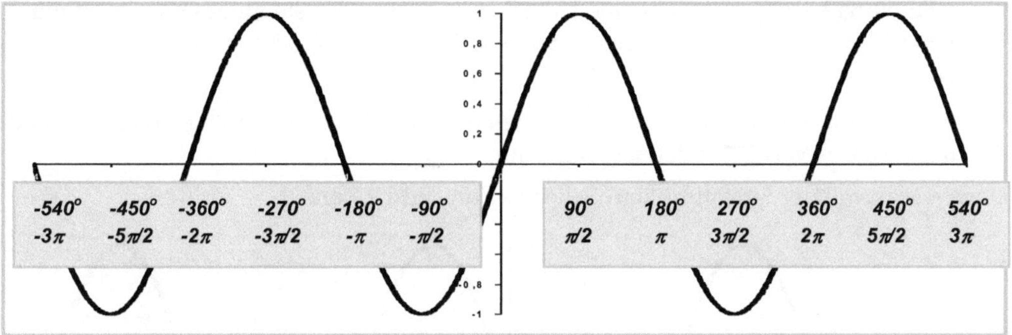

Bild 9.6a: Graph der Sinusfunktion

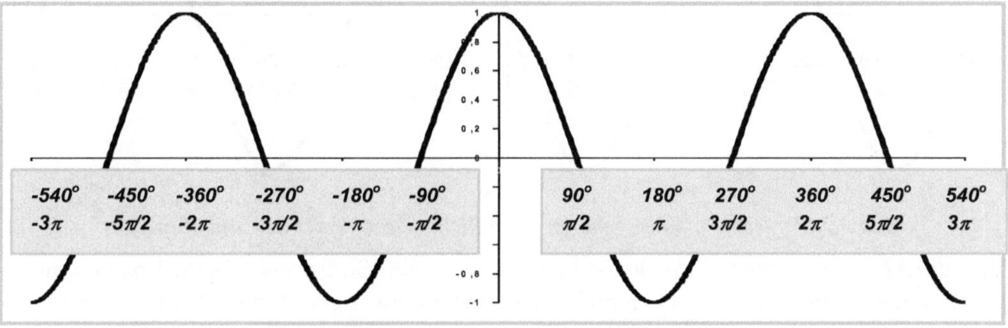

Bild 9.6b: Graph der Kosinusfunktion

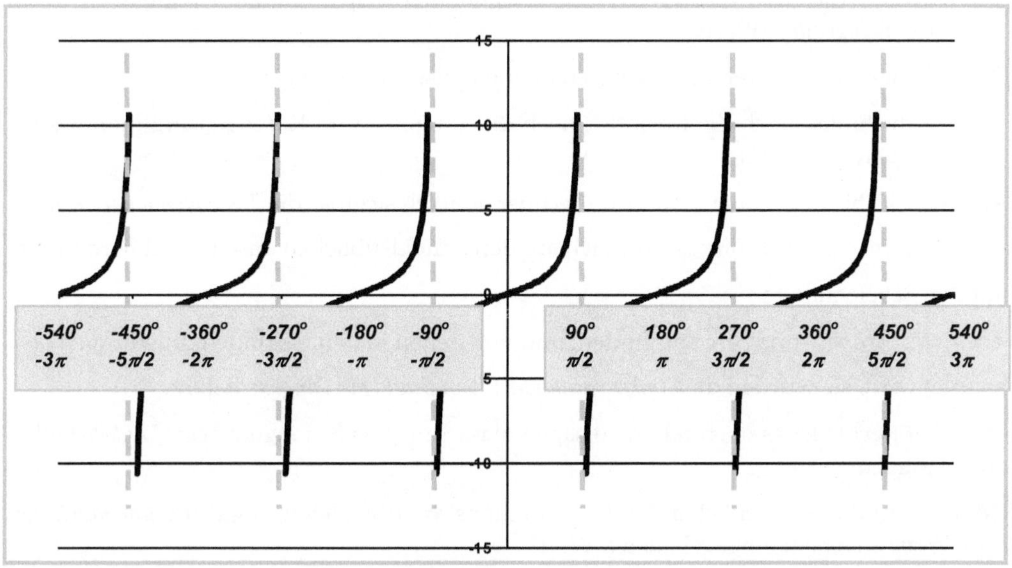

Bild 9.6c: Graph der Tangensfunktion

Wiederholen wir weiter aus Abschnitt 9.1 von Seite 152 die Aussage über die *Existenz einer Umkehrfunktion*:

> Eine Funktion besitzt nur dann eine Umkehrfunktion, wenn sie im gesamten Definitionsbereich entweder durchgängig *streng monoton wachsend* oder durchgängig *streng monoton fallend* ist.

Weil nämlich nur dann *zu jedem*, das ist zu betonen, *zu jedem* y-Wert rückwärts schließend *der* zugehörige x-Wert gefunden werden kann.

Doch was ist mit der Sinusfunktion? Sehen wir uns Bild 9.7 an:

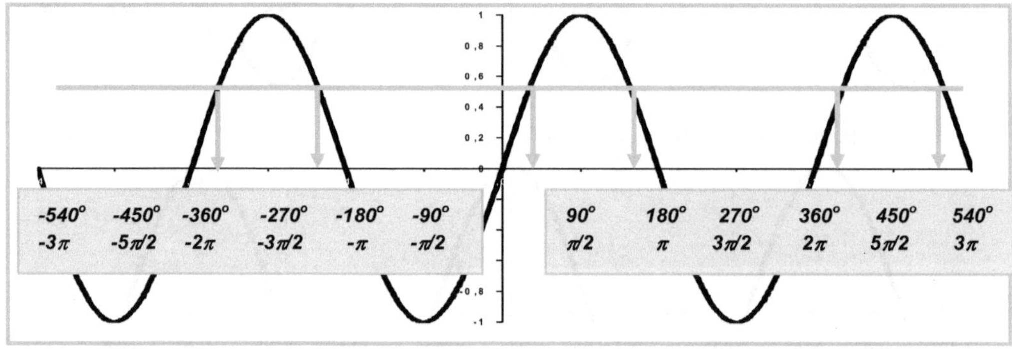

Bild 9.7: Zu jedem y-Wert gehören unendlich viele x-Werte der Sinusfunktion

Von *durchgängiger strenger Monotonie* kann weder beim Sinus, noch beim Kosinus, noch beim Tangens (und natürlich auch nicht beim Kotangens, siehe Bild 6.19 auf Seite 120) die Rede sein.

> Zu jedem y-Wert des Wertebereiches der trigonometrischen Funktionen gibt es *unendlich viele erzeugende* x-Werte.

Das veranlasst uns zu der kategorischen mathematischen Aussage:

> Weder die Sinus- noch die Kosinus-, noch die Tangens- und Kotangensfunktion besitzen eine Umkehrfunktion.

Andererseits bietet aber der Windows-Rechner deutlich sichtbar die *Tastenkombinationen* `Inv sin`, `Inv cos` und `Inv tan`, die sich auf den handelsüblichen Taschenrechnern meist mit den Bezeichnungen

`arc sin`, `arc cos` und `arc tan` finden, und von denen in den Gebrauchsanleitungen behauptet wird, sie würden die *Umkehrfunktionen von Sinus bis Tangens* liefern.

> Wer hat Recht? Ist es doch falsch zu sagen, dass Sinus bis Kotangens *keine Umkehrfunktion* besitzen?

Oder liefern diese angeblichen Umkehrfunktionstasten vielleicht sogar die *unendlich vielen x-Werte* zu einem eingegebenen y-Wert?

Probieren wir es aus – geben wir den Zahlenwert ½ ein und lassen uns überraschen, was uns die Tastenkombination `Invsin` bzw. `arcsin` liefert. Der Tabelle von Seite 49 und dem *Einheitskreis* entnehmen wir, dass die Sinusfunktion für 30 und 150 Grad den Wert ½ liefert, dann wieder für 390 und 510 Grad, dann wieder für 750 und 870 Grad und so weiter.

Und wenn der Einheitskreis im Uhrzeigersinn, also *mathematisch negativ*, abgeschritten wird, dann finden sich die Gradzahlen von minus 210 und minus 330 Grad, minus 570 und minus 690 Grad und so weiter, und für alle diese Winkel und noch unendlich viele weitere liefert die Sinusfunktion den Wert ½.

Bild 9.8: Ergebnis von `Inv sin` *bzw.* `arcsin` *für Eingabe ½ mit Gradanzeige*

Bild 9.8 zeigt es: Nicht *unendlich viele Winkelwerte* werden angezeigt (das würde wohl technisch auch gar nicht gehen), sondern nur *ein einziger* von allen Winkeln, die den Sinuswert ½ liefern würden, nämlich der Winkel von 30 Grad.

Nun ist es an der Zeit, dieses scheinbare begriffliche Durcheinander zwischen *nichtexistierenden Umkehrfunktionen* und *existierenden Umkehrfunktionstasten* zu entwirren:

Wohl liefern die Tasten `Inv sin` bzw. `arc sin` eine *Umkehrfunktion*, aber *nicht* vom ganzen Sinus (der *niemals eine Inverse* besitzt) , sondern nur *von einem einzigen Sinusstück*, nämlich dem *Teil des Sinus zwischen minus 90 und plus 90 Grad* (bzw. -π/2 und +π/2).

Bild 9.9a lässt erkennen, dass dieses *Sinus-Stück* streng monoton wachsend ist – bei diesem *Sinus-Stück* gibt es, wie grafisch angedeutet, zu jedem y-Wert zwischen -1 und +1 genau einen zugehörigen Winkel zwischen -90° und +90°.

Die Bilder 9.9b bis 9.9d zeigen weiter das *Kosinus-Stück* und das *Tangens-Stück*, für das die Tasten `Inv cos` bzw. `arc cos` und `Inv tan` bzw. `arc tan` die eindeutig bestimmten Invers-Werte liefern.

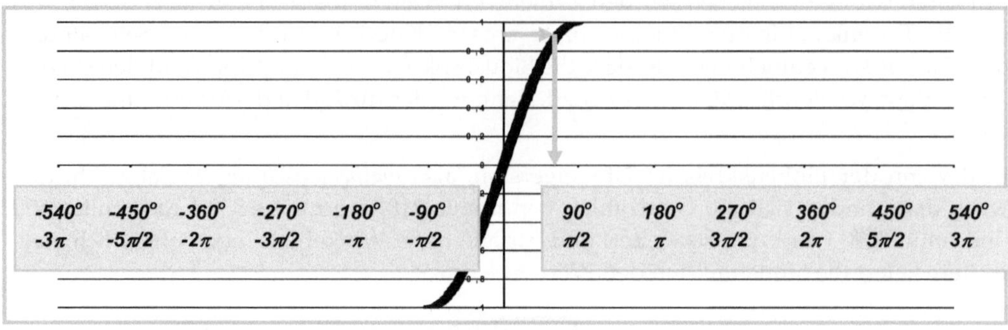

Bild 9.9a: Das Sinus-Stück, für das `Inv sin` bzw. `arc sin` *die Inverse liefern*

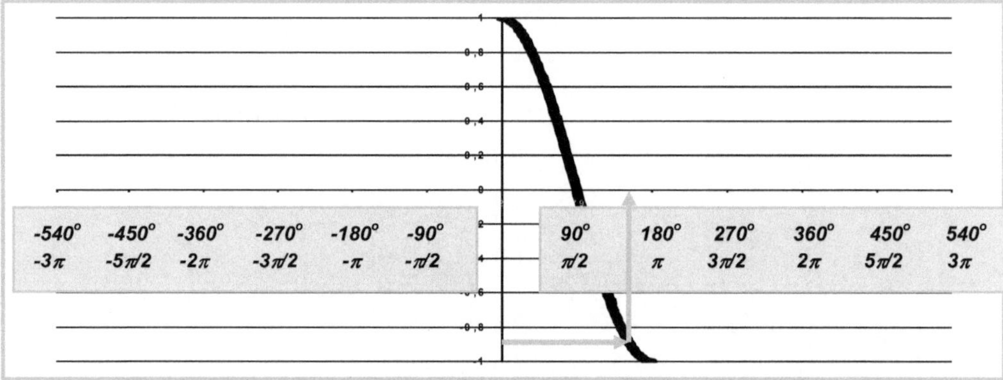

Bild 9.9b: Das Kosinus-Stück, für das `Inv cos` bzw. `arc cos` *die Inverse liefern*

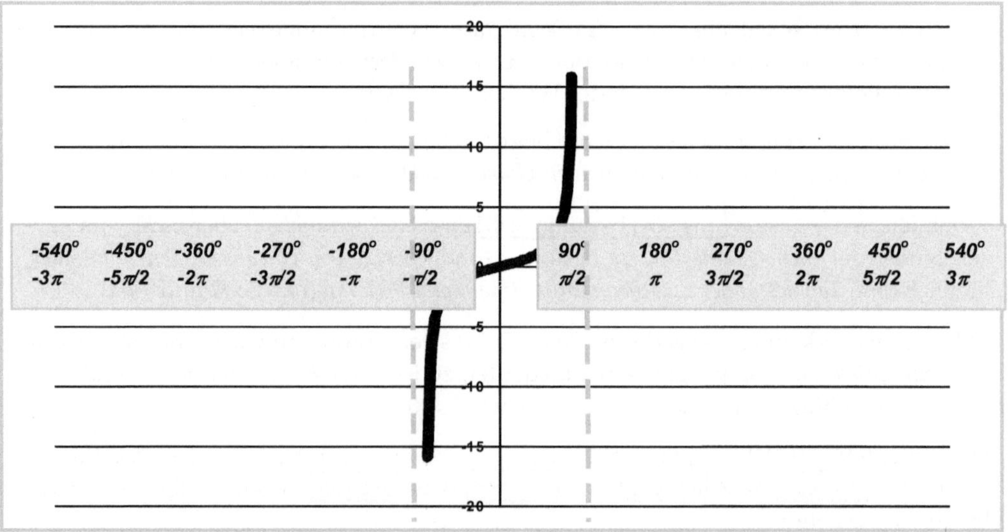

Bild 9.9c: Das Tangens-Stück, für das `Inv tan` bzw. `arc tan` *die Inverse liefern*

10 Kurvendiskussion: Erste Schritte

10.1 Begriff und Aufgabenstellung

Kehren wir begrifflich noch einmal zu Abschnitt 3.1 auf Seite 59 zurück:

Die Analysis dient letztendlich dem Ziel, aus abstrakt und rein mathematisch-formelmäßig aufgeschriebenen Funktionen vielfältige *Erkenntnisse* abzuleiten und darüber Diskussionen führen zu können. Somit wird man in die Lage versetzt, die richtigen Schlussfolgerungen zu ziehen und die nötigen Entscheidungen zu treffen.

Dazu aber ist es meist nötig, sich die dargelegten Zusammenhänge *vorstellen* zu können. Die menschliche Phantasie lebt überwiegend von dem, was *gesehen* wird. Der Mensch ist *nicht abstrakt.*

Also sollte man entweder grundsätzlich schon soviel über die vorgelegte mathematische Funktion wissen, dass man den Graphen „vor dem *inneren Auge*" hat – oder man muss sich zumindest den Graphen in seinen *wesentlichen Eigenschaften* beschaffen können.

Zum Erwerb eines soliden *Basiswissens* sollten die vergangenen beiden Abschnitte 4 und 6 beitragen. In ihnen wurde über die wichtigen Klassen der *Polynome, Exponential-* und *Logarithmusfunktionen* und deren Graphen informiert.

Wichtig ist auch, dass man weiß, wie sich Graphen bei *Additionen, Subtraktionen, Multiplikationen mit (– 1)* und *Betragsbildungen* verändern.

Trotzdem bleibt immer noch das Problem bestehen, wie man vorgehen soll, wenn über eine Funktion zu diskutieren ist, die nicht so einfach ist, die nicht zu den *Grundfunktionen* gehört und auch nicht *verwandt* ist mit einer Grundfunktion. Wie soll man herangehen, wo fängt man an, was ist wichtig? Was sollte in welcher Reihenfolge untersucht werden?

Auch hierauf gibt die Mathematik eine Antwort:

Es wird vorgeschlagen, dafür *in bestimmten Arbeitsschritten* vorzugehen und Schritt für Schritt den *Erkenntnisstand über die Eigenschaften der Funktion* systematisch anzureichern.

Das kann schon nach einem Schritt oder zwei Schritten gelungen sein. Manchmal muss man aber auch weit mehr Schritte dieses systematischen Vorgehens absolvieren, um auf die gestellten Fragen ausreichende Antworten zu bekommen.

Für die Menge der vorgeschlagenen Arbeitsschritte in ihrer sinnvollen Reihenfolge wird der zusammenfassende Begriff *Kurvendiskussion* benutzt.

Eine Kurvendiskussion dient dazu, die interessierenden Eigenschaften einer gegebenen Funktion *schrittweise systematisch herauszuarbeiten.*

10.2 Definitionsbereich

Der erste Schritt jeder Kurvendiskussion besteht darin, sich über den *Definitionsbereich* der gegebenen Funktion klar zu werden.

Der Definitionsbereich *D(f)* einer Funktion *y=f(x)* beschreibt die Menge der Zahlen, die für die unabhängige Veränderliche *x* eingesetzt werden dürfen.

Oder – anders ausgedrückt – der Definitionsbereich *D(f)* ist die Menge derjenigen Argumente, für die überhaupt ein Funktionswert existiert.

(10.01) $D(f) = \{x \in \Re \mid f(x) \text{ existiert}\}$

10.2.1 Bestimmung des Definitionsbereiches

Bei der Bestimmung des Definitionsbereiches geht man häufig so vor, dass man sich darüber informiert, welche *x*-Werte *nicht verarbeitet* werden können, welche Zahlen also *ausgeschlossen werden müssen*.

Die Menge der *zulässigen x-Werte* bildet den Definitionsbereich *D(f)*.

Einige Beispiele sollen zeigen, dass es manchmal leicht, bisweilen aber auch recht aufwändig sein kann, den Definitionsbereich zu ermitteln.

Ganz einfach ist es bei der Funktion

(10.02) $f(x) = x \cdot e^{-x}$.

Offensichtlich gibt es hier keine Werte *x*, die auszuschließen sind. *Für jedes negative oder positive x, auch für x=0 kann der zugehörige Funktionswert bestimmt werden*. Der Definitionsbereich umfasst folglich *alle reellen Zahlen*.

(10.03) $D(x \cdot e^{-x}) = \Re$, oder: $D(x \cdot e^{-x}) = (-\infty, +\infty)$

In Formel (10.03) sind die Schreibweisen angegeben, die gleichermaßen verwendet werden: Die *Mengenschreibweise* und daneben, völlig gleichwertig, die *Intervallschreibweise*.

Nun soll es schon ein wenig komplizierter werden. Zu ermitteln ist der Definitionsbereich der folgenden Funktion:

(10.04) $f(x) = \sqrt{x^2 - 5x + 6}$

Fragen wir hier nach den *auszuschließenden x-Werten*: Bekanntlich darf unter der Wurzel nur etwas Nichtnegatives stehen, denn aus einer negativen Zahl kann in der Menge der reellen Zahlen keine Wurzel gezogen werden. Also sollten wir fragen, für welche x-Werte der *Wurzelinhalt* (Radikand) negativ wird.

Hier hilft uns das *Grundwissen* aus Abschnitt 4.1.5 von Seite 69: Unter der Wurzel steht ein *Polynom zweiten Grades*, eine *quadratische Funktion*, und diese besitzt als Graph (wegen des positiven Faktors 1 vor dem x^2) bekanntlich eine *nach oben geöffnete Parabel*.

Wenn diese Parabel keine Schnittpunkte mit der waagerechten Achse hätte, dann wären alle x-Werte zulässig. Doch wenn wir mit Formel (4.09) von Seite 70 die Schnittsituation prüfen, ergibt sich die Aussage, dass diese Parabel zweimal die Achse schneidet. Also liefern hier *alle x-Werte, die zwischen den Achsenschnittpunkten liegen*, negative Polynomwerte und sind daher *auszuschließen*.

10.2.2 Beschreibung des Definitionsbereiches

Mit der Formel (4.09) von Seite 70 wird schnell ausgerechnet: Die Achsenschnittpunkte liegen bei $x_1=2$ und $x_2=3$, damit sind *alle x-Werte zwischen 2 und 3 auszuschließen*. Wir können nun den Definitionsbereich in Mengen- und Intervallschreibweise festhalten:

(10.05) $$D(\sqrt{x^2-5x+6}) = \{x \in \Re \mid x \leq 2 \text{ oder } x \geq 3\} = (-\infty, 2] \cup [3, \infty)$$

Das Zeichen $\cup$ zwischen den beiden halboffenen Intervallen bedeutet „Vereinigung", es entstammt der Mengenlehre und teilt mit, dass diese beiden Bereiche zusammen den Definitionsbereich bilden. Wer sich in dieser mathematischen Symbolik nicht so sicher fühlt, der kann natürlich auch eine Skizze des Definitionsbereiches anfertigen (Bild 10.1).

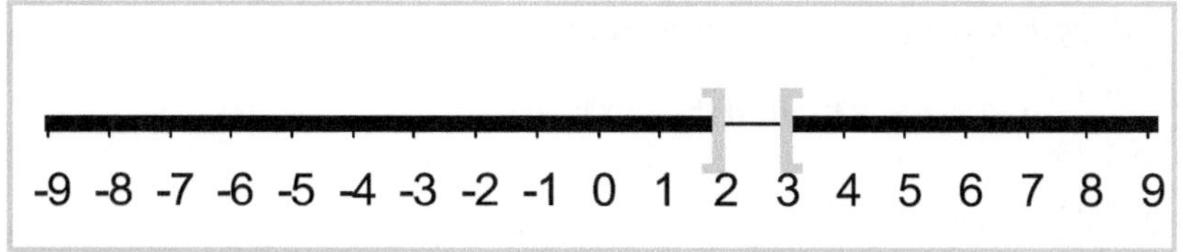

Bild 10.1: Alle Werte zwischen 2 und 3 fehlen, aber 2 und 3 selbst sind möglich

10.2.3 Definitionsbereich als Lösung einer Ungleichung

Ein weiteres Beispiel: Gesucht ist der Definitionsbereich der Funktion

(10.06) $$f(x) = \ln(\frac{x+1}{x-1} - 1)$$

Zuerst ist wieder *Grundwissen* gefragt: Erinnern wir uns an die Eigenschaften des *natürlichen Logarithmus* (siehe Abschnitt 2.1.6 auf Seite 29):

Der natürliche Logarithmus kann nur von positiven Argumenten gebildet werden.

Also sind alle *diejenigen x-Werte auszuschließen*, für die der *Klammerinhalt* in der Formel (10.06) *negativ oder Null* wird.

Oder – gleichwertig – alle x-Werte sind zulässig, die die folgende Ungleichung erfüllen:

(10.07) $$\frac{x+1}{x-1} - 1 > 0$$

Welche x-Werte erfüllen diese Ungleichung? Hier müssen wir wieder zum *Fundus an Grundfertigkeiten* zurückkehren und die Ungleichung durch *erlaubte Operationen* so umformen, dass wir die *Lösungsmenge* erkennen können.

Wiederholen wir dabei die interessante Vorgehensweise mit zwei *Annahme-, Schlussfolgerungs-* und *Lösungsmengen. Zuerst* wird angenommen, dass der *Nenner größer als Null* ist. Formel (10.08) zeigt uns das Vorgehen – wir können *unter dieser ersten Annahme* die gesamte Ungleichung mit dem Nenner multiplizieren, *ohne* dass das Relationszeichen sich umkehrt.

Als ersten Teil der Lösungsmenge L_1 erhalten wir das offene Intervall $(1, \infty)$.

$$\frac{x+1}{x-1}-1>0 \quad |+1$$

$$\frac{x+1}{x-1}>1 \quad |A_1: x-1>0, \text{ d.h. } x>1$$

(10.08)
$$\frac{x+1}{x-1}>1 \quad |\cdot(x-1)$$

$$x+1>x-1 \quad |-x$$

$$1>-1 \quad |S_1:(-\infty,+\infty)$$

$$\Rightarrow L_1: x>1$$

Die *zweite Annahme*, bei der wir von einem *negativen Nenner* ausgehen, führt zu einer *unsinnigen Schlussfolgerung* bzw. falschen Aussage:

$$\frac{x+1}{x-1}>1 \quad |A_2: x-1<0, \text{ d.h. } x<1$$

(10.09)
$$\frac{x+1}{x-1}>1 \quad |\cdot(x-1)$$

$$x+1<x-1 \quad |-x$$

$$1<-1 \quad |S_2=\varnothing$$

$$\Rightarrow L_2: \text{leer}$$

Wir erhalten keinen zweiten Teil der Lösungsmenge. Die *Gesamt-Lösungsmenge L* ist also gleich dem ersten Teil: $L=L_1$.

Damit ist ersichtlich: *Alle x-Werte rechts von der 1 erfüllen die Ungleichung, sie liefern einen positiven Wert, für den der Logarithmus errechnet werden kann.*

Es gilt somit für den Definitionsbereich:

(10.10) $$D(\ln(\frac{x+1}{x-1}-1))=\{x\in\Re \mid x>1\}=(1,\infty)$$

Übrigens – es war zwar nicht verkehrt, mit (10.08) wieder das Lösen einer Ungleichung zu üben, aber wir hätten uns das Leben viel leichter machen können, wenn wir die *elementare Bruchrechnung* (Bruch und ganze Zahl, siehe Seite 26) in Anwendung gebracht hätten:

(10.11) $$\ln(\frac{x+1}{x-1}-1)=\ln(\frac{x+1}{x-1}-\frac{x-1}{x-1})=\ln(\frac{2}{x-1})$$

Nach dieser kleinen Umrechnung innerhalb des Argumentes der Logarithmus-Funktion erkennt man sofort, dass der *Nenner nur dann positiv* ist, wenn *x größer als 1* ist.

Da der Zähler ohnehin positiv ist, haben wir damit viel schneller den Definitionsbereich (10.10) gefunden.

10.2.4 Definitionsbereich als Lösung von Betragsgleichungen

Betrachten wir zum Schluss die Funktion

(10.12) $$y = f(x) = \frac{3}{|x+3|-4}$$

und fragen auch hier nach dem Definitionsbereich. Auch hier ist es wieder günstig, die Negativ-Frage zu stellen: *Welche x-Werte sind auszuschließen*? Offensichtlich sind das die x-Werte, für die *der Nenner Null* wird:

(10.13) $$|x+3|-4=0$$

Im Abschnitt 2.2.8 auf Seite 41 wiederholten wir, wie derartige *Betragsgleichungen* gelöst werden können.

(10.14) $$\begin{aligned}
&|x+3|-4=0 \quad |A_1: x+3 \geq 0,\ d.h.\ x \geq -3\\
&(x+3)-4=0 \quad |+1\\
&x=1 \quad |S_1: x=1\\
&\Rightarrow L_1: x=1\\
&|x+3|-4=0 \quad |A_2: x+3<0,\ d.h.\ x<-3\\
&-(x+3)-4=0 \quad |+7\\
&x=-7 \quad |S_2: x=-7\\
&\Rightarrow L_2: x=-7\\
&\Rightarrow L: x=1 \ \ und \ \ x=-7
\end{aligned}$$

Damit haben wir die beiden x-Werte erhalten, für die der Nenner unserer Funktion Null würde, diese Werte sind auszuschließen. Der Definitionsbereich lautet deshalb:

(10.15) $$D\left(\frac{1}{|x+3|-4}\right) = \{x \in \mathfrak{R} \mid x \neq -7 \ \text{ und } \ x \neq 1\} = (-\infty, -7) \cup (-7, 1) \cup (1, \infty)$$

10.2.5 Definitionsbereiche der Grundfunktionen

Alle Polynome (siehe Abschnitt 4.1 auf Seite 65) besitzen einen *nicht eingeschränkten Definitionsbereich*:

(10.16) $$D(p_n(x)) = \mathfrak{R} = (-\infty, \infty), \quad n = 0, 1, 2, \ldots$$

Gleiches gilt für alle *Exponentialfunktionen* (Abschnitt 6.3 auf Seite 111):

(10.17) $$D(a \cdot b^{cx}) = \mathfrak{R} = (-\infty, \infty)$$

Wieder besteht Gelegenheit zur Vertiefung der Erkenntnis, dass Logarithmen *nur von positiven Zahlen* gebildet werden können (Abschnitt 6.5 auf Seite 114):

Der Definitionsbereich einer Logarithmusfunktion besteht nur aus der rechten Hälfte der Zahlengeraden:

(10.18) $D(a \cdot \log_b x) = \Re^+ = \{x \in \Re | x > 0\} = (0, \infty), \quad b > 0, \quad b \neq 1$

10.2.6 Definitionsbereiche verwandter Funktionen

Erinnern wir uns an die Gesetze aus Abschnitt 7, mit denen beschrieben wurde, wie sich die *Graphen verwandter Funktionen* aus den *Graphen bekannter Funktionen* ableiten lassen. Wir kommen so recht leicht zu Schlussfolgerungen, wie sich die Definitionsbereiche beim Übergang zu verwandten Funktionen ändern – oder dass sie sich nicht ändern:

Entsteht eine verwandte Funktion $g(x)$ aus einer bekannten Funktion $f(x)$ durch *Addition oder Subtraktion* einer positiven Konstanten $a>0$, dann ist der Definitionsbereich von $g(x)$ gleich dem Definitionsbereich von $f(x)$.

(10.19) $D(f(x) \pm a) = D(f(x)), \quad a > 0$

Entsteht eine verwandte Funktion $g(x)$ aus einer bekannten Funktion $f(x)$ dadurch, dass das Argument x durch das Argument $x+a$ oder das Argument $x-a$ $(a>0)$ ersetzt wird, dann *verschieben* sich die *Ränder des Definitionsbereiches* um a Einheiten nach links bzw. nach rechts.

Diese Aussage gilt selbstverständlich nur dann, wenn der „Rand" des Definitionsbereiches nicht im Unendlichen liegt.

Entsteht eine verwandte Funktion $g(x)$ aus einer bekannten Funktion $f(x)$ dadurch, dass vor den gesamten Ausdruck auf der rechten Seite ein *Minuszeichen* geschrieben wird, das heißt $g(x)=-f(x)$, dann *ändert sich der Definitionsbereich nicht*.

(10.20) $D(-f(x)) = D(f(x))$

Entsteht eine verwandte Funktion $g(x)$ aus einer bekannten Funktion $f(x)$ dadurch, dass x durch $-x$ ersetzt wird, d. h. $g(x)=f(-x)$, dann ergibt sich der Definitionsbereich der verwandten Funktion durch *Spiegelung des Definitionsbereiches* der bekannten Funktion an der *senkrechten Achse*.

Nehmen wir hierzu das Beispiel der Funktion

(10.21) $y = f(x) = \sqrt{2x - x^2}$

Der Radikand, der Ausdruck unter dem Wurzelzeichen, darf *nicht negativ* sein. Unter der Wurzel steht eine *quadratische Funktion*, die bekanntlich (siehe Abschnitt 4.1.5 auf Seite 69) als Graph eine nach unten geöffnete Parabel besitzt. Schnell kann man ausrechnen:

Nur für $0 \leq x \leq 2$ verläuft diese Parabel nicht im Negativen, deshalb lautet der *Definitionsbereich dieser Funktion*:

(10.22) $D(\sqrt{2x - x^2}) = \{x \in \Re | 0 \leq x \leq 2\} = [0,2]$

Ersetzen wir nun x durch $-x$, dann erhalten wir die verwandte Funktion

$$(10.23) \qquad g(x) = f(-x) = \sqrt{2(-x) - (-x)^2} = \sqrt{-2x - x^2}$$

Auch bei der *verwandten Funktion g(x)* befindet sich unter der Wurzel eine quadratische Funktion, deren Graph ebenfalls eine nach unten geöffnete Parabel ist. Sie allerdings hat die Schnittpunkte mit der waagerechten Achse bei –2 und Null, so dass wir tatsächlich für die verwandte Funktion den *gespiegelten Definitionsbereich*

$$(10.24) \qquad D(\sqrt{-2x - x^2}) = \{x \in \Re | -2 \le x \le 0\} = [-2, 0]$$

erhalten.

> Entsteht eine verwandte Funktion *g(x)* aus einer bekannten Funktion *f(x)* dadurch, dass der *Betrag der Funktion* gebildet wird, d. h. *g(x)=|f(x)|*, dann *verändert sich der Definitionsbereich nicht.*

$$(10.25) \qquad D(f(x)) = D(|f(x)|)$$

Es fehlt noch die Aussage für die letzte Art des Übergangs zu einer verwandten Funktion, die beim *Ersetzen von x durch |x|* stattfindet.

Was passiert mit dem Definitionsbereich bei *g(x)=f(|x|)* ?

Hier lässt sich eine allgemeine Aussage nicht so einfach formulieren, wie wir uns am Beispiel der beiden in dieser Weise verwandten Funktionen *f(x)=ln(–x)* und *f(|x|)=ln(–|x|)* veranschaulichen wollen.

Betrachten wir dafür zuerst den Definitionsbereich von *f(x)=ln(– x)*:

$$(10.26) \qquad f(x) = \ln(-x), \quad D(f(x)) = D(\ln(-x)) = \Re^- = \{x \in \Re | x < 0\} = (-\infty, 0)$$

Wenn wir für x eine *beliebige negative Zahl* einsetzen, können wir damit den natürlichen Logarithmus bilden: $x=-2 \rightarrow \ln(-(-2)) = \ln 2 = 0{,}6931$. Der *Definitionsbereich von ln (–x)* besteht folglich, wie in (10.26) beschrieben, aus der *linken Hälfte des unendlichen Zahlenstrahls*, die *Null* muss dabei natürlich *ausgeschlossen* werden.

Der Übergang zur verwandten Funktion, so vorgenommen, dass wir x ganz formal durch $|x|$ ersetzen, hat hier zur überraschenden Folge, dass der *Definitionsbereich leer* wird:

$$(10.27) \qquad g(x) = f(|x|) = \ln(-|x|), \quad D(\ln(-|x|) = \varnothing$$

Warum ist der *Definitionsbereich leer* (das nämlich ist die Bedeutung des Zeichens ∅) ?

Der Betrag liefert erst einmal auf jeden Fall, unabhängig vom eingesetzten x–Wert ($x \neq 0$), eine *positive Zahl*. Das *Minuszeichen* macht daraus immer einen *negativen Wert*.

Solch einen negativen Wert aber kann kein Logarithmus verarbeiten, denn die Frage *„e hoch wie viel ergibt etwas Negatives"* hat nun einmal keine Antwort.

10.3 Randuntersuchungen

Anwender fragen gern nach dem *Verhalten in Grenzsituationen*. Was passiert mit meinem Funktionswert, wenn ich das Argument *sehr groß* werden lasse? Was passiert, wenn ich mich einem *nicht zulässigen Wert* nähere? Was passiert mit den Funktionswerten, wenn ich das Argument *sehr klein* werden lasse?

Mathematisch werden solche Fragen beantwortet mit der *Untersuchung des Verhaltens* an den *Rändern des Definitionsbereiches* der gegebenen Funktion.

Dabei werden bei Definitionsbereichen, die bis ins Unendliche reichen, auch die Symbole $+\infty$ und $-\infty$ in den Begriff des „Randes" mit hinein genommen.

10.3.1 Grundfunktionen

Das Verhalten von *Polynomen, Exponential-* und *Logarithmusfunktionen* an den *Rändern* ihrer jeweiligen *Definitionsbereiche* kann sofort aus den Graphen in Abschnitt 4.1 ab Seite 65 abgelesen werden. Gewöhnen wir uns an die Symbolik, indem wir zuerst das Verhalten von Polynomen ungeraden Grades im negativen und positiven Unendlichen vermuten:

(10.28)
$$\begin{aligned} &n \text{ ungerade}, a_n > 0: \lim_{x\to-\infty} p_n(x) = -\infty, \quad \lim_{x\to+\infty} p_n(x) = +\infty \\ &n \text{ ungerade}, a_n < 0: \lim_{x\to-\infty} p_n(x) = +\infty, \quad \lim_{x\to+\infty} p_n(x) = -\infty \end{aligned}$$

Hier ist mit abstrakter mathematischer Symbolik genau dasselbe ausgedrückt worden, was auf Seite 67 mit vielen Worten formuliert war: „Bei $a_n>0$ kommt der Graph aus dem *negativen Unendlichen* und wendet sich … in das *positive Unendliche*".

Die mathematische Formulierung verwendet dabei das *Limes-Symbol* $\lim_{x\to-\infty} p_n(x)$, das im Abschnitt 6.3 bereits eingeführt wurde.

In gleicher Weise kann nun für *Polynome geraden Grades* das Verhalten im Unendlichen beschrieben werden:

(10.29)
$$\begin{aligned} &n \text{ gerade}, a_n > 0: \lim_{x\to-\infty} p_n(x) = +\infty, \quad \lim_{x\to+\infty} p_n(x) = +\infty \\ &n \text{ gerade}, a_n < 0: \lim_{x\to-\infty} p_n(x) = -\infty, \quad \lim_{x\to+\infty} p_n(x) = -\infty \end{aligned}$$

Für die *Exponentialfunktionen* lassen sich gleich zusammenfassend für *alle vier möglichen Vorzeichenkombinationen* die jeweiligen Grenzwerte angeben. Dabei sei die Basis $b>1$:

(10.30)
$$\lim_{x\to-\infty} a\cdot b^{c\cdot x} = \begin{cases} 0 & a>0, c>0 \\ \infty & a>0, c<0 \\ 0 & a<0, c>0 \\ -\infty & a<0, c<0 \end{cases}$$

(10.31)
$$\lim_{x\to+\infty} a\cdot b^{c\cdot x} = \begin{cases} \infty & a>0, c>0 \\ 0 & a>0, c<0 \\ -\infty & a<0, c>0 \\ 0 & a<0, c<0 \end{cases}$$

Erneut gab es drei verschiedene Arten der Beschreibung des gleichen Sachverhaltes, wie sich *exponentiell beschriebene funktionale Beziehungen* in Grenzsituationen verhalten: *Abstrakt* in mathematischer Terminologie mit den Formeln (10.30) und (10.31), *mit Worten* auf der Seite 111 sowie *anschaulich* durch die Graphen von Seite 111/112.

Der Definitionsbereich der *allgemeinen Logarithmusfunktion* $y=a\cdot\log_b x$ beginnt *rechts von der Null* und reicht bis ins positive Unendliche. Schreiben wir auch hier das, was wir aus den Graphen von Bild 6.10 auf Seite 115 ablesen können, in akademisch-mathematischer Symbolik auf. Für die Basis b gelte auch hier $b>1$.

$$(10.32)\qquad \lim_{x\to+0} a\cdot\log_b x = \begin{cases} -\infty & a>0 \\ +\infty & a<0 \end{cases}$$

In der Formel (10.32) ist unter dem Limes-Zeichen als Besonderheit die Symbolik $x\to+0$ zu beobachten. Damit wird zum Ausdruck gebracht, dass speziell die *Annäherung von rechts an die Null* untersucht wird.

Lesen wir weiter aus den Graphen der Seite 64 das *Verhalten des Logarithmus im positiven Unendlichen* ab und formulieren es mathematisch:

$$(10.33)\qquad \lim_{x\to+\infty} a\cdot\log_b x = \begin{cases} +\infty & a>0 \\ -\infty & a<0 \end{cases}$$

10.3.2 Beliebige Funktionen

Wir betrachten nun eine beliebige Funktion $y=f(x)$ und gehen davon aus, dass wir *ihren Definitionsbereich* $D(f)$ kennen.

> Die Untersuchung des Verhaltens einer Funktion an den Rändern des Definitionsbereiches ist in der Regel gleichbedeutend mit der *Berechnung von Grenzwerten.*

Betrachten wir zum Beispiel die so einfach aussehende Funktion

$$(10.34)\qquad y=f(x)=\frac{2}{1-x}$$

In ihrem Definitionsbereich ist nur $x=1$ ausgeschlossen, denn *der Nenner darf nicht Null werden:*

$$(10.35)\qquad D(\frac{2}{1-x})=\{x\in\Re | x\neq 1\}=(-\infty,1)\cup(1,\infty)$$

Der Definitionsbereich zerfällt folglich hier in zwei Teile, in die beiden offenen Intervalle $(-\infty,1)$ und $(1,+\infty)$. Also müssen wir, um das *Verhalten an den Rändern des Definitionsbereiches* herauszufinden, *vier Grenzwerte* ermitteln:

$$(10.36)\qquad \begin{array}{ll} \lim\limits_{x\to-\infty}\dfrac{2}{1-x}=? & \lim\limits_{x\to1-0}\dfrac{2}{1-x}=? \\ \lim\limits_{x\to1+0}\dfrac{2}{1-x}=? & \lim\limits_{x\to+\infty}\dfrac{2}{1-x}=? \end{array}$$

> Die Grenzwertberechnung ist eine sehr schwierige Angelegenheit und erfordert große Konzentration.

An dieser Stelle muss darauf hingewiesen werden, *was nun von wem erwartet wird.*

Von einem *Mathematiker* würde erwartet, dass er tatsächlich die Grenzwerte findet und dazu die *strengen Beweise* führt, dass seine Ergebnisse richtig sind. Für Mathematiker wäre nun also erst einmal klar zu definieren, was man überhaupt unter einem Grenzwert versteht.

Denn die Sache mit dem Unendlichen ist ja ziemlich unklar – wer soll das überprüfen?

Es war noch nie jemand im Unendlichen, und wenn jemand doch da war, dann kehrte er nicht zurück...

Von einem *Nichtmathematiker*, einem *Anwender*, erwartet man dagegen den mehr *intuitiven Zugang*, eine *Grenzwertvermutung*.

Solche *Grenzwertvermutungen* kann der Anwender sich (manchmal) erarbeiten, indem er schrittweise überlegt, was passieren wird, wenn für x nacheinander solche Werte eingesetzt werden, die dem – durch das Limeszeichen beschriebenen – Verhalten des Argumentes entsprechen.

Überlegen wir uns beispielhaft zuerst, notfalls auch mit Hilfe eines Taschenrechners, was passieren wird, wenn in die Funktion nacheinander *minus 1000, minus eine Million, minus eine Milliarde* usw. eingesetzt wird, wenn wir uns also *in Richtung zum negativen Unendlichen* bewegen würden.

Offensichtlich erhält der *Nenner* dann wegen des Minuszeichens vor dem x die wachsenden Werte 1001, 1000001, 1000000001 usw.

Damit wird der *Wert des Bruches* (siehe Abschnitt 1.3 auf Seite 21) aber immer kleiner, und wir können die *erste Grenzwertvermutung* aufstellen:

(10.37) $$\lim_{x\to-\infty}\frac{2}{1-x}=0$$

Gehen wir in gleicher Weise vor, um die Entwicklung zu prognostizieren, wenn wir uns *von links dem Wert 1 annähern* und ihm *immer näher kommen*. Setzen wir also nacheinander 0,9, dann, näher heran, 0,99, dann, noch näher heran, 0,999 und so weiter für x ein.

Der Taschenrechner teilt es uns mit: Nacheinander werden zu diesen Vorgaben im *Nenner* die Zahlen von 0,1 über 0,01 bis 0,001 entstehen. Der gesamte Bruch bekommt dann die Werte 20, 200, 2000.

Die Fortführung dieser Überlegung führt dann zu der plausiblen Grenzwertvermutung

(10.38) $$\lim_{x\to1-0}\frac{2}{1-x}=+\infty$$

Für den nächsten Grenzwert steht unter dem Limeszeichen die Symbolik $x\to 1+0$, das heißt, wir sollen überlegen, was passiert, wenn wir uns *von rechts der Zahl 1* nähern.

Tippen wir also nacheinander 1,1 und 1,01 und 1,001 usw. in den Taschenrechner – oder überlegen wir: Der Nenner wird dann die negativen und betragsmäßig immer kleiner werdenden Zahlen – 0,1 und – 0,01 und – 0,001 erhalten.

Der gesamte Bruch entwickelt seinen Wert von – 20 über – 200 bis – 2000 und so weiter. Man kann damit die folgende Grenzwertvermutung formulieren:

$$\lim_{x \to 1+0} \frac{2}{1-x} = -\infty \tag{10.39}$$

Mit dem Gedanken an *positive Millionen* und *positive Milliarden* im Argument x nähern wir uns schließlich dem *positiven Unendlichen*:

$$\lim_{x \to +\infty} \frac{2}{1-x} = 0 \tag{10.40}$$

Nun kennen wir das *Verhalten der Funktion*, und damit ihres Graphen, bei der *Annäherung an die Ränder des Definitionsbereiches* und können mit Bild 10.2 eine erste Skizze anfertigen.

> Die Erarbeitung von Grenzwertvermutungen, um das noch einmal zu wiederholen, ist eine anspruchsvolle geistige Aufgabe. Sie erfordert hohe Konzentration und scharfes Überlegen.

Dazu müssen die *Grenzwerteigenschaften der Grundfunktionen* und solide handwerklich-mathematische Kenntnisse anwendungsbereit vorhanden sein.

Und trotzdem gibt es viele Situationen, in denen auch die besten intuitiven Fähigkeiten des Menschen schlicht und einfach versagen, versagen müssen.

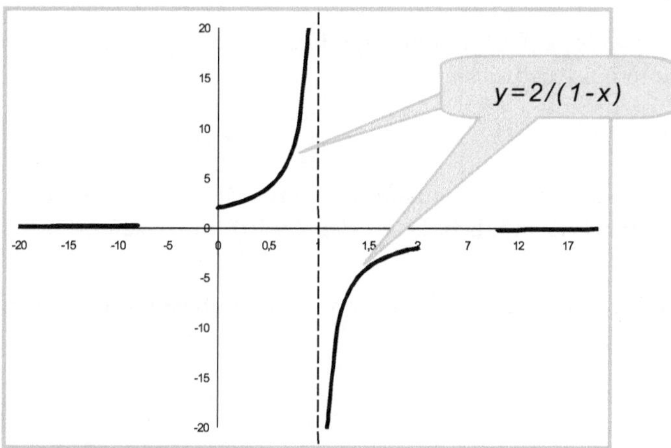

Bild 10.2: Verhalten an den Rändern des Definitionsbereiches

10.3.3 Unbestimmte Ausdrücke

Fangen wir an, fragen wir nur danach, wie sich der Graph der so einfach aussehenden Funktion (10.41) verhalten wird, wenn die unabhängige Veränderliche x immer größer wird und über alle Schranken wächst.

$$y = f(x) = \frac{e^x}{x} \tag{10.41}$$

Die *Intuition* liefert uns aber hier nur die Mitteilung, dass *sowohl Zähler als auch Nenner* immer größer werden. Wir erhalten einen *unbestimmten Ausdruck*:

$$\lim_{x\to\infty}\frac{e^x}{x} = \text{"}\frac{\infty}{\infty}\text{"} \tag{10.42}$$

Damit aber ist schon das *Ende des intuitiven Herangehens* gekommen. Hier ist jede weitere Überlegung, was denn nun im Unendlichen tatsächlich passieren würde, zum Scheitern verurteilt.

> Wenn bei intuitiven Überlegungen ein unbestimmter Ausdruck auftritt, ist keine Grenzwertvermutung formulierbar. Man muss an dieser Stelle vorerst aufhören.

Eine mathematische Methode, die dann gelegentlich weiterhilft, wird später vorgestellt.

In der folgenden Zusammenstellung sind sechs weitere Funktionen angegeben, die alle sehr einfach aussehen, und die trotzdem beim Versuch, den Grenzwert *intuitiv* zu erarbeiten, auf die sechs rechts daneben in die Anführungsstriche gesetzten *unbestimmten Ausdrücke* führen:

$$\begin{array}{lll} \lim\limits_{x\to\infty} x e^{-x} = \text{"}\infty\cdot 0\text{"} & \lim\limits_{x\to\infty}\left(\frac{1}{x}\right)^{\frac{1}{x}} = \text{"}0^0\text{"} & \lim\limits_{x\to\infty}(e^x)^{\frac{1}{x}} = \text{"}\infty^0\text{"} \\ \lim\limits_{x\to\infty}\frac{e^{-x}}{\frac{1}{x}} = \text{"}\frac{0}{0}\text{"} & \lim\limits_{x\to\infty}(e^x - x) = \text{"}\infty - \infty\text{"} & \lim\limits_{x\to\infty}\left(1+\frac{1}{x}\right)^x = \text{"}1^\infty\text{"} \end{array} \tag{10.43}$$

> Wenn beim Versuch, eine Grenzwertvermutung intuitiv zu erarbeiten, einer der sieben so genannten unbestimmten Ausdrücke
>
> $$\text{"}\frac{\infty}{\infty}\text{"} \quad \text{"}\frac{0}{0}\text{"} \quad \text{"}\infty\cdot 0\text{"} \quad \text{"}0^0\text{"} \quad \text{"}\infty^0\text{"} \quad \text{"}\infty-\infty\text{"} \quad \text{"}1^\infty\text{"} \tag{10.44}$$
>
> entsteht, dann ist eine mathematische Behandlung evtl. mit Hilfe der Regel von BERNOULLI und DE L'HOSPITAL möglich. Diese Regel wird im Abschnitt 12.5 auf Seite 209 vorgestellt.
>
> Sie ist sofort anwendbar beim Auftreten der ersten beiden unbestimmten Ausdrücke.

10.4 Wertebereich

10.4.1 Begriff und Bedeutung

Mit dem Definitionsbereich *D(f)* einer Funktion *y=f(x)* ist bekannt, welche Argumentwerte *x* in die Funktionsformel eingesetzt werden dürfen: Man erfährt damit, *für welche x-Werte es überhaupt Funktionswerte* gibt.

Für die *Skizze des Graphen* der Funktion bedeutet das, dass man weiß, ob die gesamte waagerechte Achse zur Zeichnung benötigt wird oder nur ein Teil von ihr, ob einzelne Zahlen (wie die Null bei *y=1/x*) oder ganze Intervalle ausgeschlossen werden müssen.

Oft wird dann weiter gefragt, wie das mit der *senkrechten Achse* sei. Wird sie vollständig benötigt, d.h. überstreicht der Graph den gesamten Bereich von minus Unendlich bis plus Unendlich, oder liefert die Funktion nur positive oder nur negative Funktionswerte?

Oder liefert sie nur Werte in einem bestimmten Intervall?

Der *Wertebereich W(f)* einer Funktion umfasst alle Zahlen *y*, die als Funktionswerte auftreten können. Manchmal wird der Wertebereich auch als *Wertevorrat* bezeichnet.

(10.45) $$W(f) = \{ y \in \Re \mid y = f(x),\ x \in D(f) \}$$

Der Wertebereich umfasst also *alle möglichen Funktionswerte einer Funktion.*

10.4.2 Wertebereiche der Grundfunktionen

Stellen wir zuerst anhand unseres *Basiswissens* und der Kenntnisse der *Graphen der Grundfunktionen* (Bilder 4.3 bis 4.10 auf den Seiten 67 bis 70) die Wertebereiche der *Polynome, Exponential-* und *Logarithmusfunktionen* zusammen.

Alle *Polynome ungeraden Grades* (siehe Abschnitt 4.1.3 auf Seite 67) besitzen einen *unbeschränkten Wertebereich*:

(10.46) $$W(p_n) = \Re = (-\infty, +\infty), \qquad n = 1, 3, 5, \ldots$$

Für *Graphen von Polynomen geraden Grades* wird dagegen niemals die *gesamte senkrechte Achse* benötigt. Entweder beginnen die Polynomwerte alle *nur oberhalb* eines bestimmten *absoluten Minimums,* oder sie liegen alle *unterhalb* eines bestimmten *absoluten Maximums.*

Das hängt davon ab, ob der Graph des Polynoms *nach oben* oder *nach unten geöffnet* ist:

(10.47) $$W(p_n) = \begin{cases} \left\{ y \in \Re \mid y \geq \min\limits_{x \in D(f)} f(x) \right\}, & \text{falls } a_n > 0 \\ \left\{ y \in \Re \mid y \leq \max\limits_{x \in D(f)} f(x) \right\}, & \text{falls } a_n < 0 \end{cases} \qquad n = 2, 4, 6, \ldots$$

Der *Graph einer Exponentialfunktion* $y = a \cdot b^{cx}$ schneidet *niemals die waagerechte Achse.*

Folglich enthält der Wertebereich einer Exponentialfunktion entweder nur alle positiven oder nur alle negativen reellen Zahlen.

Im Einzelnen hängt das vom Vorzeichen des Faktors *a* ab.

(10.48) $$W(a \cdot b^{c \cdot x}) = \begin{cases} \Re^+ = \{ y \in \Re \mid y > 0 \}, & \text{falls } a > 0 \\ \Re^- = \{ y \in \Re \mid y < 0 \}, & \text{falls } a < 0 \end{cases}$$

Wieder besteht Gelegenheit zur Vertiefung der Erkenntnis, dass *Logarithmusfunktionen* zwar *nur positive Zahlen verarbeiten* können (Abschnitt 6.5 auf Seite 114), aber *sowohl negative als auch nicht negative Werte liefern* können:

Der *Wertebereich jeder Logarithmusfunktion* besteht also aus der *vollständigen Zahlengeraden*, zum Skizzieren des Graphen einer Logarithmusfunktion benötigt man die *gesamte senkrechte Achse*:

(10.49) $W(a \cdot \log_b x) = \Re = (-\infty, +\infty)$

10.4.3 Wertebereiche verwandter Funktionen

Erinnern wir uns an die *Gesetze aus Abschnitt 7*, mit denen beschrieben wurde, wie sich die *Graphen verwandter Funktionen* aus den *Graphen bekannter Funktionen* ableiten lassen, so kommen wir recht leicht und anschaulich zu Schlussfolgerungen, wie sich die Wertebereiche beim Übergang zu verwandten Funktionen ändern (oder auch nicht ändern).

Wir hatten auf Seite 124 im Bild 7.3 und 7.4 festgestellt, dass das Ersetzen der unabhängigen Variablen x durch $x+a$ oder $x-a$ *($a>0$)* zu einer *seitlichen Verschiebung des Graphen* führt. Folglich bleibt bei diesen Operationen der Wertebereich unverändert.

Entsteht eine verwandte Funktion $g(x)$ aus einer bekannten Funktion $f(x)$ durch *Addition oder Subtraktion einer positiven Konstanten $a>0$* zur unabhängigen Variablen x, dann ist der Wertebereich von $g(x)=f(x \pm a)$ gleich dem Wertebereich von $f(x)$.

(10.50) $W(f(x \pm a)) = W(f(x)), \quad a > 0$

Weiterhin erinnern wir uns (notfalls durch Zurückblättern auf die Seiten 126 und 127 im Abschnitt 7.3), dass das *Ersetzen von x durch $-x$* zur *Spiegelung des Graphen an der senkrechten Achse* führt. Auch in diesem Fall hat die verwandte Funktion $g(x)=f(-x)$ denselben Wertebereich wie die bekannte Funktion $f(x)$.

Entsteht eine verwandte Funktion $g(x)$ aus einer bekannten Funktion $f(x)$ dadurch, dass die unabhängige Veränderliche x durch $-x$ ersetzt wird, dann ist der Wertebereich von $g(x)=f(-x)$ gleich dem Wertebereich von $f(x)$.

(10.51) $W(f(-x)) = W(f(x))$

Entsteht eine verwandte Funktion $g(x)$ aus einer bekannten Funktion $f(x)$ dadurch, dass die unabhängige Veränderliche x durch $|x|$ ersetzt wird, dann ist der Wertebereich von $g(x)=f(|x|)$ gleich demjenigen Teil des Wertebereiches von $f(x)$, der zu den *nichtnegativen x–Werten* gehörte.

(10.52) $W(f(|x|)) = W(f(x)) \;\text{ mit }\; x \in X^+, \; X^+ = \{x \in D(f) | x \geq 0\}$

Anders dagegen verhält es sich, wenn eine verwandte Funktion *g(x)* dadurch entsteht, dass zur *Funktionsgleichung* der bekannten Funktion *f(x)* eine *Zahl a* addiert wird *(a>0)*. Dann *verschiebt* sich der Graph bekanntlich *nach oben* – der Wertebereich entsprechend auch. Bei *Subtraktion einer positiven Zahl a* erfolgt dagegen eine *Verschiebung des Graphen nach unten* (siehe Bild 7.1 auf Seite 124).

Entsteht eine verwandte Funktion *g(x)* aus einer bekannten Funktion *f(x)* durch *Addition oder Subtraktion einer Zahl a>0*, d. h. $g(x)=f(x)\pm a$, dann verschieben sich die *Ränder des Wertebereiches* um *a* Einheiten nach oben bzw. unten.

Das gilt nicht, wenn die Ränder des Wertebereiches sich im Unendlichen befinden.

(10.53) $$W(f(x\pm a))=\{y\in\Re|\min(W(f))\pm a\le y\le\max(W(f))\pm a\}$$

Zum Schluss erinnern wir uns daran, dass der Übergang von *f(x)* zum *Betrag* dieser Funktion, $|f(x)|$, den Teil des Graphen von f(x), der sich unterhalb der waagerechten Achse befindet, *nach oben klappt* (siehe Bild 7.9 auf Seite 129).

Entsteht eine verwandte Funktion *g(x)* aus einer bekannten Funktion *f(x)* durch *Betragsbildung*, dann enthält der Wertebereich der verwandten Funktion $g(x)=|f(x)|$ *nur nichtnegative Werte.*

(10.54) $$W(|f(x)|)\subseteq\Re^{+}=\{y\in\Re|y\ge 0\}$$

Ob der Wertebereich dieser Betragsfunktion dann bei Null beginnt oder erst bei einer größeren positiven Zahl und ob er sich bis in das Unendliche erstreckt oder nicht, das muss im Detail untersucht werden.

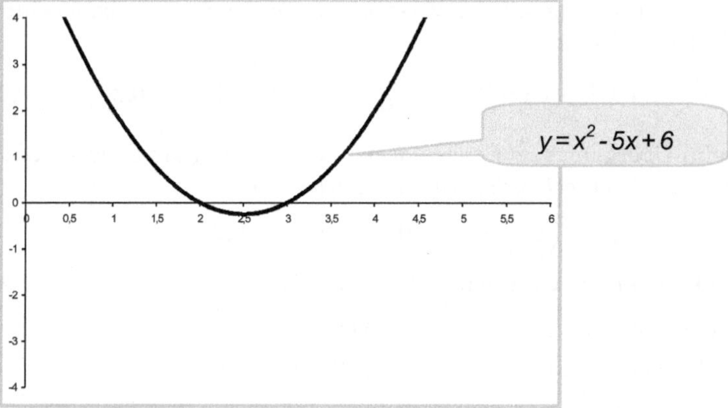

Bild 10.3: Graph der quadratischen Funktion

Sehen wir uns noch ein weiteres Beispiel an. Ausgangspunkt soll in jedem Falle das Polynom zweiten Grades $f(x)=p_2(x)=x^2-5x+6$ sein.

Oder anders gesprochen – wir betrachten eine *quadratische Funktion*. Der *Graph dieser Funktion* ist bekanntlich eine *nach oben geöffnete Parabel*. Da die Gleichung $x^2-5x+6=0$ die beiden reellen Lösungen $x_1=2$ und $x_2=3$ besitzt, *schneidet* die Parabel die waagerechte Achse zweimal.

Da wir nach den Aussagen von Seite 71 im Abschnitt 4.1.5 wissen, dass sich der x-Wert des *Scheitels der Parabel*, also ihres *untersten Punktes*, genau *in der Mitte zwischen den Nullstellen* (d. h. bei $x_S=2{,}5$) befindet, können wir bei sauberer Zeichnung in Bild 10.3 ablesen, dass die quadratische Funktion $y=x^2-5x+6$ niemals kleinere Werte als $y=-0{,}25$ liefert.

Der *Wertebereich von f(x)* beginnt folglich bei -0,25 und endet im positiven Unendlichen:

$$(10.55)\quad W(x^2-5x+6)=\{y\in\Re \mid y\geq -0{,}25\}=[-0{,}25;\ +\infty)$$

Bild 10.4 enthält zwei mit der Parabel $y=x^2-5x+6$ *verwandte Funktionen*: Einmal wird x durch $x+1$ ersetzt, das andere Mal wird $f(x)$ durch $-f(x)$ ersetzt.

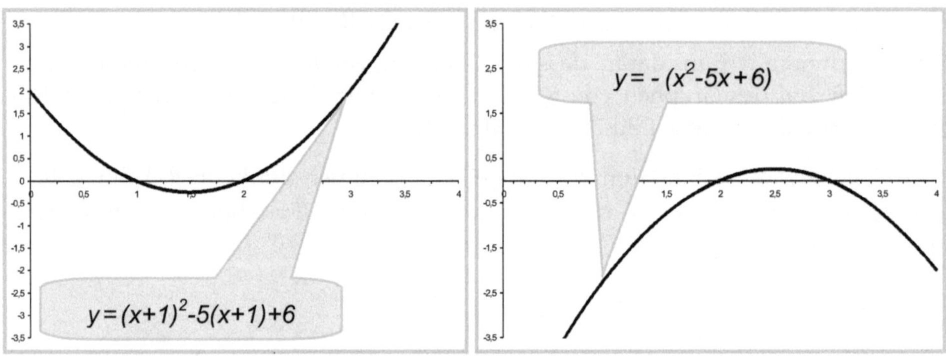

Bild 10.4: Zwei verwandte Funktionen

Wenn Bild 10.4 mit Bild 10.3 verglichen wird, dann ist leicht festzustellen, dass in der Tat im linken Teil von 10.4 nur eine *seitliche Verschiebung des Graphen* zu beobachten ist, der Wertebereich ändert sich also nicht.

$$(10.56)\quad W((x+1)^2-5(x+1)+6)=W(x^2-5x+6)=\{y\in\Re \mid y\geq -0{,}25\}=[-0{,}25;\ +\infty)$$

Dagegen findet beim Übergang von $f(x)$ zu $-f(x)$ eine *Spiegelung des Graphen an der waagerechten Achse* statt, folglich *spiegelt sich auch der Wertebereich*:

$$(10.57)\quad W(-(x^2-5x+6))=\{y\in\Re \mid y\leq +0{,}25\}=(-\infty;\ +0{,}25]$$

In ähnlicher Weise könnten die Graphen von anderen verwandten Funktionen, z. B.

$$g(x)=f(-x)=(-x)^2-5(-x)+6\,,\qquad g(x)=f(x)+2=(x^2-5x+6)+2\,,$$

$$g(x)=f(|x|)=|x|^2-5|x|+6\,,\qquad g(x)=|f(x)|=|x^2-5x+6|$$

untersucht werden. Anschaulich können damit die folgenden Aussagen überprüft werden:

Führt der Übergang von einer *bekannten Funktion* zu einer *verwandten Funktion* zu einer *waagerechten Verschiebung des Graphen* oder zur *Spiegelung an der senkrechten Achse*, so ändert sich der Wertebereich nicht.

Eine *senkrechte Verschiebung des Graphen* oder *Spiegelungen an der waagerechten Achse* führen dagegen in der Regel zur *Änderung des Wertebereiches*.

10.4.4 Wertebereiche beliebiger Funktionen

Die Ermittlung von Wertebereichen beliebiger Funktionen $y=f(x)$ ist eng verbunden mit der Untersuchung der Funktion auf Beschränktheit und der Suche nach ihren *globalen Extremwerten*.

Deshalb soll hier nur auf den Abschnitt 12.3.4 auf Seite 206 verwiesen werden, in dem später die entsprechenden Untersuchungsstrategien vorgestellt werden.

10.5 Schnittpunkte mit den Achsen

Die *ersten drei Schritte einer Kurvendiskussion* haben wir bisher schon kennen gelernt: Feststellung des *Definitionsbereiches*, Untersuchung des *Verhaltens an den Rändern* des Definitionsbereiches, Feststellung des *Wertebereiches*.

Sind diese Untersuchungen erfolgreich durchgeführt worden, verfügen wir bereits über wichtige Informationen zum Graphen einer Funktion.

Anschließend sollten unbedingt die *Achsenschnittpunkte* ermittelt werden.

10.5.1 Schnittpunkt mit der senkrechten Achse

Offensichtlich kann es für den Graphen jeder Funktion $y=f(x)$ *höchstens einen* Schnittpunkt mit der senkrechten Achse geben.

Denn gäbe es zwei oder mehr Schnittpunkte, dann hätte das Argument $x=0$ zwei oder mehr Funktionswerte. Das aber steht im Widerspruch zur *grundsätzlichen Eigenschaft einer Funktion* (s. S. 59 im Abschnitt 3.1), derzufolge zu jedem Argument *genau ein* Funktionswert existieren darf.

Bleibt noch die Frage zu beantworten, warum wir nicht formulieren, dass jeder Graph jeder Funktion die senkrechte Achse *genau einmal* schneidet.

Hier hilft uns ein einfaches *Gegenbeispiel*: Der Definitionsbereich der *Logarithmusfunktion* $y=\ln x$ beginnt ja erst rechts von $x=0$, die Null ist ausgeschlossen als x-Wert, $\ln 0$ existiert nicht. Also hat die Funktion $y=\ln x$ *keinen Schnittpunkt mit der senkrechten Achse* (Bild 10.5).

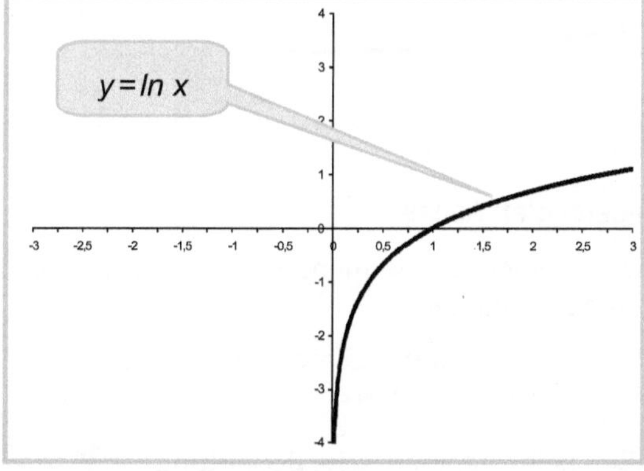

Bild 10.5: Kein Schnittpunkt von y=ln x mit der senkrechten Achse

Auch die Funktion $y=1/x$ ist für $x=0$ nicht definiert, also kann sie auch *keinen Schnittpunkt mit der senkrechten Achse* haben.

Gehört der *Nullpunkt* $x=0$ zum Definitionsbereich einer Funktion $y=f(x)$, so erhält man den Schnittpunkt mit der senkrechten Achse, indem *für x der Wert Null* eingesetzt wird. Andernfalls besitzt der Graph der Funktion $y=f(x)$ *keinen Schnittpunkt mit der senkrechten Achse.*

Betrachten wir als Beispiel die Funktion $y=e^{-x}$. Sie gehört zu den Grundfunktionen, denn sie ist eine spezielle *Exponentialfunktion* aus der allgemeinen Klasse $y=a{\cdot}b^{c\,x}$.

Da der Faktor a (hier gleich +1) *positiv* ist, befindet sich ihr Graph *vollständig oberhalb der waagerechten Achse.* Im *Exponenten* dagegen steht eine *negative Zahl* (hier –1) vor dem x, also kommt der Graph (siehe Bild 6.6 auf Seite 111) aus dem positiven Unendlichen und nähert sich mit wachsendem x der *waagerechten Achse von oben* immer mehr an.

Da der *Definitionsbereich,* wie bei jeder Exponentialfunktion, von $-\infty$ bis $+\infty$ reicht, gehört der *Nullpunkt* natürlich zum Definitionsbereich. Also *existiert ein Schnittpunkt mit der senkrechten Achse.* Wir können ihn sofort durch Einsetzen von $x=0$ in die Funktion ermitteln:

(10.58) $$y(0) = f(0) = e^0 = 1$$

Bild 10.6 fasst zusammen, was wir damit über den Graphen von $y=e^{-x}$ bisher grundsätzlich wissen.

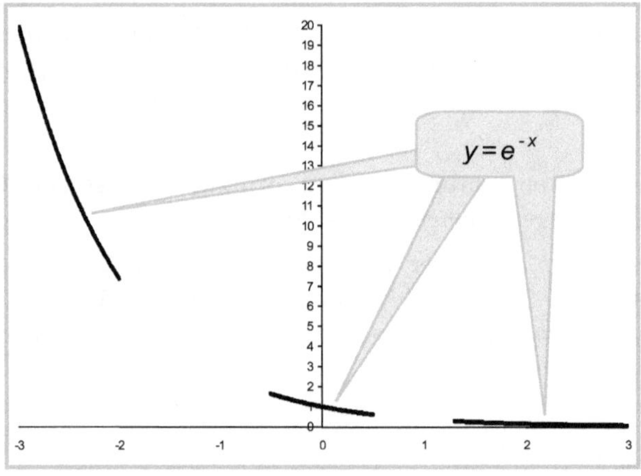

Bild 10.6: Bisher Bekanntes über den Graphen von $y=e^{-x}$

10.5.2 Schnittpunkte mit der waagerechten Achse

Der Graph einer Funktion y=f(x) kann keinen, einen, mehrere oder sogar unendlich viele Schnittpunkte mit der waagerechten Achse haben.

Das hängt davon ab, ob überhaupt *reelle Lösungen* der Gleichung

(10.59) $$f(x) = 0$$

existieren. Komplexe Lösungen haben keine geometrische Bedeutung.

Existierende reelle Lösungen der Gleichung (10.59) bezeichnet man auch als *Nullstellen* der Funktion $y=f(x)$.

Schneidet der Graph einer Funktion $y=f(x)$ die waagerechte Achse *nicht*, dann besitzt diese Funktion also *keine Nullstellen*.

Fragen wir zum Beispiel nach der oder den *Nullstellen der Logarithmusfunktion* $y=\ln x$. Dafür ist also die Gleichung $\ln x=0$ zu lösen. Wie wird das gemacht?

Entweder, man erinnert sich an die Definition des natürlichen Logarithmus (siehe Abschnitt 2.1.8 auf Seite 29):

$\ln x=0$, das bedeutet doch, die Antwort auf die Frage *e hoch wie viel ist x* ist gegeben, sie ist *Null*, also gilt $x=e^0$, man erhält also $x=1$.

Oder, wem das zu anstrengend ist, der kann die Regel (2.42) von Seite 32 anwenden, derzufolge eine Gleichung richtig bleibt, wenn man *beide Seiten der Gleichung als Exponenten der Basis e* schreibt:

$$\ln x = 0 \Leftrightarrow e^{\ln x} = e^0 \tag{10.60}$$

Nach Regel (2.32) von Seite 30 ist $e^{\ln x}=x$, e^0 ist 1, also erhält man auch auf diese Weise für die natürliche Logarithmusfunktion die einzige Nullstelle $x=1$.

Für Polynome $p_n(x)=a_nx^n + a_{n-1}x^{n-1} + ... + a_1x + a_0$ erhält man im Fall $n=1$ stets *eine einzige Nullstelle*.

Doch schon bei den *Polynomen zweiter Ordnung* $p_2(x) =a_2x^2 + a_1x + a_0$, bei den *quadratischen Funktionen*, können *drei Fälle* auftreten: *keine reelle Nullstelle* (Parabel schneidet die waagerechte Achse nicht), *eine reelle Nullstelle* (Parabel berührt die waagerechte Achse) und *zwei reelle Nullstellen* (Parabel schneidet die waagerechte Achse zweimal).

Welche Situation bei einer quadratischen Funktion konkret vorliegt, das erkennt man daran, ob der Inhalt der Wurzeln in der jeweils verwendeten Lösungsformel für die quadratische Gleichung $a_2x^2 + a_1x + a_0=0$, also die jeweilige *Diskriminante* in

$$\begin{aligned} x_{1,2} &= -\frac{p}{2} \pm \sqrt{(\frac{p}{2})^2 - q} \quad \text{mit} \quad p=\frac{a_1}{a_2},\ q=\frac{a_0}{a_2} \\ x_{1,2} &= \frac{1}{2a_2}(-a_1 \pm \sqrt{a_1^2 - 4a_0a_2}) \end{aligned} \tag{10.61}$$

negativ, Null oder positiv wird.

Für Polynome höheren als zweiten Grades sowie für alle anderen Funktionen ist die Suche nach der oder den Nullstellen ein anspruchsvolles mathematisches Problem.

Hierzu müssen im Regelfall *numerische Näherungs-Methoden* eingesetzt werden.

Eine solche Methode, das *Newton-Verfahren*, wird in [23] vorgestellt.

10.6 Ausblick

Fassen wir zusammen, welche *Elemente der Kurvendiskussion* wir bisher kennen lernten:

Begonnen wird stets mit der Frage nach dem *Definitionsbereich*, denn damit erfährt man, welcher Bereich der waagerechten Achse für den Graphen der Funktion bereitgestellt werden muss.

Dann sollte das *Verhalten in Extremsituationen* überprüft werden, also sind *Grenzwerte* zu ermitteln, um eine Vorstellung über die Tendenz des Verlaufes des Graphen *bei Annäherung an ausgeschlossene Argumentwerte* oder für *sehr große* oder *sehr kleine* x-Werte festzustellen (letzteres nennt man auch *Verhalten im Unendlichen*).

Nicht selten sollte man sich anschließend auch darüber klar werden, *welche Funktionswerte* entstehen können – die Antwort auf diese Fragestellung wird durch den *Wertebereich* gegeben.

Wird anschließend noch untersucht, ob es *Achsenschnittpunkte* gibt und wo sie sich befinden, dann ist die Menge der erhaltenen Informationen über den Graph der gegebenen Funktion nicht selten schon ausreichend für Diskussionen, Erkenntnisse, Schlussfolgerungen.

Bevor wir im Abschnitt 12 ab Seite 193 *weitere Schritte der Kurvendiskussion* kennen lernen, müssen erst noch einige Kapitel mit wichtigen Begriffen und Zusammenhängen eingeschoben werden.

Im nächsten Abschnitt werden wir uns deshalb zunächst mit den Begriffen *Ableitungswert* und *Ableitungsfunktion* beschäftigen.

11 Differentialrechnung

11.1 Vorbemerkung, Bilanz, Ausblick

Im Kapitel 10 ab Seite 161 begannen wir uns mit der so genannten *Kurvendiskussion* zu beschäftigen.

Unter dem Namen *Kurvendiskussion* sind die Mittel und Methoden zusammengestellt, die die Mathematik vorschlägt, um anschauliche Vorstellungen über die grundsätzlichen Eigenschaften eines durch eine Formel $y=f(x)$ beschriebenen funktionalen Zusammenhanges zu erhalten.

Wir brachen die Beschäftigung mit der Kurvendiskussion nach den ersten fünf Schritten vorerst ab: Bestimmung des *Definitionsbereiches, Verhalten in Grenzsituationen,* Bestimmung des *Wertebereiches,* und der *Schnittpunkte* mit der *senkrechten* und der *waagerechten Achse.*

Außerdem lernten wir weitere wichtige Begriffe kennen, die in Diskussionen über Funktionen ebenfalls gebraucht werden: *Stetigkeit, Beschränktheit, Monotonie* und den Begriff der *Umkehrfunktion*. Vor allem die *Stetigkeit* ist bei Anwendungen wichtig, führen doch Unstetigkeiten dazu, dass die Funktion dann keinesfalls alle Zwischenwerte zwischen ihrem größten und kleinsten Funktionswert liefern muss.

Bevor wir nun im nächsten Kapitel zur Kurvendiskussion zurückkehren und weitere Möglichkeiten kennen lernen wollen, was man noch alles über die Eigenschaften formelmäßig gegebener Funktionen erfahren und ermitteln kann, müssen wir ein ganz wichtiges Kapitel einschieben, das sich mit der so genannten Differentialrechnung befasst.

11.2 Der erste Ableitungswert

11.2.1 Begriff und Bedeutung

Beginnen wir damit, dass wir einen formelmäßig gegebenen funktionalen Zusammenhang $y=f(x)$ an einer beliebigen Stelle $x=x_0$ des Definitionsbereiches $D(f)$ betrachten, wobei die Funktion f an dieser Stelle x_0 stetig sein soll. Also existiert der Graph an der Stelle $x=x_0$.

Wir wollen uns nun mit einer *bestimmten Zahl* im Zusammenhang mit dieser Funktion beschäftigen, die mit dem Symbol $y'(x_0)$ bezeichnet wird.

Die Zahl $y'(x_0)$ heißt *erster Ableitungswert* der Funktion $y=f(x)$ an der Stelle $x=x_0$.

Vertagen wir die Frage, *wie* diese Zahl ermittelt werden kann, auf einen späteren Abschnitt (Abschnitt 11.4 auf Seite 184) und beschäftigen wir uns zuerst mit ihrer *Bedeutung*.

Der erste Ableitungswert $y'(x_0)$ einer Funktion an einer Stelle x_0 beschreibt Richtung und Stärke der Änderung des Funktionswertes von $f(x_0)$ zu $f(x_0+h)$ bei kleiner Änderung des Arguments von x_0 zu x_0+h.

Sehen wir uns ein ausführliches Beispiel dazu an: Betrachten wir die Funktion $y=f(x)=10x^2$. Diese Funktion ist als *quadratische Funktion* ein spezielles *Polynom*, folglich hat sie einen *unendlichen zusammenhängenden Definitionsbereich.*

Sie ist, wie jedes Polynom, *überall stetig* (siehe Abschnitt 8.1.4 auf Seite 138). Wir können also jedes Argument aus dem unendlichen Definitionsbereich $(-\infty, +\infty)$ als x_0 wählen.

Betrachten wir zuerst $x_0=+10$. Später werden wir es nachrechnen, im Moment ist es eine unbewiesene Behauptung: Es gilt $y'(+10)=+200$:

Der *erste Ableitungswert der Funktion* $y=f(x)=10x^2$ *an der Stelle* $x_0=+10$ ist plus zweihundert. Welche Bedeutung liegt denn nun in diesem Zahlenwert?

Zuerst die *Bedeutung des Vorzeichens*: Das Pluszeichen vor +200 bedeutet, dass der *Funktionswert wächst*, wenn das *Argument geringfügig vergrößert* wird.

Nun zur *Bedeutung dieses Zahlenwertes*: Wird das Argument nur um eine *kleine Einheit h vergrößert*, dann vergrößert sich der *Funktionswert um volle 200 Einheiten*. Man kann also sagen, dass die Funktion $y=10x^2$ an der Stelle $x_0=10$ sehr empfindlich gegenüber einer kleinen x-Änderung ist.

Betrachten wir nun die gleiche Funktion und $x_0=-100$. Später werden wir es beweisen: Es gilt dort $y'(-100)=-2000$. Das bedeutet: Wird das Argument von der Stelle $x_0=-100$ nur geringfügig um eine Einheit h auf x_0+h vergrößert, dann schnellt der Funktionswert um 2000 Einheiten nach unten. Als stände man direkt an einem Abgrund, ein kleiner Schritt nur, und es geht in die Tiefe.

Betrachten wir noch einmal die Funktion $y=10x^2$ und nun $x_0=-1$. Später werden wir auch das nachrechnen: Dort gilt $y'(-1)=-20$. Hier geht es vergleichsweise gemütlich zu: Ein kleiner Schritt nach rechts, und nur zwanzig Schritte nach unten.

Für $x_0=2$ ergibt sich $y'(2)=40$. Wir erfahren durch diese Zahl: Wird das Argument 2 geringfügig um eine kleine Einheit h vergrößert, dann vergrößert sich der Funktionswert gleichzeitig um vierzig Einheiten.

Schließlich erhalten wir für $x_0=0$ den zugehörigen ersten Ableitungswert $y'(0)=0$. Die Interpretation hierfür: Wird das Argument Null nur geringfügig vergrößert, dann ändert sich der Funktionswert faktisch nicht.

Der erste Ableitungswert $y'(x_0)$ informiert *mit Vorzeichen und Zahlenwert* über die Art der Empfindlichkeit einer Funktion. Seine Aussage ist aber grundsätzlich lokal, sie gilt also nur für eine ganz *kleine Umgebung* um die betrachtete Stelle x_0.

Ist es nicht bemerkenswert, was uns die Mathematik hier liefert? Mit *einer einzigen Zahl* bekommt man bereits umfassende Informationen darüber, wie eine Funktion auf kleine Änderungen des Arguments reagieren wird.

11.2.2 Symbolik

Offensichtlich ist der erste Ableitungswert von so großer Bedeutung für die Mathematik und deren Anwender, dass sich neben dem $y'(x_0)$ viele andere Symbole im Gebrauch befinden. Benutzt und gebräuchlich sind die folgenden Bezeichnungen:

$$(11.01) \qquad y'(x_0) = f'(x_0) = y'|_{x=x_0} = f'|_{x=x_0} = \frac{dy}{dx}|_{x=x_0}$$

11.3 Berechnung des ersten Ableitungswertes: Theorie

Die (theoretische) Vorschrift zur Ermittlung des ersten Ableitungswertes für eine Funktion $y=f(x)$ an einer vorgegebenen Stelle $x=x_0$ ihres Definitionsbereiches $D(f)$ besteht darin, dass man den folgenden *Grenzwert* berechnen soll:

(11.02) $$y'(x_0) = \lim_{h\to 0} \frac{f(x_0+h)-f(x_0)}{h}$$

Beginnen wir – rechnen wir mit diesem Grenzwert unsere fünf behaupteten Ableitungswerte der Funktion $f(x)=10x^2$ von Seite 114 nach.

Zuvor müssen wir wiederholen und uns erneut deutlich machen, dass die Funktionsformel $f(x)=10x^2$ stets besagt, dass immer das, was in den Klammern hinter dem Symbol f steht, zu quadrieren und dann mit 10 zu multiplizieren ist:

(11.03) $$f(x)=10x^2 \Leftrightarrow f(x_0)=10x_0^2 \Leftrightarrow f(x_0+h)=10(x_0+h)^2$$

Damit können wir den Grenzwert (11.02) für unsere gegebene Funktion $f(x)=10x^2$ und beliebiges x_0 aufschreiben:

(11.04)
$$\begin{aligned}\lim_{h\to 0}\frac{f(x_0+h)-f(x_0)}{h} &= \lim_{h\to 0}\frac{10(x_0+h)^2-10x_0^2}{h}\\ &= \lim_{h\to 0}\frac{10(x_0^2+2x_0h+h^2)-10x_0^2}{h}\\ &= \lim_{h\to 0}\frac{10x_0^2+20x_0h+10h^2-10x_0^2}{h}\\ &= \lim_{h\to 0}\frac{20x_0h+10h^2}{h}\\ &= \lim_{h\to 0}(20x_0+10h)\\ &= 20x_0+\lim_{h\to 0}(10h)\\ &= 20x_0\end{aligned}$$

Setzen wir dieses Ergebnis in (11.02) ein, so erhalten wir für die betrachtete Funktion $y=10x^2$:

(11.05) $$y'(x_0) = \lim_{h\to 0}\frac{f(x_0+h)-f(x_0)}{h} = 20x_0$$

Mit Worten formuliert:

Der erste Ableitungswert der Funktion $y=f(x)=10x^2$ an jeder Stelle $x=x_0$ ergibt sich immer aus dem *Zwanzigfachen von* x_0.

$x_0=+10 \rightarrow y'(x_0)=200,$ $x_0=-100 \rightarrow y'(x_0)=-2000,$

$x_0=-1 \rightarrow y'(x_0)=-20,$ $x_0=2 \rightarrow y'(x_0)=40,$

$x_0=0 \rightarrow y'(x_0)=0.$

Unsere Zahlen stimmten also. Weitere Ableitungswerte *dieser Funktion* könnten nun mit der Formel (11.05) berechnet werden.

Ja, die beiden Worte *dieser Funktion* sind absichtlich hervorgehoben worden.

Denn wenn die Auswertung eines Grenzwertes die einzige Quelle für Ableitungswerte wäre, dann könnten wohl nur Wenige erste Ableitungswerte berechnen.

Offensichtlich muss es einen anderen, praktisch für Jedermann gangbaren Weg zum ersten Ableitungswert geben.

11.4 Berechnung des ersten Ableitungswertes: Praxis

11.4.1 Erster Ableitungswert und erste Ableitungsfunktion

Der praktische Rechenweg, um den ersten Ableitungswert einer Funktion $y=f(x)$ an einer gegebenen Stelle $x=x_0$ ihres Definitionsbereiches zu ermitteln, sieht auf den ersten Blick wie ein Umweg aus:

Zuerst wird grundsätzlich eine *Funktion* ermittelt. Das wird die *erste Ableitungsfunktion* $y'=f'(x)$ sein. Sie liefert mit $f'(x_0)$ dann die Vorschrift, wie zu einer gegebenen Stelle $x=x_0$ der erste Ableitungswert an dieser Stelle berechnet wird.

Betrachten wir dazu wieder unser Beispiel: Die erste Ableitungsfunktion zu unserer gegebenen Funktion $y=10x^2$ wird sich später (siehe Seite 187) leicht berechnen lassen: Sie lautet $y'=f'(x)=20x$.

Es ist nicht überraschend: Wir erhalten natürlich keine andere Formel als die bereits bekannte Formel, die wir auf Seite 183 mit dem *Grenzwert* (11.02) ermittelten.

Aber sie ist nun viel, viel leichter zu bestimmen:

Die erste Ableitungsfunktion $y'=f'(x)$ zu einer gegebenen Funktion $y=f(x)$ erhält man nach den Regeln der Differentialrechnung.

11.4.2 Erste Ableitungsfunktion von wichtigen Grundfunktionen

In der folgenden Übersicht sind für einige wichtige Grundfunktionen die ersten Ableitungsfunktionen angegeben.

$$\text{(11.06)}\quad \begin{aligned} &(1)\ y=f(x)=x^n &&\Rightarrow y'=f'(x)=n\cdot x^{n-1}\\ &(2)\ y=a^x &&\Rightarrow y'=f'(x)=a^x\cdot\ln a\\ &(3)\ y=\log_a x &&\Rightarrow y'=f'(x)=\frac{1}{x\cdot\ln a}\end{aligned}$$

Regel (1) gilt *für beliebige Exponenten*, auch für *gebrochene Exponenten*, wie sie bei *Wurzelfunktionen* auftreten.

Folglich können wir sofort schlussfolgern, wie die folgende *Wurzelfunktion* abzuleiten ist:

(11.07)
$$\begin{aligned} \text{Beispiel}: \quad y &= f(x) = \sqrt{x} = x^{\frac{1}{2}} \\ y' &= f'(x) = \frac{1}{2} \cdot x^{\frac{1}{2}-1} \\ &= \frac{1}{2} \cdot x^{-\frac{1}{2}} \\ &= \frac{1}{2\sqrt{x}} \end{aligned}$$

Bei anderen Wurzelexponenten muss man sich nur mehr Mühe geben bei der *Subtraktion der Eins* im Exponenten:

(11.08)
$$\begin{aligned} \text{Beispiel}: \quad y &= f(x) = \sqrt[7]{x^3} = x^{\frac{3}{7}} \\ y' &= f'(x) = \frac{3}{7} \cdot x^{\frac{3}{7}-1} \\ &= \frac{3}{7} \cdot x^{-\frac{4}{7}} \\ &= \frac{3}{7\sqrt[7]{x^4}} \end{aligned}$$

Natürlich lässt sich die Vorschrift (1) auch anwenden, wenn die Potenzen von x im *Nenner* stehen, wenn es einen *negativen Exponenten* gibt:

(11.09)
$$\begin{aligned} \text{Beispiel}: \quad y &= f(x) = \frac{1}{x} = x^{-1} \\ y' &= f'(x) = (-1) \cdot x^{-1-1} \\ &= -x^{-2} \\ &= -\frac{1}{x^2} \end{aligned}$$

Und wie ist es, wenn unsere Funktion speziell das *Polynom nullten Grades* $p_0(x)=x^0=1$ ist – wenn also jedem Argument x derselbe *konstante Funktionswert 1* zugewiesen wird (siehe Abschnitt 4.1.8 auf Seite 75):

> Der erste Ableitungswert beschreibt, wie sich der *Funktionswert* verändert, wenn wir das *Argument geringfügig vergrößern.*

Wenden wir dies auf unsere *konstante Funktion* $y=f(x)=x^0=1$ an: Wenn der Funktionswert immer und überall *konstant Eins* ist, dann hat keine Änderung des Argumentes eine Änderung des Funktionswertes zur Folge. Damit ist der erste Ableitungswert dieser Funktion $y=f(x)=1$ stets und überall *Null:*

(11.10) $y = f(x) = 1 \Rightarrow y' = f'(x) = 0$

Aus der zweiten Zeile in (11.06) können wir sofort die *erste Ableitungsfunktion* zu unserer oft genutzten *Exponentialfunktion* ablesen:

(11.11)
$$\begin{aligned} y &= f(x) = e^x \\ y' &= f'(x) = e^x \cdot \ln e \\ &= e^x \cdot 1 \\ &= e^x \end{aligned}$$

Hier brauchten wir wieder den Rückgriff auf unser *Basiswissen*: *ln e*, das ist ja die Antwort auf die Frage *e hoch wie viel ist e*, und diese Antwort lautet eben stets: Eins.

Aus der Regel (3) in (11.06) können wir uns in gleicher Weise die *erste Ableitungsfunktion* zum ebenfalls sehr oft genutzten *natürlichen Logarithmus* herleiten:

(11.12)
$$\begin{aligned} y &= f(x) = \ln x = \log_e x \\ y' &= f'(x) = \frac{1}{x \cdot \ln e} \\ &= \frac{1}{x} \end{aligned}$$

11.4.3 Faktor- und Summenregel

Lässt sich eine Funktion $y=f(x)$ zusammensetzen als *Summe oder Differenz zweier Funktionen*, so ergibt sich ihre *erste Ableitungsfunktion* als *Summe bzw. Differenz der ersten Ableitungsfunktionen* der Teilfunktionen:

(11.13) $$y = f(x) = f_1(x) \pm f_2(x) \Rightarrow y' = f'(x) = f_1'(x) \pm f_2'(x)$$

Befindet sich vor einer Funktionsvorschrift ein *konstanter Faktor*, so bleibt dieser als *konstanter Faktor vor der ersten Ableitungsfunktion* erhalten:

(11.14) $$y = f(x) = a \cdot f_1(x) \Rightarrow y' = f'(x) = a \cdot f_1'(x)$$

Die zweite Regel hilft uns sofort bei der Beantwortung der Frage, wie die erste Ableitungsfunktion zu einem allgemeinen *Polynom nullten Grades* $y=p_0(x)=a_0$ aussieht. Denn wir können dafür die *Ableitungsfunktion der Eins* aus (11.10) verwenden:

(11.15) $$y = f(x) = a_0 = a_0 \cdot f_1(x) \ \ mit\, f_1(x) = 1 \ \Rightarrow y' = a_0 \cdot f_1'(x) = a_0 \cdot 0 = 0$$

Merken wir uns: *Additive Konstanten* verschwinden beim Differenzieren, *konstante Faktoren* bleiben dagegen erhalten.

Mit den Regeln aus (11.06), den Schlussfolgerungen aus (11.07) bis (11.15) ist es bereits möglich, erste Ableitungsfunktionen zu einer *Vielzahl von Funktionen* zu bilden.

So können wir nun jedes beliebige *Polynom* differenzieren, d. h. seine *erste Ableitungsfunktion* angeben:

$$\text{(11.16)}\quad \begin{aligned} y &= p_n(x) = a_n x^n + a_{n-1}x^{n-1} + \ldots + a_1 x + a_0 \\ y' &= p_n'(x) = n \cdot a_n x^{n-1} + (n-1)a_{n-1}x^{n-2} + \ldots + a_1 \end{aligned}$$

Wir erkennen: Die *erste Ableitungsfunktion jedes Polynoms n-ten Grades* ist wieder ein *Polynom*, allerdings von einem *um 1 verringerten Grad n-1*.

Nun ist auch der Zeitpunkt gekommen, an dem wir uns überzeugen können, dass die erste Ableitungsfunktion unserer Beispielfunktion $y=10x^2$ tatsächlich das Zwanzigfache des Arguments liefert:

$$\text{(11.17)}\quad y = 10 \cdot x^2 \Rightarrow y' = 10 \cdot (x^2)' = 10 \cdot (2 \cdot x^1) = 20x$$

11.4.4 Produktregel

Wie differenziert man die Funktion $y=f(x)=x \cdot e^x$? Hier steht vor der Exponentialfunktion keine Zahl als konstanter Faktor, sondern x als Variable.

Es handelt sich also um ein *Produkt von zwei Funktionen*, zu dem die erste Ableitungsfunktion zu ermitteln ist.

Hier hilft uns die bekannte Produktregel weiter:

$$\text{(11.18)}\quad y = u(x) \cdot v(x) \Rightarrow y' = u'(x) \cdot v(x) + u(x) \cdot v'(x)$$

Wenden wir sie auf unser Beispiel an:

$$\text{(11.19)}\quad \begin{aligned} & y = x \cdot e^x \\ & u(x) = x = x^1 \Rightarrow u'(x) = 1 \cdot x^0 = 1 \\ & v(x) = e^x \qquad \Rightarrow v'(x) = e^x \\ & y' = u'(x) \cdot v(x) + u(x) \cdot v'(x) = 1 \cdot e^x + x \cdot e^x = (1 + x) \cdot e^x \end{aligned}$$

Da die Produktregel doch schon komplizierter als die Summen- oder Faktorregel zu handhaben ist, sollte vor ihrer *vorschnellen Anwendung* stets geprüft werden, ob sie überhaupt gebraucht wird. Manchmal hilft schon *einfaches Ausmultiplizieren*, und die Produktregel erübrigt sich von selbst:

$$\text{(11.20)}\quad \begin{aligned} y &= x(x + e^x) - \frac{x}{e^{-x}} \\ &= x^2 + x \cdot e^x - x \cdot e^x \\ &= x^2 \\ y' &= f'(x) = 2x \end{aligned}$$

Wenngleich die Produktregel leicht auswendig gelernt werden kann, vor allem in ihrer populär verkürzten Form *(uv)'=u'v + uv'*, so führt ihre fehlerhafte Anwendung doch häufig zu schwerwiegenden Fehlern in Klausuren. Das liegt sehr oft am *Verzicht auf das ausführliche Hinschreiben der Nebenrechnungen* sowie am *Weglassen von Klammern* aller Art.

11.4.5 Quotientenregel

Wie differenziert man $y = \frac{e^x}{x}$? Hier handelt es sich offenbar um einen Quotienten aus zwei Funktionen.

Lernen wir deshalb die *Quotientenregel* kennen:

(11.21) $$y = \frac{u(x)}{v(x)} \Rightarrow y'(x) = \frac{u'(x) \cdot v(x) - u(x) \cdot v'(x)}{(v(x))^2}$$

Wir wollen uns die Wirkungsweise der Quotientenregel am Beispiel veranschaulichen:

$$y = \frac{e^x}{x}$$

(11.22) $$u(x) = e^x \Rightarrow u'(x) = e^x$$
$$v(x) = x \Rightarrow v'(x) = 1$$
$$y'(x) = \frac{u'(x) \cdot v(x) - u(x) \cdot v'(x)}{(v(x))^2} = \frac{e^x \cdot x - e^x \cdot 1}{x^2} = \frac{e^x(x-1)}{x^2}$$

11.5 Kettenregel

Was haben wir bisher gelernt? Wenn eine Funktion sich als *Summe oder Differenz zweier Funktionen* schreiben lässt, ermittelt man ihre erste Ableitungsfunktion aus Summe bzw. Differenz der beiden verwendeten Funktionen.

Steht ein *konstanter Faktor* vor einer Funktion, bleibt er von der Ableitungsbildung unberührt.

Stellt sich eine Funktion als *Produkt zweier Funktionen* dar, dann ist die *Produktregel* anzuwenden.

Eine Funktion, die aus *Zähler- und Nennerfunktion* besteht, wird nach der *Quotientenregel* differenziert.

Doch wie lauten die ersten Ableitungsfunktionen von beispielsweise

(11.23) (1) $y = \sqrt{x^2 - x + 1}$ (2) $y = \ln(2x + 3)$ (3) $y = e^{4-3x}$?

Wohl können wir die *Wurzelfunktion* ableiten – aber nur, wenn ihr *Inhalt* aus dem einfachen x besteht. Ebenso ist uns grundsätzlich die erste Ableitungsfunktion zum *natürlichen Logarithmus* und zur *e-Funktion* bekannt. Doch weil nicht nur das einzelne x, sondern *eine Funktion von x* unter der Wurzel, als Argument in den Klammern des Logarithmus oder als Exponent steht, müssen wir hier eine weitere Regel anwenden, die *Kettenregel*.

Um sie zu verstehen, müssen wir uns an den Abschnitt 8.4 auf Seite 146 erinnern: In allen drei Fällen handelt es sich bei den Funktionen aus (11.23) um *mittelbare Funktionen*, um *Funktionen von Funktionen*.

Bei derartigen *mittelbaren Funktionen* entsteht ein Funktionswert *in mehreren Schritten*: Zuerst wird in jedem der drei Fälle eine *innere Funktion f* ausgewertet, deren Ergebnis dann in eine *äußere Funktion g* eingesetzt wird:

$$(11.24)\quad \begin{array}{lll} (1)\ f(x) = x^2 - x + 1, & g(x) = \sqrt{f(x)} & \Leftrightarrow y = g(f(x)) \\ (2)\ f(x) = 2x + 3, & g(x) = \ln(f(x)) & \Leftrightarrow y = g(f(x)) \\ (3)\ f(x) = 4 - 3x, & g(x) = e^{f(x)} & \Leftrightarrow y = g(f(x)) \end{array}$$

Wenn eine *mittelbare Funktion* (Funktion einer Funktion) vorliegt, muss man die *Kettenregel* anwenden, um ihre *erste Ableitungsfunktion* erhalten zu können:

$$(11.25)\quad y = g(f(x)) \quad \Leftrightarrow \quad y' = g'(f(x)) \cdot f'(x)$$

Mit Worten beschreibt man die Kettenregel gern so:

Die Ableitungsfunktion einer mittelbaren Funktion ist das Produkt aus der Ableitung der äußeren Funktion und der Ableitung der inneren Funktion.

Wie ist das zu verstehen? Beginnen wir mit dem ersten Beispiel, unserer Wurzelfunktion. Es ist ganz einfach: Zuerst wird *nur die Wurzel* differenziert, *ohne deren Inhalt zu verändern.* Daran erst schließt sich als *Faktor* die *erste Ableitungsfunktion des Wurzelinhalts* an.

Dabei wird, wie üblich, die Wurzel zuerst als *Potenz mit gebrochenem Exponenten* geschrieben:

$$(11.26)\quad \begin{aligned} y &= \sqrt{x^2 - x + 1} = (x^2 - x + 1)^{\frac{1}{2}} \\ y' &= [\frac{1}{2}(x^2 - x + 1)^{-\frac{1}{2}}] \cdot (x^2 - x + 1)' \\ &= [\frac{1}{2}(x^2 - x + 1)^{-\frac{1}{2}}] \cdot (2x - 1) \\ &= \frac{2x - 1}{2\sqrt{x^2 - x + 1}} \end{aligned}$$

Dabei empfiehlt es sich *dringend*, die erste, die so genannte *äußere Ableitung*, in *Klammern* zu setzen und grundsätzlich langsam, Schritt für Schritt, vorzugehen.

Bei unserer zweiten Funktion *y=f(x)=ln(2x+3)* wird in gleicher Weise zuerst *nur der Logarithmus*, die *äußere Funktion*, differenziert, ohne das Argument, die innere Funktion, zu verändern. Daran erst schließt sich als Faktor die *Ableitung des Arguments* an:

$$(11.27)\quad \begin{aligned} y &= \ln(2x + 3) \\ y' &= [\frac{1}{(2x + 3)}] \cdot (2x + 3)' \\ &= [\frac{1}{(2x + 3)}] \cdot 2 \\ &= \frac{2}{2x + 3} \end{aligned}$$

Für die erste Ableitungsfunktion der Exponentialfunktion (3) gilt Gleiches.

Zuerst wird *nur die Exponentialfunktion* differenziert, ohne dabei am *Exponenten* etwas zu ändern. Daran erst schließt sich als Faktor die *Ableitung des Exponenten* an:

$$\begin{aligned} &y = e^{4-3x} \\ &y' = [e^{4-3x}]\cdot(4-3x)' = [e^{4-3x}]\cdot(-3) = -3e^{4-3x} \end{aligned} \tag{11.28}$$

Für Funktionen, die sich als *dreistufige mittelbare Funktionen*, also als *Funktionen von Funktionen von Funktionen* ergeben, gilt dann weiter die *verallgemeinerte Kettenregel*:

$$\begin{aligned} &y = h(g(f(x))) \\ &y' = h'(g(f(x))\cdot g'(f(x))\cdot f'(x) \end{aligned} \tag{11.29}$$

Sehen wir uns auch hierfür ein Beispiel ausführlich an:

$$\begin{aligned} &y = \ln\sqrt{\frac{1}{x} - x^2} \\ &\Leftrightarrow f(x) = \frac{1}{x} - x^2,\ g(x) = \sqrt{f(x)},\ h(x) = \ln g(x) \\ &\Leftrightarrow y = h(g(f(x))) \end{aligned} \tag{11.30}$$

Deutlich ist hier die Dreistufigkeit zu erkennen. Sie folgt dem Rechenverlauf bei der Berechnung eines Funktionswertes: *Zuerst* wird der *Wurzelinhalt* ermittelt, *dann* daraus die *Wurzel* gezogen, und davon *anschließend* wird der *natürliche Logarithmus* gebildet.

Den Vorschriften der verallgemeinerten Kettenregel folgend, wird also zur Bildung der ersten Ableitungsfunktion *$y'=f'(x)$ von außen nach innen zuerst der Logarithmus* differenziert, ohne an seinem Argument zu ändern.

Dann wird die *Wurzel* differenziert, und erst zum Schluss kommt der *Wurzelinhalt* an die Reihe.

$$\begin{aligned} &y = \ln\sqrt{\frac{1}{x} - x^2} \\ &y' = \{\frac{1}{\sqrt{\frac{1}{x} - x^2}}\}[\sqrt{\frac{1}{x} - x^2}]' = \{\frac{1}{\sqrt{\frac{1}{x} - x^2}}\}[\frac{1}{2\sqrt{\frac{1}{x} - x^2}}](\frac{1}{x} - x^2)' \\ &= \{\frac{1}{\sqrt{\frac{1}{x} - x^2}}\}[\frac{1}{2\sqrt{\frac{1}{x} - x^2}}](-\frac{1}{x^2} - 2x) = \frac{1}{2(\frac{1}{x} - x^2)}(-\frac{1}{x^2} - 2x) \\ &= -\frac{\frac{1+2x^3}{x^2}}{2(\frac{1-x^3}{x})} = \frac{1+2x^3}{2x(x^3-1)} \end{aligned} \tag{11.31}$$

Aber auch hier gilt: Wird das *Grundwissen* eingesetzt und *vor dem Differenzieren* ein *Logarithmengesetz* verwendet, so vereinfacht sich die Rechnung beträchtlich:

$$y = \ln\sqrt{\frac{1}{x} - x^2}$$
$$= \ln(\frac{1}{x} - x^2)^{\frac{1}{2}}$$
$$= \frac{1}{2}\ln(\frac{1}{x} - x^2)$$

(11.31a) $$y' = \frac{1}{2}[\frac{1}{\frac{1}{x} - x^2}]\cdot(\frac{1}{x} - x^2)'$$
$$= \frac{1}{2}[\frac{1}{\frac{1}{x} - x^2}]\cdot(-\frac{1}{x^2} - 2x)$$
$$= \frac{1 + 2x^3}{2x(x^3 - 1)}$$

Ohne konzentriertes, streng schrittweises Vorgehen und die Verwendung vieler verschiedener Klammern, das ist sicher leicht zu erkennen, ist bereits bei dieser kleinen Aufgabe die Wahrscheinlichkeit für Rechenfehler sehr, sehr groß.

Deshalb wird hier die dringende Empfehlung ausgesprochen, erst alle Teil-Ableitungen vorzubereiten und sorgfältig zu verarbeiten.

11.6 Logarithmisches Differenzieren

Abschließend soll noch kurz eine besondere Technik zur Bildung der ersten Ableitungsfunktion vorgestellt werden, die erforderlich wird, wenn sich *sowohl in der Basis als auch im Exponenten einer Potenzfunktion* die unabhängige Veränderliche x befindet, zum Beispiel bei der Funktion

(11.32) $$y = (x + 1)^x$$.

Hier versagen alle bisherigen Differentiations-Regeln, und man muss zu einem kleinen Trick greifen.

Von beiden Seiten der Funktionsgleichung wird der natürliche Logarithmus gebildet:

(11.33) $$\ln y = \ln((x + 1)^x)$$

Auf der *rechten Seite* kann nun das bekannte Logarithmengesetz (2.31) von Seite 30 angewandt werden:

Der Logarithmus einer Potenz ist gleich dem Produkt aus Exponenten und Logarithmus der Basis:

(11.34) $$\ln y = x\cdot\ln(x + 1)$$

Nun wird auf beiden Seiten differenziert. Dabei müssen *rechts* die *Produktregel* (11.18) und die *Kettenregel* (11.25) angewandt werden.

Links dagegen kommt nur die *Kettenregel* zur Anwendung: Zuerst wird der Logarithmus differenziert, dann sein Argument:

$$(\ln y)' = (x \cdot \ln(x+1))'$$

(11.35) $$\frac{1}{y} y' = \ln(x+1) + \frac{x}{x+1}$$

Das Argument der Logarithmusfunktion auf der linken Seite der Gleichung ist die abhängige Veränderliche y. Deren Ableitung ist bekanntlich y' – die *Kettenregel* war also zwingend erforderlich.

Nun kann die entstandene Gleichung *mit y multipliziert* werden. Schließlich wird für y wieder die Funktion aus (11.32) eingesetzt:

$$\frac{1}{y} y' = \ln(x+1) + \frac{x}{x+1} \quad | \cdot y$$

(11.36) $$y' = [\ln(x+1) + \frac{x}{x+1}] \cdot y$$

$$y' = [\ln(x+1) + \frac{x}{x+1}] \cdot (x+1)^x$$

12 Anwendungen der Ableitungsfunktionen

12.1 Bedeutung des ersten Ableitungswertes für den Graphen

12.1.1 Anstieg der Tangente

Im soeben abgeschlossenen Kapitel haben wir eine überaus wichtige Zahl und ihre Bedeutung kennen gelernt:

Der erste Ableitungswert $y'(x_0)$ einer Funktion $y=f(x)$ an einer Stelle $x=x_0$ informiert über *Richtung und Stärke der Änderung* des Wertes y der abhängigen Veränderlichen bei geringfügiger Vergrößerung des Wertes der unabhängigen Veränderlichen x.

Mit anderen Worten:

Mit Hilfe von *ersten Ableitungswerten* kann man sich *anhand einer einzigen Zahl* informieren, in welcher Richtung und wie stark sich der Funktionswert verändert, wenn das Argument geringfügig verändert wird.

Theoretisch werden erste Ableitungswerte als *Ergebnis einer Grenzwertberechnung* ermittelt. *In der Praxis* bestimmt man jedoch zuerst *mit Hilfe der Differentialrechnung* eine *Funktion* – die erste Ableitungsfunktion $y'=f'(x)$.

Die *erste Ableitungsfunktion* (oft auch nur: *erste Ableitung*) liefert mit $y'=f'(x)$ eine Beziehung, aus der durch Einsetzen von $x=x_0$ jeder erste Ableitungswert $y'(x_0)=f'(x_0)$ ausgerechnet werden kann.

Da wir aber mit diesem Kapitel zur *Kurvendiskussion* zurückgekehrt sind, liegt die Frage nahe, ob es zwischen dem *Graphen einer Funktion* und dem *ersten Ableitungswert* vielleicht auch einen Zusammenhang geben könnte.

Behauptung: Der erste Ableitungswert $y'(x_0)$ einer Funktion $y=f(x)$ an einer Stelle $x=x_0$ informiert über den *Anstieg der Tangente* an den Graphen der Funktion $y=f(x)$ an der Stelle $x=x_0$.

Um uns dies zu verdeutlichen, betrachten wir anfangs nicht sofort den definierenden Grenzwert für den ersten Ableitungswert

(12.01) $$y'(x_0) = \lim_{h\to 0} \frac{f(x_0+h)-f(x_0)}{h}$$

sondern zuerst nur den rechts vom Limes-Zeichen stehenden *Quotienten*, der gewöhnlich als *Differenzenquotient* bezeichnet wird:

(12.02) $$\frac{\Delta y}{\Delta x}\Big|_{x=x_0} = \frac{f(x_0+h)-f(x_0)}{h}$$

Dieser *Differenzenquotient* lässt sich am Graph sehr anschaulich deuten, wie das Bild 12.1 zeigt.

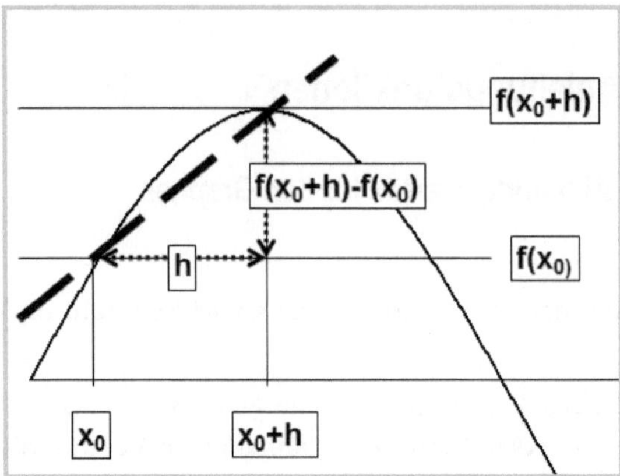

Bild 12.1: Sekante mit Steigungsdreieck

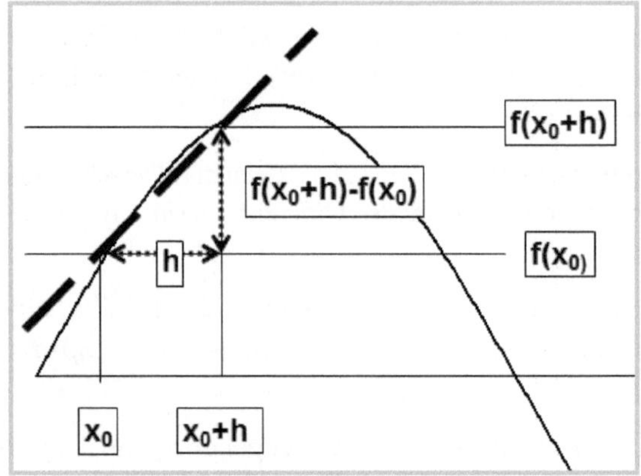

Bild 12.2: Abstand h wird kleiner, die Schnittpunkte nähern sich an

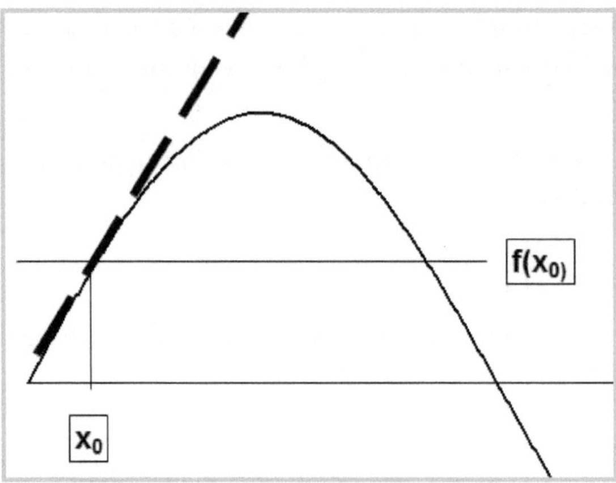

Bild 12.3: Grenzfall $h \to 0$: Die Sekante wird zur Tangente

Betrachtet man den *Graph einer Funktion* $y=f(x)$ und hebt die benachbarten Stellen $x=x_0$ und $x=x_0+h$ $(h>0)$ hervor, dann bildet die *senkrechte Strecke* der Länge $f(x_0+h)-f(x_0)$ zusammen mit der *waagerechten Strecke* der Länge h und der gestrichelten *schrägen Geraden* ein *rechtwinkliges Dreieck*, das so genannte *Steigungsdreieck*.

Also beschreibt das *Verhältnis* $(f(x_0+h)-f(x_0))/h$ den *Anstieg der gestrichelten Linie* in Bild 12.1. Diese gestrichelte Linie, die Bildunterschrift sagt es, ist die *Sekante* (auch: *Sehne*), die den Graph der Funktion an den Stellen $x=x_0$ und $x=x_0+h$ schneidet.

Der *Differenzenquotient* beschreibt den *Anstieg der Sekante*.

Bild 12.2 deutet nun die Entwicklung an, die wir erwarten können, wenn *der Abstand h immer kleiner* wird. Auch dort ist wieder das *Steigungsdreieck* zu erkennen, aber die beiden *Schnittpunkte von Sekante und Graph* nähern sich aneinander an.

Stellen wir uns dann in Bild 12.3 den *Grenzfall für* $h \to 0$ vor: Der Abstand h ist *unendlich klein* geworden, die Stelle x_0+h ist in die Stelle x_0 „hineingewandert", die *beiden Schnittpunkte der Sekante fallen zusammen*.

Für $h \to 0$ wird die *Sekante* zur *Tangente an den Graphen der Funktion bei* $x=x_0$.

Der *erste Ableitungswert* $y'(x_0)$ einer Funktion $y=f(x)$ informiert also über den *Anstieg der Tangente* an den Graphen der Funktion an der gegebenen Stelle $x=x_0$.

Dabei teilt das *Vorzeichen des ersten Ableitungswertes* uns mit, ob die Tangente *steigt* oder *fällt*.

Bezogen auf den Graphen bedeutet das, dass wir uns aus dem *Vorzeichen des ersten Ableitungswertes* über die *lokale Monotoniesituation des Graphen* informieren können:

- Ist der *erste Ableitungswert* $y'(x_0)$ *positiv*, dann hat die Funktion $y=f(x)$ an der Stelle $x=x_0$ eine *steigende Tangente*, dort ist der Graph *streng monoton wachsend*.
- Ist der *erste Ableitungswert* $y'(x_0)$ *negativ*, dann hat die Funktion $y=f(x)$ an der Stelle $x=x_0$ eine *fallende Tangente*, dort ist der Graph *streng monoton fallend*.
- Ist der *erste Ableitungswert* $y'(x_0)$ *gleich Null*, dann hat die Funktion $y=f(x)$ an der Stelle $x=x_0$ eine *waagerechte Tangente*.

Der *Betrag des ersten Ableitungswertes* informiert uns dann zusätzlich darüber, *wie stark* die Tangente *steigt oder fällt*.

Betrachten wir noch einmal unserer Beispiel-Funktion $y=f(x)=10x^2$ aus dem Abschnitt 11.2.1 von Seite 181 zu und wenden unsere soeben gewonnenen Erkenntnisse an:

$x_0=+10 \to y'(x_0)=200$: Die Tangente steigt, weist sehr steil nach oben. Die Funktion ist dort streng monoton wachsend.

$x_0=-100 \to y'(x_0)=-2000$: Die Tangente fällt fast senkrecht nach unten. Die Funktion ist dort streng monoton fallend.

$x_0=-1 \to y'(x_0)=-20$: Die Tangente fällt, weist aber nicht so steil nach unten. Die Funktion ist dort streng monoton fallend.

$x_0=2 \rightarrow y'(x_0)=40$: Die Tangente steigt, weist aber nicht so steil nach oben. Die Funktion ist dort streng monoton wachsend.

$x_0=0 \rightarrow y'(x_0)=0$: Bei $x=0$ hat der Graph der Funktion $y=10x^2$ eine *waagerechte Tangente*.

12.1.2 Waagerechte Tangente

Bleiben wir gleich bei dieser besonderen Situation, dass uns ein *verschwindender erster Ableitungswert* $y'(x_0)=0$ darüber informiert, dass der Graph der Funktion $y=f(x)$ an der Stelle $x=x_0$ eine *waagerechte Tangente* hat. Was können wir daraus schlussfolgern?

Bild 12.4 zeigt die beiden nahe liegenden Schlussfolgerungen: Ist die *Tangente waagerecht*, dann kann ein *Hochpunkt* (*relatives Maximum* der Funktion) oder ein *Tiefpunkt* (*relatives Minimum* der Funktion) vorliegen.

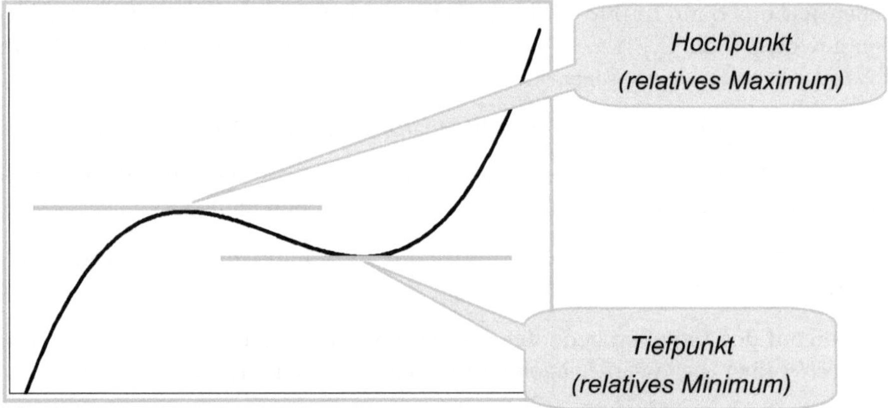

Bild 12.4: Waagerechte Tangente

Ist das alles? Dürfen wir also, wenn uns der erste Ableitungswert eine *waagerechte Tangente* verspricht, sofort und *immer* auf eine relative Extremstelle schließen?

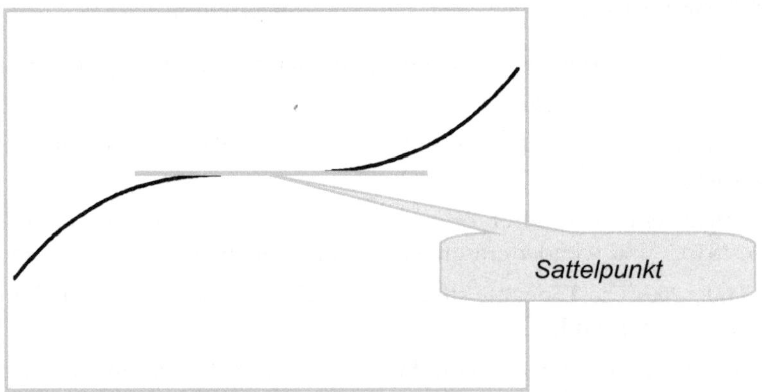

Bild 12.5: Waagerechte Tangente, aber kein relativer Extremwert

Nein. Denn Bild 12.5 klärt mit einem einzigen Gegenbeispiel auf: Die Funktion $y=(x-2)^3+2$, deren Graph dort dargestellt ist, besitzt die erste Ableitungsfunktion $y'=f'(x)=3(x-2)^2$.

Ihr können wir entnehmen, dass sich an der Stelle $x_0=2$ offensichtlich der *verschwindende erste Ableitungswert* $y'(2)=0$ ergibt. Also hat der Graph dieser Funktion dort eine *waagerechte Tangente*. Soweit ist alles korrekt.

Doch diese waagerechte Tangente entsteht hier, wie leicht zu erkennen ist, *weder durch einen Hoch- noch durch einen Tiefpunkt*, sondern durch einen so genannten *Sattelpunkt*.

Wenn für den erste Ableitungswert $y'(x_0)=0$ gilt, dann hat der Graph der Funktion $y=f(x)$ an der Stelle $x=x_0$ eine *waagerechte Tangente*. Das ist *immer richtig*.

An dieser Stelle *kann* der Graph dann einen *Hoch- oder Tiefpunkt* besitzen, d. h. die Funktion *kann* dort ein *relatives Maximum oder Minimum* haben, *muss aber nicht*.

Umgekehrt gilt der Schluss aber: Besitzt der Graph einer differenzierbaren Funktion einen Hoch- oder Tiefpunkt, dann liegt dort immer eine waagerechte Tangente vor, also verschwindet dort der erste Ableitungswert.

Das *Verschwinden der ersten Ableitung an der Stelle* $x=x_0$ ist eine so genannte notwendige Bedingung für einen relativen Extremwert.

12.1.3 Existenz des ersten Ableitungswertes

Da wir nun wissen, dass *erster Ableitungswert* und *Anstieg der Tangente* begrifflich zusammen gehören, können wir uns mit der Frage beschäftigen, *wann es einen ersten Ableitungswert gibt und wann nicht.*

Einen *ersten Ableitungswert* kann es nur dann geben, wenn es *eine Tangente an den Graphen der Funktion* gibt. Das setzt die *Existenz des Graphen* voraus.

Wo aber gibt es *keinen Graphen*? Klar ist: Wenn die Funktion nicht existiert, gibt es keinen Graphen.

Beispiel: Die Funktion $y=\ln x$ existiert bekanntlich nur für $x>0$. Nur *rechts der senkrechten Achse* gibt es einen Graphen dieser Funktion. Auch wenn die erste Ableitungsfunktion $y'=f'(x)=1/x$ es *rein rechnerisch* möglich machen würde, den ersten Ableitungswert an der Stelle $x_0=-1$ anzugeben – es ist *sinnlos*.

Wo es *keinen Graphen* gibt, gibt es *keine Tangente* und auch keinen *Anstieg der Tangente.*

Weiter: Wo gibt es außerdem noch keine Tangente? Betrachten wir dazu die Funktion

$$y = f(x) = \begin{cases} x-1 & x<1 \\ x^2+1 & x \geq 1 \end{cases} \tag{12.03}$$

Diese Funktion ist definiert für alle x von $-\infty$ bis $+\infty$, der Definitionsbereich ist also durchgehend, es gibt keine Stelle oder keinen Bereich ohne Graph.

Trotzdem kann man *nicht überall* eine Tangente anlegen.

Bild 12.6 zeigt es deutlich: An der Stelle $x_0=1$ gibt es *keine Tangente*, weil *der Graph der Funktion dort einen Sprung* hat. Die betrachtete Funktion ist an der Stelle $x_0=1$ *unstetig*, denn *linksseitiger* und *rechtsseitiger Grenzwert* und *Funktionswert* stimmen *nicht überein*:

(12.04) $\lim\limits_{x \to 1-0} f(x) = 0, \quad aber: \ f(1) = 2 \ und \ \lim\limits_{x \to 1+0} f(x) = 2$

Es gibt keine Tangente an den Stellen, an denen eine Funktion zwar *definiert*, aber *unstetig* ist. Also existiert dort auch *kein erster Ableitungswert*.

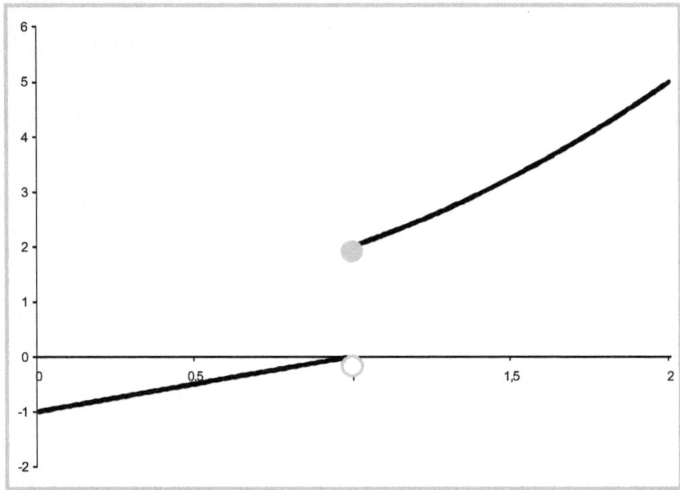

Bild 12.6: Unstetigkeit bei x=1

Kann es aber sein, dass eine Funktion *überall definiert* und *überall stetig* ist und dass *trotzdem* an einer oder mehreren Stellen *keine Tangente* angelegt werden kann?

Bild 12.7 zeigt es: Die Betragsfunktion $y = |x|$ ist bekanntlich überall definiert, überall stetig – man kann den Graph „ohne abzusetzen von links nach rechts durchziehen". Trotzdem gibt es an der Stelle $x_0=0$ keine Tangente, weil der Graph dort eine *Spitze* hat.

Also besitzt die Funktion $y = |x|$ an der Stelle $x=0$ keinen ersten Ableitungswert $y'(0)$, obwohl sie *überall stetig* ist.

Die Stetigkeit einer Funktion ist folglich nur die *notwendige Voraussetzung* für die Existenz von ersten Ableitungswerten. Eine Funktion kann an einer Stelle $x=x_0$ stetig sein, und trotzdem braucht dort kein erster Ableitungswert $y'(x_0)$ zu existieren.

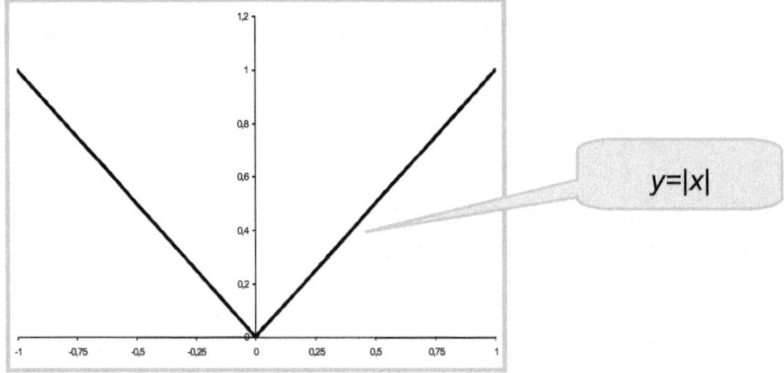

Bild 12.7: Stetigkeit im Nullpunkt, aber erster Ableitungswert existiert dort nicht

Wenn der erste Ableitungswert $y'(x_0)$ an einer Stelle $x=x_0$ existiert, dann sagt man, die Funktion $y=f(x)$ ist *an dieser Stelle differenzierbar*. Mit dieser Sprechweise können wir nun zusammenfassen:

Eine Funktion kann *nur dort differenzierbar* sein, wo sie *existiert*. Darüber hinaus kann sie *nur dort differenzierbar* sein, wo sie auch *stetig* ist.

Es gibt aber *stetige Funktionen*, die *nicht überall differenzierbar* sind. Stellen, in denen stetige Funktionen nicht differenzierbar sind, liegen dann vor, wenn der *Graph der Funktion eine Spitze* hat. Bekanntestes Beispiel dafür ist die Betragsfunktion $y=|x|$ mit ihrer Spitze bei $x=0$.

Hinweis: Ist eine Funktion $y=f(x)$ gegeben und enthält sie in ihrer Funktionsformel $f(x)$ die Betragsstriche $|\,|$, dann muss man davon ausgehen, dass der Graph der Funktion *Spitzen* haben kann.

Funktionen mit Beträgen sind nur selten *überall differenzierbar*, obwohl sie durchaus *überall stetig* sein können.

So muss beim Übergang von einer bekannten Funktion $y=f(x)$ zu einer der *verwandten Funktionen* $y=f(|x|)$ oder $y=|f(x)|$ (siehe Abschnitt 7.4 auf Seite 127) stets damit gerechnet werden, dass dabei *Spitzen* entstehen.

Umkehrung der obigen Aussage: Ist eine Funktion $y=f(x)$ an einer Stelle $x=x_0$ differenzierbar, dann existiert dort der erste Ableitungswert $y'(x_0)=f'(x_0)$. Er informiert über den *Anstieg der Tangente* an den Graphen der Funktion an dieser Stelle.

Die Funktion $y=f(x)$ ist dann an der Stelle $x=x_0$ stetig.

Die elementaren Funktionen, die *Polynome*

$$y = f(x) = \sum_{k=0}^{n} a_k x^k = a_n x^n + a_{n-1} x^{n-1} + \ldots + a_1 x + a_0 \tag{12.05}$$

und die *Exponentialfunktionen*

$$y = f(x) = a \cdot b^{c \cdot x}, \quad b > 0 \tag{12.06}$$

und die *Logarithmusfunktionen*

$$y = f(x) = a \log_b x, \quad b > 0,\, b \neq 1 \tag{12.07}$$

sind überall in ihrem Definitionsbereich stetig und ihre Graphen besitzen, wie man auch den Bildern 6.6 bis 6.10 auf den Seiten 111 bis 115 entnehmen kann, *niemals Spitzen*.

Also sind *Polynome, Exponential-* und *Logarithmusfunktionen* in ihrem Definitionsbereich *überall differenzierbar*.

Für jede Stelle $x=x_0$ aus ihrem Definitionsbereich $D(f)$ kann folglich der erste Ableitungswert $y'(x_0)$ berechnet werden.

12.2 Bedeutung der ersten Ableitungsfunktion für den Graphen

12.2.1 Grundsätzliches

Bisher lernten wir die erste Ableitungsfunktion $y'=f'(x)$ zu einer gegebenen Funktion $y=f(x)$ eigentlich nur kennen als ein *Rechenhilfsmittel*, das die Vorschrift $f'(x)$ liefert, mit der man durch Einsetzen von $x=x_0$ jeden gewünschten *ersten Ableitungswert* $y'(x_0)$ ausrechnen kann.

Nun werden wir feststellen, dass die Bedeutung der ersten Ableitungsfunktion sogar größer sein wird als die Bedeutung der ersten Ableitungswerte.

> Die *erste Ableitungsfunktion* $y'=f'(x)$ einer gegebenen (Ausgangs-)Funktion $y=f(x)$ bietet nicht nur die Möglichkeit, *erste Ableitungswerte* an beliebigen Stellen ausrechnen zu können. Als *Funktion* informiert sie darüber hinaus über die *gesamte Tangentensituation* und damit über das *Monotonieverhalten* der gegebenen Ausgangsfunktion.

Die Bilder 12.8 und 12.9 zeigen uns, wie der Graph der ersten Ableitungsfunktion über die Eigenschaften der Ausgangsfunktion informiert.

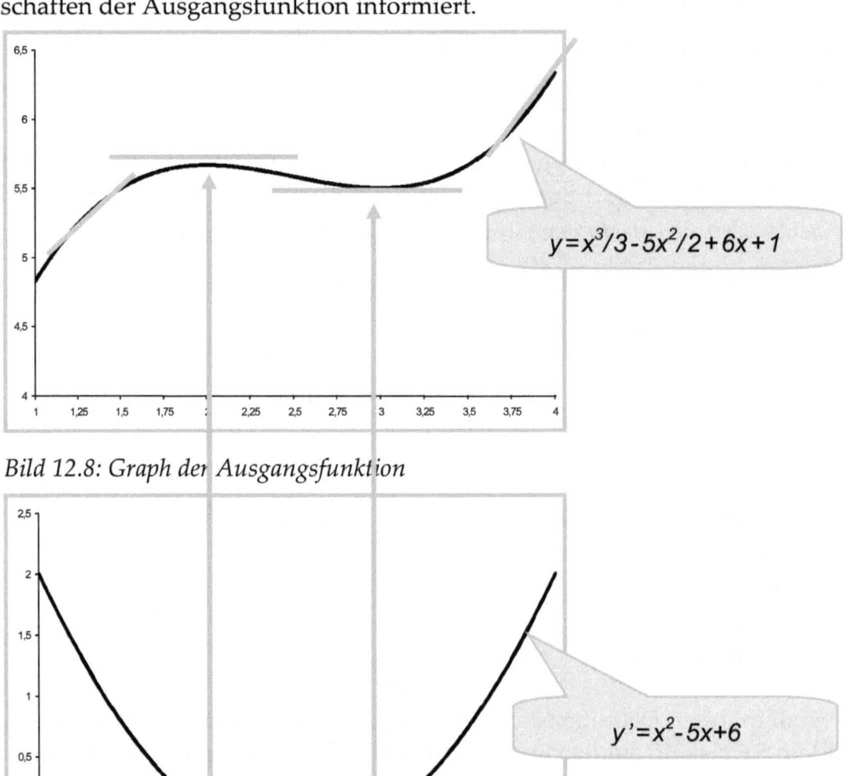

Bild 12.8: Graph der Ausgangsfunktion

Bild 12.9: Graph ihrer ersten Ableitungsfunktion

Bei $x=1{,}25$ können wir im *Graphen der ersten Ableitungsfunktion* (Bild 12.9) ungefähr den Wert $y'(1{,}25)=1{,}3$ ablesen. Das Vorzeichen ist positiv, also hat an dieser Stelle der *Graph der Ausgangsfunktion* (Bild 12.8) eine *steigende Tangente*. Da der Zahlenwert nahe der 1 ist, haben wir dort ungefähr den 45-Grad-Anstieg, wie auch zu erkennen.

An der Stelle $x=2$ hat der *Graph der ersten Ableitungsfunktion* eine *Nullstelle*. Also ist der *erste Ableitungswert der Ausgangsfunktion* an dieser Stelle *Null*, die *Tangente* ist dort *waagerecht*. Deutlich zu erkennen.

Zwischen $x=2$ und $x=3$ liegt der *Graph der ersten Ableitungsfunktion* unterhalb der waagerechten Achse, alle ersten Ableitungswerte werden *negativ*. Das ist gleichbedeutend damit, dass alle Tangenten am *Graph der Ausgangsfunktion* in diesem Bereich *nach unten* gerichtet sind: *Die Ausgangsfunktion ist zwischen $x=2$ und $x=3$ also streng monoton fallend.*

Nachdem bei $x=3$ mit der zweiten *Nullstelle der ersten Ableitungsfunktion* wieder eine Stelle gefunden wird, bei der der *Graph der Ausgangsfunktion* eine *waagerechte Tangente* besitzt, bewegt sich der Graph der ersten Ableitungsfunktion anschließend wieder im Positiven, die Werte werden immer größer.

Folglich, im oberen Bild auch gut erkennbar, hat der Graph der Ausgangsfunktion dort *steigende Tangenten*, die immer steiler werden.

Fassen wir unsere Erkenntnisse schematisch zusammen:

$x<2 \quad \rightarrow f'(x)>0$ → Graph von $f(x)$ ist *streng monoton wachsend*

$x=2 \quad \rightarrow f'(x)=0$ → Graph von $f(x)$ hat eine *waagerechte Tangente*

$2<x<3 \rightarrow f'(x)<0$ → Graph von $f(x)$ ist *streng monoton fallend*

$x=3 \quad \rightarrow f'(x)=0$ → Graph von $f(x)$ hat eine *waagerechte Tangente*

$x>3 \quad \rightarrow f'(x)>0$ → Graph von $f(x)$ ist *streng monoton wachsend*

Die Betrachtung der ersten Ableitungsfunktion $y'=f'(x)$ zu einer gegebenen Ausgangsfunktion $y=f(x)$ liefert also in der Tat ausführliche Informationen zur *Tangenten- und Monotoniesituation der Ausgangsfunktion*.

Offensichtlich bieten sich nun einige *Schlussfolgerungen* geradezu an:

> Liegt der *Graph der ersten Ableitungsfunktion* $y'=f'(x)$ zu einer gegebenen Ausgangsfunktion $y=f(x)$ vollständig *oberhalb der waagerechten Achse*, dann besitzt die Ausgangsfunktion *nur steigende Tangenten* und ist also *überall streng monoton wachsend*.

Diese Erkenntnis können wir sofort auf die bekannte Funktionen $y=e^x$ anwenden. Bekanntlich gilt $y'=e^x$, der *Graph der Ableitungsfunktion liegt vollständig im Positiven*.

> Liegt der *Graph der ersten Ableitungsfunktion* $y'=f'(x)$ zu einer gegebenen Ausgangsfunktion $y=f(x)$ vollständig *unterhalb der waagerechten Achse*, dann besitzt die Ausgangsfunktion *nur fallende Tangenten* und ist also überall *streng monoton fallend*.

Für $y=e^{-x}$ gilt $y'=e^{-x}(-1)=-e^{-x}$. Dieser Ableitungs-Graph liegt vollständig unterhalb der waagerechten Achse, also ist $y=e^{-x}$ überall *streng monoton fallend* (siehe Seite 111).

Bei streng monotonen Funktionen $y=f(x)$ werden unterschiedlichen Argumenten immer unterschiedliche Funktionswerte zugeordnet. Die Funktionen sind also *eineindeutig*, sie *besitzen* damit nach Abschnitt 9 eine *Umkehrfunktion* $y=f^{-1}(x)$.

Eine *Umkehrfunktion* $f^{-1}(x)$ zu der Ausgangsfunktion $y=f(x)$ *existiert nur dann*, wenn der Graph der ersten Ableitungsfunktion $y'=f'(x)$ entweder *durchgängig oberhalb* oder *durchgängig unterhalb* der waagerechten Achse verläuft.

Besitzt der Graph der ersten Ableitungsfunktion $y'=f'(x)$ zu einer gegebenen Ausgangsfunktion $y=f(x)$ *Schnittpunkte mit der waagerechten Achse* (das sind die so genannten *Nullstellen der ersten Ableitung*), dann besitzt die *Ausgangsfunktion* dort *Stellen mit waagerechter Tangente.*

Wenn der *Graph einer ersten Ableitungsfunktion* aber zusammenfällt mit der *waagerechten Achse*, wenn also gilt $y'(x)=0$ für alle x, was gilt dann?

Dann besitzt die Ausgangsfunktion *nur waagerechte Tangenten*, nichts anderes. Der Graph der Ausgangsfunktion muss dann eine *Parallele zur waagerechten Achse* sein – es handelt sich um ein *Polynom nullten Grades* (siehe Abschnitt 4.1.8 auf Seite 75).

Wenn der Graph einer ersten Ableitungsfunktion andererseits eine Parallele zur waagerechten Achse ist, wenn also gilt $y'(x)=const.$ für alle x, was gilt dann?

Dann ergibt sich für jede Stelle der Ausgangsfunktion *derselbe erste Ableitungswert*. Also hat die Ausgangsfunktion überall *Tangenten mit identischer Steigung*. Das kann doch nur bedeuten, dass die Ausgangsfunktion eine *lineare Funktion* sein muss, ein *Polynom ersten Grades*, dessen Graph eine *Gerade* ist.

12.2.2 Nullstellen der ersten Ableitung

Der Begriff wurde eben schon erklärt:

Unter einer *Nullstelle der ersten Ableitung* versteht man eine solche Stelle x_0, an der der *Graph der ersten Ableitungsfunktion* $y'=f'(x)$ die *waagerechte Achse schneidet.*

Der Graph der Ausgangsfunktion $y=f(x)$ besitzt an den Nullstellen der ersten Ableitung *waagerechte Tangenten*. Dort *können* Hoch- oder Tiefpunkte vorliegen, *müssen* aber nicht.

Wenn der Graph der Ausgangsfunktion $y=f(x)$ einen *Hochpunkt* an einer Stelle $x=x_0$ hat, dann sagt man auch, die Funktion $y=f(x)$ besitzt an der Stelle $x=x_0$ ein *relatives Maximum*.

Wenn der Graph der Ausgangsfunktion $y=f(x)$ einen *Tiefpunkt* an einer Stelle $x=x_0$ hat, dann sagt man auch, die Funktion $y=f(x)$ besitzt an der Stelle $x=x_0$ ein *relatives Minimum*.

Relative Maxima und *relative Minima* fasst man unter dem Begriff *relative Extrema* (oder *relative Extremwerte*) zusammen

Um eine Funktion $y=f(x)$ auf die *Existenz relativer Extremwerte* zu untersuchen, muss man prüfen, ob der *Graph ihrer ersten Ableitungsfunktion* $y'=f'(x)$ die *waagerechte Achse schneidet.*

Mit anderen Worten, man muss prüfen, ob *die erste Ableitung Nullstellen* besitzt.

Dritte Formulierung desselben Anliegens: Man muss fragen, ob die Gleichung

(12.08) $f'(x) = 0$

eine oder *mehrere reelle Lösungen besitzt*. Fassen wir zusammen:

Wenn es *keine Nullstellen der ersten Ableitung* gibt, dann hat der Graph der Ausgangsfunktion mit Sicherheit *keine Stellen mit waagerechter Tangente*, dann besitzt die Ausgangsfunktion *keine relativen Extremwerte*, die mit den Mitteln der Differentialrechnung gefunden werden können.

Gibt es dagegen *Nullstellen der ersten Ableitung* (also Lösungen der Gleichung (12.08)), dann besitzt der Graph der Ausgangsfunktion *Stellen mit waagerechter Tangente*. Dort *können* relative Extrema vorliegen, *müssen* aber nicht.

12.3 Zweite Ableitungsfunktion

12.3.1 Begriff und Berechnung

Die *zweite Ableitungsfunktion* $y''=f''(x)$ zu einer gegebenen Ausgangsfunktion $y=f(x)$ erhält man dadurch, dass man deren *erste Ableitungsfunktion* $y'=f'(x)$ nach den *Regeln der Differentialrechnung* noch einmal differenziert: $y''=(y')'$.

$$y = f(x) = \frac{1}{3}x^3 - \frac{5}{2}x^2 + 6x + 1$$

(12.09) $$y' = f'(x) = [\frac{1}{3}x^3 - \frac{5}{2}x^2 + 6x + 1]' = x^2 - 5x + 6$$

$$y'' = f''(x) = [x^2 - 5x + 6]' = 2x - 5$$

12.3.2 Bedeutung für die Kurvendiskussion

Die *zweite Ableitungsfunktion*, das ist die *erste Ableitungsfunktion zur ersten Ableitungsfunktion*. Folglich informiert sie uns über die *Tangentensituation der ersten Ableitungsfunktion*:

Liegt der Graph der zweiten Ableitungsfunktion $y''=f''(x)$ *ganz unterhalb* der waagerechten Achse, liefert die *zweite Ableitungsfunktion* also *negative Werte*, dann hat der *Graph der ersten Ableitungsfunktion* $y'=f'(x)$ dort *fallende Tangenten*. Die *erste Ableitungsfunktion* ist dort also *streng monoton fallend*.

Wenn aber die erste Ableitungsfunktion $y'=f'(x)$ streng monoton fällt, dann werden die *Anstiege der Tangenten an den Graph der Ausgangsfunktion* $y=f(x)$ immer kleiner und kleiner.

In Bild 12.10 ist dieser Effekt dargestellt: Zuerst, ganz links, steigen die Tangenten stark an. Dann verringert sich ihr positiver Anstieg bis zum Hochpunkt. Anschließend wird der Anstieg der Tangenten noch kleiner – er wird negativ. Und dann immer stärker negativ.

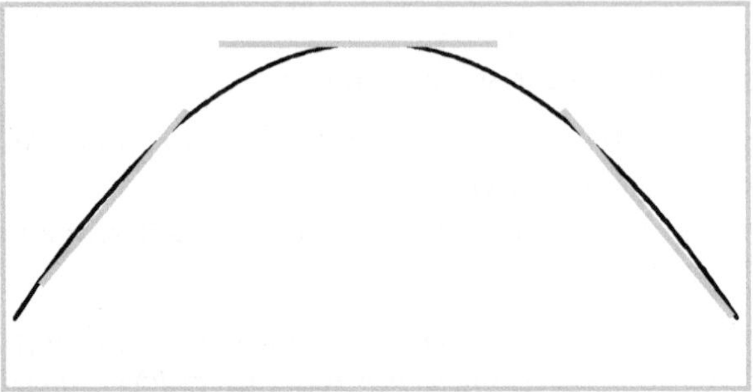

Bild 12.10: Konkavbogen (Rechtsbogen)

Fassen wir zusammen: Ist die *zweite Ableitungsfunktion negativ*, dann bildet der *Graph der Ausgangsfunktion* dort einen *Konkavbogen*, man sagt auch, er ist *rechts gekrümmt* oder es liegt eine *Rechtskrümmung* vor.

Die Vokabel Rechtskrümmung entspringt der Vorstellung, dass man von links nach rechts mit dem Auto auf dem Graphen entlangfahre. Dabei müsste das Lenkrad stets nach rechts eingeschlagen sein.

Liegt der *Graph der zweiten Ableitungsfunktion* $y''=f''(x)$ ganz *oberhalb der waagerechten Achse*, liefert die zweite Ableitungsfunktion also *positive Werte*, dann hat der *Graph der ersten Ableitungsfunktion* $y'=f'(x)$ dort *steigende Tangenten*. Die erste Ableitungsfunktion ist also *streng monoton wachsend*.
Wenn aber die erste Ableitungsfunktion $y'=f'(x)$ streng monoton wächst, dann werden die *Anstiege der Tangenten an den Graph der Ausgangsfunktion* $y=f(x)$ immer größer und größer.

In Bild 12.11 ist dieser Effekt dargestellt: Zuerst, ganz links, fallen die Tangenten stark, der Anstieg besitzt Werte tief im Negativen. Dann verringert sich ihr negativer Anstieg bis zum Tiefpunkt. Anschließend wird der Anstieg der Tangenten positiv und damit größer. Und dann immer stärker positiv.

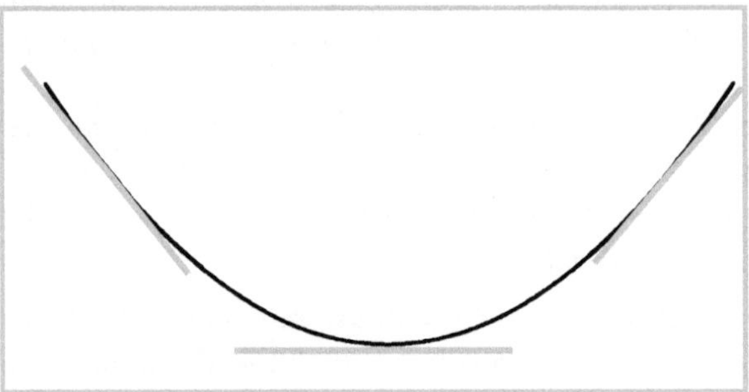

Bild 12.11: Konvexbogen (Linksbogen)

Wenn man nun von links nach rechts auf dem Graphen der Ausgangsfunktion entlangfahren würde, müsste das Lenkrad permanent nach links eingeschlagen sein. Deshalb spricht man hier beim *Konvexbogen* auch von *Linkskrümmung*.

Und was ist, wenn die zweite Ableitungsfunktion den Wert Null annimmt? Dann kann der Graph der Ausgangsfunktion *von Rechts- auf Linkskrümmung wechseln* oder umgekehrt.

> Ist an einer Stelle $x=x_W$ der *Wert der zweiten Ableitungsfunktion gleich Null*, das heißt $y''=f''(x_W)=0$, dann kann der Graph der Ausgangsfunktion $y=f(x)$ an der Stelle $x=x_W$ einen so genannten *Wendepunkt* besitzen. In einem Wendepunkt *wechselt die Krümmung*.

Das interessante Wechselspiel zwischen den Graphen der Ausgangsfunktion, der ersten und zweiten Ableitungsfunktion ist für ein Beispiel in den Bildern 12.12 bis 12.14 zusammengestellt.

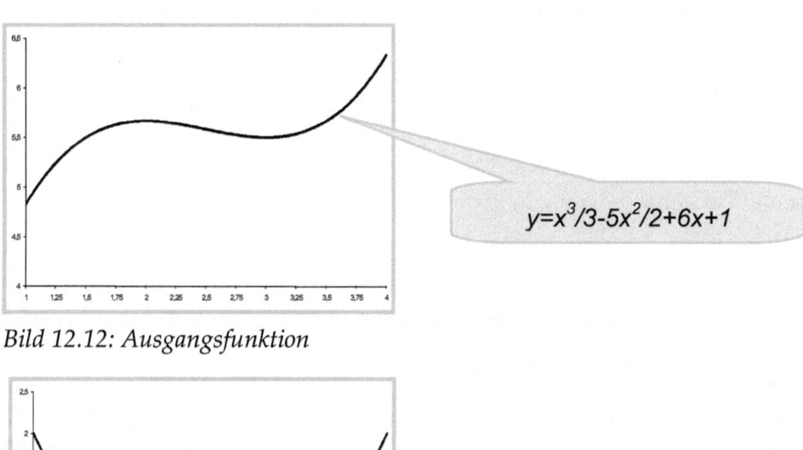

Bild 12.12: Ausgangsfunktion

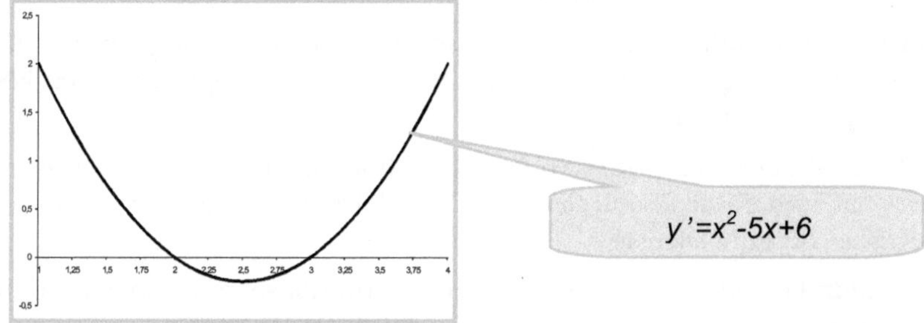

Bild 12.13: Erste Ableitungsfunktion

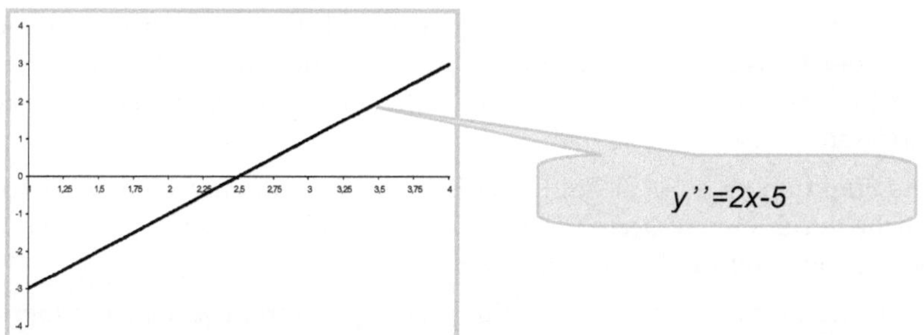

Bild 12.14: Zweite Ableitungsfunktion

Deutlich ist zu erkennen, dass der *Negativbereich der zweiten Ableitungsfunktion* tatsächlich identisch ist mit dem Bereich, in dem die *erste Ableitungsfunktion streng monoton fällt* und die *Ausgangsfunktion Rechtskrümmung* besitzt.

12.3.3 Kriterien und hinreichende Bedingungen für relative Extrema

Erinnern wir uns an den Abschnitt 12.2.2, in dem auf Seite 202 formuliert werden musste:

> Gibt es *Nullstellen der ersten Ableitung* (also Lösungen der Gleichung $f'(x)=0$), dann besitzt der Graph der Ausgangsfunktion *Stellen mit waagerechter Tangente*. Dort *können* relative Extrema vorliegen, *müssen* aber nicht.

Mehr wurde damals nicht gesagt. Die Frage, wie man denn nun feststellen könnte, *welche Situation* mit der waagerechten Tangente verbunden ist, wurde nicht beantwortet. Das aber können wir nun. Die Graphen der vorigen Seiten helfen uns bei der Erkenntnis:

> Liegt die Stelle $x=x_E$, an der der Graph der Ausgangsfunktion wegen $y'(x_E)=0$ eine waagerechte Tangente besitzt, in einem *Rechtsbogen* (d. h. $y''(x_E)<0$), so befindet sich dort ein *Hochpunkt*.
>
> Liegt die Stelle $x=x_E$, an der der Graph der Ausgangsfunktion wegen $y'(x_E)=0$ eine waagerechte Tangente besitzt, in einem *Linksbogen* (d. h. $y''(x_E)>0$), so befindet sich dort ein *Tiefpunkt*.

Wer sich die Mühe macht und zurückblättert auf Seite 196 zu Bild 12.5, der sieht, dass dort die Stelle mit der waagerechten Tangente gerade zusammenfällt mit einem Wendepunkt.

12.3.4 Lösung von Extremwertaufgaben

Unter einer *Extremwertaufgabe* bei einer Funktion mit einer unabhängigen Veränderlichen $y=f(x)$ versteht man gemeinhin die *Suche nach Hoch- und/oder Tiefpunkten*. Nun können wir die *Arbeitsschritte* zusammenstellen:

- Schritt 1: Es ist zuerst zu prüfen, ob die Funktion einen *zusammenhängenden Definitionsbereich* hat, und ob sie *überall stetig* ist. Dabei leisten die Aussagen über die *verwandten Funktionen* oft gute Dienste.

Hat die Funktion keinen zusammenhängenden Definitionsbereich oder treten Unstetigkeiten auf, kann mit den Methoden der nächsten Schritte nicht weiter gearbeitet werden. es müssen spezielle Untersuchungen durchgeführt werden.

- Schritt 2: Sind die Voraussetzungen von Schritt 1 erfüllt, ist weiter zu untersuchen, ob der Graph der Funktion trotz Stetigkeit *Spitzen* (Stellen der *Nichtexistenz erster Ableitungswerte*) besitzt. Auch in diesem Fall muss dann die im folgenden vorgestellte Strategie verlassen werden.

Beispiel: Die Funktion $y=f(x)=|x|$ hat bei $x=0$ ein *relatives Minimum*, einen Tiefpunkt, der sich aber nicht durch eine *waagerechte Tangente* auszeichnet – dort gibt es ja überhaupt keine Tangente (siehe Bild 12.7 auf Seite 198).

- Schritt 3: Ist nun sicher, dass die Funktion $y=f(x)$ über ihrem *gesamten Definitionsbereich stetig und differenzierbar* ist, dann ist ihre *erste Ableitungsfunktion* $y'=f'(x)$ nach den Regeln der Differentialrechnung zu ermitteln.

- Schritt 4: Es sind *alle Lösungen der Gleichung $f'(x)=0$* zu suchen. Gibt es *keine* solchen Lösungen, dann besitzt die Funktion folglich *keine relativen Extremwerte,* also weder Hoch- noch Tiefpunkte. Die Untersuchung ist beendet.

Andernfalls werden alle Lösungen der Gleichung $f'(x)=0$ als *Stellen mit waagerechter Tangente* x_K für die weitere Untersuchung notiert. Sie sind die *Kandidaten,* die aber weiter geprüft werden müssen. Man spricht in diesem Zusammenhang von den *stationären Stellen.*

- Schritt 5: Die *zweite Ableitungsfunktion* $y''=f''(x)$ wird durch Differenzieren der ersten Ableitungsfunktion nach den Regeln der Differentialrechnung gebildet: $y''=(y')'$.
- Schritt 6: Die im Schritt 4 bestimmten *stationären Stellen* werden nacheinander in die zweite Ableitungsfunktion eingesetzt. Das *Vorzeichen der zweiten Ableitung* wird bestimmt:

Ergibt sich $y''(x_K) < 0$, dann liegt ein *Hochpunkt* vor.

Ergibt sich $y''(x_K) > 0$, dann liegt ein *Tiefpunkt* vor.

Im Fall $y''(x_K)=0$ *kann* ein *Wendepunkt mit waagerechter Tangente,* ein *Sattelpunkt,* vorliegen. Dazu sollten gesonderte Untersuchungen vorgenommen werden.

- Schritt 7: Die gefundenen x-Stellen der Hoch- und/oder Tiefpunkte sind in die Ausgangsfunktion einzusetzen, um die zugehörigen y-Werte zu ermitteln.

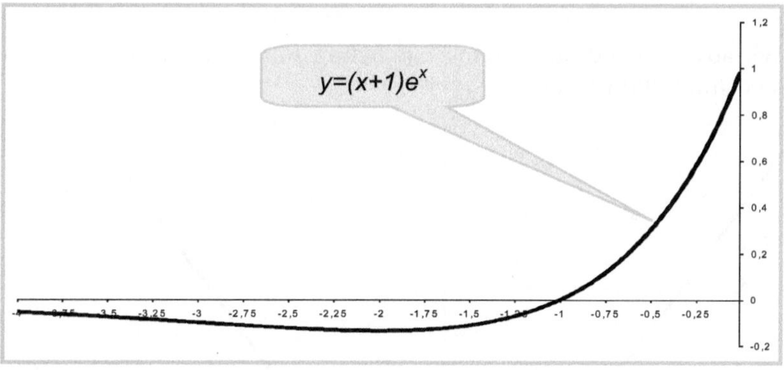

Bild 12.15: Graph mit einem Tiefpunkt

Betrachten wir dazu ein Beispiel:

Zu ermitteln sind alle Hoch- oder Tiefpunkte der Funktion $y=f(x)=(x+1)\cdot e^x$.

Erste Ableitungsfunktion: $y'=f'(x)=(x+2)\cdot e^x$ (Produktregel anwenden).

Gleichung für die Kandidaten (Stellen mit waagerechter Tangente): $(x+2)\cdot e^x=0$.

Feststellung: Es gibt *eine stationäre Stelle* (Stelle mit *waagerechter Tangente*) bei $x=-2$.

Zweite Ableitungsfunktion: $y''=f''(x)=(x+3)\cdot e^x$ (Produktregel erneut anwenden).

Überprüfung der stationären Stelle: $y''(-2)=(-2+3)\cdot e^{-2}=e^{-2}=1/e^2 > 0$.

Schlussfolgerung: An der Stelle $x=-2$ besitzt die Ausgangsfunktion einen *Tiefpunkt,* ein *relatives Minimum.* Zugehöriger Funktionswert: $y=(-2+1)\cdot e^{-2}=-e^{-2}=-0{,}13533$. Bild 12.15 zeigt einen Ausschnitt des Graphen der untersuchten Funktion.

12.3.5 Höhere Ableitungsfunktionen

Ebenso, wie man die zweite Ableitungsfunktion durch nochmaliges Differenzieren der ersten Ableitungsfunktion erhalten kann, lässt sich natürlich eine *dritte Ableitungsfunktion* aus der zweiten Ableitungsfunktion erhalten:

$$y = f(x) = \frac{1}{3}x^3 - \frac{5}{2}x^2 + 6x + 1$$

$$(12.10) \qquad y' = f'(x) = [\frac{1}{3}x^3 - \frac{5}{2}x^2 + 6x + 1]' = x^2 - 5x + 6$$

$$y'' = f''(x) = [x^2 - 5x + 6]' = 2x - 5$$

$$y''' = f'''(x) = [2x - 5]' = 2$$

Ebenso wäre eine vierte, fünfte und sechste Ableitungsfunktion denkbar, wobei im Beispiel (12.10) ab der vierten Ableitungsfunktion stets nur die *Nullfunktion* zu sehen wäre: Zu jedem x-Wert, welcher auch immer eingesetzt würde, gehörte dann stets nur die Null als höherer Ableitungswert.

Für den Graphen der Ausgangsfunktion *y=f(x)*, um den sich hier die gesamte Kurvendiskussion rankt, sind diese höheren Ableitungsfunktionen allerdings *ohne inhaltliche Bedeutung*.

12.4 Ableitungsfunktionen nicht überall differenzierbarer Funktionen

Betrachten wir abschließend noch einmal die Betragsfunktion y=f(x)=|x| mit ihrem charakteristischen Graph (Bild 12.16)

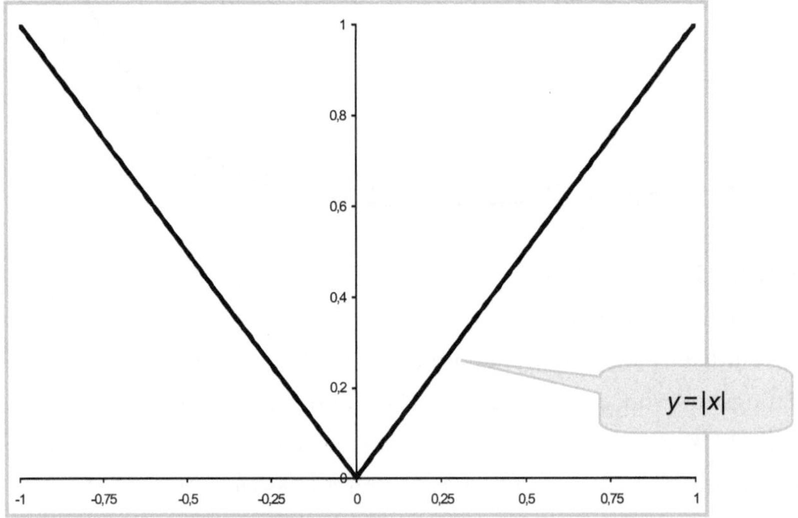

Bild 12.16: Graph von y=|x|

Im Nullpunkt ist diese überall stetige Funktion *nicht differenzierbar*, wegen der *Spitze* existiert dort *keine Tangente* an den Graphen. Bedeutet das aber, dass wir in diesem Fall überhaupt nicht an eine *erste Ableitungsfunktion y'=f'(x)=(|x|)'* denken dürfen?

Natürlich nicht, denn *außerhalb des Nullpunktes* gibt es natürlich Tangenten an den Graphen von y = | x |:

Links der Null ist der Anstieg durchgängig -1, weil der Graph im 45-Grad Winkel fällt, und rechts der Null ist der Anstieg immer +1, weil der Graph im 45-Grad-Winkel steigt.

Sehen wir uns also im Bild 12.17 den Graphen der ersten Ableitungsfunktion an.

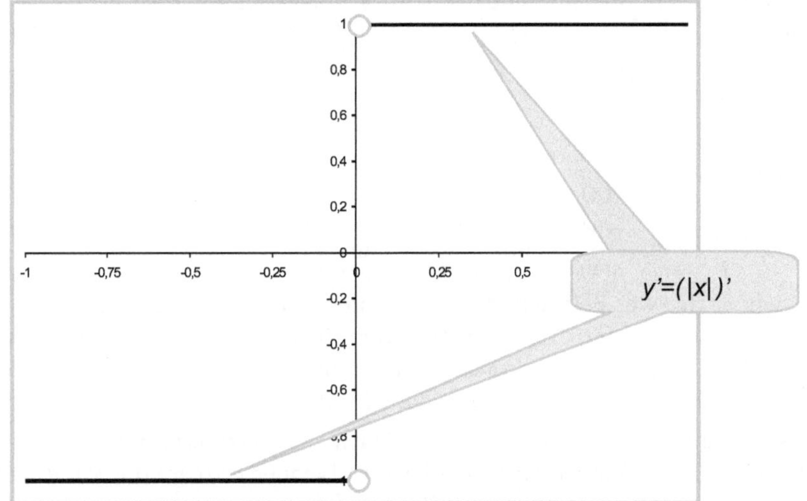

Bild 12.17: Zusammenstellung der ersten Ableitungswerte zu y= | x |

Es ist deutlich zu erkennen: Da die Betragsfunktion *y*= | *x* | im Nullpunkt keinen Ableitungswert besitzt, ist ihre erste Ableitungsfunktion *y '*=(| *x* |)' *im Nullpunkt nicht definiert.*

Das können wir verallgemeinern: Erste Ableitungsfunktionen von *nicht überall differenzierbaren Funktionen* besitzen *keinen zusammenhängenden Definitionsbereich.*

Sie sind dort *nicht definiert*, wo die Ausgangsfunktion *nicht differenzierbar* ist.

12.5 Grenzwerte unbestimmter Ausdrücke

Im *zweiten Schritt jeder Kurvendiskussion* (siehe Abschnitt 10.3 auf Seite 168) sollte das Verhalten einer gegebenen Funktion *y=f(x)* an den *Rändern des Definitionsbereiches* untersucht werden. Das führt in der Regel dazu, dass *Grenzwerte* zu finden sind oder wenigstens eine *Grenzwertvermutung* zu erarbeiten ist.

Nicht selten kann es dabei jedoch vorkommen, dass man zu einem der folgenden *unbestimmten Ausdrücke* gelangt:

(12.11) $"\frac{\infty}{\infty}" \quad "\frac{0}{0}" \quad "\infty \cdot 0" \quad "0^0" \quad "\infty^0" \quad "\infty - \infty" \quad "1^\infty"$

Bisher war dazu formuliert worden, dass in diesen Fällen die *menschliche Intuition* versagt, und es wurde auf später verwiesen.

Jetzt besitzen wir *Kenntnisse der Differentialrechnung* und können damit die *Regel von BERNOULLI– DE L'HOSPITAL* kennen lernen:

Regel: Tritt bei einer Grenzwertuntersuchung einer Funktion, die *in Form eines Bruches* gegeben ist, einer der beiden Fälle *„Unendlich durch Unendlich"* oder *„Null durch Null"* auf, so differenziere man Zähler und Nenner getrennt und wiederhole den Grenzprozess.
Sollte dabei erneut ein unbestimmter Ausdruck entstehen, dann ist weiter *getrennt zu differenzieren.*

$$y = f(x) = \frac{p(x)}{q(x)}$$

(12.12) $$\text{Fall } "\frac{\infty}{\infty}": \lim_{x\to x_0} \frac{p(x)}{q(x)} = \lim_{x\to x_0} \frac{p'(x)}{q'(x)} = \lim_{x\to x_0} \frac{p''(x)}{q''(x)} = \ldots$$

$$\text{Fall } "\frac{0}{0}": \lim_{x\to x_0} \frac{p(x)}{q(x)} = \lim_{x\to x_0} \frac{p'(x)}{q'(x)} = \lim_{x\to x_0} \frac{p''(x)}{q''(x)} = \ldots$$

Betrachten wir dazu zwei Beispiele: Wir betrachten zuerst die Funktion $y=f(x)=e^x/x^2$ und wollen erfahren, wie sich der Graph der Funktion für $x \to +\infty$ verhält. Gehen wir intuitiv vor und setzen in Zähler und Nenner nacheinander immer größer werdende Zahlen ein, so kommen wir schnell zu der Situation *„Unendlich durch Unendlich"*.

Da sich unsere Funktion als Bruch darstellt, können wir *versuchen,* mit obiger Regel zum Grenzwert zu kommen: Wir bilden in Zähler und Nenner *getrennt* die *jeweils erste Ableitungsfunktion* und wiederholen den Grenzübergang:

(12.13) $$\lim_{x\to\infty} \frac{e^x}{x^2} = \lim_{x\to\infty} \frac{(e^x)'}{(x^2)'} = \lim_{x\to\infty} \frac{e^x}{2x} = "\frac{\infty}{\infty}"$$

Doch noch erleben wir nicht den erhofften Erfolg, denn wieder stellt sich *„Unendlich durch Unendlich"* ein. Versuchen wir es erneut, differenzieren wir *noch einmal getrennt*:

(12.14) $$\lim_{x\to\infty} \frac{e^x}{2x} = \lim_{x\to\infty} \frac{(e^x)'}{(2x)'} = \lim_{x\to\infty} \frac{e^x}{2} = \infty$$

Nun lässt sich problemlos die Grenzwertvermutung aussprechen, der Graph unserer Funktion $y=e^x/x^2$ wird sich mit größer werdendem Argument in das *positive Unendliche* wenden.

Mit einem weiteren Beispiel soll gezeigt werden, dass auch bei Grenzwerten, die nicht das Unendliche betreffen, mit der Regel von BERNOULLI – DE L'HOSPITAL Erfolg erzielt werden kann:

(12.15) $$\lim_{x\to+0} \frac{\frac{1}{x}}{\ln x} = "-\frac{\infty}{\infty}" = \lim_{x\to+0} \frac{(\frac{1}{x})'}{(\ln x)'} = \lim_{x\to+0} \frac{-\frac{1}{x^2}}{\frac{1}{x}} = \lim_{x\to+0} -\frac{1}{x} = -\infty$$

Der Graph der Funktion $y=(1/x)/\ln x$ wendet sich in das *negative Unendliche,* wenn das Argument sich von rechts dem Nullpunkt immer mehr annähert.

Hinweis: Wenn die Funktion nicht als Bruch gegeben ist und/oder andere unbestimmte Ausdrücke als „∞ / ∞" oder „$0 / 0$" entstehen, dann hilft bisweilen das *Umschreiben in einen gemeinen Bruch* oder das *Logarithmieren beider Seiten* der Funktionsgleichung $y=f(x)$. Einzelheiten dazu können z. B. in [1] nachgelesen werden.

12.6 TAYLOR-Polynome

12.6.1 Einführung

Die Bilder 12.18a bis 12.18f. Sie enthalten jeweils den Graph der bekannten Sinusfunktion (siehe Seite 118) im Intervall von -4π bis $+4\pi$ und dazu bestimmte Polynome.

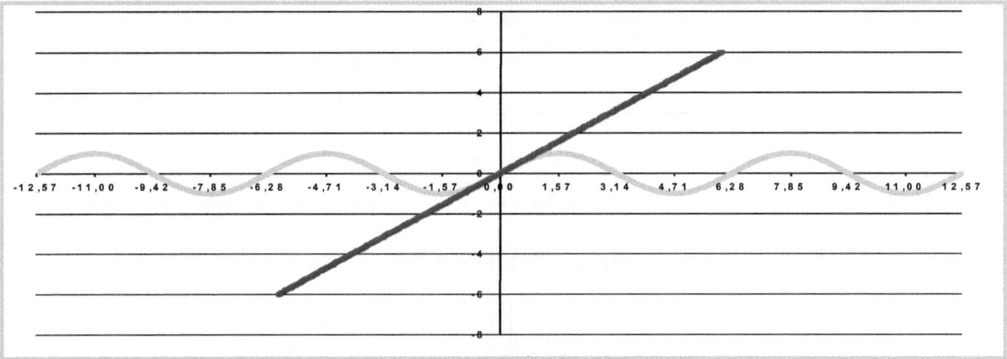

Bild 12.18a: Sinus-Graph und das Polynom $p_1(x) = x$

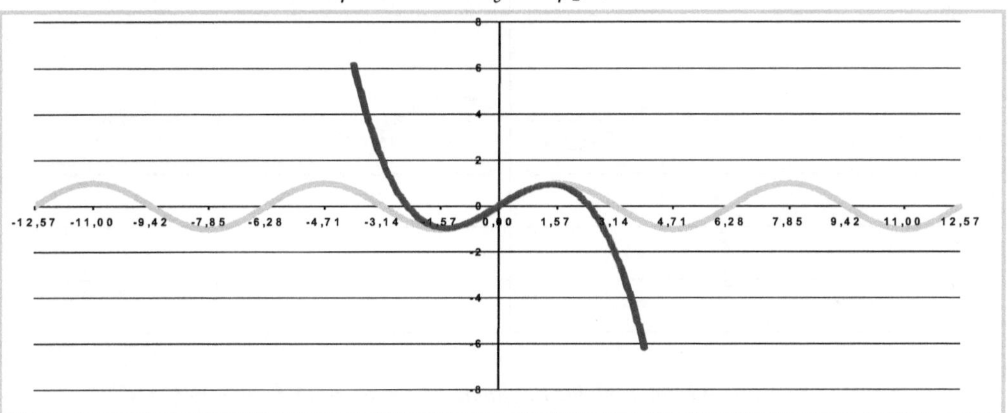

Bild 12.18b: Sinus-Graph und das Polynom $p_3(x)=x-x^3/3!$

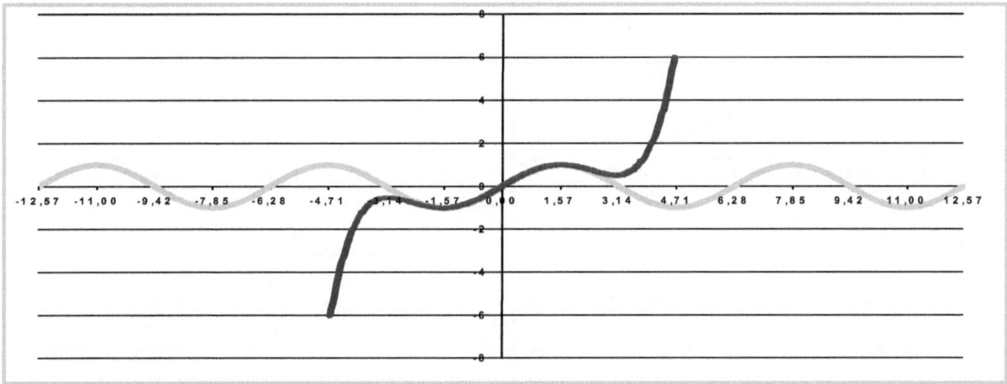

Bild 12.18c: Sinus-Graph und das Polynom $p_5(x)=x-x^3/3!+ x^5/5!$

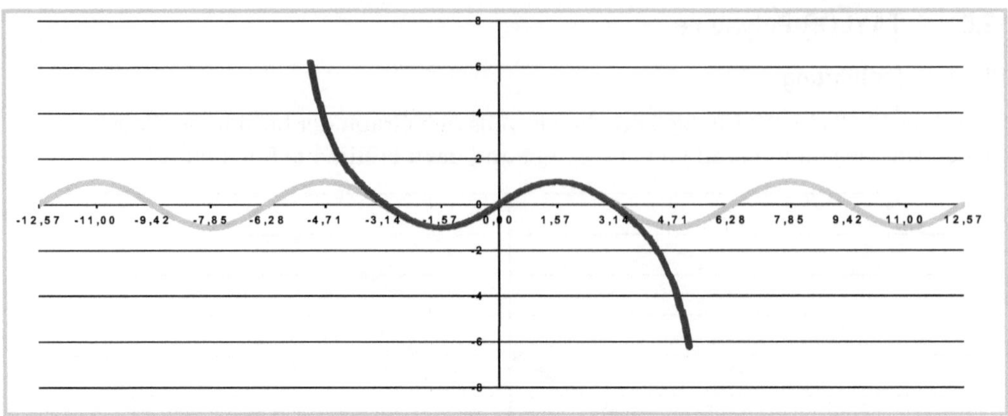

Bild 12.18d: Sinus-Graph und das Polynom $p_7(x)=x-x^3/3!+x^5/5!-x^7/7!$

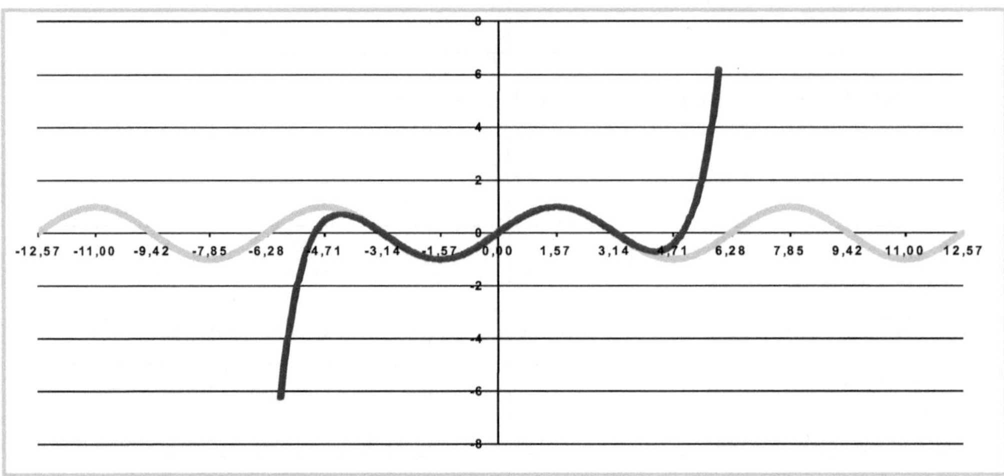

Bild 12.18e: Sinus-Graph und das Polynom $p_9(x)=x-x^3/3!+x^5/5!-x^7/7!+x^9/9!$

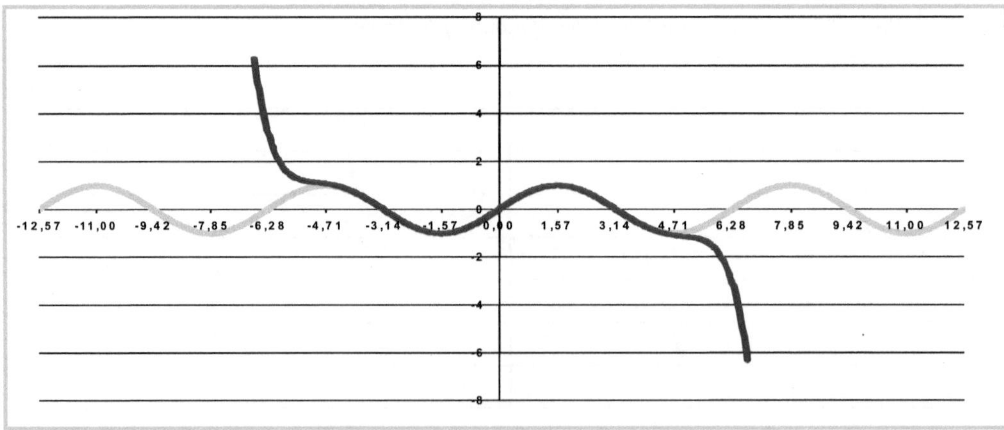

Bild 12.18f: Sinus-Graph und das Polynom $p_{11}(x)=x-x^3/3!+x^5/5!-x^7/7!+x^9/9!-x^{11}/11!$

Sehen wir uns diese sechs Polynome ungeraden Grades, deren Graphen in den Bildern 12.18a bis 12.18f gemeinsam mit der Sinusfunktion zusammen dargestellt wurden, in einer übersichtlichen Zusammenstellung an, wobei das Ausrufezeichen im Nenner jeweils die so genannte *Fakultät* beschreibt (siehe Abschnitt 1.4.1 auf Seite 22):

$$
\begin{aligned}
&p_1(x)=x\\
&p_3(x)=x-\frac{x^3}{3!}\\
&p_5(x)=x-\frac{x^3}{3!}+\frac{x^5}{5!}\\
&p_7(x)=x-\frac{x^3}{3!}+\frac{x^5}{5!}-\frac{x^7}{7!}\\
&p_9(x)=x-\frac{x^3}{3!}+\frac{x^5}{5!}-\frac{x^7}{7!}+\frac{x^9}{9!}\\
&p_{11}(x)=x-\frac{x^3}{3!}+\frac{x^5}{5!}-\frac{x^7}{7!}+\frac{x^9}{9!}-\frac{x^{11}}{11!}
\end{aligned}
\tag{12.16}
$$

Welche Eigenschaften dieser sechs Polynome hinsichtlich der Sinusfunktion lassen sich aus den Bildern 12.18a bis 12.18f ablesen?

Je *höher der Grad des Polynoms* ist, desto *besser* nähert sich der Graph des Polynoms *in einer Umgebung von* $x=0$ dem Graphen der Sinusfunktion an.

Es ist zu vermuten (und würde auch eintreffen), dass das nächste Polynom $p_{13}(x)$, wenn es dem Bildungsgesetz von (12.16) entsprechen wird, dem Sinus-Graphen noch besser und länger folgen wird, noch besser wird das Polynom $p_{15}(x)$ sein und so weiter.

12.6.2 TAYLOR-Polynome

Es ist das Verdienst des englischen Mathematikers Brook TAYLOR, eine *Konstruktionsvorschrift* gefunden zu haben, mit deren Hilfe man *Polynome beliebig hohen Grades* erzeugen kann, die eine gegebene Funktion $y=f(x)$ in einer Umgebung eines bestimmten x-Wertes, des so genannten *Entwicklungspunktes*, immer besser annähern.

Derartige Polynome werden deshalb *TAYLOR-Polynome* genannt.

Die Polynome in (12.16) sind demzufolge die TAYLOR-Polynome ersten bis elften Grades der Sinusfunktion *zum Entwicklungspunkt* $x_0=0$.

Man beachte, dass es „TAYLOR-Polynome" *ohne Angabe des Entwicklungspunktes* grundsätzlich *nicht gibt*. Wird der Entwicklungspunkt trotzdem nicht angegeben, dann ist in der Regel $x_0=0$ anzunehmen – oder es wird eine besondere Bezeichnung dieser Polynome verwendet:

TAYLOR-Polynome zum Entwicklungspunkt $x_0=0$ werden als *MACLAURIN-Polynome* bezeichnet.

12.6.3 Die TAYLOR-Formel

Die *Bildungsvorschrift* zur Erzeugung eines TAYLOR-Polynoms zu einer *gegebenen Funktion* $y=f(x)$ an einer *gegebenen Entwicklungsstelle* x_0 wird *TAYLOR-Formel* genannt:

$$(12.17)\quad p_n(x)=f(x_0)+\frac{f'(x_0)}{1!}(x-x_0)+\frac{f''(x_0)}{2!}(x-x_0)^2+\frac{f'''(x_0)}{3!}(x-x_0)^3+\ldots+\frac{f^{(n)}(x_0)}{n!}(x-x_0)^n$$

12.6.4 TAYLOR-Polynome der Sinusfunktion um $x_0=0$

Überzeugen wir uns nun mit Hilfe einer kleinen Tabelle davon, dass die Näherungspolynome für die Sinusfunktion in (12.16) tatsächlich nach der TAYLOR-Formel (12.17) mit dem Entwicklungspunkt $x_0=0$ entstanden sind:

Rechnen wir beispielhaft das *TAYLOR-Polynom neunten Grades* nach:

Ableitung	Ableitungsfunktion	Ableitungswert
0	sin x	sin 0 = 0
1	(sin(x))' = cosx	cos 0 = 1
2	(sin(x))'' =-sinx	-sin 0 = 0
3	(sin(x))''' =-cosx	-cos 0 = -1
4	(sin(x))''''= sinx	sin 0 = 0
5	$(\sin(x))^{(5)}$ = cosx	cos0 = 1
6	$(\sin(x))^{(6)}$ =-sinx	-sin0 = 0
7	$(\sin(x))^{(7)}$ =-cosx	-cos0 = -1
8	$(\sin(x))^{(8)}$ = sinx	sin0 = 0
9	$(\sin(x))^{(9)}$ = cosx	cos0 = 1

Bild 12.19: Bereitstellung der Ableitungsfunktionen und ihrer Werte

In der rechten Spalte dieser Tabelle steht oben der *Funktionswert der Sinusfunktion* an der Stelle $x_0=0$. Darunter finden sich der erste bis neunte *Ableitungswert der Sinusfunktion* an derselben Stelle.

Für das TAYLOR-Polynom der Sinusfunktion werden diese zehn Werte sowie $x_0=0$ in die TAYLOR-Formel (12.17) eingesetzt:

$$\begin{aligned} p_9(x)=0&+\frac{1}{1!}(x-0)+\frac{0}{2!}(x-0)^2+\frac{(-1)}{3!}(x-0)^3+\frac{0}{4!}(x-0)^4\\ (12.18a)\qquad &+\frac{1}{5!}(x-0)^5+\frac{0}{6!}(x-0)^6+\frac{(-1)}{7!}(x-0)^7+\frac{0}{8!}(x-0)^8\\ &+\frac{1}{9!}(x-0)^9\end{aligned}$$

Zusammengefasst ergibt sich damit

(12.18b)
$$p_9(x) = \frac{1}{1!}x + \frac{(-1)}{3!}x^3 + \frac{1}{5!}x^5 + \frac{(-1)}{7!}x^7 + \frac{1}{9!}x^9$$
$$= x - \frac{x^3}{3!} + \frac{x^5}{5!} - \frac{x^7}{7!} + \frac{x^9}{9!}$$

was zu zeigen war.

Aus Bild 12.18 sowie aus den Formeln (12.18a) und (12.18b) lässt sich sogar eine *allgemeine Formel* ableiten, mit deren Hilfe jedes TAYLOR-Polynome beliebigen Grades zur Sinus-Funktion um den Entwicklungspunkt $x_0=0$ sofort aufgeschrieben werden kann:

(12.18c) $$p_n(x) = x - \frac{x^3}{3!} + \frac{x^5}{5!} - \frac{x^7}{7!} + \ldots \pm \frac{x^n}{n!} \qquad n \text{ ungerade}$$

Ob in (12.18c) vor den letzten Summanden das Plus- oder Minuszeichen zu schreiben ist, das ergibt sich aus dem gewählten Wert für n.

12.6.5 Eigenschaften der TAYLOR-Polynome

Jedes TAYLOR-Polynom beliebigen Grades stimmt offenbar an der Entwicklungsstelle x_0 mit der gegebenen Funktion überein.

Davon kann man sich überzeugen, wenn man in (12.17) links und rechts x_0 für x einsetzt.

Wird (12.17) links und rechts je einmal differenziert und danach x_0 für x eingesetzt, dann ergibt sich eine weitere Eigenschaft des TAYLOR-Polynoms:

Die Tangente an den Graph jedes TAYLOR-Polynoms (wenn es mindestens vom Grade 1 ist) hat an der Entwicklungsstelle *denselben Anstieg* wie die Tangente an den Graph der gegebenen Funktion in diesem Punkt.

Differenziert man (12.17) links und rechts weiter, so kommt man zu folgender wichtigen Eigenschaft jedes TAYLOR-Polynoms:

Ein TAYLOR-Polynom n-ten Grades zu einer gegebenen Funktion $y=f(x)$ stimmt an der Entwicklungsstelle in allen k-ten Ableitungswerten mit den k-ten Ableitungswerten der Funktion überein $(k=1,\ldots,n)$:

(12.19) $$p_n^{(k)}(x) = f^{(k)}(x_0) \qquad k = 1,\ldots,n$$

12.6.6 Schmiegparabeln

Setzen wir $n=2$ in (12.19), dann ergibt sich speziell:

Jedes TAYLOR-Polynom 2. Grades besitzt im Entwicklungspunkt *denselben Funktionswert, denselben Tangentenanstieg* und *dieselbe Krümmung* wie die Original-Funktion.

Deshalb bezeichnet man TAYLOR-Polynome 2. Grades auch gern als *Schmiegparabel*.

Beispiel: Für die TAYLOR-Polynome zur Kosinusfunktion $y=\cos x$ mit dem Entwicklungspunkt $x_0=0$ gilt folgende Konstruktionsvorschrift:

$$p_n(x)=1-\frac{x^2}{2!}+\frac{x^4}{4!}-\frac{x^6}{6!}+\ldots\pm\frac{x^n}{n!} \quad n \text{ gerade} \tag{12.20}$$

Das Überprüfen dieser Behauptung wird als Übung empfohlen.

Wird in (12.20) $n=2$ gesetzt, dann sagt man auch, das TAYLOR-Polynom wird *nach den zweiten Potenzen abgebrochen*.

Damit erhält man das TAYLOR-Polynom 2. Grades zur Kosinusfunktion um den Nullpunkt:

$$p_2(x)=1-\frac{x^2}{2!}=1-\frac{1}{2}x^2 \tag{12.21}$$

Der Nachweis der Übereinstimmung dieses Polynoms zweiten Grades mit der Kosinusfunktion in *Funktionswert* sowie *erstem und zweitem Ableitungswert* im *Nullpunkt* stellt eine einfache, aber sehr empfehlenswerte Übung dar.

Bild 12.20 zeigt die Kosinusfunktion und ihr TAYLOR-Polynom zweiten Grades (12.21), das für den Entwicklungspunkt $x_0=0$ berechnet wurde.

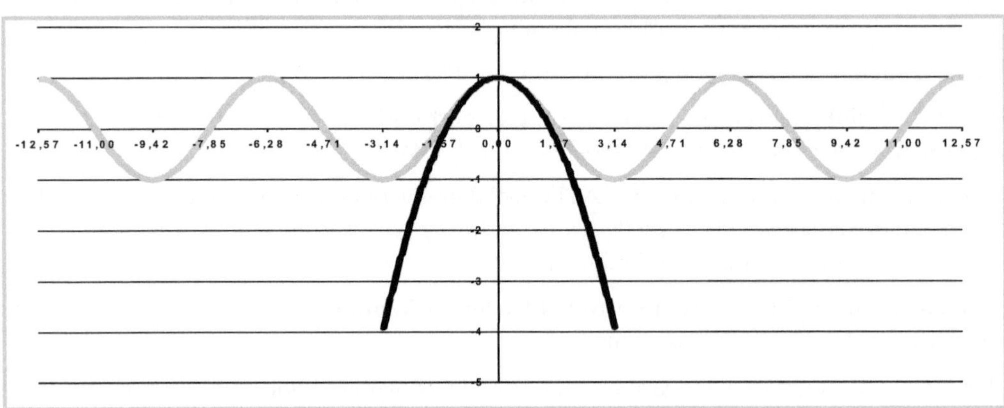

Bild 12.20: Schmiegparabel: Kosinus-Graph mit TAYLOR-Polynom 2. Grades und $x_0=0$

Die Bildunterschrift verwendet die offensichtlich sehr zutreffende Vokabel *Schmiegparabel* für das TAYLOR-Polynom (12.21). Man sieht, wie sich der Graph des TAYLOR-Polynoms, die nach unten geöffnete Parabel, im Nullpunkt an den Graph der Kosinusfunktion *anschmiegt*. Daher die anschauliche Vokabel.

12.6.7 Einige TAYLOR-Polynome bekannter Funktionen mit $x_0=0$

Wenn wir – in Vorbereitung der Tabelle in Bild 12.21 – uns darauf beschränken, nur den *Entwicklungspunkt* $x_0=0$ zu verwenden, sollten wir die TAYLOR-Formel (12.17) dafür entsprechend vereinfachen.

Mit $x_0=0$ entsteht dafür aus der TAYLOR-Formel (12.17) die MACLAURINsche Formel

$$(12.22)\quad p_n(x)=f(0)+\frac{f'(0)}{1!}x+\frac{f''(0)}{2!}x^2+\frac{f'''(0)}{3!}x^3+\ldots+\frac{f^{(n)}(0)}{n!}x^n \quad .$$

In Bild 12.21 sind für einige bekannte Funktionen die MACLAURIN-Polynome zusammen gestellt, deren Brauchbarkeit sich allerdings stets nur auf eine Umgebung des Nullpunktes beschränkt.

Weitere TAYLOR- und MACLAURIN-Polynome können den Tafelwerken, insbesondere [29] entnommen werden.

Funktion	TAYLOR-Polynom mit $x_0=0$
$f(x)=\sin x$	$p_n(x)=x-\frac{x^3}{3!}+\frac{x^5}{5!}-\frac{x^7}{7!}+\ldots\pm\frac{x^n}{n!}$ n ungerade
$f(x)=\cos x$	$p_n(x)=1-\frac{x^2}{2!}+\frac{x^4}{4!}-\frac{x^6}{6!}+\ldots\pm\frac{x^n}{n!}$ n gerade
$f(x)=e^x$	$p_n(x)=1+x+\frac{x^2}{2!}+\frac{x^3}{3!}+\frac{x^4}{4!}+\ldots+\frac{x^n}{n!}$
$f(x)=\ln(1+x)$	$p_n(x)=x-\frac{x^2}{2}+\frac{x^3}{3}-\frac{x^4}{4}+\ldots\pm\frac{x^n}{n}$
$f(x)=\frac{1}{1+x}$	$p_n(x)=1-x+x^2-x^3+x^4-\ldots\pm x^n$

Bild 12.21: TAYLOR-Polynome von Funktionen, brauchbar in einer Umgebung von x=0

12.6.8 TAYLOR-Polynome in der Gegenwart – Fragen und Antworten

Denken wir zuerst fünfzig, hundert, zweihundert, dreihundert Jahre zurück: Da gab es *keine Computer,* auch an solch leistungsfähige *Taschenrechner,* wie wir sie heute besitzen, war nicht zu denken.

Damals brauchte man offensichtlich *Näherungsmethoden,* mit deren Hilfe Werte beliebiger Funktionen möglichst genau angenähert werden konnten. Was konnte Besseres gefunden werden als ein *Näherungspolynom,* dessen Funktionswerte sich bekanntlich mit Hilfe des HORNER-Schemas (siehe Abschnitt 4.1.2 auf Seite 65) nur mit Hilfe von Grundrechenarten ermitteln ließen.

Wozu aber brauchen wir *heute* noch TAYLOR-Polynome? Jeder Taschenrechner hat eine Sinus- und Kosinustaste, ein Druck darauf, und wir erhalten den gewünschten Sinus- oder Kosinuswert mit ausreichend vielen gültigen Stellen. Der Windows-Rechner liefert beispielsweise jeden Sinuswert auf 32 Stellen nach dem Komma genau!

Es scheint so, als ob die Beschäftigung mit den TAYLOR-Polynomen in den Mathematik-Grundkursen nur ein nostalgisches Element sei, das bestenfalls dazu genutzt werden kann, die Fähigkeiten von Studierenden hinsichtlich der Bildung von Ableitungsfunktionen zu testen.

Auch die Tatsache, dass nicht selten akademisch darüber nachgedacht wird, was passieren würde, wenn ein TAYLOR-Polynom bis ins Unendliche verlängert würde – man spricht dann von einer TAYLOR-Reihe (siehe zum Beispiel in [1], [25] und [32]) – beantwortet die Frage nach dem Sinn der Beschäftigung mit der historischen TAYLOR-Formel nur unzureichend.

Trotzdem – es gibt ein gewichtiges Argument dafür, sich auch heute und in Zukunft mit TAYLOR zu beschäftigen.

Das soll mit einem Beispiel im folgenden Abschnitt gefunden werden.

12.6.9 Von komplizierten zu vereinfachten Formeln

Der freie Fall mit Luftwiderstand wird nach Wikipedia (Stand März 2011) beschrieben durch die wahrhaft komplizierte Formel

(12.23) $$z(t) = -\frac{v_\infty^2}{g}\ln(\cosh(\frac{g\,t}{v_\infty} - \operatorname{artanh}(\frac{v_0}{v_\infty}))) + z_0$$

Dabei ist, um mit dem Einfachen anzufangen, t die Fallzeit und z der zurückgelegte Fallweg (wobei die z-Achse nach oben zeigt, deswegen das Minuszeichen). Die *Starthöhe* wird mit z_0 bezeichnet, und g ist die bekannte *Erdbeschleunigung*. Die *Startgeschwindigkeit* erhält das Formelzeichen v_0, und v_∞ ist die erreichte *Endgeschwindigkeit.*

Drei Funktionen sind in der Formel vertreten – die bekannte *Logarithmusfunktion ln* (siehe Seite 114) dazu der *Hyperbelkosinus cosh* (siehe Seite 113) und eine Funktion namens *ar tanh*. Letztere Funktion *ar tanh* ist die Umkehrfunktion zum *Hyperbeltangens tanh* :

(12.24) $$\tanh(x) = \frac{\sinh(x)}{\cosh(x)} = \frac{e^x - e^{-x}}{e^x + e^{-x}}$$

Bild 12.22 zeigt den *Graph des Hyperbeltangens* – es ist zu sehen, dass diese Funktion (im Gegensatz zum klassischen Tangens) einen ununterbrochenen Definitionsbereich hat und über dem ganzen Definitionsbereich *streng monoton wachsend* ist.

Mit Hilfe des Graphen vom Hyperbeltangens kann man sich – wie immer beim *Wechselspiel zwischen Funktion und Umkehrfunktion* (siehe Seite 151) – die Funktionswerte der Umkehrfunktion *ar tanh* überlegen:

(12.25) $$y = \operatorname{artanh}(x) \Leftrightarrow \text{gesucht ist } x \text{ mit } \tanh(x) = y$$

Die Umkehrfunktion *ar tanh* wird realisiert, indem ihr Argument im Graphen der Originalfunktion *tanh* auf der *senkrechten Achse* abgetragen und der zugehörige Wert auf der *waagerechten Achse* abgelesen wird.

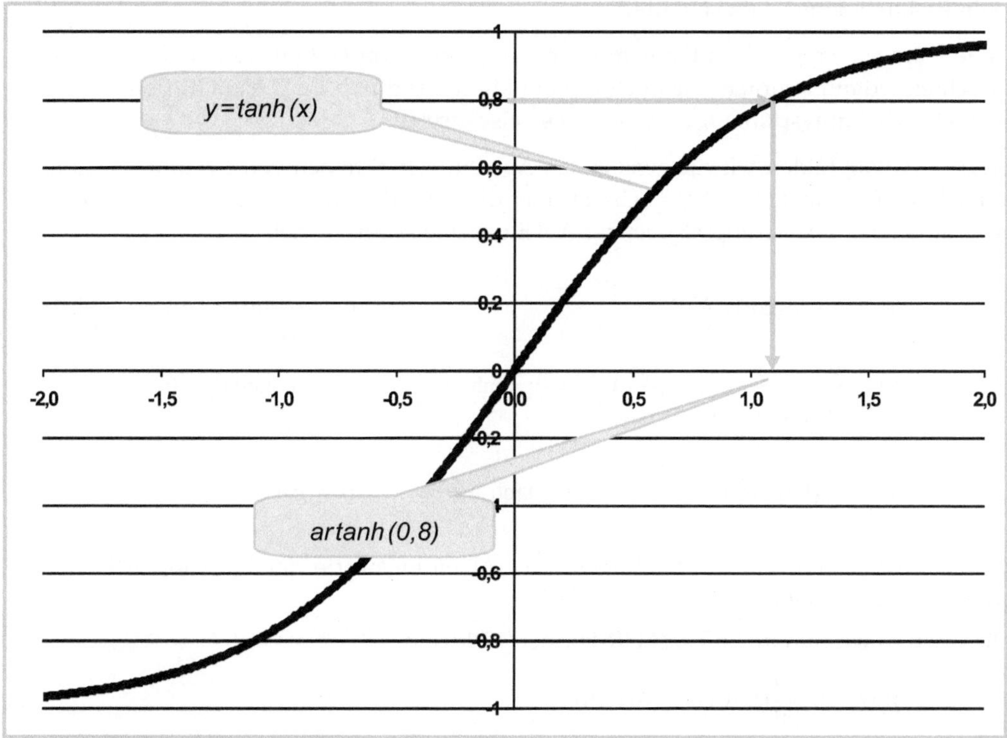

Bild 12.22: Hyperbeltangens und ein Wert seiner Umkehrfunktion

Durch anschauliche Überlegung am *Graphen des Hyperbeltangens* lassen sich die wesentlichen Eigenschaften seiner Umkehrfunktion *ar tanh* ablesen:

$$(12.26) \qquad \operatorname{ar\,tanh}(x) \begin{cases} <0 & & x<0 \\ =0 & \textit{für} & x=0 \\ >0 & & x>0 \end{cases}$$

Kehren wir nun zurück zur Formel (12.23) für den freien Fall mit Luftwiderstand und gehen davon aus, dass der Fall *ohne Anfangsgeschwindigkeit* beginnt (d. h. dass $v_0=0$ gilt) und dass der Fall im Koordinaten-Ursprung beginnt (d. h. Anfangs-Fallhöhe $z_0=0$).

Dann vereinfacht sich die Formel (12.23), weil der *ar tanh*-Term wegen 12.26 verschwindet:

$$(12.27) \qquad z_0 = v_0 = 0 \Rightarrow z(t) = -\frac{v_\infty^2}{g}\ln(\cosh(\frac{gt}{v_\infty}))$$

Trotzdem – wie sollen mit dieser nach wie vor komplizierten Beschreibung des Zusammenhanges zwischen Fallzeit und Fallhöhe (besser wäre eigentlich Fall*tiefe*) Diskussionen geführt werden?

Dem Praktiker kommt da eine Idee:

> Wie wäre es, wenn wir anfangs nur die Umgebung von $t=0$ (also *kurze Fallzeiten*) betrachten – dann könnten wir doch die Funktion $z(t)$ durch ihr TAYLOR-Polynom mit dem Entwicklungspunkt $t_0=0$ näherungsweise ersetzen?

Gesagt – getan: Bilden wir die zwei ersten Ableitungsfunktionen von $z(t)$ und setzen nach der TAYLOR-Formel (12.17) $t_0=0$ ein. Da hier die *Zeit t* die unabhängige Veränderliche ist, wird anstelle des Ableitungs*striches* der Ableitungs*punkt* verwendet:

$$z(t)=-\frac{v_\infty^2}{g}\ln(\cosh(\frac{gt}{v_\infty})) \qquad z(0)=-\frac{v_\infty^2}{g}\ln(\cosh(0))=-\frac{v_\infty^2}{g}\ln 1=0$$

(12.28) $$\dot{z}(t)=-\frac{v_\infty^2}{g}\frac{1}{\cosh(\frac{gt}{v_\infty})}\sinh(\frac{gt}{v_\infty})\frac{g}{v_\infty}=-v_\infty\tanh(\frac{gt}{v_\infty}) \qquad \dot{z}(0)=-v_\infty\tanh(0)=0$$

$$\ddot{z}(t)=-v_\infty(1-\tanh^2(\frac{gt}{v_\infty}))\frac{g}{v_\infty}=-g\cdot(1-\tanh^2(\frac{gt}{v_\infty})) \qquad \ddot{z}(0)=-g\cdot(1-\tanh^2(0))=-g$$

Ganz rechts stehen nun die Funktions- und Ableitungswerte der Funktion $z(t)$ im Entwicklungspunkt $t_0=0$.

Diese setzen wir nun in die TAYLOR-Formel (12.17) ein:

(12.29) $$\begin{aligned} p_2(t) &= 0+\frac{0}{1!}(t-0)+\frac{(-g)}{2!}(t-0)^2 \\ &= -\frac{g}{2}t^2 \end{aligned}$$

Was sagt der Praktiker nun dazu?

> In *erster Näherung*, wenn wir nur *kleine Fallhöhen* betrachten, können wir die komplizierte Fallzeitformel (12.27) ersetzen durch die bekannte *Formel für den freien Fall im Vakuum.*

Das aber ist es, was hier vorgebracht werden soll als *Legitimation für die dauerhafte Aufnahme der TAYLOR-Formel* in die Mathematik-Kurse des 21. Jahrhunderts:

> Mit der Methodik von TAYLOR ist es möglich, hochkomplizierte Formeln „in *erster Näherung*" zu ersetzen durch einfachere Formeln, die dann anschaulich gedeutet werden können.

13 Elemente der Integralrechnung

13.1 Das bestimmte Integral

Mit $y=f(x)$ sei ein funktioneller Zusammenhang zwischen der unabhängigen Veränderlichen x und der abhängigen Veränderlichen y beschrieben. Wir wollen zuerst annehmen, dass die Funktion $f(x)$ in ihrem ganzen Definitionsbereich $D(f)$ stetig sei (zu den Grundlagen vgl. Abschnitt 8 ab Seite 135). Weiter seien a und b zwei Zahlen aus dem Definitionsbereich der Funktion, und es gelte $a<b$.

Definition: Das mathematische Symbol

(13.01) $I = \int_a^b f(x)dx$

gesprochen als *bestimmtes Integral von a bis b über f,* beschreibt *eine Zahl,* die in bestimmtem Zusammenhang mit der gegebenen Funktion $y=f(x)$ steht. Die Funktion $f(x)$ wird als *Integrand* bezeichnet, a heißt untere und b heißt *obere Integrationsgrenze.*

Die grundsätzliche Bedeutung dieser *Zahl* lässt sich anhand des Graphen der Funktion $f(x)$ mit Bild 13.1 erklären.

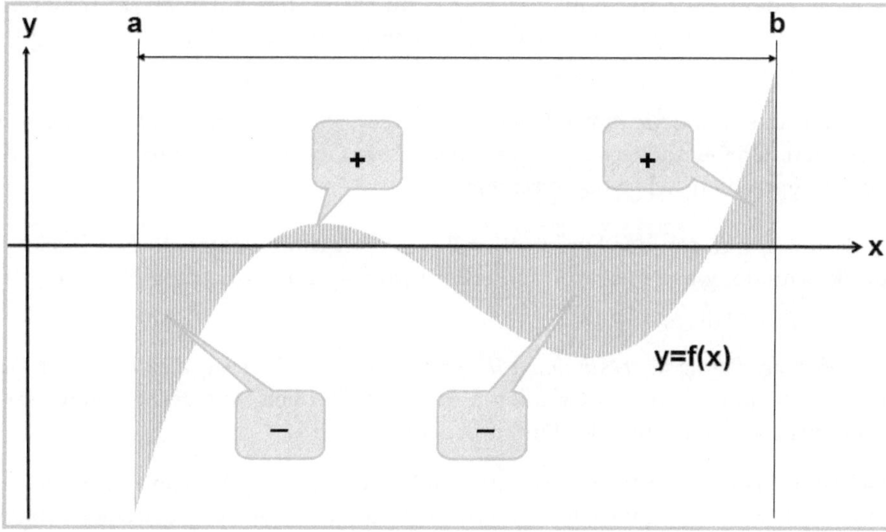

Bild 13.1: Bestimmtes Integral über f(x) von a bis b

Das bestimmte Integral von a bis b über $f(x)$ liefert eine auf bestimmte Weise zusammengesetzte *Summe von Inhalten aller Flächen,* die einerseits vom *Graphen der Funktion,* von der *waagerechten Achse* sowie von den Geraden $x=a$ und $x=b$ begrenzt sind.

Dabei werden die Flächenstücke *unterhalb* der waagerechten Achse *negativ* bewertet, die Flächenstücke *oberhalb* der waagerechten Achse *positiv*.

Kurz: Das bestimmte Integral fasst *vorzeichenbehaftete Flächeninhalte* zusammen.

Aus der Anschauung lassen sich die ersten *Eigenschaften bestimmter Integrale* feststellen:

1. Für $y=f(x)=1$ (ein *Polynom nullten Grades*, der Graph ist eine *Parallele zur waagerechten Achse*, siehe Abschn. 4.1.8 ab Seite 75) gilt offensichtlich

(13.02) $$\int_a^b 1\,dx = b-a$$

denn dann entsteht ein Rechteck mit den Seitenlängen $b-a$ und 1.

2. Ein bestimmtes Integral kann die Zahl *Null* liefern, ohne dass die Funktion $y=f(x)$ die *Nullfunktion* sein muss: Wenn die Flächenstücke oberhalb und unterhalb der waagerechten Achse absolut den gleichen Inhalt haben, dann heben sich offensichtlich die Anteile bei der Summation auf (Beispiel: Integral über $f(x)=x$ von $a=-1$ bis $b=+1$)

3. Das Integral über der Nullfunktion $y=f(x)=0$ liefert immer den Wert *Null*.

4. Stimmen *obere und untere Integrationsgrenze* überein, so gilt

(13.03) $$\int_a^a f(x)\,dx = 0$$

5. Besitzt der Graph der Funktion $y=f(x)$ im Integrationsintervall $[a,b]$ keine Schnittpunkte mit der waagerechten Achse (Berührungspunkte sind möglich) und gilt weiter

$f(x) \geq 0$ für alle $x \in [a,b]$,

so liefert das *bestimmte Integral von a bis b über f(x)* den *Inhalt der Fläche*, die rechts und links von den Geraden $x=a$ und $x=b$, oben vom Graphen der Funktion und unten von der waagerechten Achse begrenzt wird.

6. Besitzt der Graph der Funktion $y=f(x)$ im Integrationsintervall $[a,b]$ keine Schnittpunkte mit der waagerechten Achse (Berührungspunkte sind möglich) und gilt weiter

$f(x) \leq 0$ für alle $x \in [a,b]$,

so liefert *der Betrag des bestimmten Integrals von a bis b über f(x)* den *Inhalt der Fläche*, die rechts und links von den Geraden $x=a$ und $x=b$, oben von der waagerechten Achse und unten vom Graphen der Funktion begrenzt wird.

Nachdem das bestimmte Integral anschaulich erklärt wurde, kann nun auch mitgeteilt werden, dass die eingangs formulierte *Stetigkeitsvoraussetzung* durchaus abgeschwächt werden kann:

Bestimmte Integrale können auch über Funktionen berechnet werden, die im Integrations-Intervall $[a,b]$ endlich viele endliche Sprünge besitzen.

13.2 Berechnung bestimmter Integrale: Theorie

Der *Wert eines bestimmten Integrals* ergibt sich – aus der Definition unmittelbar folgend – als Ergebnis einer recht anspruchsvollen *Grenzwertbetrachtung*.

Dafür wird zuerst das Integrationsintervall $[a,b]$ gedanklich in n Teilintervalle unterteilt, wobei die untere Integrationsgrenze a als x_0 und die obere Integrationsgrenze b als x_n bezeichnet wird:

(13.04a) $$a=x_0<x_1<x_2<\ldots<x_{n-1}<x_n=b$$

Dadurch entstehen n Teilintervalle mit den Längen Δ_0 bis Δ_{n-1} :

(13.04b) $$\Delta_0=x_1-x_0,\ \Delta_1=x_2-x_1,\ldots,\ \Delta_{n-1}=x_n-x_{n-1}$$

Mit $f_k{}^U$ wird nun der *kleinste Wert* des Integranden $f(x)$ über dem Intervall $[x_k,x_{k+1}]$ bezeichnet $(k=0,\ldots,n-1)$, $f_k{}^O$ dagegen bezeichne den jeweils *größten Wert* des Integranden über dem gleichen Intervall:

(13.05) $$f_k^U=\min_{x_k\le x\le x_{k+1}} f(x)\ ,\qquad f_k^O=\max_{x_k\le x\le x_{k+1}} f(x)\ ,\qquad k=0,\ldots,n-1$$

Anschließend werden aus den Produkten von Intervall-Länge und Intervall-Minimum bzw. Intervall-Maximum zwei *endliche Summen* gebildet – die *Untersumme* S_U und die *Obersumme* S_O:

(13.06) $$S_U=\sum_{k=0}^{n-1} f_k^U\cdot\Delta x_k\ ,\qquad S_O=\sum_{k=0}^{n-1} f_k^O\cdot\Delta x_k$$

Beide Summen – in dem folgenden Beispiel wird es näher erklärt – sind als *Summen von Rechteckflächen* in der Regel jeweils kleiner bzw. größer als der gesuchte Wert des bestimmten Integrals.

Offensichtlich hängen beide Summen von der gewählten Anzahl n der Teilintervalle ab. Für immer größeres n können sie sich von unten und von oben dem gesuchten Integralwert immer weiter annähern. Findet diese Annäherung tatsächlich statt, so wird dadurch der Begriff des *bestimmten Integrals* definiert:

Definition: Existieren die beiden Grenzwerte

(13.07/08) $$S_U^\infty=\lim_{n\to\infty}\sum_{k=0}^{n-1} f_k^U\cdot\Delta x_k\ ,\qquad S_O^\infty=\lim_{n\to\infty}\sum_{k=0}^{n-1} f_k^O\cdot\Delta x_k$$

und stimmen sie überein

(13.09) $$S_U^\infty=\lim_{n\to\infty}\sum_{k=0}^{n-1} f_k^U\cdot\Delta x_k=\lim_{n\to\infty}\sum_{k=0}^{n-1} f_k^O\cdot\Delta x_k=S_O^\infty$$

so wird der *gemeinsame Grenzwert* als *bestimmtes Integral von a bis b über f(x)* bezeichnet:

(13.10) $$\int_a^b f(x)dx=\lim_{n\to\infty}\sum_{k=0}^{n-1} f_k^U\cdot\Delta x_k=\lim_{n\to\infty}\sum_{k=0}^{n-1} f_k^O\cdot\Delta x_k$$

Ein ausführliches *Beispiel* soll das Vorgehen illustrieren: Gesucht ist der Wert des bestimmten Integrals

(13.11) $$\int_1^4 (x-2)\,dx=0$$

Der Integrand *y=f(x)=x-2* ist ein *Polynom ersten Grades,* sein Graph ist eine parallel zur Winkelhalbierenden des ersten Quadranten ansteigende *Gerade,* die die waagerechte Achse bei $x=2$ schneidet.

Der Wert des bestimmten Integrals ergibt sich folglich aus der *negativ bewerteten Dreiecksfläche zwischen 1 und 2* und der *positiv bewerteten Dreiecksfläche zwischen 2 und 4.* In Bild 13.2 ist diese Situation dargestellt.

Wer die Formel für die *Berechnung von Dreiecksflächen* $F=g\cdot h/2$ kennt, kann damit elementar feststellen, dass sich für das bestimmte Integral der *Zahlenwert 1,5* ergeben muss:

Das oberhalb der waagerechten Achse liegende Dreieck hat den *Flächeninhalt 2,* während das kleinere Dreieck unterhalb der Achse den (davon abzuziehenden) *Flächeninhalt 0,5* hat.

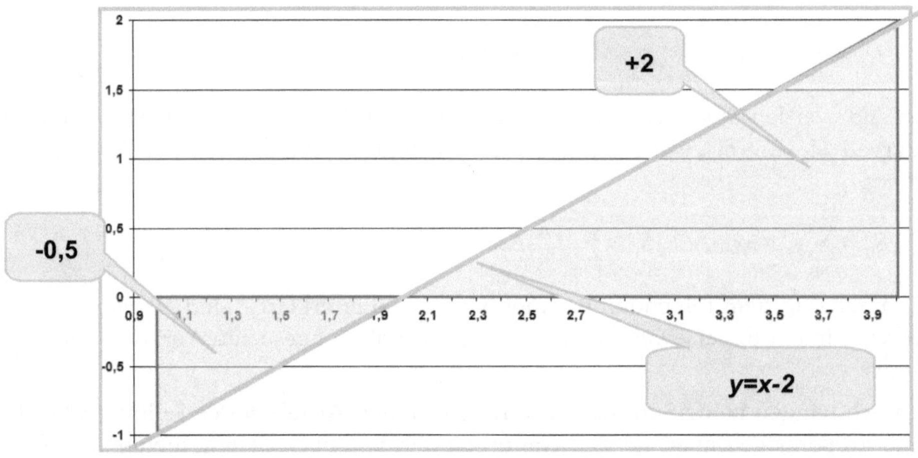

Bild 13.2: Bestimmtes Integral von 1 bis 4 über y=x-2

Teilen wir nun zur Anwendung der Definition von Seite 21 das Integrationsintervall *[1,4]* zuerst in *30 gleiche Teile* der Länge $\Delta x=0{,}1$. Dann ergeben sich mit

(13.12) $$x_0=1 \quad x_1=1{,}1 \quad x_2=1{,}2 \quad \ldots \quad x_{29}=3{,}9 \quad x_{30}=4$$

die *31* Randpunkte der Teilintervalle.

Die *Untersumme* nach (13.06) wird gebildet, indem die *Funktionswerte der dreißig linken Teilintervall-Randwerte* jeweils mit Δx multipliziert werden, denn wegen der strengen Monotonie nimmt der Integrand seinen kleinsten Wert stets am linken Rand des Intervalls an:

(13.13) $$S_U=\sum_{k=0}^{29}(x_k-2)\Delta x$$

Bild 13.3 lässt erkennen, dass die so gebildete *Untersumme* tatsächlich die Summe der Flächeninhalte F_0, F_1, ... , F_{29} derjenigen Rechtecke ist, die mit den *linken* Teilintervallrändern gebildet werden.

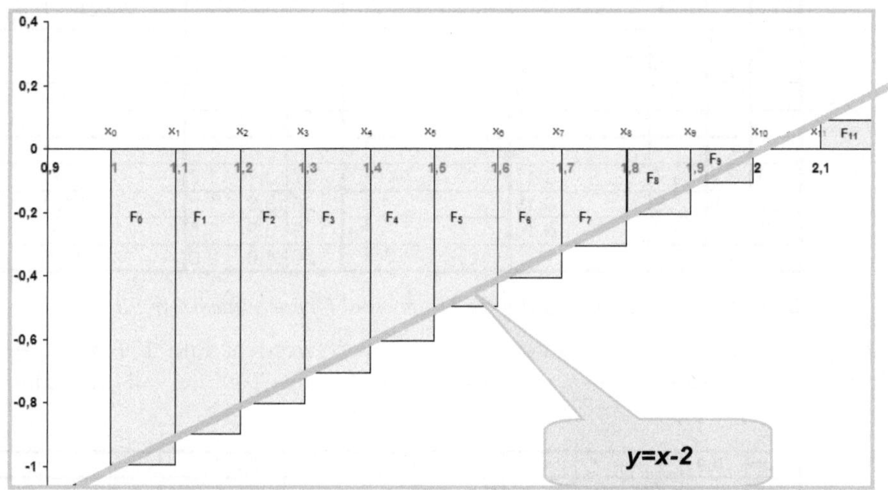

Bild 13.3: Untersumme

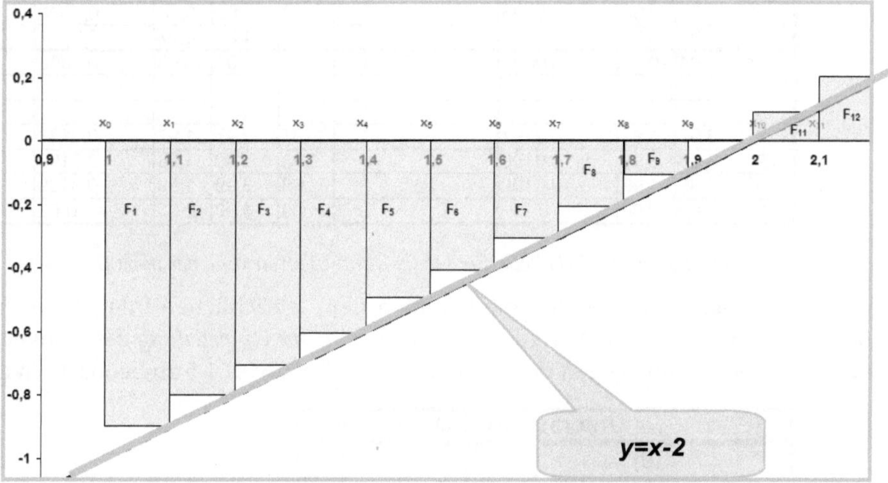

Bild 13.4: Obersumme

Demgegenüber entsteht die *Obersumme* nach (13.06) aus den dreißig *Flächeninhalten der Rechtecke,* die mit den *rechten Teilintervallrändern* gebildet werden:

(13.14) $$S_O = \sum_{k=1}^{30} (x_k - 2)\Delta x$$

Die jeweils dreißig Rechteck-Flächeninhalte, die zu Unter- und Obersumme führen, lassen sich mit Hilfe einer Excel-2003-Tabelle berechnen.

Bild 13.5 zeigt Anfang und Ende dieser Tabelle. Dabei ist auch erkennbar, dass die ersten zehn Teilflächen tatsächlich negativ in die Bilanz eingehen.

Δx=	0,1					Δx=	0,1			
i	x_i	$f(x_i)$	$F_i=f(x_i)\Delta x$	Untersumme		i	x_i	$f(x_i)$	$F_i=f(x_i)\Delta x$	Obersumme
0	1,0	-1,0	-0,1	**1,35**		0	1,0	-1,0		**1,65**
1	1,1	-0,9	-0,09			1	1,1	-0,9	-0,09	
2	1,2	-0,8	-0,08			2	1,2	-0,8	-0,08	
27	3,7	1,7	0,17			27	3,7	1,7	0,17	
28	3,8	1,8	0,18			28	3,8	1,8	0,18	
29	3,9	1,9	0,19			29	3,9	1,9	0,19	
30	4,0	2,0				30	4,0	2,0	0,2	

Bild 13.5: Excel-2003-Tabelle für Unter- und Obersumme bei n=30

Nun soll die Anzahl der Teilintervalle vergrößert werden: Bild 13.6 zeigt einen Ausschnitt der Excel-Tabelle für $n = 300$, die Länge Δx jedes Teilintervalls reduziert sich auf $\Delta x = 0{,}013$.

Δx=	0,01					Δx=	0,01			
i	x_i	$f(x_i)$	$F_i=f(x_i)\Delta x$	Untersumme		i	x_i	$f(x_i)$	$F_i=f(x_i)\Delta x$	Obersumme
0	1,00	-1,00	-0,01	**1,485**		0	1,00	-1,00		**1,515**
1	1,01	-0,99	-0,0099			1	1,01	-0,99	-0,0099	
2	1,02	-0,98	-0,0098			2	1,02	-0,98	-0,0098	
3	1,03	-0,97	-0,0097			3	1,03	-0,97	-0,0097	
4	1,04	-0,96	-0,0096			4	1,04	-0,96	-0,0096	
297	3,97	1,97	0,0197			297	3,97	1,97	0,0197	
298	3,98	1,98	0,0198			298	3,98	1,98	0,0198	
299	3,99	1,99	0,0199			299	3,99	1,99	0,0199	
300	4,00	2,00				300	4,00	2,00	0,02	

Bild 13.6: Excel-2003-Tabelle für Unter- und Obersumme bei n=300

Sowohl Unter- als auch Obersumme kommen dem tatsächlichen Integralwert näher. In Bild 13.7 ist dargestellt, wie *mit weiterer Verfeinerung der Unterteilung* die Konvergenz von Unter- und Obersumme gegen den gemeinsamen Grenzwert 1,5 zu beobachten ist.

n	Untersumme	Obersumme
30	1,35	1,65
300	1,485	1,515
3000	1,4985	1,5015
30000	1,49985	1,50015
300000	1,499985	1,500015
3000000	1,4999985	1,5000015
30000000	1,49999985	1,50000015
300000000	1,499999985	1,500000015
3000000000	1,499999999	1,500000002

Bild 13.7: Konvergenz von Unter- und Obersumme

Bemerkung: Jeder Excel-2003-Kenner wird beim Ansehen der Tabelle in Bild 13.7 kritisch feststellen, dass die Summenwerte nur bis maximal $n = 30000$ tatsächlich durch das Eintragen der Randwerte der Teilintervalle und Summation in der Tabelle möglich sind.

Mehr Zeilen bietet Excel nicht an. Wo kommen die anderen Zahlen für größere *n* her?

Erklärung: Mit analytischen Mitteln lässt sich unter Verwendung der Summenformel für die arithmetische Reihe herleiten, dass für Unter- und Obersumme in Abhängigkeit von *n* allgemeine Formeln gelten:

(13.15) $$S_U = \frac{3}{2} - \frac{9}{2n}$$

(13.16) $$S_O = \frac{3}{2} + \frac{9}{2n}$$

Aus Gründen der Platzersparnis soll diese Herleitung hier nicht vorgeführt werden, interessierte Leserinnen und Leser können diese unter `Leserservice` auf www.w-g-m.de finden.

Fassen wir zusammen: Die *Zahl*, die wir als *bestimmtes Integral* kennen gelernt haben und die sich in der Bedeutung als *vorzeichenbehafteter Flächeninhalt* zeigt, ist definiert durch einen *gemeinsamen Grenzwert*, dessen Ermittlung keinesfalls einfach ist.

Wenn schon ein solcher Aufwand für diesen sehr einfachen Integranden $f(x)=x-2$ zu treiben ist, was soll dann erst bei anspruchsvolleren Funktionen nötig sein?

Wie kann man in der *Praxis* zu *Zahlenwerten bestimmter Integrale* kommen?

Erinnern wir uns dazu an das frühere Vorgehen zur Bestimmung einer anderen Zahl, den *ersten Ableitungswert* einer Funktion $y'(x_0)$ an einer gegebenen Stelle x_0 (siehe Abschnitt 11.3 ab Seite 183). Auch dort war es so, dass diese *Zahl* nach Definition über einen *Grenzwert* bestimmt werden sollte. Auch das war nicht einfach.

Doch für die Praxis fand sich ein anderer Weg, scheinbar schien es ein Umweg zu sein: Es wurde nach den *Regeln der Differentialrechnung* zuerst eine *Funktion*, nämlich die *erste Ableitungsfunktion* $y'=f'(x)$ ermittelt, durch Einsetzen ergab sich daraus die gesuchte Zahl.

Später stellte sich heraus, dass die *erste Ableitungsfunktion* $y'=f'(x)$ durchaus zu vielen weiteren wertvollen Schlussfolgerungen brauchbar ist: So können mit ihrer Hilfe *Monotonieintervalle* der gegebenen Funktion und *Stellen mit waagerechter Tangente* ermittelt werden, um nur die wichtigsten Anwendungsgebiete zu nennen.

Kehren wir zurück zu unserer *bestimmten Integrationsaufgabe*, auch hier ist es die *Suche nach einer Zahl*:

In der Praxis geht man auch hier so vor, dass man zuerst *versucht*, eine bestimmte *Funktion*, nämlich eine *Stammfunktion*, zum gegebenen Integranden zu ermitteln.

Das geschieht nach den *Regeln der Integralrechnung*, die im Abschnitt 13.3 ab Seite 228 erklärt werden. Man beachte aber unbedingt die Vokabel „Versuch“ – es ist keinesfalls selbstverständlich, dass immer eine Stammfunktion gefunden werden kann. Nähere Ausführungen dazu finden sich im Abschnitt 13.5 auf Seite 240.

Mit Hilfe einer *Stammfunktion* kann dann durch *Einsetzen der Grenzen* der Zahlenwert des bestimmten Integrals gefunden werden (siehe Abschnitt 13.3.1).

Auch in diesem Fall wird sich später herausstellen, dass die Stammfunktionen nicht nur als *Hilfsmittel zur bestimmten Integration* brauchbar sind, sondern – insbesondere bei der Lösung von *Differentialgleichungen* – ein breites Anwendungsgebiet finden.

Nachdem im folgenden Kapitel die *Regeln der Integralrechnung zur Bestimmung von Stammfunktionen* erklärt werden, wird dann – der Definition des bestimmten Integrals folgend – im Abschnitt 14 ab Seite 241 für alle Interessenten nachvollzogen, wie Fragen der Technik mit Hilfe bestimmter Integrale beantwortet werden können.

13.3 Berechnung bestimmter Integrale: Praxis

13.3.1 Hauptsatz der Differential- und Integralrechnung

Gesucht ist der Wert des bestimmten Integrals

(13.17) $$I=\int_a^b f(x)dx$$

also *eine* bestimmte *Zahl*. Nehmen wir an, die Funktion *F(x)* sei eine *Stammfunktion* des Integranden *f(x)* – der Begriff der Stammfunktion wird auf Seite 229 erklärt.

Dann gilt nach dem so genannten *Hauptsatz der Differential- und Integralrechnung*

(13.18) $$\int_a^b f(x)dx=F(b)-F(a)\ ,$$

d. h., der Wert des bestimmten Integrals ergibt sich aus der *Differenz der Funktionswerte dieser Stammfunktion* an oberer und unterer Integrationsgrenze (siehe z. B. [1]).

Bezeichnung: Für die *Differenz der Funktionswerte einer Stammfunktion* pflegt man allgemein eine abkürzende Bezeichnung zu verwenden:

(13.19) $$F(b)-F(a)=[F(x)]_a^b$$

Wenden wir das soeben Gelernte auf unser Beispiel von Seite 224 aus dem Abschnitt 13.2 an:

Für unseren Integranden *f(x)=x-2* kann man die folgende Stammfunktion finden (der Beweis dafür wird bald geführt werden):

(13.20) $$F(x)=\frac{x^2}{2}-2x$$

Folglich erhalten wir aus (13.18) bzw. (13.19) die Beziehung

(13.21) $$\int_1^4 (x-2)dx=[\frac{x^2}{2}-2x]_1^4=[\frac{4^2}{2}-2\cdot 4]-[\frac{1^2}{2}-2\cdot 1]=0-[-\frac{3}{2}]=\frac{3}{2}=1{,}5$$

Fassen wir zusammen: Kennt man eine Stammfunktion *F(x)* des Integranden *f(x)*, dann kann die Aufgabe, den Wert eines *bestimmten Integrals* zu ermitteln, grundsätzlich als gelöst betrachtet werden.

Denn dann sind lediglich die beiden *Funktionswerte der Stammfunktion F(b)* und *F(a)* zu berechnen und voneinander zu subtrahieren.

Wenden wir uns nun der Begriffsklärung zu – was versteht man unter einer *Stammfunktion F(x)* zu einer gegebenen Funktion *f(x)* ?

13.3.2 Stammfunktionen und das unbestimmte Integral

Definition: Eine Funktion *F(x)* heißt *Stammfunktion* zu einer gegebenen Funktion *f(x)*, wenn gilt

(13.22) $$F'(x) = \frac{d}{dx}F(x) = f(x)$$

In Worten:

Jede Funktion *F(x)*, deren erste Ableitungsfunktion *F'(x)* gleich der gegebenen Funktion *f(x)* ist, ist eine Stammfunktion zu *f(x)*.

Damit lässt sich schon der Nachweis führen, dass wir das bestimmte Integral unseres Beispiels (13.21) korrekt berechnet hatten. Denn nach den Regeln der Differentialrechnung (siehe Abschnitt 11.4 auf Seite 184) gilt:

(13.23) $$\frac{d}{dx}\left(\frac{x^2}{2}-2x\right) = \left(\frac{x^2}{2}-2x\right)' = \frac{2x}{2}-2 = x-2$$

Wir haben also in (13.21) tatsächlich eine Stammfunktion von $f(x)=x-2$ verwendet.

Mit der obigen Definition wird auch verständlich, warum bisher nicht von *der* Stammfunktion, sondern von *einer* Stammfunktion die Rede war.

Offensichtlich haben neben *einer* gegebenen Stammfunktion *F(x)* auch alle die *unendlich vielen* Funktionen *F(x)+C*, die sich von *F(x)* nur durch eine *additive Konstante* unterscheiden, die Eigenschaft einer Stammfunktion, denn es gilt

(13.24) $$(F(x)+C)' = F'(x) = f(x)$$

Das führt uns zu dem Begriff des *unbestimmten Integrals.*

Die *Menge aller Stammfunktionen F(x)* zu einer gegebenen Funktion *f(x)* wird *unbestimmtes Integral über f(x)* genannt.

Das unbestimmte Integral, wird mit dem *Integralzeichen ohne Grenzen* symbolisiert:

(13.25) $$\{F(x) \mid F'(x) = f(x)\} = \int f(x)\,dx$$

Zugegeben – es ist nicht leicht zu unterscheiden: Während die Aufgabe, ein *bestimmtes Integral* zu berechnen, darin besteht, eine *Zahl* zu ermitteln, führt das *unbestimmte Integral* zu einer *unendlichen Funktionenmenge*. Wobei sich die Elemente dieser Menge nur durch eine additive Konstante unterscheiden.

Die Aufgabenstellung: Gegeben ist eine Funktion $y=f(x)$. Man ermittle das unbestimmte Integral

(13.26) $\int f(x)dx=\{F(x)|F'(x)=f(x)\}$

bedeutet folglich, dass versucht werden soll, für alle Stammfunktionen von $f(x)$ eine *Funktionsformel* anzugeben.

Sehen wir uns dazu ein paar Beispiele an, die als so genannte *Grundintegrale* in jeder Formelsammlung zu finden sind.

(13.27) $\int x^n\,dx=\frac{x^{n+1}}{n+1}+C$, denn $(\frac{x^{n+1}}{n+1}+C)'=x^n \quad n\neq -1$

(13.28) $\int e^x\,dx=e^x+C$, denn $(e^x+C)'=e^x$

(13.29) $\int e^{-x}\,dx=-e^{-x}+C$, denn $(-e^{-x}+C)'=e^{-x}$

(13.30) $\int a^x\,dx=\frac{a^x}{\ln a}+C$, denn $(\frac{a^x}{\ln a}+C)'=a^x$

(13.31) $\int \sin x\,dx=-\cos x+C$, denn $(-\cos x+C)'=\sin x$

(13.32) $\int \cos x\,dx=\sin x+C$, denn $(\sin x+C)'=\cos x$

Die Regel (13.27) gilt *nicht für n=-1*, aber sie gilt auch für *gebrochene Exponenten*:

(13.33) $\int\sqrt{x}\,dx=\int x^{\frac{1}{2}}\,dx=\frac{x^{\frac{1}{2}+1}}{\frac{1}{2}+1}+C=\frac{x^{\frac{3}{2}}}{\frac{3}{2}}+C=\frac{2}{3}\sqrt{x^3}+C$, denn $(\frac{2}{3}\sqrt{x^3}+C)'=x^{\frac{1}{2}}=\sqrt{x}$

In Regel (13.27) musste der Fall

(13.34) $\int x^{-1}\,dx=\int\frac{1}{x}\,dx$

ausgeschlossen werden. Untersuchen wir ihn gesondert.

Wie heißen die (unendlich vielen) Funktionen, deren erste Ableitungsfunktion zu diesem Integranden $1/x$ führen?

Spontan ist man geneigt, sofort die folgende Aussage zu treffen:

(falsch) $\int \frac{1}{x} dx = \ln x + C$, denn $(\ln x + C)' = \frac{1}{x}$

Doch das ist *falsch*, deswegen erhielt diese Formel auch keine Nummer. Wo liegt der Fehler?

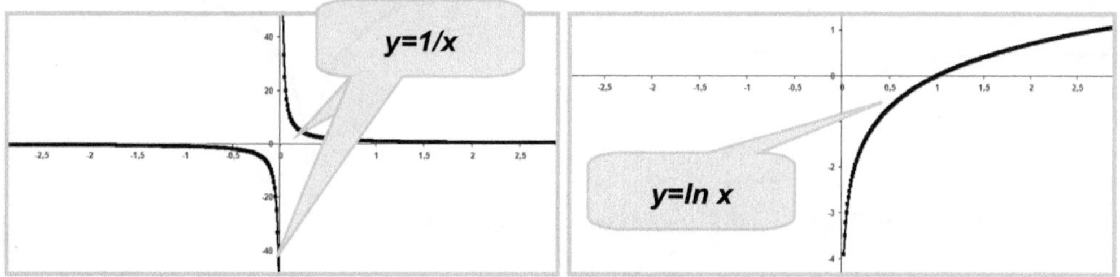

Bild 13.8a / 13.8b: Graphen von $1/x$ und ln x

Betrachten wir die Funktion $y = \ln x + C$ mit $C = 0$. Auch sie müsste Stammfunktion sein. Ein Blick auf die Graphen von $1/x$ und $\ln x$ in den Bildern 13.08a/b zeigt es aber deutlich: Der Logarithmus liefert beim Differenzieren lediglich die *rechte Hälfte* des Graphen von $1/x$.

Keine der Funktionen $F(x) = \ln x + C$ kann folglich Stammfunktion zu $f(x) = 1/x$ sein.

Um zu einer Stammfunktion von $f(x) = 1/x$ zu kommen, benötigt man also eine Funktion, die *links und rechts von der senkrechten Achse definiert* ist und deren Tangenten im linken Teil anfangs fast waagerecht sind und dann immer steiler nach unten zeigen.

Den Graph dieser Funktion erhält man, indem *der Graph des Logarithmus an der senkrechten Achse gespiegelt* wird. Wie den Ausführungen zu den „verwandten Funktionen" in Abschnitt 7 ab Seite 123 zu entnehmen ist, ergibt sich für das unbestimmte Integral, die Menge der Stammfunktionen von $f(x)=1/x$, demnach die folgende Darstellung:

(13.35) $$\int \frac{1}{x} dx = \begin{cases} \text{für } x>0: \ln x + C \\ \text{für } x<0: \ln(-x) + C \end{cases}, \text{ denn } \begin{cases} \text{für } x>0: (\ln x + C)' = \frac{1}{x} \\ \text{für } x<0: (\ln(-x) + C)' = \frac{1}{x} \end{cases}$$

Offensichtlich ist dies eine ziemlich umständliche Beschreibung der Menge der Stammfunktionen zum Integranden $f(x) = 1/x$.

Unter Verwendung von *Betragsstrichen* lässt sich die Beziehung (13.35) viel einfacher schreiben:

(13.36) $$\int \frac{1}{x} dx = \ln|x| + C, \text{ denn } \begin{cases} \text{für } x>0: (\ln|x| + C)' = (\ln x + C)' = \frac{1}{x} \\ \text{für } x<0: (\ln|x| + C)' = (\ln(-x) + C)' = \frac{1}{x} \end{cases}$$

In den Bildern 13.09a und 13.09b ist zusammengestellt, dass der Graph der Funktion $F(x) = \ln|x|$ tatsächlich links und rechts der senkrechten Achse existiert.

Und die erste Ableitungsfunktion von $F(x) = \ln|x|$ (die allerdings, wie in (13.36) vorgeführt, erst *nach Auflösung der Beträge* gebildet werden kann) liefert in der Tat den Integranden $f(x) = 1/x$.

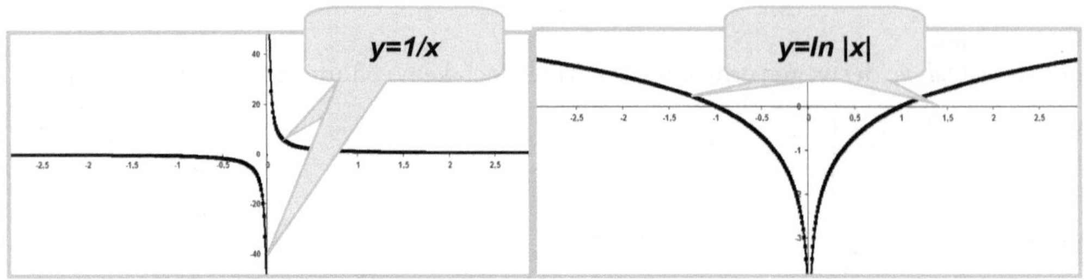

Bild 13.9a/b: Graphen der Funktionen $1/x$ *und* $\ln|x|$

13.3.3 Erste Integrationsregeln

Bevor einige wichtige Regeln vorgestellt werden, mit deren Hilfe man *versuchen* kann, die Menge der Stammfunktionen $F(x)+C$ zu einem gegebenen Integranden $f(x)$ durch eine *Funktionsformel* zu beschreiben, muss mitgeteilt werden, dass solche Versuche *keinesfalls immer* zum Ziel führen müssen.

So ist zum Beispiel die Berechnung des unbestimmten Integrals

(13.37) $$\int e^{-x^2}\,dx$$

nicht möglich, das heißt, es gibt nachweisbar keine *Funktionsformel* für die Stammfunktion $F(x)$, so dass nach den Regeln der Differentialrechnung

(13.38) $$F'(x) = e^{-x^2}$$

erhalten werden könnte. Auch sonst ist es keinesfalls sicher, dass *zu jedem Integranden* die zugehörige Menge der Stammfunktionen *formelmäßig* angebbar ist. Dadurch unterscheidet sich die *Integralrechnung* sehr wesentlich von der *Differentialrechnung*:

Differenzieren ist Handwerk, Integrieren ist Kunst.

Lernen wir nun die ersten beiden Regeln kennen, mit deren Hilfe jeweils *der Versuch* gestartet werden kann, eine Integrationsaufgabe zu lösen.

Als erstes ist wegen des Zusammenhanges zwischen Differential- und Integralrechnung offensichtlich, dass die so genannte *Faktor- und Summenregel* (13.39) gilt, wobei α und β reelle Zahlen seien:

(13.39) $$\int [\alpha \cdot f(x) + \beta \cdot g(x)]\,dx = \alpha \cdot \int f(x)\,dx + \beta \cdot \int g(x)\,dx$$

Mit Hilfe dieser Regel können wir unsere Stammfunktion (13.20) nachrechnen:

(13.40) $$\int (x-2)\,dx = \int [1 \cdot x^1 + (-2) \cdot x^0]\,dx = 1 \cdot \int x^1\,dx + (-2) \cdot \int x^0\,dx = 1 \cdot \frac{x^2}{2} + (-2) \cdot \frac{x^1}{1} = \frac{x^2}{2} - 2x$$

Die nächste Integrationsregel lässt sich aus der bekannten *Produktregel der Differentialrechnung* ableiten:

(13.41) $(u(x)\cdot v(x))' = u'(x)\cdot v(x) + u(x)\cdot v'(x) \Rightarrow u'(x)\cdot v(x) = (u(x)\cdot v(x))' - u(x)\cdot v'(x)$

Werden beide Seiten unbestimmt integriert und wird dabei berücksichtigt, dass die unbestimmte Integration die *Umkehrung der Differentiation* ist, dann erhält man damit die *Regel der partiellen Integration:*

(13.42) $\int u'(x)\cdot v(x)\,dx = u(x)\cdot v(x) - \int u(x)\cdot v'(x)dx$

Diese Regel findet immer dann Anwendung, wenn der Integrand sich als *Produkt* darstellt und *einer der beiden Faktoren sich leicht integrieren* lässt. Wichtig ist dabei, dass das *neu entstehende Integral* einfacher sein muss als das ursprünglich gegebene:

(13.43)
$$\int x\cdot \ln x\,dx = \ldots \left\{\begin{matrix} u'=x & \Rightarrow u=\frac{x^2}{2} \\ v=\ln x & \Rightarrow v'=\frac{1}{x} \end{matrix}\right\} \ldots = \frac{x^2}{2}\cdot \ln x - \int \frac{x^2}{2}\cdot\frac{1}{x}dx =$$
$$= \frac{x^2}{2}\cdot \ln x - \frac{1}{2}\int x\,dx = \frac{x^2}{2}\cdot \ln x - \frac{1}{2}\cdot\frac{x^2}{2} + C = \frac{x^2}{2}(\ln x - \frac{1}{2}) + C$$

Die Richtigkeit dieser gefundenen Stammfunktionen lässt sich durch Bilden der *ersten Ableitungsfunktion* nachweisen.

Bisweilen verwendet man die *Regel der partiellen Integration* auf originelle Art, um mit der Suche nach einer *Funktionsformel der Stammfunktionen* erfolgreich sein zu können. Sehen wir uns dazu zwei typische Beispiele an:

(13.44)
$$\int \ln x\,dx = \int 1\cdot \ln x\,dx = \ldots \left\{\begin{matrix} u'=1 & \Rightarrow u=x \\ v=\ln x & \Rightarrow v'=\frac{1}{x} \end{matrix}\right\} \ldots = x\cdot \ln x - \int x\cdot\frac{1}{x}\,dx = x\cdot(\ln x - 1) + C$$

Der *Trick* bestand hier darin, dass der Faktor 1 eingefügt und integriert wurde.

(13.45)
$$\int \sin^2 x\,dx = \int \sin x\cdot \sin x\,dx = \ldots \left\{\begin{matrix} u'=\sin x \Rightarrow u=-\cos x \\ v=\sin x \Rightarrow v'=\cos x \end{matrix}\right\} \ldots$$
$$\Rightarrow \int \sin^2 x\,dx = -\sin x\cos x + \int \cos^2 x\,dx = -\sin x\cos x + \int [1-\sin^2 x]dx$$
$$\Rightarrow \int \sin^2 x\,dx = -\sin x\cos x + x - \int \sin^2 x\,dx$$
$$\Rightarrow 2\int \sin^2 x\,dx = -\sin x\cos x + x$$
$$\Rightarrow \int \sin^2 x\,dx = \frac{1}{2}(-\sin x\cos x + x) + C$$

In (13.45) ergab sich, dass das gesuchte Integral über das Quadrat der Sinusfunktion in der dritten Zeile plötzlich *sowohl links als auch rechts* auftritt, das führt zum Ergebnis.

Solche *Tricks und Kniffe* sind nicht selten nötig, um zur *Lösung von Integrationsaufgaben* zu kommen, und es soll deshalb noch einmal wiederholt werden:

Differenzieren ist Handwerk, Integrieren ist Kunst.

13.3.4 Substitution, Transformation der Grenzen

Die wichtigste Integrationsmethode ist zweifellos die *Substitutionsmethode*, die immer dann angewandt wird, wenn eines der in den Formeln (13.27) bis (13.33) auf Seite 230 gegebenen *Grundintegrale* angestrebt wird.

Sehen wir uns das Vorgehen an einem Beispiel an. Gesucht ist das unbestimmte Integral

(13.46) $\int\sqrt{3x-4}\,dx\,.$

Angestrebt wird das Grundintegral (13.33), deshalb wird der Wurzel*inhalt* substituiert. Dafür wird hier der Buchstabe u verwendet und auf die linke Seite einer Gleichung geschrieben:

(13.47) $u=3x-4$

Nun folgen die drei *Regeln der Substitution*:

13. Die linke Seite wird nach u differenziert, das Symbol du wird „als Faktor" daneben geschrieben.

2. Die rechte Seite wird nach x differenziert, das Symbol dx wird „als Faktor" daneben geschrieben:

3. Die entstandene Gleichung wird nach dem Symbol dx formal aufgelöst

(13.48)
$$\begin{aligned}(u)'du&=(3x-4)'dx\\ 1\cdot du&=3\cdot dx\\ dx&=\frac{du}{3}\end{aligned}$$

Nach dem Einsetzen von (13.47) und der letzten Zeile von (13.48) wird sich zeigen, ob die Substitution zum Erfolg führen kann:

(13.49) $$\int\sqrt{3x-4}\,dx=\int\sqrt{u}\frac{du}{3}=\frac{1}{3}\int\sqrt{u}\,du$$

Tatsächlich, sie war erfolgreich. Denn nun *gibt es die Unbekannte x nicht mehr* unter dem Integralzeichen, und außerdem ist das *Grundintegral* (13.33) entstanden.

Es kann gelöst werden, und zum Schluss erfolgt die *Rücksubstitution*, die zur gesuchten formelmäßigen Beschreibung der Menge der Stammfunktionen führt:

(13.50) $$\frac{1}{3}\int\sqrt{u}\,du=\frac{1}{3}\int u^{\frac{1}{2}}\,du=\frac{1}{3}\cdot\frac{u^{\frac{3}{2}}}{\frac{3}{2}}+C=\frac{2}{9}\sqrt{u^3}+C=\frac{2}{9}\sqrt{(3x-4)^3}+C$$

Es gibt in der Literatur (siehe insbesondere [29]) eine Fülle von Empfehlungen, *welche Substitution* jeweils anzuwenden sei, um die Integrationsvariable x vollständig durch die Substitutionsvariable u ersetzen zu können.

Hier soll beispielhaft nur eine dieser Empfehlungen ausgesprochen werden:

Erkennt man, dass im *Zähler* des Integranden die *erste Ableitungsfunktion des Nenners* steht, dann ist der Nenner zu substituieren.

Betrachten wir auch dazu ein Beispiel, mit dem wiederum ersichtlich wird, dass sich die Integrationstechniken nicht sofort und nicht selbstverständlich erschließen:

(13.51)
$$\int \frac{1}{x \cdot \ln x} dx = \int \frac{\frac{1}{x}}{\ln x} dx$$
$$u = \ln x \Rightarrow du = \frac{1}{x} dx \Rightarrow dx = x \cdot du$$
$$\int \frac{\frac{1}{x}}{\ln x} dx = \int \frac{1}{u} du = \ln|u| + C = \ln|\ln x| + C$$

Ist ein *bestimmtes Integral* zu berechnen und erweist es sich als Erfolg versprechend, mit Hilfe der Substitutionsmethode eine Stammfunktion *F(x)* zum Integranden *f(x)* finden zu können, so kann man nach zwei Methoden vorgehen:

Methode 1: Nach Substitution, unbestimmter Integration und Rücksubstitution werden die Werte der Grenzen in die Stammfunktion eingesetzt und die Differenz der beiden Stammfunktionswerte ausgerechnet. Sehen wir uns dazu ein Beispiel an.

Beispiel: Gesucht ist der Wert des bestimmten Integrals

(13.52) $$I = \int_1^4 \sqrt{2x-1}\, dx$$

Zur wird als Nebenrechnung zuerst *unbestimmt integriert*– dabei spielen die Grenzen noch keine Rolle. Anschließend werden die Grenzen eingesetzt:

(13.53)
$$\text{zuerst: unbestimmte Integration:}$$
$$\text{Subst.: } u = 2x-1 \Rightarrow du = 2 \cdot dx \Rightarrow dx = \frac{du}{2}$$
$$\int \sqrt{2x-1}\, dx = \frac{1}{2} \int \sqrt{u}\, du = \frac{1}{3}\sqrt{u^3} = \frac{1}{3}\sqrt{(2x-1)^3}$$
$$\text{dann: Einsetzen der Grenzen:}$$
$$\int_1^4 \sqrt{2x-1}\, dx = \frac{1}{3}\sqrt{(2x-1)^3}\Big]_1^4 = \frac{1}{3}\sqrt{7^3} - \frac{1}{3}\sqrt{1^3} = 5{,}84$$

Es stellt sich jedoch die Frage, ob die *Rücksubstitution* überhaupt *notwendig* ist – immerhin interessiert ja letztlich nicht die Stammfunktion, sondern nur der *Zahlenwert des bestimmten Integrals*. Diese Überlegungen führen zur so genannten *Transformation der Grenzen*:

Die ursprünglichen Integrationsgrenzen (bezüglich x) werden in Integrationsgrenzen bezüglich der Substitutionsvariablen (hier ist es u) überführt.

Methode 2:

(13.54)
$$\begin{aligned} u&=2x-1\\ du&=2\cdot dx\\ dx&=\frac{du}{2}\\ x=1 &\Leftrightarrow u=1\\ x=4 &\Leftrightarrow u=7 \end{aligned}$$

$$\int_1^4 \sqrt{2x-1}\,dx=\frac{1}{2}\int_1^7 \sqrt{u}\,du=\frac{1}{3}\sqrt{u^3}\Big]_1^7=\frac{1}{3}\sqrt{7^3}-\frac{1}{3}\sqrt{1^3}=5{,}84$$

Die vierte und fünfte Zeile in (13.54) zeigen, wie die Substitutionsregeln ergänzt werden durch den Übergang von den x-Grenzen zu den u-Grenzen. Die Rücktransformation kann dann entfallen, die Rechnung wird wesentlich einfacher.

13.4 Integration gebrochen rationaler Funktionen

13.4.1 Aufgabenstellung

Betrachten wir nun die spezielle Integrationsaufgabe

(13.55) $$I=\int_a^b \frac{p_m(x)}{p_n(x)}\,dx$$

wobei der Integrand ein *Quotient aus zwei Polynomen* sei (siehe auch Formel (4.19) auf Seite 76).

Dabei wollen wir voraussetzen, dass sich im Integrationsintervall [a,b] keine reelle Lösung der Gleichung *Nennerpolynom gleich Null*

(13.55a) $p_n(x)=0$

befindet.

In diesem Fall wäre das Integral *uneigentlich* und müsste auf anderem Wege behandelt werden. Ein Hinweis auf die Behandlung solch uneigentlicher Integrale wird im Abschnitt 14 ab Seite 248 gegeben.

Ist dagegen diese Voraussetzung erfüllt, dann kann die Aufgabe als gelöst betrachtet werden, wenn die *unendliche Menge der Stammfunktionen des Integranden*

(13.56) $$\left\{F(x)\,|\,F'(x)=\frac{p_m(x)}{p_n(x)}\right\}=\int\frac{p_m(x)}{p_n(x)}\,dx$$

beschrieben ist, wenn also das *unbestimmte Integral* gelöst wurde. Dann kann bekanntlich eine der Stammfunktionen *F(x)* (meist mit *C=0*) ausgewählt werden, der Zahlenwert (13.55) ergibt sich aus der *Differenz der Stammfunktionswerte* an oberer und unterer Grenze.

Wie in Abschnitt 4.2.5 ab Seite 81 und später – nach dem Einschub über komplexe Zahlen – im Abschnitt 6.1 ab Seite 99 ausführlich beschrieben wurde, können gebrochen rationale Integranden mit Hilfe der Partialbruchzerlegung wesentlich vereinfacht werden, so dass die anschließende Integration grundsätzlich problemlos sein sollte.

Wir müssen dafür lediglich vier Vorbetrachtungen anstellen.

13.4.2 Vorbetrachtungen

Behauptung 1: Ist α eine beliebige reelle Zahl, dann gilt

(13.57) $$\int \frac{1}{x-\alpha}dx = \ln|x-\alpha| + C \quad .$$

Der Beweis ergibt sich mit Hilfe der *Substitution* $u=x-\alpha$ und dem Grundintegral (13.36) von Seite 231.

Behauptung 2: Ist α eine beliebige reelle Zahl und $n \neq 1$, dann gilt

(13.58a) $$\int \frac{1}{(x-\alpha)^n}dx = \frac{1}{1-n}\cdot\frac{1}{(x-\alpha)^{n-1}}$$

Beweis: Mit der Substitution $u=x-\alpha$ erhält man

(13.58b) $$\int \frac{1}{(x-\alpha)^n}dx = \int \frac{1}{u^n}du = \int u^{-n}du = \frac{u^{-n+1}}{-n+1} = \frac{u^{-(n-1)}}{1-n} = \frac{1}{1-n}\cdot\frac{1}{u^{n-1}} = \frac{1}{1-n}\cdot\frac{1}{(x-\alpha)^{n-1}} + C$$

Behauptung 3: Sind p und q beliebige reelle Zahlen, dann gilt

(13.59) $$\int \frac{2x+p}{x^2+px+q}dx = \ln|x^2+px+q| + C$$

Der Beweis ergibt sich aus der Erkenntnis, dass im Zähler die *erste Ableitungsfunktion des Nenners* steht und folglich die Substitution $u=x^2+px+q$ zum Ziel führt (siehe auch Seite 235 und das Beispiel (13.51)).

Behauptung 4: Sind A, B, p und q beliebige reelle Zahlen und gilt weiter $4q-p^2>0$, dann gilt

(13.60) $$\int \frac{Ax+B}{x^2+px+q}dx = \frac{A}{2}\ln|x^2+px+q| + \frac{2B-Ap}{\sqrt{4q-p^2}}\arctan\frac{2x+p}{\sqrt{4q-p^2}} + C$$

Dieser Beweis (siehe z. B. [1] und [32]) ist schwierig zu führen – es sei hier lediglich darauf hingewiesen, dass sich mit $A=2$ und $B=p$ aus (13.60) die Beziehung (13.59) ergibt.

13.4.3 Echt gebrochene Integranden

Da wir die Partialbruchzerlegung für echt gebrochen rationale Funktionen hier nicht wiederholen wollen, werden wir für die Lösung der folgenden Integrationsaufgaben auf die Beispiele (4.26a) bis (4.26h) zurückgreifen und müssen lediglich die *passenden Formeln des vorigen Abschnittes* richtig anwenden.

Aus Beispiel (4.26a) von Seite 79 folgt unter Verwendung der Beziehung (13.57)

(13.61a) $$\int \frac{3x-5}{x^2-3x+2}dx = \int [\frac{2}{x-1}+\frac{1}{x-2}]dx = 2\ln|x-1|+\ln|x-2|+C$$

Ebenfalls nur mit (13.57) können wir das unbestimmte Integral lösen, dessen Partialbruchzerlegung in Beispiel (4.26c) auf Seite 79 angegeben wurde:

(13.61b)
$$\begin{aligned}\int \frac{-7x+11}{2x^3+12x^2+22x-12}dx &= \frac{1}{2}\int \frac{-7x+11}{x^3+6x^2+11x-6}dx \\ &= \frac{1}{2}\int [\frac{2}{x-1}+\frac{3}{x-2}-\frac{5}{x-3}]dx \\ &= \frac{1}{2}[2\ln|x-1|+3\ln|x-2|-5\ln|x-3|]+C\end{aligned}$$

Wählen wir dagegen als Integranden die echt gebrochen rationale Funktion (4.26b), dann müssen wir sowohl die Regel (13.57) als auch die Regel (13.58) anwenden:

(13.62a) $$\int \frac{2x-1}{x^2-4x+4}dx = \int [\frac{2}{x-2}+\frac{3}{(x-2)^2}]dx = 2\ln|x-2|+\frac{3}{(-1)}(x-2)^{-1} = 2\ln|x-2|-\frac{3}{x-2}+C$$

Gleiches gilt für den Integranden aus (4.26e):

(13.62b)
$$\begin{aligned}\int \frac{2x^2-4}{x^3-6x^2+12x-8}dx &= \int [\frac{3}{x-2}+\frac{8}{(x-2)^2}+\frac{4}{(x-2)^3}]dx \\ &= 3\ln|x-2|+\frac{8}{(-1)}(x-2)^{-1}+\frac{4}{(-2)}(x-2)^{-2} \\ &= 3\ln|x-2|-\frac{8}{x-2}-\frac{2}{(x-2)^2}+C\end{aligned}$$

Beim Integranden aus (4.26f) führt die Partialbruchzerlegung zu einem Term mit einem Polynom zweiten Grades im Nenner:

(13.63a)
$$\begin{aligned}\int \frac{5x^2-6x-2}{x^3-4x^2+7x-6}dx &= \int [\frac{2}{x-2}+\frac{3x+4}{x^2-2x+3}]dx \\ &= \int \frac{2}{x-2}dx + \int \frac{3x+4}{x^2-2x+3}dx \\ &= 2\ln|x-2| + \int \frac{3x+4}{x^2-2x+3}dx\end{aligned}$$

Offensichtlich befindet sich im Zähler des verbleibenden Integranden *nicht* die erste Ableitungsfunktion seines Nenners, folglich kann die Formel (13.59) nicht angewandt werden.

Zur Anwendung der Formel (13.60) auf das verbleibende Integral müssen zuerst A, B, p und q abgelesen werden:

$A=3$, $B=4$, $p=-2$ und $q=3$.

Wegen $4q-p^2=4\cdot 3-(-2)^2=8>0$ ist (13.60) anwendbar. Nun wird sehr viel Konzentration und sauberes Arbeiten beim Einsetzen benötigt:

$$\begin{aligned}\int\frac{5x^2-6x-2}{x^3-4x^2+7x-6}dx &= \int[\frac{2}{x-2}+\frac{3x+4}{x^2-2x+3}]dx\\ &= \int\frac{2}{x-2}dx+\int\frac{3x+4}{x^2-2x+3}dx\\ &= 2\ln|x-2|+\int\frac{3x+4}{x^2-2x+3}dx\\ &= 2\ln|x-2|+\frac{3}{2}\ln|x^2-2x+3|+\frac{2\cdot 4-3\cdot(-2)}{\sqrt{4\cdot 3-(-2)^2}}\arctan\frac{2x+(-2)}{\sqrt{4\cdot 3-(-2)^2}}\\ &= 2\ln|x-2|+\frac{3}{2}\ln|x^2-2x+3|+\frac{14}{\sqrt{8}}\arctan\frac{2x-2}{\sqrt{8}}+C\end{aligned} \tag{13.63b}$$

13.4.4 Unecht gebrochene Integranden

Auch für diesen Fall können wir auf Vorarbeiten zurückgreifen: Im Abschnitt 6.2 ab Seite 109 wurde am Beispiel vorgeführt, dass jeder unecht gebrochene Integrand durch *Polynomdivision* zerlegt werden kann in einen *polynomialen Teil* und einen *echt gebrochenen Teil.*

Benutzen wir zur Demonstration die unecht gebrochen rationale Funktion aus Beispiel (6.14a) als Integrand und verwenden dazu das Ergebnis der Polynomdivision aus (6.14h):

$$\begin{aligned}\int\frac{x^4-6x^3+14x^2-16x+7}{x^3-5x^2+8x-6}dx &= \int[x-1+\frac{x^2-2x+1}{x^3-5x^2+8x-6}]dx\\ &= \int(x-1)dx+\int\frac{x^2-2x+1}{x^3-5x^2+8x-6}dx\\ &= \frac{1}{2}x^2-x \quad +\int\frac{x^2-2x+1}{x^3-5x^2+8x-6}dx\end{aligned} \tag{13.64a}$$

Damit ist das Problem auf das vorherige – die Integration echt gebrochener Funktionen – zurückgeführt. Mit den drei Lösungen $x_1=3$, $x_2=1+i$ und $x_3=1-i$ der Gleichung *Nennerpolynom gleich Null* findet man die *Partialbruchzerlegung,* die das Problem weiter lösen lässt:

$$\begin{aligned}\int\frac{x^4-6x^3+14x^2-16x+7}{x^3-5x^2+8x-6}dx &= \frac{1}{2}x^2-x \quad +\int\frac{x^2-2x+1}{x^3-5x^2+8x-6}dx\\ &= \frac{1}{2}x^2-x \quad +\int[\frac{\frac{4}{5}}{x-3}+\frac{\frac{1}{5}x+\frac{1}{5}}{x^2-2x+2}]dx\\ &= \frac{1}{2}x^2-x \quad +\frac{4}{5}\int\frac{1}{x-3}dx+\frac{1}{5}\int\frac{x+1}{x^2-2x+2}dx\\ &= \frac{1}{2}x^2-x \quad +\frac{4}{5}\ln|x-3|+\frac{1}{5}\int\frac{x+1}{x^2-2x+2}dx\end{aligned} \tag{13.64b}$$

Für das verbliebene Integral muss geprüft werden, ob sich die Formel (13. 59) anwenden lässt. Das ist aber ersichtlich nicht der Fall, denn im Zähler steht nicht die erste Ableitungsfunktion des Nenners. Bleibt die Anwendung der Formel (13.60), für die zuerst A, B, p und q abzulesen sind:

$A=1$, $B=1$, $p=-2$ und $q=2$.

Wegen $4q-p^2=4\cdot 2-(-2)^2=4>0$ ist die Voraussetzung für die Anwendung von (13.60) erfüllt. Konzentrierte Einsetzen der Parameter ergibt dann die Lösung der Aufgabe:

$$\begin{aligned}\int\frac{x^4-6x^3+14x^2-16x+7}{x^3-5x^2+8x-6}dx &= \frac{1}{2}x^2-x+\frac{4}{5}\ln|x-3|+\frac{1}{5}\int\frac{x+1}{x^2-2x+2}dx\\ &= \frac{1}{2}x^2-x+\frac{4}{5}\ln|x-3|+\frac{1}{5}\left[\frac{1}{2}\ln|x^2-2x+2|+\frac{2\cdot 1-1\cdot(-2)}{\sqrt{4\cdot 2-(-2)^2}}\arctan\frac{2x+(-2)}{\sqrt{4\cdot 2-(-2)^2}}\right]\\ &= \frac{1}{2}x^2-x+\frac{4}{5}\ln|x-3|+\frac{1}{10}\ln|x^2-2x+2|+\frac{2}{5}\arctan(x-1)+C\end{aligned} \quad (13.64c)$$

13.5 Hinweis auf numerische Methoden

Wie schon eingangs auf Seite 227 und später mehrfach betont, ist die Integralrechnung – im Gegensatz zur Differentialrechnung – außerordentlich kompliziert, so dass keinesfalls sicher ist, dass zu jedem Integranden $f(x)$ eine Stammfunktion $F(x)$ gefunden werden kann, mit deren Hilfe durch Einsetzen der Grenzen der Wert eines bestimmten Integrals ermittelt werden kann.

Und das braucht *keinesfalls am mathematischen Unvermögen des Bearbeiters* zu liegen – es gibt eine Fülle von Integranden, zu denen *keine Stammfunktion* formelmäßig angebbar ist.

So gibt es zum Beispiel nachweisbar keine Funktion $F(x)$, für die gilt

$$F'(x)=\frac{1}{\sqrt{2\pi}}e^{-\frac{x^2}{2}} \quad (13.65)$$

Folglich kann das in der Statistik sehr bedeutende bestimmte Integral (siehe z. B. [1], [21] oder [26])

$$\Phi(x)=\frac{1}{\sqrt{2\pi}}\int_0^x e^{-\frac{t^2}{2}}dt \quad (13.66)$$

für nicht einen einzigen konkreten x-Wert mit Hilfe der bisher geschilderten Vorgehensweise ausgewertet werden.

Hier müssen *numerische Methoden* zur Anwendung kommen – das sind *Näherungsverfahren*, bei denen Funktionswerte des Integranden in geeigneter Weise miteinander verknüpft werden, um den Zahlenwert des bestimmten Integrals möglichst genau zu erzielen.

Numerische Methoden zur Berechnung bestimmter Integrale sind unter dem Namen *Quadraturformeln* bekannt. Über sie, ihre Herleitung, ihre jeweilige Genauigkeit und ihre Anwendung wird ausführlich z. B. in [5], [6] und [23] berichtet.

14 Bestimmtes Integral: Anwendungen

14.1 Berechnung von Flächeninhalten

Die Definition des bestimmten Integrals lässt seine Anwendung bei der Berechnung von Flächeninhalten ganz natürlich erscheinen.

So gilt, falls $f(x) \geq g(x)$ für alle x aus $[a,b]$ ist, die Beziehung

(14.01) $$A = \int_a^b [f(x) - g(x)]dx$$

Beispiel: Gesucht ist der Inhalt des Flächenstücks, das durch $7x^2 - 9y + 9 = 0$ und $5x^2 - 9y + 27 = 0$ berandet wird.

Schritt 1: Wir untersuchen zuerst, ob es sich bei den beiden gegebenen *x-y-Beziehungen* um *Funktionen* handelt – dazu versuchen wir, *explizite Darstellungen* in der Form $y=f(x)$ zu finden:

(14.02)
$$7x^2 - 9y + 9 = 0 \iff y = f_1(x) = \frac{7}{9}x^2 + 1$$
$$5x^2 - 9y + 27 = 0 \iff y = f_2(x) = \frac{5}{9}x^2 + 3$$

In beiden Fällen findet man *Polynome zweiten Grades*, d. h. *quadratische Funktionen*, deren Graphen jeweils *nach oben geöffnete Parabeln* (siehe Seite 69) sind.

Bild 14.1 lässt erkennen, dass in dem gesuchten Flächenstück, das von den beiden Parabeln berandet wird, die Parabel $f_2(x)$ vollständig über der Parabel $f_1(x)$ liegt.

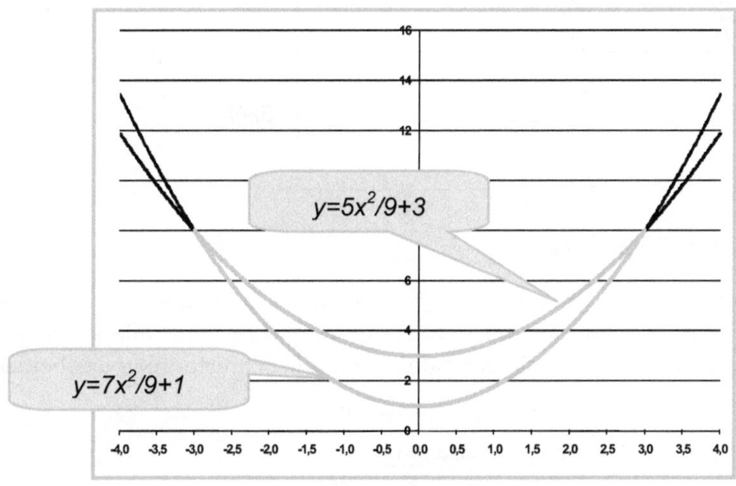

Bild 14.1: Von beiden Parabeln berandetes Flächenstück

Zur Rechnung benötigen wir nun die Koordinaten der *Schnittpunkte beider Parabeln*:

(14.03) $$f_1(x)=f_2(x)\Leftrightarrow\frac{7}{9}x^2+1=\frac{5}{9}x^2+3\Leftrightarrow\frac{2}{9}x^2-2=0\Rightarrow\begin{cases}x_1=-3\\x_2=+3\end{cases}$$

Damit sind die Vorbetrachtungen beendet. Für den Inhalt der *von beiden Parabeln berandeten Fläche* ist folglich das bestimmte Integral

(14.04a) $$I=\int_{-3}^{+3}[(\frac{5}{9}x^2+3)-(\frac{7}{9}x^2+1)]dx$$

zu berechnen. Dieses erhält man nach den Regeln der Integralrechnung:

(14.04b) $$I=\int_{-3}^{+3}[(\frac{5}{9}x^2+3)-(\frac{7}{9}x^2+1)]dx=\int_{-3}^{+3}(2-\frac{2}{9}x^2)dx=2x-\frac{2}{27}x^3\Big]_{-3}^{+3}=8$$

Antwortsatz: Die von den beiden Parabeln berandete Fläche umfasst 8 Flächeneinheiten.

Beispiel: Gesucht ist der Inhalt des Flächenstücks, das durch den Graphen des Polynoms dritten Grades $y=f(x)=x^3-\frac{3}{4}x$ und die Gerade $y=g(x)=\frac{1}{4}x$ berandet wird.

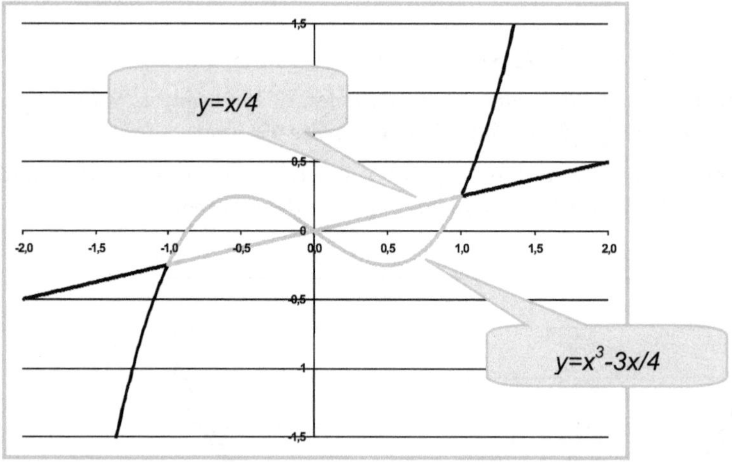

Bild 14.2: Gesuchter Flächeninhalt

In Bild 14.2 ist die Aufgabenstellung zu erkennen: Jetzt ist zu beachten, dass hier nicht die Situation des vorigen Beispiels vorliegt – die Voraussetzung $f(x)\geq g(x)$ für alle interessierenden x-Werte ist *nicht erfüllt*. Suchen wir deshalb zuerst alle Schnittpunkte der beiden Graphen:

(14.05) $$f(x)=g(x)\Leftrightarrow x^3-\frac{3}{4}x=\frac{1}{4}x\Leftrightarrow x^3-x=0\Rightarrow\begin{cases}x_1=0\\x_2=-1\\x_3=+1\end{cases}$$

Nun ist zu beachten, dass *oberer und unterer Rand des Flächenstücks* im Intervall [-1,0] und [0,1] unterschiedlich sind.

Deshalb ergeben sich für die Berechnung des Inhalts der beiden umrandeten Teilflächen *zwei verschiedene Integrale*:

(14.06)
$$\begin{aligned} A &= \int_{-1}^{0} [(x^3 - \frac{3}{4}x) - \frac{1}{4}x]dx + \int_{0}^{1} [\frac{1}{4}x - (x^3 - \frac{3}{4}x)]dx = \\ &= \int_{-1}^{0} (x^3 - x)dx + \int_{0}^{1} (x - x^3)dx \\ &= \frac{1}{4}x^4 - \frac{1}{2}x^2 \Big]_{-1}^{0} + \frac{1}{2}x^2 - \frac{1}{4}x^4 \Big]_{0}^{1} = \frac{1}{2} \end{aligned}$$

Antwortsatz: Die in Bild 14.2 skizzierte Fläche besitzt einen Inhalt von 0,5 Flächeneinheiten.

Bemerkung: In den beiden bisherigen Beispielen wurden entweder Flächen betrachtet, für die die senkrechte Achse *Symmetrieachse* war (erstes Beispiel) oder bei der – wie im zweiten Beispiel – die Flächenstücke *punktsymmetrisch* zum Koordinatenursprung lagen.

Unter Berücksichtigung dieser Tatsachen hätte man die Rechnung in beiden Fällen einfacher gestalten können:

(14.07)
$$\begin{aligned} I &= \int_{-3}^{+3} [(\frac{5}{9}x^2 + 3) - (\frac{7}{9}x^2 + 1)]dx && = 2\int_{0}^{+3} [(\frac{5}{9}x^2 + 3) - (\frac{7}{9}x^2 + 1)]dx \\ A &= \int_{-1}^{0} [(x^3 - \frac{3}{4}x) - \frac{1}{4}x]dx + \int_{0}^{1} [\frac{1}{4}x - (x^3 - \frac{3}{4}x)]dx && = 2\int_{0}^{1} [\frac{1}{4}x - (x^3 - \frac{3}{4}x)]dx \end{aligned}$$

14.2 Berechnung von Bogenlängen ebener Kurven

Gegeben sei eine *ebene Kurve* durch die Gleichung

(14.08a) $y = f(x)\ , \quad x \in [a,b]$.

Dann gilt für die *Länge des Graphen* zwischen den Punkten *A(a,f(a))* und *B(b,f(b))*

(14.08b) $$s = \int_{a}^{b} \sqrt{1 + [f'(x)]^2}\, dx \quad ,$$

wobei sowohl *f(x)* als auch *f'(x)* stetig in *[a,b]* sein müssen (siehe z. B. [1], [32]).

Beispiel: Gesucht ist die *Länge des Parabelbogens* $y=x^2/2$ zwischen den Punkten *A(0,0)* und *B(2,2)* (siehe Bild 14.3).

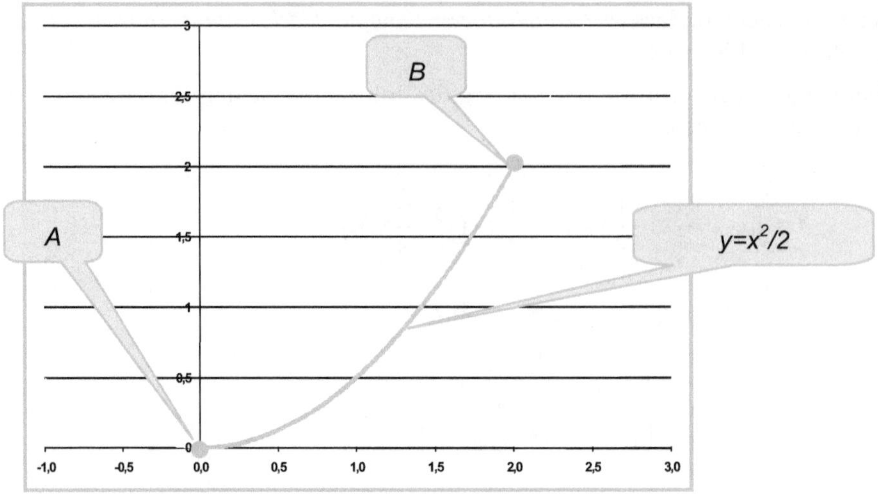

Bild 14.3: Parabelbogen

Wegen $f'(x)=[x^2/2]'=x$ ist für die Lösung dieser Aufgabe das bestimmte Integral

(14.09) $$s=\int_0^2 \sqrt{1+x^2}\,dx$$

zu berechnen. Obwohl es einfach aussieht, sind doch beträchtliche Anstrengungen nötig, um die *Menge aller Stammfunktionen des Integranden* beschreiben zu können, d. h. das *unbestimmte Integral* zu berechnen.

Zuerst wird der kleine „Trick" von Seite 233 wiederholt, um die *Regel der partiellen Integration* anwenden zu können:

(14.10a) $$s=\int_0^2 \sqrt{1+x^2}\,dx=\int_0^2 1\cdot\sqrt{1+x^2}\,dx$$

Wird der erste Faktor (die hinzugenommene Eins) als u' und der zweite Faktor als v angenommen, dann führt die Regel (13.42) von Seite 233 zuerst auf ein Integral, das ziemlich kompliziert erscheint:

(14.10b)
$$\underbrace{\begin{matrix} u'=1 & v=\sqrt{1+x^2} \\ u=x & v'=\dfrac{x}{\sqrt{1+x^2}} \end{matrix}}_{\downarrow}$$

$$\int\sqrt{1+x^2}\,dx=\int 1\cdot\sqrt{1+x^2}\,dx=x\sqrt{1+x^2}-\int\frac{x^2}{\sqrt{1+x^2}}dx$$

Schreibt man jedoch den Zähler des rechts stehenden Integrals als $1+x^2-1$ (auch so ein kleiner „Trick"), dann entsteht eine Gleichung , in der das gesuchte Integral *sowohl links* als auch *rechts* auftritt.

(14.10c)
$$\int\sqrt{1+x^2}\,dx = x\sqrt{1+x^2} - \int\frac{1+x^2-1}{\sqrt{1+x^2}}dx = x\sqrt{1+x^2} + \int\frac{1}{\sqrt{1+x^2}}dx - \int\frac{1+x^2}{\sqrt{1+x^2}}dx =$$
$$= x\sqrt{1+x^2} + \int\frac{1}{\sqrt{1+x^2}}dx - \int\sqrt{1+x^2}\,dx$$

Addiert man nun auf beiden Seiten der Gleichung (14.10c) das Integral $\int\sqrt{1+x^2}\,dx$, so erhält man schließlich

(14.10d)
$$2\int\sqrt{1+x^2}\,dx = x\sqrt{1+x^2} + \int\frac{1}{\sqrt{1+x^2}}dx$$
$$\int\sqrt{1+x^2}\,dx = \frac{1}{2}[x\sqrt{1+x^2} + \int\frac{1}{\sqrt{1+x^2}}dx]$$

Das rechts stehende Integral findet sich in guten Tafelwerken, zum Beispiel in [29], so dass die Menge aller Stammfunktionen des Integranden von (14.09) beschrieben wird durch

(14.10e) $$\int\sqrt{1+x^2}\,dx = \frac{1}{2}[x\sqrt{1+x^2} + \int\frac{1}{\sqrt{1+x^2}}dx] = \frac{1}{2}[x\sqrt{1+x^2} + \ln(x+\sqrt{1+x^2})] + C\ .$$

Nun kann wie üblich durch Auswahl einer Stammfunktion (man wählt zumeist *C=0*) und Differenzbildung der Wert des bestimmten Integrals (14.09) ermittelt werden:

(14.11) $$s = \int_0^2\sqrt{1+x^2}\,dx = \frac{1}{2}[x\sqrt{1+x^2} + \ln(x+\sqrt{1+x^2})]\Big]_0^2 = \frac{1}{2}[2\sqrt{5} + \ln(2+\sqrt{5})]$$

Antwortsatz: Die Länge des Parabelbogens aus Bild 14.3 beträgt ca. 2,96 Einheiten.

Beispiel: Gesucht ist die Bogenlänge *s* für *y=ln(sin x)* im Intervall [π/6 , 5π/6] .

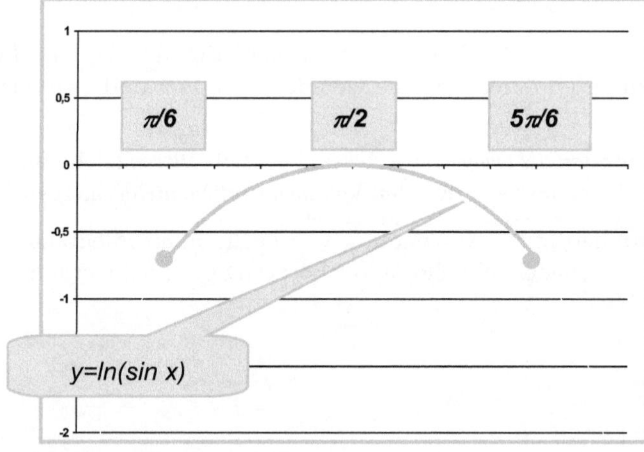

Bild 14.4: Gesuchte Bogenlänge von ln(sin x)

Stellen wir zunächst die erste Ableitungsfunktion bereit:

$$(14.12a)\quad f'(x)=\frac{1}{\sin x}\cdot\cos x=\frac{\cos x}{\sin x}$$

Die Ableitungsfunktion wird nach Formel (14.08b) passend eingesetzt, damit erhält man das bestimmte Integral für die Bogenlänge, dessen Wert zu ermitteln ist:

$$(14.12b)\quad s=\int_{\frac{\pi}{6}}^{\frac{5\pi}{6}}\sqrt{1+(\frac{\cos x}{\sin x})^2}\,dx$$

Wird der Radikand (der Wurzelinhalt) auf den Hauptnenner gebracht und weiter die Formel (2.95) von Seite 49 berücksichtigt, dann ergibt sich ein Grundintegral, das in guten Tafelwerken (zum Beispiel in [29]) sicher zu finden ist:

$$(14.12c)\quad s=\int_{\frac{\pi}{6}}^{\frac{5\pi}{6}}\sqrt{1+(\frac{\cos x}{\sin x})^2}\,dx=\int_{\frac{\pi}{6}}^{\frac{5\pi}{6}}\sqrt{\frac{\sin^2 x+\cos^2 x}{\sin^2 x}}\,dx=\int_{\frac{\pi}{6}}^{\frac{5\pi}{6}}\sqrt{\frac{1}{\sin^2 x}}\,dx=\int_{\frac{\pi}{6}}^{\frac{5\pi}{6}}\frac{1}{\sin x}dx=\ln\tan\frac{x}{2}\Bigg]_{\frac{\pi}{6}}^{\frac{5\pi}{6}}$$

Nun werden obere und untere Grenze in die gefundene Stammfunktion eingesetzt und die bekannte Differenz gebildet:

$$(14.12d)\quad s=\int_{\frac{\pi}{6}}^{\frac{5\pi}{6}}\sqrt{1+(\frac{\cos x}{\sin x})^2}\,dx=\ln\tan\frac{x}{2}\Bigg]_{\frac{\pi}{6}}^{\frac{5\pi}{6}}=\ln\tan\frac{\frac{5\pi}{6}}{2}-\ln\tan\frac{\frac{\pi}{6}}{2}\approx 2{,}6339$$

Antwortsatz: Die Länge des Parabelbogens aus Bild 14.4 beträgt ca. 2,63 Einheiten.

14.3 Volumen und Mantelflächen von Rotationskörpern

Aufgabenstellung: Betrachtet wird eine Funktion $y=f(x)$, $x\in[a,b]$, die für alle $x\in[a,b]$ nichtnegativ ist: $f(x)\geq 0$. Durch diese Funktion und die Geraden $x=a$, $x=b$ und $y=0$ wird ein *ebenes Flächenstück* berandet.

Dieses Flächenstück möge nun *um die waagerechte Achse (x-Achse) rotieren* (siehe Bild 14.5). Für den dabei entstehenden *Rotationskörper* werden *Volumen* und *Mantelfläche* gesucht.

Mit folgenden Formeln können unter Anwendung von bestimmten Integralen *Volumina und Mantelflächen* von so entstehenden Rotationskörpern berechnet werden:

$$(14.13a)\quad V_X=\pi\int_a^b[f(x)]^2\,dx$$

$$(14.13b)\quad M_X=2\pi\int_a^b f(x)\sqrt{1+[f'(x)]^2}\,dx$$

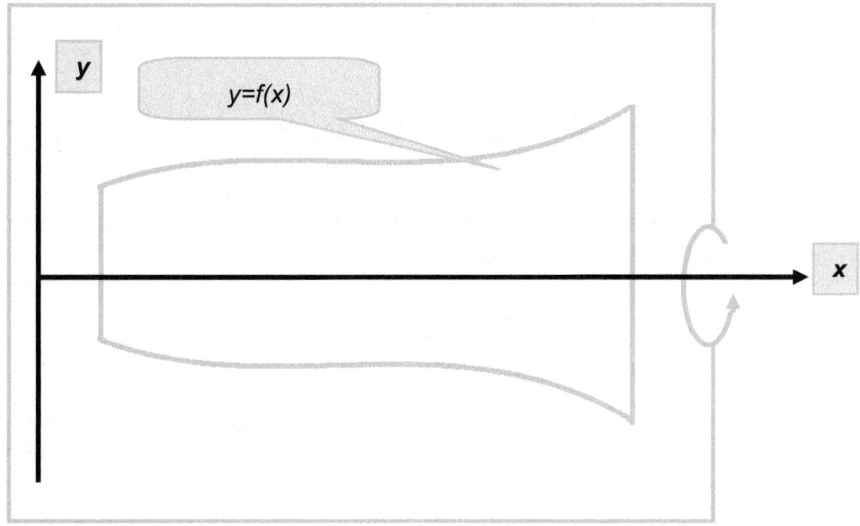

Bild 14.5: Nach der Rotation um die waagerechte Achse entsteht ein Körper

Beispiel: Gesucht ist das Volumen des Körpers, der bei Rotation des Flächenstücks entsteht, das durch

(14.14a) $y = f(x) = \frac{1}{3} x \sqrt{3-x} \quad , \quad x \in [0,3]$

und die x-Achse berandet wird. Wie groß ist außerdem die Mantelfläche dieses Körpers?

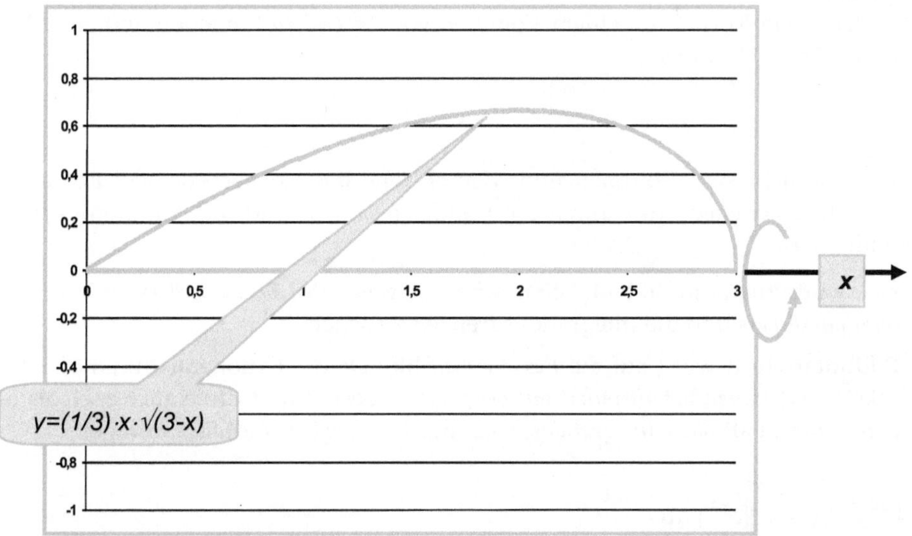

Bild 14.6: Flächenstück, aus dem nach Rotation um die x-Achse ein Körper entsteht

Betrachten wir zuerst das bestimmte Integral für das *Volumen*, es ist einfach:

(14.14b) $$V_X = \pi \int_0^3 [\frac{1}{3} x\sqrt{3-x}]^2 dx = \pi \int_0^3 \frac{1}{9} x^2 (3-x) dx = \frac{\pi}{9} \int_0^3 (3x^2 - x^3) dx = \frac{\pi}{9}(x^3 - \frac{x^4}{4})\Big]_0^3 = \frac{3\pi}{4}$$

Zur Berechnung der *Mantelfläche* nach Formel (14.13b) muss zunächst die dort benötigte *erste Ableitungsfunktion* bestimmt werden:

(14.14c) $$f'(x) = [\frac{1}{3} x\sqrt{3-x}]' = \frac{1}{3}[\sqrt{3-x} - \frac{x}{2\sqrt{3-x}}] = \frac{2-x}{2\sqrt{3-x}}$$

Nun kann eingesetzt und gerechnet werden, wobei hier eigentlich nur Potenz-, Wurzel- und Bruchrechnung, saubere Arbeit mit Klammern und die Anwendung binomischer Formeln nötig sind:

(14.14d)
$$M_X = 2\pi \int_0^3 [\frac{1}{3} x\sqrt{3-x}] \sqrt{1 + [\frac{2-x}{2\sqrt{3-x}}]^2}\, dx = 2\pi \int_0^3 [\frac{1}{3} x\sqrt{3-x}] \sqrt{\frac{4(3-x)+(2-x)^2}{4(3-x)}}\, dx =$$
$$= \frac{2}{3}\pi \int_0^3 x\sqrt{3-x} \sqrt{\frac{(4-x)^2}{4(3-x)}}\, dx = \frac{2}{3}\pi \int_0^3 x\sqrt{3-x}\, \frac{(4-x)}{2\sqrt{3-x}}\, dx = \frac{1}{3}\pi \int_0^3 x(4-x)\, dx =$$
$$= \frac{1}{3}\pi(2x^2 - \frac{x^3}{3})\Big]_0^3 = 3\pi$$

Antwortsatz: Wenn das ebene Flächenstück aus Bild 14.5 um die waagerechte Achse rotiert, entsteht ein Körper mit einem Volumen von $3\pi/4 \approx 2{,}36$ Einheiten und einer Mantelfläche von $3\pi \approx 9{,}42$ Einheiten.

Beispiel: Gesucht sind Volumen und Mantelfläche des Körpers, der bei Rotation des Flächenstücks entsteht, das durch die *Koordinatenachsen* und die Funktion $y=f(x)=e^{-x}$ berandet wird.

Sehen wir uns zuerst in Bild 14.7 eine *Skizze des genannten Flächenstücks* an, um die *Form des Rotationskörpers* und die Integrationsgrenzen zu sehen.

Die Bildunterschrift weist auf die *Besonderheit* hin: Da die Exponentialfunktion e^{-x} (siehe auch Seite 111) *keinen Schnittpunkt mit der x-Achse* besitzt und diese auch niemals berühren wird, kommt als *obere Integrationsgrenze* nur das *Symbol Unendlich* infrage:

(14.15) $$V_X = \pi \int_a^{\infty} [e^{-x}]^2 dx$$

Für ein solches, als *uneigentlich* bezeichnetes Integral ist die Definition des bestimmten Integrals nicht einsetzbar, da sie *endliche Intervalle* verlangt.

Betrachten wir also zunächst den Rotationskörper nur bis zu einer *endlichen oberen Integrationsgrenze* $M < \infty$:

(14.16a) $$V_X = \pi \int_a^M [e^{-x}]^2 \, dx = \pi \int_a^M e^{-2x} \, dx = \pi \frac{e^{-2x}}{-2} \Bigg]_0^M = \frac{\pi}{2}(1 - e^{-2M})$$

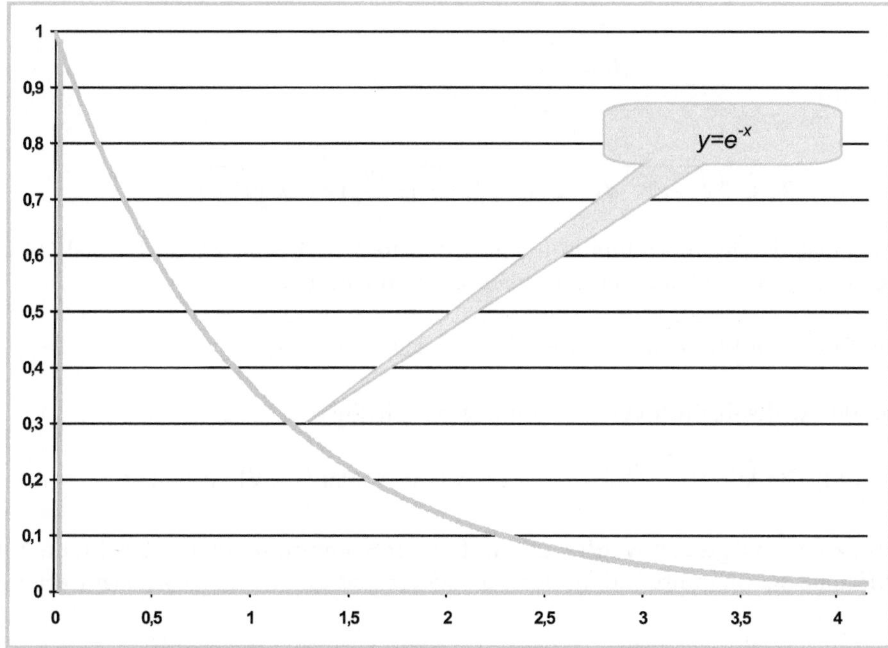

Bild 14.7: Ebenes Flächenstück, das bis in das Unendliche reicht

Bildet man jetzt den Grenzwert $\lim_{M \to \infty} V_X$, so schiebt man gedanklich M immer weiter nach rechts und erhält auf diese Weise mit diesem *Grenzwert* das gesuchte Volumen (falls der Grenzwert existiert):

(14.16b) $$V_X = \lim_{M \to \infty} \pi \int_a^M [e^{-x}]^2 \, dx = \lim_{M \to \infty} \frac{\pi}{2}(1 - e^{-2M}) = \frac{\pi}{2}$$

Es ist schwer vorstellbar, dass ein Rotationskörper, der sich bis in das Unendliche erstreckt, trotzdem nur ein Volumen von ca. 1,57 Einheiten haben soll – aber mit mathematischen Mitteln wurde dieser Wert zweifelsfrei errechnet.

Versuchen wir auf gleiche Weise, uns dem *Wert für die Mantelfläche* zu nähern:

(14.17a) $$M_X = \lim_{M\to\infty} 2\pi \int_a^M e^{-x}\sqrt{1+[e^{-x}]^2}\,dx = \lim_{M\to\infty} 2\pi \int_a^M e^{-x}\sqrt{1+e^{-2x}}\,dx$$

Für die Beschreibung der unendlichen Menge der Stammfunktionen, d. h. für die Ermittlung des unbestimmten Integrals (siehe Seite 229), erweist sich hier die Substitutionsmethode von Seite 234 als erfolgversprechend:

(14.17b) $$\underbrace{\begin{aligned} u &= e^{-x} \\ du &= -e^{-x}dx \\ dx &= \frac{du}{-e^{-x}} \end{aligned}}_{\downarrow}$$

$$2\pi \int e^{-x}\sqrt{1+e^{-2x}}\,dx = 2\pi \int e^{-x}\sqrt{1+u^2}\,(\frac{du}{-e^{-x}}) = -2\pi \int \sqrt{1+u^2}\,du$$

Das entstehende unbestimmte Integral ist bereits auf Seite 245 in Formel (14.11) aufgetreten, die Lösung kann von dort übernommen werden:

(14.17c) $$-2\pi \int \sqrt{1+u^2}\,du = -2\pi \frac{1}{2}[u\sqrt{1+u^2} + \ln(u+\sqrt{1+u^2})]$$

Mit der Rücksubstitution $u=e^{-x}$ ergibt sich schließlich

(14.17d) $$2\pi \int e^{-x}\sqrt{1+e^{-2x}}\,dx = -2\pi \frac{1}{2}[e^{-x}\sqrt{1+e^{-2x}} + \ln(e^{-x}+\sqrt{1+e^{-2x}})] + C$$

Nun kann $C=0$ gesetzt werden und mit dieser Stammfunktion das bestimmte Integral als Differenz der Stammfunktionswerte an oberer und unterer Grenze ausgewertet werden:

(14.17e) $$\begin{aligned} 2\pi \int_0^M e^{-x}\sqrt{1+e^{-2x}}\,dx &= -\pi[e^{-x}\sqrt{1+e^{-2x}} + \ln(e^{-x}+\sqrt{1+e^{-2x}})]\Big]_0^M \\ &= -\pi\{[e^{-M}\sqrt{1+e^{-2M}} + \ln(e^{-M}+\sqrt{1+e^{-2M}})] - [\sqrt{2} + \ln(1+\sqrt{2})]\} \end{aligned}$$

Durch Grenzübergang $M \to \infty$ ergibt sich schließlich der Wert für die Mantelfläche:

(14.17f) $$\begin{aligned} M_X &= -\pi \cdot \lim_{M\to\infty} \{[e^{-M}\sqrt{1+e^{-2M}} + \ln(e^{-M}+\sqrt{1+e^{-2M}})] - [\sqrt{2} + \ln(1+\sqrt{2})]\} = \\ &= \pi(\sqrt{2} + \ln(1+\sqrt{2})) \end{aligned}$$

Antwortsatz: Rotiert das in Bild 14.7 angedeutete unendliche ebene Flächenstück um die x-Achse, so ergibt sich ein Volumen von ca. 1,57 Einheiten und eine Mantelfläche von ca. 7,21 Einheiten.

14.4 Schwerpunkte von ebenen, homogen mit Masse belegten Flächenstücken

Betrachtet wird ein Flächenstück, das durch $y=0$, $x=a$, $x=b$ und $y=f(x)$ berandet wird, wobei $f(x)\geq 0$ für alle x aus $[a,b]$ sein möge.

Ist dieses Flächenstück *homogen mit Masse belegt*, dann erhält man die *Schwerpunktkoordinaten* durch

(14.18a) $$x_S=\frac{1}{A}\int_a^b x\cdot f(x)\,dx$$

(14.18b) $$y_S=\frac{1}{2A}\int_a^b [f(x)]^2\,dx \quad ,$$

wobei A der Flächeninhalt ist, der nach der Formel

(14.18c) $$A=\int_a^b f(x)\,dx$$

berechnet werden kann.

Beispiel: Gesucht sind die Koordinaten des Flächenschwerpunktes, wenn das Flächenstück durch die x-Achse und die Parabel $y=4x-x^2$, $x\in[0,3]$ berandet wird.

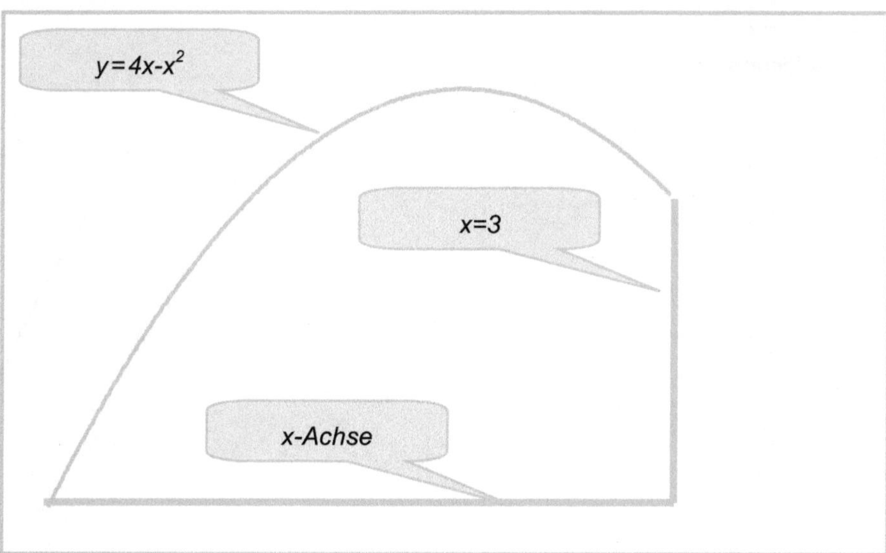

Bild 14.8: Ebenes Flächenstück mit den drei Berandungen

Berechnen wir zuerst den Inhalt dieses Flächenstücks:

(14.19a) $$A=\int_0^3 (4x-x^2)\,dx=2x^2-\frac{x^3}{3}\Bigg]_0^3=9$$

Auch die Berechnung der Schwerpunktkoordinaten ist nicht schwierig, da nur polynomiale Integranden auftreten:

$$(14.19b)\quad x_s = \frac{1}{9}\int_0^3 x\cdot(4x-x^2)\,dx = \frac{1}{9}\int_0^3 (4x^2-x^3)\,dx = \frac{1}{9}\left(\frac{4}{3}x^3-\frac{1}{4}x^4\right)\Big]_0^3 = \frac{7}{4} = 1{,}75$$

$$(14.19c)\quad y_s = \frac{1}{18}\int_0^3 (4x-x^2)^2\,dx = \frac{1}{18}\int_0^3 (16x^2-8x^3+x^4)\,dx = \frac{1}{18}\left(\frac{16}{3}x^3-\frac{8}{4}x^4+\frac{1}{5}x^5\right)\Big]_0^3 = \frac{17}{10} = 1{,}7$$

In Bild 14.9 ist der so gefundene Schwerpunkt eingezeichnet. Seine Bedeutung: Würde man das Flächenstück ausschneiden und an der Stelle *[1,75 ; 1,7]* auf eine Fingerspitze legen, dann würde es im Gleichgewicht bleiben, nach keiner Seite „wegkippen".

Natürlich nur dann, wenn die Massebelegung völlig *homogen* ist – für inhomogene Belegungen sind die Formeln (14.18a-c) nicht brauchbar, dort benötigt man so genannte *Bereichsintegrale* (siehe zum Beispiel in [1] und [32]).

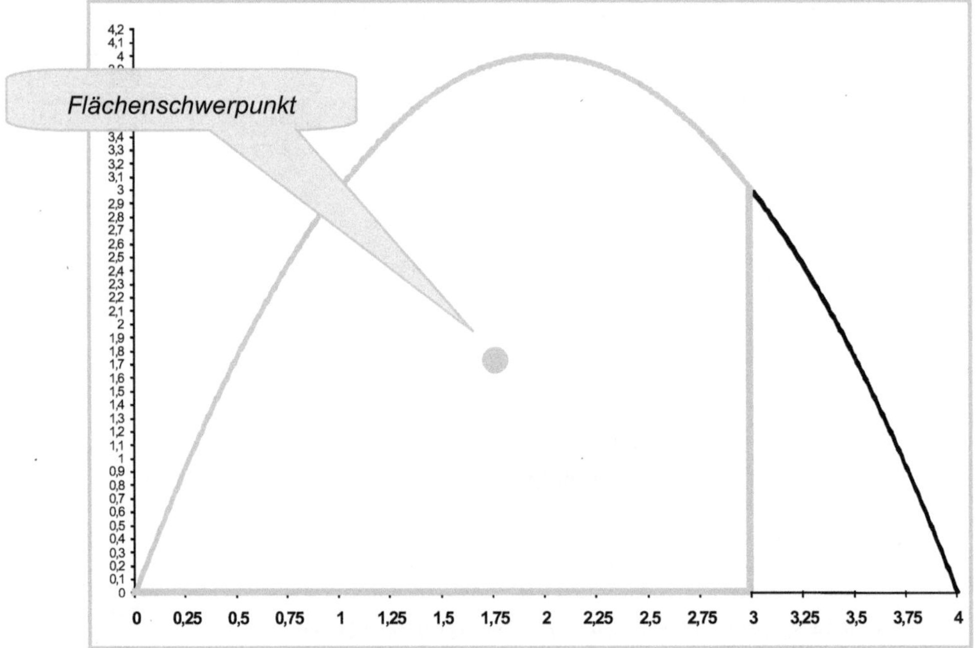

Bild 14.9: Lage des Schwerpunkts

15 Gewöhnliche Differentialgleichungen

15.1 Einführung

Wenn Aufgabenstellungen dadurch gekennzeichnet sind, dass *zeitabhängige Vorgänge* (so genannte *Prozesse*) nicht *nur zu bestimmten* (diskreten) *Zeitpunkten* betrachtet werden, sondern eine *kontinuierliche* (stetige) *Betrachtungsweise* erfolgt, dann spricht man von *stetigen Prozessen.*

Der Weg zu Funktionsformeln für die *Untersuchung stetiger Prozesse* beginnt damit, dass die Problemstellung als *Differentialgleichung* angesehen wird.

Mit Hilfe von Differentialgleichungen lassen sich dann Funktionsformeln bestimmen.

Funktionale Zusammenhänge zwischen einer unabhängigen Veränderlichen, meist x genannt, und einer abhängigen Veränderlichen y lassen sich bekanntlich am besten untersuchen, auswerten, diskutieren, wenn es dafür eine Funktionsformel

(15.01a) $y=f(x)$

gibt, wobei das Symbol f als Abkürzung für eine gewisse *Vorschrift* steht, mit deren Hilfe zu jedem gegebenen (und möglichen) x-Wert *der* zugehörige y-Wert berechnet wird. Den x-Wert bezeichnet man als *Argument, der* zugehörige y-Wert ist dann der *Funktionswert.*

Dabei spricht man von einem *funktionellen* Zusammenhang, wenn es zu einem x-Wert stets *nur einen einzigen, eindeutig bestimmten* y-Wert gibt (zum Funktionsbegriff siehe auch [18], Abschnitte 1 und 4).

Werden speziell *zeitabhängige funktionelle Zusammenhänge* betrachtet, d. h. handelt es sich bei der unabhängigen Veränderlichen um die *Zeit*, so benutzt man anstelle der Symbole x und y allgemein den Buchstaben t (von lat. *tempus*) für die unabhängige und x für die abhängige Veränderliche:

(15.01b) $x=f(t)$

Es gibt jedoch Situationen, in denen ein funktioneller Zusammenhang nicht sofort und unmittelbar durch eine vorliegende *Funktionsformel* $y = f(x)$ bzw. $x = f(t)$ beschrieben werden kann.

So werden z. B. in [27] Modellierungsvorgänge technisch-physikalischer Prozesse vorgestellt, bei denen man eine *Gleichung* erhält, die einen *Zusammenhang* zwischen der gesuchten *Funktion* $y=f(x)$ und einer oder mehrerer ihrer *Ableitungsfunktionen* $y'=f'(x)$, $y''=f''(x)$, $y'''=f'''(x)$ usw. beschreibt:

(15.02a) $F(x,y,y',y'',\ldots,y^{(n)})=0$

Gleichungen der Form (15.02a), die den Zusammenhang zwischen einer *unbekannten* Funktion $y=f(x)$ und ihren *Ableitungsfunktionen* beschreiben, nennt man *gewöhnliche Differentialgleichungen.*

Das Attribut *gewöhnlich* weist auf den Unterschied zu den hier nicht behandelten *partiellen Differentialgleichungen* hin, die bei *Funktionen mehrerer Veränderlicher* die *partiellen Ableitungsfunktionen* miteinander verknüpfen (siehe dazu z. B. [1]).

Der Ableitungsexponent der höchsten in (15.02a) auftretenden Ableitungsfunktion gibt die *Ordnung* (oder den *Grad*) der gewöhnlichen Differentialgleichung an.

Dabei wird, um Verwechselungen mit dem Potenz-Exponenten auszuschließen, der *Ableitungsexponent* in *hochgestellte Klammern* geschrieben: $y^{(n)}=f^{(n)}(x)$.

Bis zur vierten Ableitung verwendet man die üblichen *Ableitungsstriche*, danach den *Ableitungsexponenten in Klammern*.

Lässt sich die Differentialgleichung nach der höchsten auftretenden Ableitungsfunktion auflösen, dann spricht man von einer *Differentialgleichung n-ter Ordnung in expliziter Form*:

(15.02b) $y^{(n)}=f(x,y,y',y'',\ldots,y^{(n-1)})$

Ist eine solche Auflösung nicht möglich und bleibt nur die Darstellung (15.02a), dann liegt die Differentialgleichung in *impliziter Form* vor.

Für jede gewöhnliche Differentialgleichung gibt es nicht nur eine oder wenige, sondern *unendliche viele* Funktionen, die diese Differentialgleichung lösen.

Behauptung: Die *implizit* gegebene gewöhnliche Differentialgleichung

(15.03a) $y''-5y'+6y=0$

die sich auch in die *explizite* Form

(15.03b) $y''=5y'-6y$

bringen lässt, besitzt die *unendlich vielen* Lösungsfunktionen

(15.03c) $y=C_1e^{2x}+C_2e^{3x}$,

weil für die beiden Konstanten C_1 und C_2 *beliebige reelle Zahlen* eingesetzt werden können.

Beweis: Bildet man wie in (15.03d) nach den *Regeln der Differentialrechnung* (siehe Abschnitt 11.4, Seite 184) die erste und dann die zweite Ableitungsfunktion von (15.03c) und multipliziert sie entsprechend mit den zu ihnen gehörenden Koeffizienten der linken Seite der Differentialgleichung (15.03a), so ergibt sich tatsächlich – unabhängig vom gewählten Wert der beiden Konstanten C_1 und C_2 – die *Nullfunktion*:

(15.03d)
$$
\begin{aligned}
y &= C_1e^{2x}+C_2e^{3x} && |\cdot 6\\
y' &= 2C_1e^{2x}+3C_2e^{3x} && |\cdot(-5)\\
y'' &= 4C_1e^{2x}+9C_2e^{3x} && |\cdot 1\\
\hline
6y-5y'+y'' &= 0\cdot C_1e^{2x}+0\cdot C_2e^{3x}=0
\end{aligned}
$$

Nur für *ganz wenige Arten von gewöhnlichen Differentialgleichungen* gibt es Erfolg versprechende *Lösungsstrategien*, mit deren Hilfe man *versuchen* kann, für die *Menge der gesuchten Lösungsfunktionen* eine *Funktionsformel* $y=f(x)$ bzw. $x=f(t)$ zu finden.

Für spezielle Differentialgleichungen sollen solche Strategien jetzt vorgestellt werden.

15.2 Lineare Differentialgleichungen n-ter Ordnung

Eine gewöhnliche Differentialgleichung n-ter Ordnung heißt *linear inhomogen*, wenn sie die Form

(15.04a) $$a_n(x)y^{(n)}+a_{n-1}(x)y^{(n-1)}+\ldots+a_2(x)y''+a_1(x)y'+a_0(x)y=r(x)$$

besitzt oder sich auf diese Form bringen lässt.

Dabei beschreibt der in Klammern gesetzte obere Index die jeweilige Ableitungsfunktion der gesuchten Lösungsfunktion $y(x)$.

Fehlt das so genannte *Störglied* $r(x)$ auf der rechten Seite der Differentialgleichung, dann heißt die Differentialgleichung n-ter Ordnung *linear homogen*:

(15.04b) $$a_n(x)y^{(n)}+a_{n-1}(x)y^{(n-1)}+\ldots+a_2(x)y''+a_1(x)y'+a_0(x)y=0$$

Obwohl mit dieser *Linearität* an sich schon eine sehr starke Einschränkung der Allgemeinheit von gewöhnlichen Differentialgleichungen vorliegt, muss trotzdem mitgeteilt werden, dass nur in *weiteren Spezialfällen* erfolgversprechende Strategien zur Beschreibung der unendlich vielen Lösungen linearer Differentialgleichungen existieren. Sie gibt es für den Fall konstanter Koeffizienten und den EULERschen Fall.

15.2.1 Konstante Koeffizienten und n-te Ordnung – homogener Fall

Eine *lineare Differentialgleichung n-ter Ordnung* heißt *homogen mit konstanten Koeffizienten*, wenn sie die Form

(15.05) $$a_ny^{(n)}+a_{n-1}y^{(n-1)}+\ldots+a_2y''+a_1y'+a_0y=0$$

besitzt, wobei a_n bis a_0 reelle Zahlen sind und der führende Koeffizient a_n nicht Null ist.

Zur Beschreibung der unendlich vielen Lösungen einer solchen *linearen homogenen Differentialgleichung n-ter Ordnung mit konstanten Koeffizienten* (ja – das ist die korrekte Bezeichnung) sind *vier Schritte* abzuarbeiten:

Schritt 1: Man stelle das *charakteristische Polynom* der Differentialgleichung nach folgender Regel auf:

(15.06) $$p_n(\lambda)=a_n\lambda^n+a_{n-1}\lambda^{n-1}+\ldots+a_2\lambda^2+a_1\lambda+a_0$$

Merkhilfe: Die Ableitungsfunktionen werden durch entsprechende λ-Potenzen ersetzt.

Beispiele:

(15.06a)
$$y'''-6y''+11y'-6y=0 \Rightarrow p_3(\lambda)=\lambda^3-6\lambda^2+11\lambda-6$$
$$y'''-4y''+5y'-2y=0 \Rightarrow p_3(\lambda)=\lambda^3-4\lambda^2+5\lambda-2$$
$$y'''-3y''+3y'-y=0 \Rightarrow p_3(\lambda)=\lambda^3-3\lambda^2+3\lambda-1$$
$$y'''-y''+2y=0 \Rightarrow p_3(\lambda)=\lambda^3-\lambda^2+2$$
$$y^{(4)}-6y'''+11y''-6y'=0 \Rightarrow p_4(\lambda)=\lambda^4-6\lambda^3+11\lambda^2-6\lambda$$

Schritt 2: Man gebe *alle n Lösungen* (reell und/oder komplex) der Gleichung $p_n(\lambda)=0$ an.

An dieser Stelle wiederholt sich die Problematik, die am Ende des Kapitels 4 im Zusammenhang mit der Partialbruchzerlegung als *Konflikt* benannt wurde und folgerichtig zur *Beschäftigung mit den komplexen Zahlen* (in Kapitel 5 ab Seite 83) führte:

Wenn nicht genügend *reelle Lösungen* erhalten werden können, muss mit *komplexen Lösungen* ergänzt werden.

Für unsere fünf Beispiele können wir zurückgreifen auf die Seiten 99 bis 104, dort wurde ausführlich mit Hilfe von Vermutung, HORNER-Rechnung und Restpolynom vorgeführt, wie die drei bzw. vier Lösungen der Gleichungen $p_n(\lambda)=0$ gefunden werden können:

Beispiele:

(15.06b)
$$p_3(\lambda)=\lambda^3-6\lambda^2+11\lambda-6=0 \Rightarrow \lambda_1=1, \lambda_2=2, \lambda_3=3$$
$$p_3(\lambda)=\lambda^3-4\lambda^2+5\lambda-2=0 \Rightarrow \lambda_1=1, \lambda_2=1, \lambda_3=2$$
$$p_3(\lambda)=\lambda^3-3\lambda^2+3\lambda-1=0 \Rightarrow \lambda_1=1, \lambda_2=1, \lambda_3=1$$
$$p_3(\lambda)=\lambda^3-\lambda^2+2=0 \Rightarrow \lambda_1=-1, \lambda_2=1+i, \lambda_3=1-i$$
$$p_4(\lambda)=\lambda^4-6\lambda^3+11\lambda^2-6\lambda=0 \Rightarrow \lambda_1=0, \lambda_2=1, \lambda_3=2, \lambda_4=3$$

Schritt 3: In Abhängigkeit von der Art der erhaltenen Lösungen der Gleichung $p_n(\lambda)=0$ ist nach folgenden Regeln das *Fundamentalsystem der Differentialgleichung* aufzustellen:

Regel 1: Sind alle n Lösungen $\lambda_1, \ldots, \lambda_n$ *reell und voneinander verschieden*, dann ist das so genannte *Fundamentalsystem* aus den n Funktionen

(15.07) $$\varphi_1(x)=e^{\lambda_1 x}, \varphi_2(x)=e^{\lambda_2 x}, \ldots, \varphi_n(x)=e^{\lambda_n x}$$

zu bilden.

Beispiele: Bei der ersten und der letzten Differentialgleichung aus (15.06a) treten tatsächlich nur *reelle* und *voneinander verschiedene* Lösungen auf:

(15.07a)
$$y'''-6y''+11y'-6y=0 \Rightarrow p_3(\lambda)=\lambda^3-6\lambda^2+11\lambda-6=0 \Rightarrow \lambda_1=1, \lambda_2=2, \lambda_3=3$$
Fundamentalsystem: $\varphi_1(x)=e^x$, $\varphi_2(x)=e^{2x}$, $\varphi_3(x)=e^{3x}$

(15.07b)
$$y^{(4)}-6y'''+11y''-6y'=0$$
$$p_4(\lambda)=\lambda^4-6\lambda^3+11\lambda^2-6\lambda=0 \Rightarrow \lambda_1=0, \lambda_2=1, \lambda_3=2, \lambda_4=3$$
Fundamentalsystem: $\varphi_1(x)=1$, $\varphi_2(x)=e^x$, $\varphi_3(x)=e^{2x}$, $\varphi_4(x)=e^{3x}$

Regel 2: Besteht die Menge der n Lösungen der Gleichung $p_n(\lambda)=0$ aus n gleichen Werten $\lambda_1=\lambda_2=\ldots=\lambda_n$, so ist das Fundamentalsystem aus den n Funktionen

(15.08) $$\varphi_1(x)=e^{\lambda_1 x}, \varphi_2(x)=xe^{\lambda_1 x}, \varphi_3(x)=x^2 e^{\lambda_1 x}, \ldots, \varphi_n(x)=x^{n-1}e^{\lambda_1 x}$$

zu bilden.

Beispiel: Dieser Fall tritt bei der dritten Differentialgleichung aus (15.06a) auf.

(15.08a) $$y'''-3y''+3y'-y=0 \Rightarrow p_3(\lambda)=\lambda^3-3\lambda^2+3\lambda-1=0 \Rightarrow \lambda_1=1, \lambda_2=1, \lambda_3=1$$
$$\text{Fundamentalsystem: } \varphi_1(x)=e^x,\ \varphi_2(x)=xe^x,\ \varphi_3(x)=x^2e^x$$

Regel 3: Gibt es sowohl einfache als auch mehrfache reelle Lösungen der Gleichung $p_n(x)=0$, dann sind die Regeln 1 und 2 entsprechend anzuwenden – für die mehrfachen Lösungen sind Exponentialfunktionen *mit steigenden x-Potenzen als Vor-Faktoren* in das Fundamentalsystem aufzunehmen.

Beispiel: Die Gleichung $p_3(\lambda)=0$ mit dem charakteristischen Polynom der zweiten Differentialgleichung aus (15.06a) besitzt die die reelle Doppel-Lösung $\lambda_1=\lambda_2=1$ und die einfach reelle Lösung $\lambda_3=2$.

(15.09) $$y'''-4y''+5y'-2y=0 \Rightarrow p_3(\lambda)=\lambda^3-4\lambda^2+5\lambda-2 \Rightarrow \lambda_1=1, \lambda_2=1, \lambda_3=2$$
$$\text{Fundamentalsystem: } \varphi_1(x)=e^x,\ \varphi_2(x)=xe^x,\ \varphi_3(x)=e^{2x}$$

Regel 4: Gibt es zusätzlich zu einfachen und/oder mehrfachen reellen Lösungen der Gleichung $p_n(x)=0$ ein *Paar konjugiert komplexer Lösungen* $\lambda_1=a+ib$ und $\lambda_2=a-ib$, dann ist das Fundamentalsystem durch die beiden Funktionen

(15.10) $$\varphi_1(x)=e^{ax}\cos bx, \varphi_2(x)=e^{ax}\sin bx$$

zu ergänzen.

Man beachte, dass der Faktor b vor dem x sowohl in der Kosinusfunktion als auch in der Sinusfunktion gleich ist – dort ist also *nicht* der Imaginärteil, sondern jeweils der *Betrag des Imaginärteils* der beiden komplexen Lösungen einzusetzen.

Beispiel: Diese Regel ist nun anzuwenden auf die vierte Differentialgleichung aus (15.06a).

(15.10a) $$y'''-y''+2y=0 \Rightarrow p_3(\lambda)=\lambda^3-\lambda^2+2 \Rightarrow \lambda_1=-1, \lambda_2=1+i, \lambda_3=1-i$$
$$\text{Fundamentalsystem: } \varphi_1(x)=e^{-x},\ \varphi_2(x)=e^x\cos x,\ \varphi_3(x)=e^x\sin x$$

Damit ist die *Beschreibung des dritten Schrittes* beendet – der Fall *mehrfacher komplexer Lösungen* soll hier nicht betrachtet werden, da er frühestens bei Differentialgleichungen vierter Ordnung auftreten kann. Für die Regeln für diesen Fall siehe zum Beispiel [1], [25] oder [32].

Der schwierigste Teil auf dem Weg zur *Beschreibung der unendlich vielen Lösungen* linearer homogener Differentialgleichungen mit konstanten Koeffizienten liegt nun hinter uns.

Schritt 4: Durch Linearkombination der Bestandteile $\varphi_1(x), \ldots, \varphi_n(x)$ des Fundamentalsystems mit beliebigen reellen Konstanten $C_1, \ldots, C_n$ wird die *unendliche Menge aller Lösungen der Differentialgleichung* beschrieben:

(15.11) $$y = C_1\varphi_1(x) + C_2\varphi_2(x) + \ldots + C_n\varphi_n(x) \qquad C_1, \ldots C_n \text{ beliebig reell}$$

Beispiele: Für die fünf Differentialgleichungen aus (15.06a) wurden jeweils die Schritte 1 bis 3 durchgeführt. Zusammenfassend ergeben sich damit folgende Ergebnisse:

(15.12)
$$\begin{aligned}
&y''' - 6y'' + 11y' - 6y = 0 &&\Rightarrow\quad y = C_1e^x + C_2e^{2x} + C_3e^{3x}\\
&y''' - 4y'' + 5y' - 2y = 0 &&\Rightarrow\quad y = C_1e^x + C_2xe^x + C_3e^{2x}\\
&y''' - 3y'' + 3y' - y = 0 &&\Rightarrow\quad y = C_1e^x + C_2xe^x + C_3x^2e^x\\
&y''' - y'' + 2y = 0 &&\Rightarrow\quad y = C_1e^{-x} + C_2e^x\cos x + C_3e^x\sin x\\
&y^{(4)} - 6y''' + 11y'' - 6y' = 0 &&\Rightarrow\quad y = C_1 + C_2e^x + C_3e^{2x} + C_4e^{3x}
\end{aligned}$$

Bemerkung 1: Es fehlt in (15.12) jeweils der Hinweis, dass die Konstanten C_1, C_2, C_3 und C_4 reell und beliebig sein können – man verzichtet oft darauf, da die Symbolik selbst eine klare Sprache spricht.

Bemerkung 2: Bisher wurde stets die Sprachregelung verwendet, dass mit den Ausdrücken, die in (15.12) jeweils rechts stehen, die *unendliche Menge aller Lösungen der Differentialgleichungen be*schrieben wird. Das bleibt auch sachlich richtig, denn unendliche Mengen kann man nicht aufschreiben.

Trotzdem hat es sich eingebürgert, dass man von der *allgemeinen Lösung der Differentialgleichung* spricht:

(15.12a)
Differentialgleichung: $y''' - 6y'' + 11y' - 6y = 0$
allgemeine Lösung: $y = C_1e^x + C_2e^{2x} + C_3e^{3x}y$

15.2.2 Konstante Koeffizienten und n-te Ordnung – inhomogener Fall

Betrachten wir nun eine scheinbar geringfügige Erweiterung der Aufgabenstellung – anstelle der Null steht auf der rechten Seite der *linearen Differentialgleichung n-ter Ordnung mit konstanten Koeffizienten* ein so genanntes *Störglied r(x)*:

(15.13) $$a_ny^{(n)} + a_{n-1}y^{(n-1)} + \ldots + a_2y'' + a_1y' + a_0y = r(x)$$

Gesucht ist wieder eine Beschreibung der unendlich vielen Lösungen der Differentialgleichung. Wie kann man zu ihr gelangen?

Behauptung: Ist *eine einzige Lösung* $y_p(x)$ der inhomogenen Differentialgleichung (15.13) *bekannt*, und ist $y_h(x)$ die allgemeine Lösung der *zugehörigen homogenen Differentialgleichung*, dann wird die unendliche Menge aller Lösungen der inhomogenen Differentialgleichung (15.13) beschrieben durch

(15.14) $$y = y_h + y_p = C_1\varphi_1(x) + \ldots + C_1\varphi_1(x) + y_p$$

Bevor wir zum Beweis dieser Behauptung kommen, wollen wir uns an einem Beispiel deren Umsetzung ansehen.

Beispiel: Wir betrachten die lineare inhomogene Differentialgleichung mit konstanten Koeffizienten

(15.14a) $y''+y=x^2$.

Aus irgendeiner Quelle (zu den Einzelheiten kommen wir später) erfahren wir, dass die Funktion

(15.14b) $y_p=x^2-2$,

wenn sie in die inhomogene Differentialgleichung eingesetzt wird, die Gleichheit liefert. Prüfen wir es nach:

(15.14c) $y_p''+y_p=(x^2-2)''+(x^2-2)=2+x^2-2=x^2$.

Tatsächlich, es stimmt. Also wurde *eine* Funktion y_p gefunden, die die *inhomogene Differentialgleichung löst* – sie wird als *partikuläre Lösung* bezeichnet.

Wenden wir uns nun der *zugehörigen homogenen Differentialgleichung* zu, stellen deren *charakteristisches Polynom* auf, lösen die Gleichung $p_2(\lambda)=0$ und kommen mit dem passenden *Fundamentalsystem* zur *allgemeinen Lösung* y_h:

(15.14d)
$$\begin{aligned}&y''+y=0\Rightarrow p_2(\lambda)=\lambda^2+1\\&\lambda^2+1=0\Rightarrow\lambda_1=i,\lambda_2=-i\Rightarrow\varphi_1(x)=\cos x,\varphi_2(x)=\sin x\\&\Rightarrow y_h=C_1\cos x+C_2\sin x\end{aligned}$$

Entsprechend der Behauptung (15.14) sind wir schon fertig – die *unendlich vielen Lösungen der Differentialgleichung* (15.14a) werden folglich beschrieben durch

(15.14e) $y=y_h+y_p=C_1\cos x+C_2\sin x+x^2-2$,

wobei C_1 und C_2 frei wählbare reelle Konstanten sind. Es wird empfohlen, sich nach dem Muster von Seite 254 davon zu überzeugen, dass tatsächlich für *jede* C_1-C_2-Kombination die inhomogene Differentialgleichung erfüllt wird.

Kommen wir nun zum *Beweis der Behauptung* (15.14). Betrachten wir dazu folgende Entwicklung:

(15.14f)
$$\begin{aligned}&a_n(y_h+y_p)^{(n)}+a_{n-1}(y_h+y_p)^{(n-1)}+\ldots+a_2(y_h+y_p)''+a_1(y_h+y_p)'+a_0(y_h+y_p)\\&=[a_n(y_h)^{(n)}+a_{n-1}(y_h)^{(n-1)}+\ldots+a_2(y_h)''+a_1(y_h)'+a_0(y_h)]\\&\quad+[a_n(y_p)^{(n)}+a_{n-1}(y_p)^{(n-1)}+\ldots+a_2(y_p)''+a_1(y_p)'+a_0(y_p)]\\&=0\\&\quad+r(x)\\&=r(x)\end{aligned}$$

Die erste Zeile enthält die Differentialgleichung mit eingesetzter Lösung $y=y_h+y_p$. Nach den Regeln der Differentialrechnung (Ableitung einer Summe ist gleich der Summe der Ableitungen) entstehen daraus die Zeilen zwei und drei. Die Funktion y_h liefert, wenn sie in die Differentialgleichung eingesetzt wird, stets die *Null* . Die Funktion y_p liefert dagegen das Störglied *r(x)*. Somit ergibt sich die Behauptung, der Beweis ist beendet.

15.2.3 Partikuläre Lösung durch Ansatz

Wir bleiben vorerst bei der Aufgabe, für eine gegebene *lineare inhomogene Differentialgleichung n-ter Ordnung mit konstanten Koeffizienten*

(15.15) $$a_n y^{(n)}+a_{n-1}y^{(n-1)}+\ldots+a_2 y''+a_1 y'+a_0 y=r(x)$$

eine Beschreibung der unendlichen Lösungsmenge zu finden. Nach der Behauptung (15.14) von Seite 258 reicht es dafür aus, die *allgemeine Lösung der zugehörigen homogenen Differentialgleichung* y_h durch eine einzige Funktion y_p zu ergänzen, eine so genannte *partikuläre Lösung der inhomogenen Differentialgleichung.*

Bloß – woher bekommt man so eine partikuläre Lösung? Bisher wurden dazu keine Aussagen gemacht. Nehmen wir folgende Empfehlung zur Kenntnis:

Empfehlung: Manchmal findet man durch einen *geeigneten Ansatz* eine partikuläre Lösung.

Was das bedeutet, wollen wir uns am Beispiel (15.14a) ansehen. Dort ging es darum, eine partikuläre Lösung für

(15.15a) $$y''+y=x^2$$

zu finden. Überlegen wir: Das rechts stehende Störglied ist ein Polynom zweiten Grades, eine quadratische Funktionen.

Welche Funktionen könnten denn, auch wenn sie differenziert und dann additiv verknüpft werden, ein solches Polynom liefern?

Gehen wir negativ heran: Eine Exponentialfunktion kann es nicht sein, denn sie würde beim Differenzieren stets eine Exponentialfunktion bleiben. Auch Sinus und Kosinus würden durch Differenzieren nie zu einem Polynom führen. Und so weiter – was bleibt? Nur ein *Polynom* wird nach dem Differenzieren und additivem Verknüpfen wieder ein *Polynom* liefern können.

Also beginnen wir mit einem sinnvollen *Polynomansatz*

(15.15b) $$y_p=Ax^2+Bx+C$$

und versuchen, die Konstanten A, B und C so zu finden, dass sich nach dem Einsetzen in die Differentialgleichung das Störglied $r(x)=x^2$ ergibt. Setzen wir also (15.15b) in die inhomogene Differentialgleichung ein:

(15.15c) $$\begin{aligned} y_p''+y &= (Ax^2+Bx+C)''+(Ax^2+Bx+C) \\ &= 2A+(Ax^2+Bx+C) \\ &= Ax^2+Bx+C+2A \end{aligned}$$

Das also ergibt sich, wenn y_p eingesetzt wird. Und was soll sich ergeben? Natürlich – das Störglied $r(x)=x^2$. Folglich muss die Gleichung

(15.15d) $$Ax^2+Bx+C+2A=x^2$$

gelten.

Wann aber kann sie gelten? Wenn *links und rechts vor den x-Potenzen* dieselben Zahlen stehen:

$$\begin{aligned} &\text{vor } x^2: \quad A=1 \\ (15.15e) \quad &\text{vor } x^1: \quad B=0 \\ &\text{vor } x^0: \quad C+2A=0 \end{aligned}$$

Dieses Vorgehen nennt man *Koeffizientenvergleich*. Offensichtlich ergibt sich, dass das Gleichungssystem (15.15e) eine Lösung besitzt: $A=1$, $B=0$ und $C=-2$. Unser Ansatz (15.15b) war somit erfolgreich, und die gefundene partikuläre Lösung lautet

(15.15f) $y_p = x^2 - 2$.

Bemerkung: Nicht immer führen sinnvolle Ansätze auch zum Ziel.

Beispiel: Gesucht ist eine partikuläre Lösung für die Differentialgleichung

(15.16a) $y'' + y = \cos x$

Intuitiv ist klar – nur eine *Sinus-Kosinus-Kombination* kann nach dem Differenzieren und additiven Verknüpfen das Störglied $r(x) = \cos x$ liefern. Logisch erscheint deshalb

(15.16b) $y_p = A\cos x + B\sin x$.

Differenzieren wir also y_p zweimal, setzen in die Differentialgleichung ein und erhalten ein überraschendes Ergebnis:

$$\begin{aligned} & y_p'' + y = (A\cos x + B\sin x)'' + (A\cos x + B\sin x) \\ (15.16c) \quad & \quad = (-A\cos x - B\sin x) + (A\cos x + B\sin x) \\ & \quad = 0 \end{aligned}$$

Beim Einsetzen von y_p in die Differentialgleichung ergibt sich *stets die Nullfunktion*. Es soll sich aber die *Kosinusfunktion* ergeben. Das heißt – wie man auch A und B wählen würde, mit dem gewählten Ansatz kann *niemals das Störglied $r(x)=\cos x$* erzielt werden.

Der Ansatz führt nicht zum Ziel (obwohl er durchaus plausibel erschien).

Doch was ist der Grund für den Fehlschlag? Die Gleichung (15.14d) auf Seite 259 klärt uns auf: Das Störglied *$r(x) = \cos x$ gehört zum Fundamentalsystem* der Differentialgleichung.

Wenn das *Störglied* zum *Fundamentalsystem* gehört, dann spricht man vom so genannten *Resonanzfall*.

In diesem Fall versagen einfache Ansätze. In [29] findet man umfangreiche Empfehlungen, welche Ansätze bei solchen *Resonanzfällen* zum Ziel führen können. Für unser Beispiel wird dort vorgeschlagen, einen erweiterten Ansatz zu versuchen:

(15.16d) $y_p = x(A\cos x + B\sin x)$

Er führt zum Ziel, man findet $y_p = -\frac{1}{2}x\cos x$. Der Nachweis wird als Übung empfohlen.

15.2.4 Nichtkonstante Koeffizienten und n-te Ordnung

Besitzt eine lineare Differentialgleichung n-ter Ordnung sowohl im *homogenen* Fall

(15.17a) $a_n(x)y^{(n)}+a_{n-1}(x)y^{(n-1)}+\ldots+a_2(x)y''+a_1(x)y'+a_0(x)y=0$

als auch im *inhomogenen* Fall

(15.17b) $a_n(x)y^{(n)}+a_{n-1}(x)y^{(n-1)}+\ldots+a_2(x)y''+a_1(x)y'+a_0(x)y=r(x)$

nichtkonstante Koeffizienten, so existieren – mit einer Ausnahme – keine Strategien, um die *unendliche Menge ihrer Lösungen* zu beschreiben.

Eine Ausnahme stellt die so genannte EULERsche Differentialgleichung dar:

(15.17c) $$a_n x^n y^{(n)}+a_{n-1}x^{n-1}y^{(n-1)}+\ldots+a_2x^2y''+a_1xy'+a_0y=r(x)$$

Sie enthält neben reellen Zahlen a_n bis a_0 vor den jeweiligen Ableitungsfunktionen passende x-Potenzen. Für derartige Differentialgleichungen gibt es Regeln für charakteristische Polynome und Fundamentalsysteme.

Für Einzelheiten sei auf [1] und [25] verwiesen.

15.3 Lineare Differentialgleichungen erster Ordnung

15.3.1 Konstante Koeffizienten und 1. Ordnung, homogener Fall

Jede *lineare homogene Differentialgleichungen erster Ordnung mit konstanten Koeffizienten*

(15.18) $a_1y'+a_0y=0$

ist ein Spezialfall der im vorigen Abschnitt behandelten *linearen homogenen Differentialgleichungen n-ter Ordnung*, also kann nach den Schritten 1 bis 4 sofort das *charakteristische Polynom* aufgestellt, der eine λ-Wert bestimmt und das *Fundamentalsystem* angegeben werden:

$$a_1y'+a_0y=0 \Rightarrow p_1(\lambda)=a_1\lambda+a_0$$

(15.18a) $$a_1\lambda+a_0=0 \quad\Rightarrow \lambda=-\frac{a_0}{a_1} \Rightarrow \varphi_1(x)=e^{-\frac{a_0}{a_1}x}$$

$$\Rightarrow y=Ce^{-\frac{a_0}{a_1}x}$$

Beispiel:

(15.18b) $$2y'+3y=0 \Rightarrow y=Ce^{-\frac{2}{3}x}$$

15.3.2 Konstante Koeffizienten und 1. Ordnung, inhomogener Fall

Besitzt die *lineare Differentialgleichung erster Ordnung mit konstanten Koeffizienten* ein *Störglied r(x)*, ist sie also *inhomogen*,

(15.19) $a_1 y' + a_0 y = r(x)$

dann gilt für sie als Spezialfall natürlich auch die Aussage, dass zur Beschreibung der unendlichen Lösungsmenge eine partikuläre Lösung y_p gefunden werden muss, die dann zur *allgemeinen Lösung der zugehörigen homogenen Differentialgleichung* y_h zu addieren ist:

(15.19a) $y = y_h + y_p = Ce^{-\frac{a_0}{a_1}x} + y_p$

Zur *Beschaffung einer partikulären Lösung* wird zuerst der Versuch mit einem *passenden Ansatz* empfohlen, schlägt er fehl, dann kann die Methode der *Variation der Konstanten* (siehe dazu zum Beispiel [1], [25] und [32]) versucht werden. Dazu werden – wie auch im folgenden Abschnitt – Kenntnisse der *Integralrechnung* benötigt.

15.3.3 Nichtkonstante Koeffizienten und 1. Ordnung – homogener Fall

Nun betrachten wir Differentialgleichungen des Typs

(15.20) $a_1(x)y' + a_0(x)y = 0$

Beispiele: $e^{-x}y' + e^{2x}y = 0$: $a_1(x) = e^{-x}$, $a_0(x) = e^{2x}$

$2xy' + y = 0$: $a_1(x) = 2x$, $a_0(x) = 1$

(15.20a)

$y' + \frac{x^2}{2}y = 0$: $a_1(x) = 1$, $a_0(x) = \frac{x^2}{2}$

Behauptung: Die Menge aller Lösungsfunktionen von (15.20) ergibt sich aus der Formel

(15.20b) $y = Ce^{-\int \frac{a_0(x)}{a_1(x)}dx}, \quad -\infty < C < \infty$

Der Beweis wird später, auf Seite 268, geführt.

Beispiel: Wir wollen die erste der Differentialgleichungen aus (15.20a) lösen:

(15.20c) $e^{-x}y' + e^{2x}y = 0$: $a_1(x) = e^{-x}$, $a_0(x) = e^{2x}$

Es ist nur das richtige Einsetzen in die Lösungsformel (15.20b) nötig, das entstehende Integral kann mit Hilfe der einfachen Substitution $u=3x$ (siehe Seite 234) gelöst werden:

(15.20d) $y = Ce^{-\int \frac{e^{2x}}{e^{-x}}dx} = Ce^{-\int e^{3x}dx} = Ce^{-\frac{1}{3}e^{3x}}$

15.3.4 Nichtkonstante Koeffizienten und 1. Ordnung – inhomogener Fall

Auch für den Fall von Inhomogenität einer linearen Differentialgleichung erster Ordnung mit nichtkonstanten Koeffizienten

(15.21) $a_1(x)y' + a_0(x)y = r(x)$

gilt die grundsätzliche Aussage

(15.21a) $y = y_h + y_p$.

Beispiel: Die Differentialgleichung

(15.21b) $y' + x^2 y = 2x^2: \quad a_1(x)=1,\ a_0(x)=x^2,\ g(x)=2x^2$

ist linear und inhomogen mit dem Störglied $r(x)=2x^2$ und ihre Koeffizienten sind nicht konstant. Als allgemeine Lösung (d. h. als *Beschreibung der unendlichen Lösungsmenge*) der zugehörigen homogenen Differentialgleichung ergibt sich

(15.21c) $y_h = Ce^{-\frac{1}{3}x^3}$,

denn das folgt aus der Formel (15.20b). Der hier durchaus plausibel erscheinende Ansatz

(15.21d) $y_p = Ax^2 + Bx + C$

führt tatsächlich zum Erfolg, und mit $A=B=0$ und $C=2$ ergibt sich die Lösung von (15.21b):

(15.21e) $y = y_h + y_p = Ce^{-\frac{1}{3}x^3} + 2$

Bemerkung: Bei nichtkonstanten Koeffizienten tritt recht häufig der Fall auf, dass ein Ansatz nicht zum Ziel führt. Deswegen wird dort häufig die so genannte *Variation der Konstanten* empfohlen (Einzelheiten können z. B. [1], [25] und [32] entnommen werden).

15.4 Nichtlineare Differentialgleichungen erster Ordnung

Liegt eine Gleichung vor, durch die eine unbekannte Funktion $y=f(x)$ lediglich in einem Zusammenhang mit ihrer *ersten Ableitungsfunktion* $y'=f'(x)$ in *impliziter* Form

(15.22) $F(x,y,y') = 0$

oder *expliziter* Form

(15.23) $y' = f(x,y)$

beschrieben wird und dabei keine Linearität zu beobachten ist, so spricht man von einer *gewöhnlichen nichtlinearen Differentialgleichung erster Ordnung*.

15.4.1 Spezialfall *y'=f(x)*

Tritt in einer gewöhnlichen *Differentialgleichung erster Ordnung* in (15.23) auf der rechten Seite die Funktion y selbst *nicht* auf, dann liegt als Spezialfall eine Aufgabenstellung vor, die im Abschnitt 13.3.2 auf Seite 229 bereits beschrieben wurde:

Gesucht sind alle Funktionen y, deren *erste Ableitungsfunktion* y' gleich einer *gegebenen Funktion* $f(x)$ ist.

Als Lösung der Differentialgleichung $y'=f(x)$ ergeben sich folglich alle *Stammfunktionen* von $f(x)$, und die Lösungs*menge* dieser Differentialgleichung ist folglich die *Menge aller Stammfunktionen*, die mit dem Symbol des *unbestimmten Integrals* über $f(x)$ bezeichnet wird:

(15.23a) $$y=\int f(x)dx$$

Da im Abschnitt 13.5 ab Seite 240 darüber informiert wurde, dass bereits diese Integrationsaufgabe als *spezielle Differentialgleichung* keinesfalls immer – und niemals leicht – zu lösen ist, deutet sich hier schon an, dass sich die Schwierigkeiten weiter erhöhen werden, wenn wir uns vom Spezialfall lösen. Trotzdem wollen wir uns damit beschäftigen.

15.4.2 Trennbare Variable

Eine gewöhnliche Differentialgleichung erster Ordnung, gegeben in impliziter oder expliziter Form $F(x,y,y')=0$ bzw. $y'=f(x,y)$, besitzt *trennbare Variable*, wenn sie sich auf die Form

(15.24) $$y'=g(x)\cdot h(y)$$

bringen lässt, d. h. wenn sich die rechte Seite als *Produkt* schreiben lässt, dessen erster Faktor *nur von x* und dessen zweiter Faktor *nur von y* abhängt.

Sehen wir uns dafür einige Beispiele an:

(15.24a)
$$\begin{aligned}
&y'=xy+x && \Leftrightarrow y'=x\cdot(y+1): && g(x)=x, \quad h(y)=y+1\\
&y'=\sqrt{y} && \Leftrightarrow y'=1\cdot\sqrt{y}: && g(x)=1, \quad h(y)=\sqrt{y}\\
&xy'+y=y^2 && \Leftrightarrow y'=\frac{1}{x}\cdot(y^2-y): && g(x)=\frac{1}{x}, \quad h(y)=y^2-y
\end{aligned}$$

Wenn es auf diese Art gelingt, in einer gegebenen Differentialgleichung erster Ordnung die *Variablen zu trennen*, kann mit Hilfe der in den folgenden fünf Schritten vorgestellten Vorgehensweise versucht werden, die Menge der Lösungsfunktionen formelmäßig zu beschreiben:

Schritt 1: Das Symbol y' wird als gemeiner Bruch mit dem „Zähler" dy und dem „Nenner" dx geschrieben:

(15.24b) $$\frac{dy}{dx}=g(x)\cdot h(y)$$

Schritt 2: Beide Seiten der Gleichung werden mit dem Symbol dx multipliziert:

15.24c) $dy=[g(x)\cdot h(y)]\cdot dx$

Schritt 3: Beide Seiten der Gleichung werden durch den Faktor $h(y)$ dividiert:

(15.24d) $\frac{1}{h(y)}\cdot dy=g(x)\cdot dx$

Schritt 4: Vor beide Seiten der Gleichung wird das Integralzeichen geschrieben:

(15.24e) $\int\frac{1}{h(y)}\cdot dy=\int g(x)\cdot dx$

Schritt 5: Die linke Seite wird behandelt wie eine *unbestimmte Integrationsaufgabe* mit der Integrationsvariablen y, die rechte Seite der Gleichung wird behandelt wie eine *unbestimmte Integrationsaufgabe* mit der Integrationsvariablen x. Auf beiden Seiten werden die *Mengen der Stammfunktionen* bestimmt, aber nur auf der rechten Seite wird eine Konstante C hinzugefügt.

Beispiel: Betrachten wir die Differentialgleichung

(15.24f) $y'=x\cdot\sqrt{y}$

und dazu die Rechnung nach den oben beschriebenen fünf Schritten:

(15.24g) $\frac{dy}{dx}=x\cdot\sqrt{y}$

(15.24h) $dy=[x\cdot\sqrt{y}]\cdot dx$

(15.24i) $\frac{1}{\sqrt{y}}\cdot dy=x\cdot dx$

(15.24j) $\int\frac{1}{\sqrt{y}}\cdot dy=\int x\cdot dx$

Auf beiden Seiten befinden sich Grundintegrale, die nach der Regel (13.27) von Seite 230 ausgewertet werden können:

(15.24k)
$$\int\frac{1}{\sqrt{y}}\cdot dy=\int y^{-\frac{1}{2}}\cdot dy=\frac{y^{\frac{1}{2}}}{\frac{1}{2}}=2\sqrt{y}$$
$$\int x\cdot dx=\int x^{1}\cdot dx=\frac{x^{2}}{2}$$

Zusammengefasst ergibt sich dann das Ergebnis:

(15.24m) $$2\sqrt{y}=\frac{x^2}{2}+C \Leftrightarrow \sqrt{y}=\frac{1}{2}(\frac{x^2}{2}+C) \Leftrightarrow y=\frac{1}{4}(\frac{x^2}{2}+C)^2$$

Für jeden beliebigen Wert der Konstanten C löst die in (15.24m) ganz rechts stehende Funktion *y* die gegebene Differentialgleichung (15.24f).

Durch Bilden ihrer ersten Ableitungsfunktion y' kann das sofort nachgeprüft werden:

(15.24n) $$y'=[\frac{1}{4}(\frac{x^2}{2}+C)^2]'=x\cdot\frac{1}{2}(\frac{x^2}{2}+C)=x\cdot\sqrt{y}$$

Als zweites Beispiel soll die so genannte *Wachstums-Differentialgleichung* betrachtet werden:

(15.25a) $$y'=a\cdot y \quad a=const$$

Die Schritte 1 bis 4 führen sofort zu den beiden zu lösenden Integralen:

(15.25b) $$\int\frac{1}{y}\cdot dy=a\cdot\int dx$$

Da auch hier nur Grundintegrale auftreten, können sie mit Hilfe der Formeln (13.36) von Seite 231 und (13.27) von Seite 230 gelöst werden:

(15.25c) $$\begin{aligned}&\int\frac{1}{y}\cdot dy=\ln|y|\\&a\cdot\int dx \;=a\cdot\int x^0\cdot dx=a\cdot x\end{aligned}$$

Zusammengefasst ergibt sich allerdings wegen der Betragsstriche eine auf den ersten Blick unpraktikable Darstellung der Lösung, bei der wiederum die Konstante C jeden beliebigen reellen Zahlenwert annehmen kann:

(15.25d) $$\ln|y|=a\cdot x+C$$

Versuchen wir, zu einer *besseren Darstellung* der Menge der Lösungsfunktionen zu kommen. Formulieren wir es zuerst mit Worten:

Jede Funktion *y*, deren Betrag, nachdem er logarithmiert wurde, eine *lineare Funktion* (Polynom 1. Grades) mit dem Anstieg *a* und *irgendeinem Achsenabschnitt* liefert, ist Lösung der Differentialgleichung (15.25a).

Behauptung: Die Menge der Lösungsfunktionen lässt sich darstellen als

(15.25e) $$y=Ce^{ax}$$

Beweis: Wir brauchen auf beiden Seiten von (15.25e) nur den Betrag zu bilden und diesen dann zu logarithmieren:

(15.25f) $$|y|=|Ce^{ax}|=|C|\cdot|e^{ax}|\Rightarrow\ln|y|=\ln[|C|\cdot|e^{ax}|]$$

Die Tatsache, dass die Exponentialfunktion stets ein positives Ergebnis liefert, sowie die Anwendung der z. B. aus Abschnitt 2.1.7 bekannten *Logarithmengesetze* führen zu

(15.25g) $\ln|y| = \ln|C| + \ln|e^{ax}| = \ln|C| + \ln(e^{ax}) = \ln|C| + ax\ln e = \ln|C| + ax$

Stellen wir nun das gefundene Ergebnis zusammen

(15.25h) $\ln|y| = ax + \ln|C|$,

so ergibt sich genau die oben in Worten gefasste *Eigenschaft jeder Lösungsfunktion y*:

Der natürliche Logarithmus des Betrages der Lösungsfunktion ist ein *Polynom erster Ordnung* mit dem Anstieg *a*. Was zu beweisen war.

Auf ähnliche Art lässt sich folgender Satz beweisen:

Satz: Erhält man bei der Lösung einer Differentialgleichung erster Ordnung nach vollzogener Trennung der Veränderlichen und beidseitiger Integration eine Beziehung der Form

(15.26a) $\ln|y+\alpha| = p(x) + C$

mit festem Wert α und beliebig wählbarer Konstante *C*, so gilt für die Lösungsmenge der Differentialgleichung die gleichwertige Darstellung

(15.26b) $y = Ce^{p(x)} - \alpha$

mit beliebig wählbarer Konstante C.

Beispiel: Wir betrachten die Differentialgleichung

(15.27a) $y' = x\cdot(y+1)$

und erhalten nach Trennung der Veränderlichen und beidseitiger Integration

(15.27b) $\ln|y+1| = \frac{x^2}{2} + C$

Durch Bildung der ersten Ableitungsfunktion und Einsetzen kann man sich tatsächlich davon überzeugen, dass die nach dem obigen Satz gefundene *andere Darstellung der Menge der Lösungsfunktionen*

(15.27c) $y = Ce^{\frac{x^2}{2}} - 1$

die Differentialgleichung (15.27a) für beliebiges *C* erfüllt.

Nun sind wir auch in der Lage, die Lösungsformel (15.20b) von Seite 263 beweisen zu können:

(15.28) $a_1(x)y' + a_0(x)y = 0 \Rightarrow y = Ce^{-\int \frac{a_0(x)}{a_1(x)}dx}$, $-\infty < C < \infty$

Beweis: Nach Subtraktion des zweiten Summanden in (15.28) auf beiden Seiten und Division der Gleichung durch $a_1(x)$ und *y* ergeben sich die beiden unbestimmten Integrale

(15.28a) $\int \frac{1}{y} dy = \int [-\frac{a_0(x)}{a_1(x)}] dx$

Die rechte Seite liefert offensichtlich eine Funktion von x, sie soll mit $p(x)$ bezeichnet werden. Links entsteht nach der Integration der Ausdruck $ln|y|$. Damit kann der Satz von Seite 268 mit $\alpha=0$ angewandt werden, womit der Beweis geführt ist.

15.5 Anfangs- und Randwertaufgaben

15.5.1 Aufgabenstellung

In der Praxis (siehe z. B. [27]) ergibt sich aus der *Modellierung bestimmter physikalisch-technischer Zusammenhänge* in der Regel zusätzlich zur *Differentialgleichung* in expliziter oder impliziter Form

(15.29) $F(x,y,y')=0$ bzw. $y'=f(x,y)$

eine *ergänzende Bedingung* an die Lösungsfunktion, die in der Form

(15.29a) $y(x_0)=y_0$

vorliegt.

Sie legt fest, dass die Lösungsfunktion der Differentialgleichung für einen bestimmten Argumentwert x_0 einen bestimmten Funktionswert y_0 annehmen soll.

Ist die unabhängige Veränderliche die Zeit (dann werden die Buchstaben t und x verwendet), dann beschreibt t_0 meist den *Anfangszeitpunkt* des betrachteten funktionellen Zusammenhanges, und x_0 ist dann der *Anfangszustand*:

(15.29b) $\dot{x}=f(t,x)$, $x(t_0)=x_0$

In der überwiegenden Mehrzahl aller *Aufgabenstellungen mit einer Differentialgleichung erster Ordnung*, die sich bei der *Modellierung praktischer Probleme* ergeben, wird die *zusätzliche Bedingung an die Lösungsfunktion* aus einer vorgegebenen *Start- oder Anfangssituation* heraus abgeleitet.

Deshalb bezeichnet man allgemein beide Teile der Aufgabenstellung (15.29) und (15.29a) bzw. (15.29b) zusammengefasst als *Anfangswertaufgabe.*

15.5.2 Beispiel mit formelmäßiger Lösung

Beispiel: Es ist diejenige (eine) Lösung der Differentialgleichung

(15.30a) $xyy'+y^2+1=0$

zu ermitteln, die die folgende *Anfangsbedingung* erfüllt:

(15.30b) $y(1)=2$

Zuerst ist die Differentialgleichung *allgemein* zu lösen, d. h. es ist zu versuchen, ihre unendliche Lösungsmenge zu ermitteln.

Wir erkennen: Die Differentialgleichung ist zwar von *erster Ordnung,* aber sie ist ersichtlich *nicht linear,* denn sie lässt sich niemals in die Form (15.20) bringen.

Folglich ist die Frage nach *Homogenität* oder *Inhomogenität* hier gegenstandslos – diese Frage wäre ja erst *nach* erkannter Linearität zu stellen.

Was bleibt? Versuchen wir, ob die Differentialgleichung wenigstens *trennbare Variable* besitzt. Diese Frage kann positiv beantwortet werden, indem die Differentialgleichung so umgeformt wird, dass die Ableitungsfunktion y' allein auf der linken Seite erscheint:

(15.30c) $$y' = -\frac{y^2+1}{x \cdot y}$$

Den Regeln aus Abschnitt 15.4.2 folgend, werden nun *die Variablen getrennt.* Damit ergeben sich zwei *unbestimmte Integrationsaufgaben:*

(15.30d) $$\int \frac{y}{y^2+1}\,dy = -\int \frac{1}{x}\,dx$$

Während das rechts stehende Integral sofort durch Anwendung von (13.36) von Seite 231 gelöst werden kann, führt beim links stehenden Integral erst die Substitution $u=y^2+1$ (vergleiche Abschnitt 13.3.4 auf Seite 234) zu einem Grundintegral. Daraus ergibt sich nach erfolgter Rücksubstitution

(15.30e) $$\frac{1}{2}\ln|y^2+1| = -\ln|x| + C \quad .$$

Nun folgen einige weitere Überlegungen, die ausführlich unter www.w-g-m.de in der Rubrik `Leserservice` nachgelesen werden können, sie führen schließlich zu der Lösung der Differentialgleichung in der folgenden Darstellung:

(15.30f) $$y = \pm\frac{1}{x}\sqrt{C^2-x^2} \qquad -\infty < C < \infty$$

Nun ist es an der Zeit, dass wir uns daran erinnern, dass nicht *alle unendlich vielen* Lösungen der Differentialgleichung gesucht werden, sondern nur *diejenige Lösungsfunktion,* die die *Anfangsbedingung* $y(1)=2$ erfüllt.

Setzen wir also in (15.30f) für x den Wert 1 und für y den Wert 2 ein:

(15.30g) $$2 = \frac{1}{1}\sqrt{C^2-1^2}$$

Für C^2 ergibt sich daraus der Wert 5, und damit haben wir die *Lösung der Anfangswertaufgabe* (15.30a)/(15.30b) gefunden:

(15.30h) $$y = \frac{1}{x}\sqrt{5-x^2}$$

16 Matrizen und Determinanten

16.1 Allgemeines

16.1.1 Der Matrixbegriff

Wenn Objekte in einem *rechteckigen Schema* angeordnet werden, spricht man von einer *Matrix*. Die Mehrzahl einer Matrix – das sind *Matrizen*.

Eine Matrix ist eine *geordnete Zusammenstellung von Objekten in einem rechteckigen Schema*. Die Objekte nennt man *Elemente der Matrix*.

Matrizen begleiten unser Leben auf Schritt und Tritt, auch wenn wir es manchmal bewusst gar nicht wahrnehmen. Jeder Schüler trägt mit sich täglich seine Matrix herum – ein rechteckiges Schema, in dem eingetragen ist, welches Unterrichtsfach er an welchem Wochentag in welcher Stunde hat. Natürlich spricht hier niemand von einer *Matrix der Stundenbelegung* – obwohl zweifelsfrei eine Matrix vorliegt, ein *rechteckiges Schema*. Klar ist vielmehr im Sprachgebrauch, dass es sich um einen ganz normalen *Stundenplan* handelt.

Wenn eine Transportfirma sich aufschreibt, welche Mengen in der kommenden Woche von den drei Lagern zu den fünf Abnehmern ihrer Kundschaft zu bewältigen sind, dann wird ebenfalls ein rechteckiges Schema benutzt. Natürlich kann man, wenn man sich darüber unterhält, umständlich von der *Zusammenstellung der Transportmengen von jedem Lager zu jedem Abnehmer* sprechen – man kann und wird aber viel kürzer einfach nur über die *Transportmatrix* der kommenden Woche diskutieren.

Jeder Dienstplan ist eigentlich eine *Belegungsmatrix*, jeder Zimmerbelegungsplan eines Hotels könnte als *Gästematrix* gedeutet werden, die übersichtliche Zusammenstellung aller Spielergebnisse der Bundesliga am Ende der Spielzeit enthält die *Ergebnismatrix* und so weiter und so fort.

In rechteckigen Schemata sorgfältig angeordnete Zusammenstellungen treffen wir auf Schritt und Tritt. All das sind Matrizen, ob wir sie bewusst zur Kenntnis nehmen oder nicht.

16.1.2 Der Matrixbegriff in der Mathematik

Selbstverständlich, in der Mathematik spielen oft *reine Zahlenmatrizen* eine wichtige Rolle:

(16.01) $$A = \begin{pmatrix} 1 & 2 & \dots & 7 \\ -5 & 4 & \dots & 0 \\ \dots & \dots & \dots & \dots \\ 8 & 0 & -5 & 4 \end{pmatrix}$$

Fassen wir zusammen: Es gibt viele Situationen inner- und außerhalb der Mathematik, in denen man nicht über einzelne Objekte, sondern über die *Gesamtheit von Objekten* kommunizieren oder nachdenken muss, die *logisch zusammengehören* und in einem *rechteckigen Schema* angeordnet sind.

Dann verwendet man für die *Gesamtheit aller dieser Objekte* eine neue abkürzende Vokabel: Man spricht kurz nur von der *jeweiligen Matrix*.

16.2 Matrizen-Begriffe

16.2.1 Zeilen und Spalten, Format

Eine Matrix besteht aus *Zeilen* und *Spalten*. Ist die Zeilenzahl ungleich der Spaltenzahl, dann heißt die Matrix *rechteckig*. Ist die Zeilenzahl gleich der Spaltenzahl, dann heißt die Matrix *quadratisch*.

Matrizen werden allgemein mit Großbuchstaben gekennzeichnet:

$$(16.02) \qquad A = \underbrace{\left.\begin{pmatrix} 1 & 2 & 3 & 4 & 9 \\ -7 & 0 & 8 & 7 & 1 \\ -2 & 3 & 0 & 1 & 1 \end{pmatrix}\right\}}_{5\ \text{Spalten}} 3\ \text{Zeilen}$$

Diese Matrix A mit ihren drei Zeilen und fünf Spalten ist offensichtlich *rechteckig*. Dagegen ist die Matrix B in (16.03) ersichtlich quadratisch, da sie *gleiche Zeilen- und Spaltenzahl* besitzt.

$$(16.03) \qquad B = \begin{pmatrix} a & b & K & v \\ -8 & -7 & 3 & 4 \\ x & y & z & 0 \\ e & 9 & 2 & -9 \end{pmatrix}$$

Das *Format einer Matrix* wird beschrieben durch die geklammerte Angabe von Zeilen- und Spaltenzahl: Format = (Zeilenzahl, Spaltenzahl)

Die Zeilenzahl wird dabei immer zuerst genannt.

Die obige Matrix A hat also das Format (3, 5), während die Matrix B das Format (4, 4) hat.

16.2.2 Vektoren als spezielle Matrizen

Eine Matrix, die nur aus einer Spalte besteht, wird als *Spaltenvektor* bezeichnet. Eine Matrix, die nur aus einer Zeile besteht, wird als *Zeilenvektor* bezeichnet.

Ein *Spaltenvektor* hat also immer das Format $(n,1)$ mit $n>1$, während ein *Zeilenvektor* stets das Format $(1,n)$ mit $n>1$ hat.

(16.04) $\vec{c} = \begin{pmatrix} 1 \\ 2 \\ 4 \\ -8 \end{pmatrix}, \quad \vec{d} = \begin{pmatrix} 2 & 4 & 3 \end{pmatrix}$

Im Beispiel (16.04) ist also $\vec{c}$ ein Spaltenvektor mit vier Zeilen und $\vec{d}$ ein Zeilenvektor mit drei Spalten. Vektoren werden meist mit Kleinbuchstaben und nicht selten mit darüber gesetztem Pfeil bezeichnet.

Eine Matrix vom Format (1,1) würde nur eine Zeile und eine Spalte enthalten und wäre demnach eine einzelne Zahl. Deswegen wird das Format (1,1) im Zusammenhang mit Matrizen so gut wie nie benutzt.

16.2.3 Beziehungen zwischen Matrizen

Nur Matrizen *gleichen Formats*, d. h. gleicher Zeilen- und Spaltenzahl, können *miteinander verglichen* werden. Haben zwei Matrizen *ungleiches Format*, sind sie *nicht vergleichbar*.

Zwei Matrizen A und B gleichen Formats (m,n) heißen gleich, $A=B$, wenn alle entsprechenden Elemente gleich sind: $a_{ik}=b_{ik}$ für $i=1,\ldots,m\,;\, k=1,\ldots,n$.

Beispiel: Die beiden Matrizen

(16.05) $A = \begin{pmatrix} 1 & a & b \\ 2 & 3 & c \end{pmatrix}, \quad B = \begin{pmatrix} 1 & a & 3 \\ 2 & 3 & a \end{pmatrix}$

sind also genau dann gleich, wenn $b=3$ und $c=a$ ist. In jedem anderen Falle sind sie – trotz gleichen Formats – ungleich.

Eine Matrix A wird kleiner als eine gleichformatige Matrix B bezeichnet, wenn alle Elemente von A kleiner sind als die entsprechenden Elemente von B.

So ist im folgenden Beispiel (16.06) die Matrix A nur dann kleiner als die Matrix B, wenn a kleiner als 3 und b kleiner als a ist:

(16.06) $A = \begin{pmatrix} 1 & a & b \\ 2 & 3 & c \end{pmatrix}, \quad B = \begin{pmatrix} 2 & 3 & a \\ 7 & 5 & c+1 \end{pmatrix}$

16.2.4 Transponieren

Wenn in einer Matrix A vom Format (m,n) alle *Zeilen* mit allen *Spalten* vertauscht werden, entsteht eine neue Matrix mit dem Format (n,m). Sie wird *Transponierte zu A* genannt und mit dem Symbol A^T bezeichnet.

Es ist anschaulich sofort klar: Die Transponierte einer *rechteckigen Matrix* wird wieder eine rechteckige Matrix, aber stets von anderem Format.

Wird dagegen eine *quadratische Matrix* transponiert, entsteht eine quadratische Matrix vom gleichen Format.

Wird ein *Zeilenvektor* transponiert, entsteht ein gleich langer *Spaltenvektor*, und umgekehrt entsteht aus einem *Spaltenvektor* beim Transponieren ein gleich langer Zeilenvektor.

(16.07)
$$A = \begin{pmatrix} 1 & a & b \\ 2 & 3 & c \end{pmatrix} \rightarrow A^T = \begin{pmatrix} 1 & 2 \\ a & 3 \\ b & c \end{pmatrix} \quad , \quad C = \begin{pmatrix} 1 & 3 \\ b & a \end{pmatrix} \rightarrow C^T = \begin{pmatrix} 1 & b \\ 3 & a \end{pmatrix}$$
$$\vec{b} = \begin{pmatrix} 9 \\ 7 \\ 2 \end{pmatrix} \rightarrow \vec{b}^T = \begin{pmatrix} 9 & 7 & 2 \end{pmatrix} \quad , \quad \vec{d} = \begin{pmatrix} 1 & 3 \end{pmatrix} \rightarrow \vec{d}^T = \begin{pmatrix} 1 \\ 3 \end{pmatrix}$$

Wird eine Matrix A zweimal hintereinander transponiert, wird also $(A^T)^T$ gebildet, dann entsteht wieder die Matrix A.

(16.08)
$$A = \begin{pmatrix} 1 & a & b \\ 2 & 3 & c \end{pmatrix} \rightarrow A^T = \begin{pmatrix} 1 & 2 \\ a & 3 \\ b & c \end{pmatrix} \rightarrow (A^T)^T = \begin{pmatrix} 1 & a & b \\ 2 & 3 & c \end{pmatrix} = A$$

16.3 Quadratische Matrizen

16.3.1 Diagonalen

Eine *quadratische Matrix* besitzt zwei *Diagonalen*: Die Diagonale von links oben nach rechts unten wird *Hauptdiagonale* genannt, die Diagonale von rechts oben nach links unten wird *Nebendiagonale* genannt.

Im Beispiel (16.09) beschreiben die Elemente d_1 bis d_4 die Hauptdiagonale, während n_1 bis n_4 die Nebendiagonale bilden.

(16.09)
$$A = \begin{pmatrix} d_1 & \dots & \dots & n_1 \\ \dots & d_2 & n_2 & \dots \\ \dots & n_3 & d_3 & \dots \\ n_4 & \dots & \dots & d_4 \end{pmatrix}$$

Nicht-quadratische Matrizen besitzen überhaupt keine Diagonalen, weder Haupt- noch Nebendiagonale. Diese Begriffe sind den *quadratischen Matrizen* vorbehalten.

16.3.2 Diagonal- und Einheitsmatrix

Besitzt eine quadratische *(n,n)*-Matrix nur in der Hauptdiagonale von Null verschiedene Elemente, dann heißt sie *(n,n)-Diagonalmatrix*.

(16.10)
$$D = \begin{pmatrix} d_1 & 0 & 0 & 0 \\ 0 & d_2 & 0 & 0 \\ 0 & 0 & d_3 & 0 \\ 0 & 0 & 0 & d_4 \end{pmatrix}$$

Stehen darüber hinaus in der Diagonale einer *(n,n)*-Diagonalmatrix ausschließlich *Einsen,* dann sprechen wir sogar von einer *(n,n)*-Einheitsmatrix.

$$(16.11) \qquad E = \begin{pmatrix} 1 & 0 & 0 & 0 \\ 0 & 1 & 0 & 0 \\ 0 & 0 & 1 & 0 \\ 0 & 0 & 0 & 1 \end{pmatrix}$$

Jede Einheitsmatrix ist eine spezielle Diagonalmatrix gleichen Formats und damit insbesondere eine weitere spezielle quadratische Matrix.

Bei nicht-quadratischen Matrizen gibt es den Begriff Einheitsmatrix nicht.

16.3.3 Symmetrie

Hat eine *quadratische Matrix A* speziell die Eigenschaft $A = A^T$, dann heißt sie symmetrisch. Da die transponierte Matrix A^T dasselbe Format wie die Ausgangsmatrix haben muss, können *nur quadratische Matrizen symmetrisch* sein:

$$(16.12) \qquad A = \begin{pmatrix} d_1 & 3 & -1 & 4 \\ 3 & d_2 & 11 & 0 \\ -1 & 11 & d_3 & -5 \\ 4 & 0 & -5 & d_4 \end{pmatrix}, \qquad A^T = \begin{pmatrix} d_1 & 3 & -1 & 4 \\ 3 & d_2 & 11 & 0 \\ -1 & 11 & d_3 & -5 \\ 4 & 0 & -5 & d_4 \end{pmatrix}$$

Die Symmetrie einer quadratischen Matrix erkennt man daran, dass man die Matrix *an ihrer Hauptdiagonale spiegeln* kann. Folglich sind alle *(n,n)*-Diagonalmatrizen einschließlich jeder *(n,n)*-Einheitsmatrix symmetrisch.

16.4 Einfache Rechenregeln für Matrizen

16.4.1 Addition und Subtraktion, Nullmatrix

Nur *Matrizen gleichen Formats* können *addiert* und *subtrahiert* werden. Für Matrizen ungleichen Formats sind diese Rechenoperationen nicht ausführbar.

Matrizen gleichen Formats *(m,n)* werden *addiert,* indem die Summe der entsprechenden Elemente gebildet wird: $c_{ik} = a_{ik} + b_{ik}$, $i = 1,\ldots,m$; $k = 1,\ldots,n$.

$$(16.13) \qquad A = \begin{pmatrix} 1 & a & c & 3 \\ 4 & 5 & d & 3 \end{pmatrix}, \qquad B = \begin{pmatrix} 2 & 1 & a & 0 \\ 2 & -3 & -1 & 2 \end{pmatrix}$$

$$\rightarrow C = A + B = \begin{pmatrix} 3 & a+1 & c+a & 3 \\ 6 & 2 & d-1 & 5 \end{pmatrix}$$

Matrizen gleichen Formats *(m,n)* werden *subtrahiert,* indem die Differenz der entsprechenden Elemente gebildet wird: $c_{ik} = a_{ik} - b_{ik}$, $i = 1,\ldots,m$; $k = 1,\ldots,n$

$$A=\begin{pmatrix}1 & a & c & 3\\ 4 & 5 & d & 3\end{pmatrix},\quad B=\begin{pmatrix}2 & 1 & a & 0\\ 2 & -3 & -1 & 2\end{pmatrix}$$

(16.14)

$$\rightarrow C=A-B=\begin{pmatrix}-1 & a-1 & c-a & 3\\ 2 & 8 & d+1 & 1\end{pmatrix}$$

Subtrahiert man eine Matrix von sich selbst, dann entsteht eine *Nullmatrix* desselben Formats:

$$A=\begin{pmatrix}1 & a & c & 3\\ 4 & 5 & d & 3\end{pmatrix},\quad B=A=\begin{pmatrix}1 & a & c & 3\\ 4 & 5 & d & 3\end{pmatrix}$$

(16.15)

$$\rightarrow\ C=A-B=\begin{pmatrix}0 & 0 & 0 & 0\\ 0 & 0 & 0 & 0\end{pmatrix}$$

Eine Nullmatrix ist eine Matrix, deren Elemente alle gleich Null sind.

Addiert man zu einer beliebigen Matrix A eine Nullmatrix passenden Formats, so ist die Summe wieder die Matrix A. Subtrahiert man von einer beliebigen Matrix A eine Nullmatrix passenden Formats, so ist die Differenz wieder die Matrix A.

Die Nullmatrix übernimmt in der Welt der Matrizen die Rolle des Null-Elements hinsichtlich der Addition und Subtraktion.

16.4.2 Multiplikation einer Matrix mit einer Zahl

Eine Matrix wird *mit einer Zahl multipliziert*, indem jedes Element der Matrix mit dieser Zahl multipliziert wird:

$$A=\begin{pmatrix}1 & a & c & 3\\ 4 & 5 & d & 3\end{pmatrix}\ \rightarrow\ \lambda\cdot A=\begin{pmatrix}\lambda\cdot 1 & \lambda\cdot a & \lambda\cdot c & \lambda\cdot 3\\ \lambda\cdot 4 & \lambda\cdot 5 & \lambda\cdot d & \lambda\cdot 3\end{pmatrix}$$

(16.16)

$$\lambda=3:\ 3A=\begin{pmatrix}3 & 3a & 3c & 9\\ 12 & 15 & 3d & 9\end{pmatrix}$$

Umgekehrt kann man damit einen *Faktor*, der *in allen Matrixelementen enthalten* ist, ausklammern und vor die Matrixklammer ziehen:

(16.17) $$A=\begin{pmatrix}2 & 4a & 6c & 6\\ 4 & 5 & 0 & 12\end{pmatrix}=2\cdot\begin{pmatrix}1 & 2a & 3c & 3\\ 2 & \frac{5}{2} & 0 & 6\end{pmatrix}$$

Da es bei Matrizen zwei Arten von Multiplikation gibt, nämlich die eben beschriebene *Multiplikation mit einer Zahl* und die gleich beschriebene Matrizenmultiplikation, spricht man auch bisweilen abgrenzend bei der *Multiplikation mit einer Zahl* von der so genannten *Multiplikation einer Matrix mit einem Skalar*.

Eine Nullmatrix bleibt eine Nullmatrix, wenn sie mit irgendeiner Zahl multipliziert wird. Wird eine beliebige Matrix mit der Zahl Null multipliziert, dann entsteht stets eine Nullmatrix desselben Formats.

16.5 Matrizenmultiplikation

16.5.1 Herstellbarkeit von Matrizenprodukten

Die Produktmatrix $C=A\cdot B$ zweier Matrizen A und B kann *in dieser Reihenfolge* nur dann gebildet werden, wenn die *Spaltenzahl des ersten Matrixfaktors A* gleich der *Zeilenzahl des zweiten Matrixfaktors B* ist. Die *Ergebnismatrix C* besitzt dann die *Zeilenzahl von A* und die *Spaltenzahl von B*.

Die Produktmatrix $D=B\cdot A$ zweier Matrizen A und B kann *in dieser Reihenfolge* nur dann gebildet werden, wenn die *Spaltenzahl des ersten Matrixfaktors B* gleich der *Zeilenzahl des zweiten Matrixfaktors A* ist. Die *Ergebnismatrix D* besitzt dann die *Zeilenzahl von B* und die *Spaltenzahl von A*.

Das alles klingt sehr kompliziert, und wir sollten dem Mathematiker S. FALK danken, der ein Schema entwickelte, mit dem man auf den ersten Blick kontrollieren kann, ob zwei Matrizen A und B in der Reihenfolge *A mal B* oder *B mal A* miteinander multipliziert werden dürfen. Weiter können wir dann dem FALKschen Schema auch sofort das *Format der Ergebnismatrix* entnehmen. Bild 16.1 zeigt uns, wie es geht:

Wenn geprüft werden soll, ob das Matrixprodukt $C=A\cdot B$ mit A als linkem (erstem) Faktor und B als rechtem (zweitem) Faktor hergestellt werden kann, dann ist der erste Matrixfaktor A *links unten* in das Schema einzutragen. Der zweite Matrixfaktor B kommt nach *oben*.

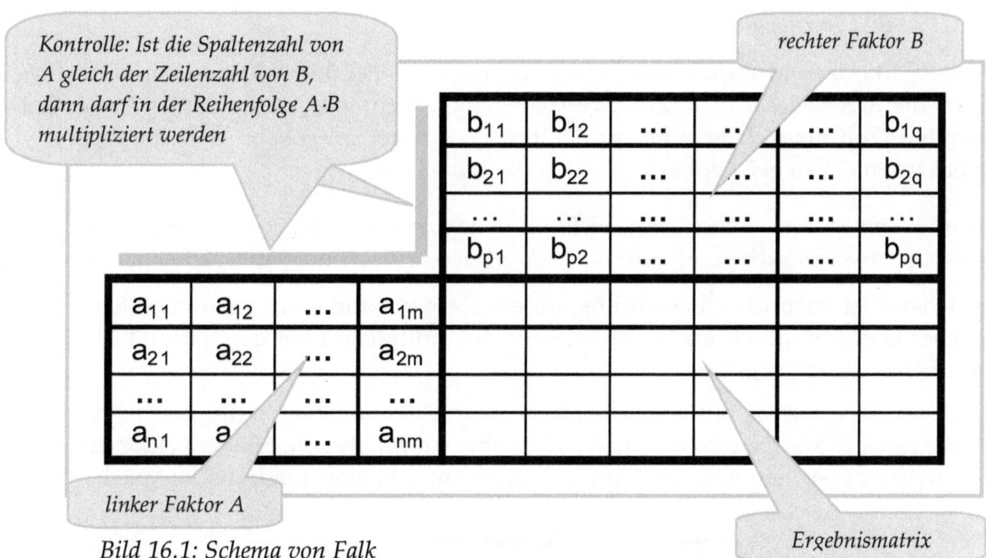

Bild 16.1: Schema von Falk

Prüfkriterium für die Möglichkeit der *Herstellung einer Produktmatrix*: Stimmt die *Länge vom waagerechten Balken* (hier über der ersten Zeile von A zu sehen) und vom *senkrechten Balken* (links der ersten Spalte von B) überein, dann darf man multiplizieren.

Es kann dann ein *Matrizenprodukt von A* und *B in der Reihenfolge A mal B* hergestellt werden. Das leere Rechteck, rechts unten, zeigt dann sofort das entstehende *Format der Produktmatrix* an.

Sehen wir uns ein paar Beispiele an: Die beiden Matrizen

$$(16.18) \qquad A = \begin{pmatrix} 2 & a & c \\ 3 & -1 & 4 \end{pmatrix}, \qquad B = \begin{pmatrix} 1 & x \\ 3 & 2 \\ -2 & 4 \end{pmatrix}$$

sind sowohl in der Reihenfolge $A \cdot B$ als auch in der Reihenfolge $B \cdot A$ miteinander multiplizierbar.

Es entstehen aber Produktmatrizen *verschiedenen Formats*: Bild 16.2 zeigt, dass bei der Reihenfolge A mal B die Ergebnismatrix $A \cdot B$ das Format (2,2) erhalten wird. Werden dagegen die Matrix-Faktoren vertauscht, wird also $B \cdot A$ gebildet, dann entsteht eine (3,3)-Matrix.

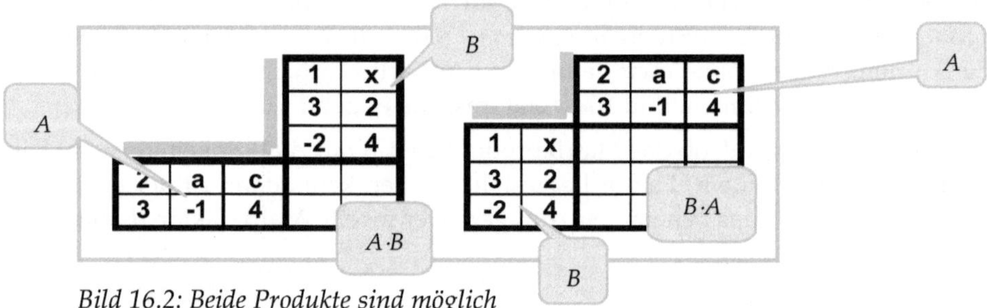

Bild 16.2: Beide Produkte sind möglich

Bei der Matrizen-Multiplikation ist – ganz anders als bei der *Multiplikation zweier Zahlen* – die *Reihenfolge der Faktoren* überaus wichtig. Wenn die Multiplikation in der Reihenfolge $A \cdot B$ möglich ist, braucht das Produkt in der umgekehrten Reihenfolge $B \cdot A$ trotzdem nicht zu existieren.

Auch wenn *beide Multiplikationen möglich* sind, können sie trotzdem *unterschiedliche Ergebnisse* liefern, bereits die *Formate der beiden Ergebnismatrizen* können unterschiedlich sein.

Interessant ist auch die Überprüfung, ob ein Zeilenvektor u mit einem Spaltenvektor v gleicher Länge in dieser oder jener Reihenfolge multipliziert werden darf. Bild 16.3 zeigt das überraschende Ergebnis:

Wird ein Zeilenvektor mit einem Spaltenvektor gleicher Länge multipliziert, dann entsteht eine (1-1)-Matrix, also eine Zahl. Wird aber umgekehrt ein Spaltenvektor mit einem Zeilenvektor gleicher Länge multipliziert, dann entsteht eine quadratische Matrix.

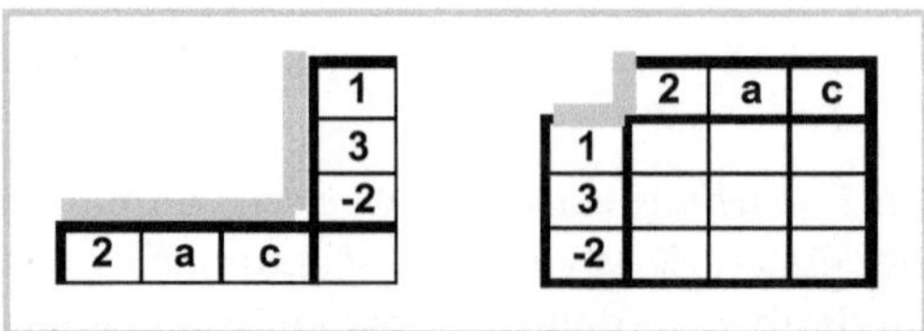

Bild 16.3: Produkte von Vektoren gleicher Länge

Da bei der Multiplikation eines *Zeilenvektors* mit einem *gleichlangen Spaltenvektor* eine Zahl (ein „Skalar") entsteht, bezeichnet man diese spezielle Form der Matrizen-Multiplikation mit einer besonderen Vokabel:

Man sagt dazu, es wird ein *Skalarprodukt* gebildet.

16.5.2 Vertauschbarkeit

Wenn für zwei Matrizen A und B beide Produkte $A \cdot B$ und $B \cdot A$ existieren und zusätzlich gilt $A \cdot B = B \cdot A$, dann heißen die beiden Matrizen *vertauschbar*.

Aussage: Nur *quadratische Matrizen* können vertauschbar sein.

Denn nicht-quadratische Matrizen liefern, wie uns die Bilder 16.2 oder 16.3 deutlich zeigen, unterschiedliche Formate der Produktmatrizen. Dann kann aber die geforderte Gleichheit niemals eintreten.

16.5.3 Rechenregeln

Wir wissen nun, wie wir die *Multiplizierbarkeit zweier Matrizen* prüfen können. Wir wissen auch, wie wir das *Format der Ergebnismatrix* erhalten. Nun wollen wir kennen lernen, wie die *Elemente der Ergebnismatrix* entstehen.

Auch hier hilft uns wieder das Schema von FALK, so dass wir komplizierte Formeln mit Dreifach-Indizes gar nicht erst aufschreiben müssen. Die Rechenregel lautet in Worten:

Jedes Element c_{ik} der Produktmatrix $C = A \cdot B$ ist das *Skalarprodukt* aus der *i-ten Zeile von A* und der *k-ten Spalte von B*. Jedes Element der Ergebnismatrix eines Matrizenproduktes erhält man im Schema von FALK durch *paarweise Produktbildung* von außen nach innen, diese Produkte werden dann aufsummiert.

rechter Faktor B

linker Faktor A

				b_{11}	b_{12}	...	...		b_{1q}
				b_{21}	b_{22}	...		...	b_{2q}
				...	...		...	...	...
				b_{m1}	b_{m2}	...	...	...	b_{mq}
a_{11}	a_{12}	...	a_{1m}	$a_{11}b_{11}+a_{12}b_{21}+a_{13}b_{31}+\ldots a_{1m}b_{m1}$	$a_{11}b_{12}+a_{12}b_{22}+a_{13}b_{32}+\ldots a_{1m}b_{m2}$	...	...	...	$a_{11}b_{1q}+a_{12}b_{2q}+a_{13}b_{3q}+\ldots a_{1m}b_{mq}$
a_{21}	a_{22}	...	a_{2m}	$a_{21}b_{11}+a_{22}b_{21}+a_{23}b_{31}+\ldots a_{2m}b_{m1}$	$a_{21}b_{12}+a_{22}b_{22}+a_{23}b_{32}+\ldots a_{2m}b_{m2}$	...	...	...	$a_{21}b_{1q}+a_{22}b_{2q}+a_{23}b_{3q}+\ldots a_{2m}b_{mq}$
...	...	...	...	...	...	...	...	...	...
a_{n1}	a_{n2}	...	a_{nm}	$a_{n1}b_{11}+a_{n2}b_{21}+a_{n3}b_{31}+\ldots a_{nm}b_{m1}$	$a_{n1}b_{12}+a_{n2}b_{22}+a_{n3}b_{32}+\ldots a_{nm}b_{m2}$	...	...	...	$a_{n1}b_{1q}+a_{n2}b_{2q}+a_{n3}b_{3q}+\ldots a_{nm}b_{mq}$

Bild 16.4: Durchführung der Matrizenmultiplikation

Als Beispiel sollen hier die beiden Multiplikationen der Matrizen A und B aus Bild 16.2 vorgeführt werden. Bild 16.5 erklärt, wie jeweils die Ergebnismatrix entsteht: Von außen nach innen paarweise multiplizieren und aufsummieren.

			1	x
			3	2
			-2	4
2	a	c	2+3a-2c	2x+2a+4c
3	-1	4	-8	3x+14

		2	a	c
		3	-1	4
1	x	2+3x	a-x	c+4x
3	2	12	3a-2	3c+8
-2	4	8	-2a-4	-2c+16

Bild 16.5: Multiplikationsbeispiele

16.5.4 Besonderheiten der Nullmatrix

Wird eine beliebige Matrix A vom Format *(m,n)* mit einer passenden Nullmatrix multipliziert, entsteht immer eine Nullmatrix.

Dabei ist eine Nullmatrix, wenn sie als zweiter Faktor aufgeschrieben wird, immer dann als Faktor passend, wenn sie *n* Zeilen hat. Man spricht dann auch davon, dass *A von rechts* mit der Nullmatrix multipliziert wird.

Wird *A* von links mit einer Nullmatrix multipliziert, dann ist jede Nullmatrix für die Produktbildung passend, die *m* Spalten hat.

Stellt man sich in Bild 16.5 links oder oben alle Elemente als Nullen vor, dann sieht man sofort: Alle Produkte werden Null, deren Summe ist natürlich auch immer Null. Es muss die Nullmatrix entstehen.

Bild 16.6 zeigt uns, dass der *Umkehrschluss* bei den Matrizen nicht gilt.

Ergibt sich als *Produkt zweier Matrizen eine Nullmatrix,* dann muss daraus *keinesfalls folgen,* dass eine der beiden am Produkt beteiligten Matrizen *selbst die Nullmatrix* sein muss.

			0	0
			1	2
			0	0
3	0	6	0	0
0	0	1	0	0

Bild 16.6: Nullmatrix entsteht aus zwei Nicht-Null-Matrizen

16.5.5 Einselement der Matrizenmultiplikation

Wird eine beliebige Matrix *A* vom Format *(m,n)* mit einer passenden Einheitsmatrix multipliziert, entsteht als Ergebnismatrix wieder die Matrix *A* .

Die Einheitsmatrizen können demnach als *Einselemente der Matrizenmultiplikation* angesehen werden.

Dabei ist eine Einheitsmatrix, wenn sie als *Rechts-Faktor* aufgeschrieben wird, immer dann zu A passend, wenn sie *n* Zeilen und *n* Spalten hat. Wird *A* von links mit einer Einheitsmatrixmatrix multipliziert, dann ist jene Einheitsmatrix für die Produktbildung passend, die *m* Zeilen und *m* Spalten hat.

Bild 16.7 zeigt uns zwei weitere interessante Anwendungen der Einheitsmatrix.

Wird eine Matrix A von rechts mit einer Matrix E′ multipliziert, die aus der Einheitsmatrix E durch *Vertauschung zweier Spalten* hervorgegangen ist, dann führt die Multiplikation zur *Vertauschung entsprechender Spalten* in A.

Wird eine Matrix A von links mit einer Matrix E″ multipliziert, die aus der Einheitsmatrix E durch *Vertauschung zweier Zeilen* hervorgegangen ist, dann führt die Multiplikation zur *Vertauschung entsprechender Zeilen* in A.

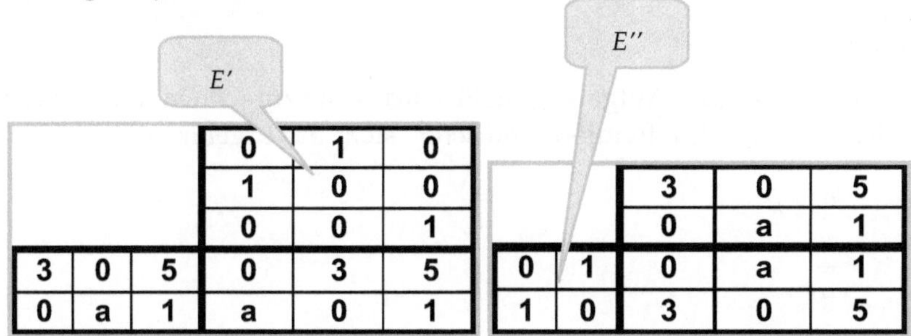

Bild 16.7: Zeilen- und Spaltenvertauschung durch Matrizenmultiplikation

16.5.6 Division von Matrizen

Die *Welt der Matrizen* hat ihre eigenen Gesetze, die *nur manchmal* mit den Gesetzen aus der *Welt der Zahlen* übereinstimmen:

Nicht nur, dass – im Gegensatz zu den Zahlen – zwei Matrizen keinesfalls immer miteinander multipliziert werden können.

Selbst wenn man multiplizieren kann, dann darf man die Faktoren im Regelfall *nicht vertauschen.*

Manchmal existiert auch nur eines der Produkte für eine Faktorenreihenfolge (siehe Bild 16.8).

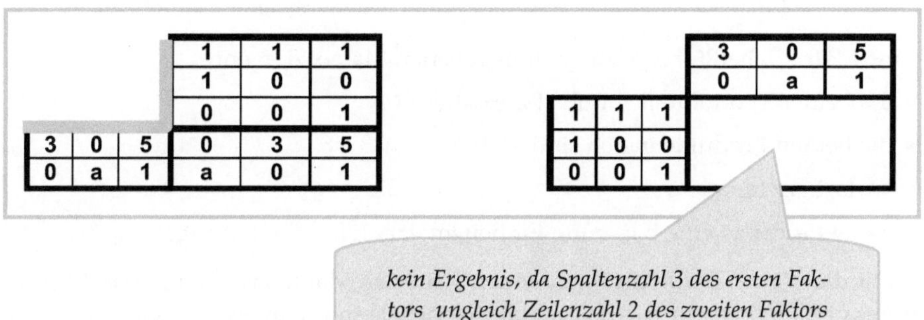

Bild 16.8: Nur eine der beiden Multiplikationen ist möglich

Nun kommt eine weitere Besonderheit dazu:

In der Welt der Matrizen gibt es *keine Division.* Diese Rechenoperation ist für Matrizen nicht erklärt.

16.6 Inverse Matrix

16.6.1 Fragestellung

Kehren wir kurz zurück in die *Welt der Zahlen*. Wenn dort eine lineare Gleichung mit einer Unbekannten x

(16.19) $a \cdot x = b$

mit $a \neq 0$ gegeben ist und die Aufgabe gestellt wird, x auszurechnen, dann werden beide Seiten der Gleichung durch a dividiert, und schon steht das Ergebnis da:

(16.20)
$$\begin{aligned} a \cdot x &= b \quad |:a \\ x &= \frac{b}{a} \end{aligned}$$

Was aber ist zu tun, wenn eine Matrixgleichung

(16.21) $A \cdot X = B$

mit bekannten, gegebenen Matrizen A und B vorliegt?

Die Matrix X ist dann eine *unbekannte Matrix* – sie ist eine geordnete Zusammenstellung der vielen einzelnen Unbekannten x_{11}, x_{12} , ... usw.

Wie eben in Abschnitt 16.5.6 auf Seite 281 zu lesen war, gibt es in der Welt der Matrizen *keine Division*, wir scheinen also keine Chance zu haben, die Matrixgleichung (16.21) so umformen zu können, dass die Matrix X allein auf einer Seite steht.

Hier kann uns manchmal die *Inverse* helfen. Machen wir uns jetzt mit diesem Begriff vertraut.

16.6.2 Definition der inversen Matrix

Eine Matrix B heißt *invers* zu einer gegebenen Matrix A, wenn

- die beiden Produkte $B \cdot A$ und $A \cdot B$ existieren
- die beiden Produkte gleich sind, d. h. $B \cdot A = A \cdot B$ ist

und darüber hinaus

- beide Produkte eine passende Einheitsmatrix E liefern: $B \cdot A = A \cdot B = E$.

Erfüllt die Matrix B alle drei genannten Kriterien, dann sagt man, *B ist die inverse Matrix zu A* (kurz: die Inverse von A) und bezeichnet sie mit dem Formelzeichen A^{-1}.

Die ersten beiden Forderungen an die Inverse bedeuten bereits, dass sie *mit A vertauschbar* sein muss. Da nur quadratische Matrizen vertauschbar sein können (siehe Seite 279), folgt sofort die Aussage:

Nur *quadratische Matrizen* können eine Inverse haben.

Sehen wir uns ein Beispiel an, überprüfen wir die folgende Behauptung:

$$A = \begin{pmatrix} 1 & 3 & 4 \\ 2 & 0 & 1 \\ 3 & 1 & 2 \end{pmatrix}$$

(16.22) Behauptung: $B = \begin{pmatrix} \frac{-1}{4} & \frac{-2}{4} & \frac{3}{4} \\ \frac{-1}{4} & \frac{-10}{4} & \frac{7}{4} \\ \frac{2}{4} & \frac{8}{4} & \frac{-6}{4} \end{pmatrix} = \frac{1}{4}\begin{pmatrix} -1 & -2 & 3 \\ -1 & -10 & 7 \\ 2 & 8 & -6 \end{pmatrix}$

ist die Inverse zu A.

Bild 16.9 zeigt die Rechnung im Schema von FALK. Wie die Bildunterschrift besagt, sind die ersten beiden Forderungen an eine Inverse erfüllt, beide Produkte $B \cdot A$ und $A \cdot B$ existieren und sind gleich: A und B sind also vertauschbar.

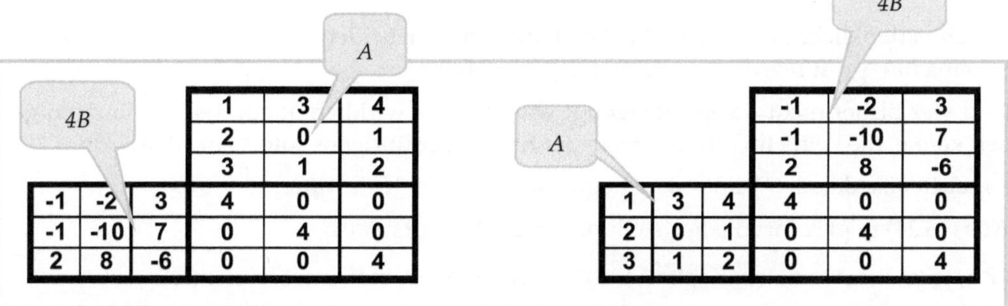

Bild 16.9: A und 4B sind vertauschbar, aber beide Produkte liefern 4E.

Doch wie leicht zu erkennen und nachzuprüfen ist: Es entsteht bei den beiden gleichen Produkten nicht die Einheitsmatrix, sondern viermal die Einheitsmatrix? Wieso das?

Die Erklärung ist einfach: Wir haben der Bequemlichkeit halber nicht mit der Originalmatrix B und ihren gemeinen Brüchen gerechnet, sondern mit der einfacheren Matrix $4B$, die ihrerseits ganze Zahlen enthält.

Sehen wir uns daraufhin unser Rechenergebnis genauer an:

(16.23) $$\left.\begin{array}{l} 4B \cdot A = 4E \Leftrightarrow B \cdot A = E \\ A \cdot 4B = 4E \Leftrightarrow A \cdot B = E \end{array}\right\} \Leftrightarrow B = A^{-1}$$

Da die Vier auf der linken und rechten Seite beider Gleichungen eine einfache Zahl, ein so genannter *skalarer Faktor* ist, darf durch sie dividiert werden.

Schlussfolgernd erhalten wir die Aussage, dass beide Produkte, wenn wir sie mit der Originalmatrix B ausgerechnet hätten, tatsächlich die Einheitsmatrix geliefert hätten.

Wer sich in der Bruchrechnung üben möchte, sollte das überprüfen.

16.6.3 Inverse von Diagonalmatrizen

Die Herstellung der Inversen (falls sie überhaupt existiert) zu einer gegebenen quadratischen Matrix A ist recht kompliziert. Betrachten wir einen einfachen Spezialfall:

Wenn die gegebene *quadratische Matrix* eine *Diagonalmatrix* ist, in deren Diagonale *keine Null* auftritt, findet man ihre Inverse nach folgender Regel:

In der Diagonale sind die *Reziprokwerte* einzutragen.

(16.24) $$D = \begin{pmatrix} d_1 & 0 & \dots & 0 \\ 0 & d_2 & \dots & 0 \\ \dots & \dots & \ddots & \dots \\ 0 & 0 & \dots & d_n \end{pmatrix} \Rightarrow D^{-1} = \begin{pmatrix} \frac{1}{d_1} & 0 & \dots & 0 \\ 0 & \frac{1}{d_2} & \dots & 0 \\ \dots & \dots & \ddots & \dots \\ 0 & 0 & 0 & \frac{1}{d_n} \end{pmatrix}$$

Durch gedankliches oder tatsächliches Einsetzen der beiden Matrizen in das FALKsche Schema überprüft man sofort die Aussage (16.24).

Und wer bisher nicht davon überzeugt war, dass es wirklich quadratische Matrizen geben könne, die keine Inverse besitzen, der findet hier übrigens sofort eine Antwort:

Es reicht aus, dass in D eines der Diagonalelemente d_i Null wäre.

Aus (16.24) folgt sofort die Feststellung für die Einheitsmatrix:

Für jede Einheitsmatrix E gilt $E=E^{-1}$, d. h. jede Einheitsmatrix ist zu sich selbst invers.

16.6.4 Lösung einer Matrixgleichung mit quadratischer Matrix

Kehren wir zurück zu unserer eingangs gestellten Frage: Wie können wir es schaffen, dass in der Matrixgleichung

(16.25) $$A \cdot X = B$$

die Matrix X allein auf einer Seite steht? Nun wissen wir die Antwort:

Wenn zwei wichtige Bedingungen erfüllt sind:

- Die Matrix A muss *quadratisch* sein, und sie muss eine *Inverse* A^{-1} besitzen.

Dann (und nur dann) kann durch *linksseitige Multiplikation beider Seiten* der Matrixgleichung (16.25) mit dieser Inversen A^{-1} die Matrix X allein dargestellt werden:

(16.26) $$\begin{aligned} \cdot A^{-1} \mid \quad A \cdot X &= B \\ A^{-1} \cdot A \cdot X &= A^{-1} \cdot B \\ (A^{-1} \cdot A) \cdot X &= A^{-1} \cdot B \\ E \cdot X &= A^{-1} \cdot B \\ X &= A^{-1} \cdot B \end{aligned}$$

Betrachten wir auch dazu ein Beispiel: Gesucht sind die neun Elemente $x_{11}, \ldots, x_{33}$ der Matrix X mit dem Format (3,3), so dass die folgende Matrixgleichung $A \cdot X = B$ erfüllt wird:

$$\begin{pmatrix} 1 & 4 & 3 \\ 2 & 5 & 4 \\ 1 & -3 & -2 \end{pmatrix} \cdot \begin{pmatrix} x_{11} & x_{12} & x_{13} \\ x_{21} & x_{22} & x_{23} \\ x_{31} & x_{32} & x_{33} \end{pmatrix} = \begin{pmatrix} 1 & 1 & 0 \\ 3 & 0 & 1 \\ 2 & 3 & 1 \end{pmatrix} \tag{16.27}$$

Die links stehende Matrix A ist offensichtlich quadratisch – aber hat sie auch eine *Inverse*?

Erst der folgende Abschnitt 16.7 wird auf Seite 287 Auskunft geben, wie man sich darüber mit Hilfe des *Determinatenwertes* dieser Matrix Gewissheit verschaffen kann.

Da wir nicht vorgreifen wollen, überprüfen wir die Behauptung, dass die Matrix

$$C = \begin{pmatrix} 2 & -1 & 1 \\ 8 & -5 & 2 \\ -11 & 7 & -3 \end{pmatrix} \tag{16.28}$$

invers zu A sein könnte.

Wir bilden also die beiden Matrixprodukte $A \cdot C$ und $C \cdot A$ und rechnen nach, ob in beiden Fällen die Einheitsmatrix entsteht.

Bild 16.10 überzeugt uns von der Richtigkeit der Behauptung.

A·C

			2	-1	1
			8	-5	2
			-11	7	-3
1	4	3	1	0	0
2	5	4	0	1	0
1	-3	-2	0	0	1

C·A

			1	4	3
			2	5	4
			1	-3	-2
2	-1	1	1	0	0
8	-5	2	0	1	0
-11	7	-3	0	0	1

Bild 16.10: Überprüfung der Behauptung

Mit der Inversen $C = A^{-1}$ kann nun das Vorgehen aus (16.26) umgesetzt werden – wir multiplizieren folglich die rechte Seite *von links mit der Inversen*. Bild 16.11 zeigt das Ergebnis.

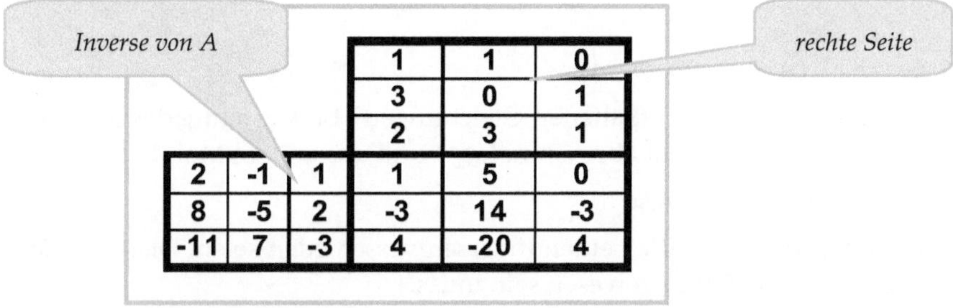

			1	1	0
			3	0	1
			2	3	1
2	-1	1	1	5	0
8	-5	2	-3	14	-3
-11	7	-3	4	-20	4

Bild 16.11: Multiplikation der rechten Seite von links mit der Inversen

Das erhaltene Produkt ist schon unsere Lösung:

$$(16.29)\qquad X=\begin{pmatrix} x_{11} & x_{12} & x_{13} \\ x_{21} & x_{22} & x_{23} \\ x_{31} & x_{32} & x_{33} \end{pmatrix}=\begin{pmatrix} 1 & 5 & 0 \\ -3 & 14 & -3 \\ 4 & -20 & 4 \end{pmatrix}$$

Der Nachweis, dass diese Lösungsmatrix X tatsächlich die Gleichung (16.27) erfüllt, wird als Übung empfohlen.

Kehren wir aber noch einmal allgemein zur Matrixgleichung $A \cdot X=B$ zurück und untersuchen wir, ob die gesuchte Matrix X auch allein erhalten werden könnte, wenn wir die Gleichung *rechtsseitig* mit der Inversen multiplizieren würden.

Sehen wir uns das Ergebnis an:

$$(16.30)\qquad \begin{aligned} A \cdot X &= B \quad | \cdot A^{-1} \\ A \cdot X \cdot A^{-1} &= B \cdot A^{-1} \end{aligned}$$

Wegen der allgemein nicht vorhandenen Vertauschbarkeit gibt es nun keine Möglichkeit, die Inversen-Eigenschaft so wie in (16.26) ausnützen zu können.

16.6.5 Einzigkeit der Inversen

Kann es eigentlich zu einer quadratischen Matrix A *mehrere Inverse* A^{-1} geben? Die Behauptung ist:

Nein. Zu jeder quadratischen Matrix gibt es höchstens eine Inverse.

Wir führen den Beweis indirekt und nehmen deshalb an, die Behauptung wäre nicht richtig:

Annahme: Es gibt zu einer quadratischen Matrix A sogar zwei verschiedene Inverse A_1^{-1} und A_2^{-1}.

Jetzt betrachten wir das Produkt $A_1^{-1} \cdot A \cdot A_2^{-1}$. Da A_1^{-1} laut Annahme invers zu A ist, dürfen die beiden linken Faktoren zur Einheitsmatrix zusammengefasst werden:

$$A_1^{-1} \cdot A \cdot A_2^{-1}=(A_1^{-1} \cdot A) \cdot A_2^{-1}=E \cdot A_2^{-1}=A_2^{-1} .$$

Das Gleiche gilt aber auch für die andere Inverse: Da A_2^{-1} laut Annahme ebenfalls invers zu A ist, dürfen die beiden rechten Faktoren zur Einheitsmatrix zusammengefasst werden:

$$A_1^{-1} \cdot A \cdot A_2^{-1}=A_1^{-1} \cdot (A \cdot A_2^{-1})=A_1^{-1} \cdot E=A_1^{-1} .$$

Was ergibt sich aber aus den beiden erhaltenen Gleichungen? Links steht jedes Mal derselbe Ausdruck $A_1^{-1} \cdot A \cdot A_2^{-1}$, rechts steht aber einmal A_2^{-1} und das andere Mal A_1^{-1}.

Also müssen und A_1^{-1} und A_2^{-1} gleich sein.

Angenommen hatten wir aber, dass die beiden Inversen verschieden seien. Dieser *Widerspruch* zeigt, dass die Annahme falsch gewesen sein muss.

Zu jeder quadratischen Matrix A gibt es höchstens eine Inverse.

16.7 Der Determinantenbegriff

Eine *Determinante* ist eine *Zahl*. Sie kann als eine *Kennzahl von quadratischen Matrizen* angesehen werden.

Jede quadratische Matrix besitzt eine Determinante.

Für nicht-quadratische Matrizen gibt es eine solche Kennzahl nicht: Nicht quadratische Matrizen besitzen *keine Determinante*.

Sei nun A eine gegebene quadratische Matrix mit den Elementen a_{11} bis a_{nn} :

$$(16.31) \qquad A = \begin{pmatrix} a_{11} & a_{12} & \dots & a_{1n} \\ a_{21} & a_{22} & \dots & a_{1n} \\ \dots & \dots & \dots & \dots \\ a_{n1} & a_{n2} & \dots & a_{nn} \end{pmatrix}$$

Für die *Determinante von A* benutzt man entweder die Abkürzung *det(A)* oder man ersetzt die gebogenen Matrixklammern in (16.31) durch senkrechte Striche:

$$(16.32) \qquad \det(A) = \begin{vmatrix} a_{11} & a_{12} & \dots & a_{1n} \\ a_{21} & a_{22} & \dots & a_{1n} \\ \dots & \dots & \dots & \dots \\ a_{n1} & a_{n2} & \dots & a_{nn} \end{vmatrix}$$

det(A) nennt man auch n-reihige Determinante.

16.8 Bedeutung der Determinante

Hier finden wir die Antwort auf die Frage von Seite 285, wie man feststellen kann, ob eine gegebene *quadratische Matrix eine Inverse besitzt*:

Eine quadratische Matrix A besitzt genau dann eine Inverse A^{-1}, wenn ihre Determinante *von Null verschieden* ist: $det(A) \neq 0$.

Wenden wir diese Aussage auf unsere Matrixgleichung $A \cdot X=B$ an, so können wir nun formulieren:

Nur dann, wenn *A quadratisch ist* und eine *nichtverschwindende Determinante* hat, lässt sich die Matrixgleichung $A \cdot X=B$ durch *Linksmultiplikation mit der Inversen* A^{-1} so umformen, dass die Matrix X allein auf der linken Seite der Matrixgleichung erscheint: $X=A^{-1} \cdot B$.

16.9 Berechnung von Determinanten

16.9.1 Zweireihige Determinanten

Beginnen wir mit den einfachsten quadratischen Matrizen, die nur *zwei Zeilen* und *zwei Spalten* besitzen.

Ihre Determinanten werden kurz als *zweireihige Determinanten* bezeichnet.

Der Wert einer zweireihigen Determinante ergibt sich aus der Differenz zwischen dem *Produkt der Hauptdiagonalelemente* und dem *Produkt der Nebendiagonalelemente*: (anschaulich: „links oben mal rechts unten" minus „rechts oben mal links unten").

$$A = \begin{pmatrix} a_{11} & a_{12} \\ a_{21} & a_{22} \end{pmatrix} \Rightarrow \det(A) = \begin{vmatrix} a_{11} & a_{12} \\ a_{21} & a_{22} \end{vmatrix} = a_{11} \cdot a_{22} - a_{12} \cdot a_{21} \tag{16.33}$$

Nutzen wir das Gelernte gleich, um festzustellen, ob die Matrix

$$A = \begin{pmatrix} 1 & 2 \\ 2 & 4 \end{pmatrix} \tag{16.34}$$

eine Inverse besitzt oder nicht. Nach der Formel aus (16.33) erhalten wir

$$\det(A) = \begin{vmatrix} 1 & 2 \\ 2 & 4 \end{vmatrix} = 1 \cdot 4 - 2 \cdot 2 = 0 \tag{16.35}$$

Die Determinante hat den Wert Null, sie *verschwindet*, folglich hat die Matrix A keine Inverse. Die Matrix A heißt dann *singulär*.

Bezeichnungen: Eine quadratische Matrix mit *verschwindender Determinante* heißt *singulär*. Eine quadratische Matrix mit *nicht verschwindender Determinante* heißt *regulär*.

Singuläre Matrizen besitzen keine Inverse. Reguläre Matrizen besitzen eine Inverse.

16.9.2 Dreireihige Determinanten – die Regel von SARRUS

Für *Determinanten mit drei Zeilen und drei Spalten* gibt es eine *Sonderregel*, die nur für diesen Fall gilt. Sie ist für größere Determinanten nicht verwendbar.

Wir betrachten also jetzt eine dreireihige Determinante:

$$\det(A) = \begin{vmatrix} a_{11} & a_{12} & a_{13} \\ a_{21} & a_{22} & a_{23} \\ a_{31} & a_{32} & a_{33} \end{vmatrix} \tag{16.36}$$

Die SARRUS-Regel fordert als erstes, dass die ersten beiden Spalten noch einmal rechts neben die Determinante geschrieben werden:

$$\begin{vmatrix} a_{11} & a_{12} & a_{13} \\ a_{21} & a_{22} & a_{23} \\ a_{31} & a_{32} & a_{33} \end{vmatrix} \begin{matrix} a_{11} & a_{12} \\ a_{21} & a_{22} \\ a_{31} & a_{32} \end{matrix} \tag{16.37}$$

$-\quad -\quad -\qquad +\quad +\quad +$

Anschließend werden *zwei Summen* gebildet: Zuerst die Summe aller möglichen Dreier-Produkte von *links oben nach rechts unten* – diese Summe geht *positiv* in die Gesamtbilanz ein (durch die drei Pluszeichen in (16.37) kenntlich gemacht).

Davon werden alle möglichen Dreierprodukte von *rechts oben nach links unten* abgezogen – diese Dreierprodukte gehen also *negativ* in die Gesamtbilanz ein.

$$\det(A) = +[a_{11}a_{22}a_{33} + a_{12}a_{23}a_{31} + a_{13}a_{21}a_{32}] - [a_{13}a_{22}a_{31} + a_{11}a_{23}a_{32} + a_{12}a_{21}a_{33}] \tag{16.38}$$

Als Beispiel wollen wir uns mit konkreten Zahlen ansehen, wie die Determinante der Matrix

$$A = \begin{pmatrix} 1 & 2 & -3 \\ -2 & -4 & 6 \\ 3 & 0 & 1 \end{pmatrix} \tag{16.39}$$

nach der SARRUS-Regel berechnet wird. Dazu werden, wie gefordert, zunächst die ersten beiden Spalten rechts noch einmal neben die Determinante geschrieben:

$$\det(A) = \left| \begin{matrix} 1 & 2 & -3 \\ -2 & -4 & 6 \\ 3 & 0 & 1 \end{matrix} \right| \begin{matrix} 1 & 2 \\ -2 & -4 \\ 3 & 0 \end{matrix} \tag{16.40}$$

Mit Blick auf das Schema (16.37) werden nun die sechs Dreier-Produkte in den beiden Bilanzen zusammengestellt:

$$\begin{aligned} \det(A) &= +[1\cdot(-4)\cdot 1 + 2\cdot 6\cdot 3 + (-3)\cdot(-2)\cdot 0] - [(-3)\cdot(-4)\cdot 3 + 1\cdot 6\cdot 0 + 2\cdot(-2)\cdot 1] \\ &= +[(-4) + 36 + 0] - [36 + 0 + (-4)] \\ &= 0 \end{aligned} \tag{16.41}$$

Wir erhalten die Null, die Matrix A ist also *singulär*. Der Grund dafür wird im Abschnitt 16.10 mit den Determinantengesetzen erklärt.

16.9.3 n-reihige Determinanten – Hinweis auf den Entwicklungssatz

Ist die Determinante einer Matrix A mit mehr als drei Zeilen und Spalten zu berechnen, muss man hohen Aufwand treiben.

Für n-reihige Determinanten mit $n>3$ gibt es keine einfache Regel mehr, sondern es muss der *Entwicklungssatz für Determinanten* zur Anwendung kommen.

Wer sich mit diesem Entwicklungssatz beschäftigen möchte, dem sei der Abschnitt 16.3.3 aus [17] empfohlen.

16.10 Determinantengesetze

Besitzt eine quadratische Matrix A eine Zeile oder Spalte, die *nur aus Nullen* besteht, dann ist der Wert ihrer Determinante $det(A)$ gleich Null.

Die Determinante der Transponierten A^T einer gegebenen quadratischen Matrix A ist gleich der Determinante von A: $det(A^T)=det(A)$.

Weiter gilt die folgende wichtige Beziehung für die *Determinante eines Matrizenproduktes* zweier quadratischer, gleichformatiger Matrizen A und B:

(16.42) $$\det(A \cdot B) = \det(A) \cdot \det(B)$$

Stellt eine Zeile oder Spalte einer Matrix das *Vielfache einer anderen Zeile bzw. Spalte* dar, dann hat die Determinante dieser Matrix ebenfalls den Wert Null.

Dieser Effekt erklärt, warum die Determinante der Matrix

(16.43) $$A = \begin{pmatrix} 1 & 2 & -3 \\ -2 & -4 & 6 \\ 3 & 0 & 1 \end{pmatrix}$$

aus (16.39) von Seite 289 Null werden musste. Denn wir erkennen: Die zweite Zeile – das ist doch nichts anderes als die komplette erste Zeile, bloß multipliziert mit minus zwei.

16.11 Anwendungen

Obwohl der Determinantenbegriff weitgehend innermathematische Bedeutung hat und vor allem genutzt wird, um Aussagen über die Existenz von Inversen quadratischer Matrizen herzuleiten (auch wir taten das im Abschnitt 16.8 auf Seite 287), so gibt es doch mit der Cramer'schen Regel und der Formel für die Inversen kleiner Matrizen zwei Anwendungen, wo sich unmittelbarer Nutzen von Determinanten zeigt.

16.11.1 CRAMERsche Regel

Wir betrachten eine System von n Gleichungen mit n Unbekannten:

(16.44) $$\begin{aligned} a_{11}x_1 + a_{12}x_2 + a_{13}x_3 + \ldots + a_{1n}x_n &= b_1 \\ a_{21}x_1 + a_{22}x_2 + a_{23}x_3 + \ldots + a_{2n}x_n &= b_2 \\ \ldots\ldots\ldots\ldots\ldots\ldots\ldots\ldots \\ a_{n1}x_1 + a_{n2}x_2 + a_{n3}x_3 + \ldots + a_{nn}x_n &= b_n \end{aligned}$$

Unter der Voraussetzung, dass die Determinante der quadratischen Matrix aus den Koeffizienten der linken Seite

(16.45) $$\det \begin{pmatrix} a_{11} & a_{12} & \cdots & a_{1n} \\ a_{21} & a_{22} & \cdots & a_{2n} \\ \cdots & \cdots & \cdots & \cdots \\ a_{n1} & a_{n2} & \cdots & a_{nn} \end{pmatrix} = \begin{vmatrix} a_{11} & a_{12} & \cdots & a_{1n} \\ a_{21} & a_{22} & \cdots & a_{2n} \\ \cdots & \cdots & \cdots & \cdots \\ a_{n1} & a_{n2} & \cdots & a_{nn} \end{vmatrix}$$

nicht verschwindet (d. h. von Null verschieden ist), können die gesuchten Unbekannten $x_1, x_2, \ldots, x_n$ jeweils als *Quotienten zweier Determinanten* berechnet werden:

$$(16.46)\qquad x_1=\frac{\begin{vmatrix} b_1 & a_{12} & \dots & a_{1n}\\ b_2 & a_{22} & \dots & a_{2n}\\ \dots & \dots & \dots & \dots\\ b_n & a_{n2} & \dots & a_{nn}\end{vmatrix}}{\begin{vmatrix} a_{11} & a_{12} & \dots & a_{1n}\\ a_{21} & a_{22} & \dots & a_{2n}\\ \dots & \dots & \dots & \dots\\ a_{n1} & a_{n2} & \dots & a_{nn}\end{vmatrix}}\quad x_2=\frac{\begin{vmatrix} a_{11} & b_1 & \dots & a_{1n}\\ a_{21} & b_2 & \dots & a_{2n}\\ \dots & \dots & \dots & \dots\\ a_{n1} & b_n & \dots & a_{nn}\end{vmatrix}}{\begin{vmatrix} a_{11} & a_{12} & \dots & a_{1n}\\ a_{21} & a_{22} & \dots & a_{2n}\\ \dots & \dots & \dots & \dots\\ a_{n1} & a_{n2} & \dots & a_{nn}\end{vmatrix}}\quad \dots\quad x_n=\frac{\begin{vmatrix} a_{11} & a_{12} & \dots & b_1\\ a_{21} & a_{22} & \dots & b_2\\ \dots & \dots & \dots & \dots\\ a_{n1} & a_{n2} & \dots & b_n\end{vmatrix}}{\begin{vmatrix} a_{11} & a_{12} & \dots & a_{1n}\\ a_{21} & a_{22} & \dots & a_{2n}\\ \dots & \dots & \dots & \dots\\ a_{n1} & a_{n2} & \dots & a_{nn}\end{vmatrix}}$$

Das ist die Cramer'sche Regel, und sie ist denkbar einfach zu verstehen:

In jedem Nenner steht die *Determinante der Matrix der Koeffizienten der linken Seite* (deren Nichtverschwinden wir ja vorausgesetzt haben).

Im Zähler ist jedoch für die *i*-te Unbekannte die *i*-te Spalte durch die rechte Seite zu ersetzen.

Das bedeutet, dass bei *n* Unbekannten *n+1* Determinanten zu berechnen sind. Wegen dieses Aufwandes wird die CRAMERsche Regel bei mehr als drei Unbekannten selten benutzt.

16.11.2 Berechnung der Inversen von (2,2)-Matrizen

Behauptung: Ist die Determinante einer (2,2)-Matrix

$$(16.47)\qquad A=\begin{pmatrix} a_{11} & a_{12}\\ a_{21} & a_{22}\end{pmatrix}$$

von Null verschieden, so existiert ihre Inverse A^{-1} und diese lässt sich sofort nach der Formel

$$(16.48)\qquad A^{-1}=\frac{1}{\det(A)}\begin{pmatrix} a_{22} & -a_{12}\\ -a_{21} & a_{11}\end{pmatrix}$$

angeben: Die *Elemente der Hauptdiagonale werden vertauscht*, während sich in der *Nebendiagonale* das *Vorzeichen ändert*.

Den Beweis führen wir, indem wir mit dem Schema von FALK die beiden Matrizenprodukte $A \cdot A^{-1}$ und $A^{-1} \cdot A$ bilden und in beiden Fällen die (2,2)-Einheitsmatrix erhalten:

		a_{22} / det(A)	- a_{12} / det(A)
		- a_{21} / det(A)	a_{11} / det(A)
a_{11}	a_{12}	($a_{11}a_{22}$-$a_{12}a_{21}$)/det(A)	0
a_{21}	a_{22}	0	($a_{11}a_{22}$-$a_{12}a_{21}$)/det(A)

Bild 16.12: Produkt $A \cdot A^{-1}$

Bild 16.12 zeigt das Ergebnis der Multiplikation in der Reihenfolge A mal A^{-1}. Wird nun noch die Formel (16.33) von Seite 288 angewendet, gemäß der der zweimal auftretende Ausdruck $a_{11}a_{22} - a_{12}a_{21}$ gleich dem Determinantenwert *det(A)* ist, dann erscheinen in der Hauptdiagonale tatsächlich die zwei Einsen.

Also liefert das FALKsche Schema bei der Multiplikation $A \cdot A^{-1}$ die Einheitsmatrix. Die Bestätigung, dass auch das Produkt $A^{-1} \cdot A$ die (2,2)-Einheitsmatrix liefert, sei als Übung empfohlen.

Anwendung: Gegeben sind die vier Matrizen

(16.49) $$A=\begin{pmatrix}1 & 2\\ 3 & 4\end{pmatrix} \quad B=\begin{pmatrix}1 & 2\\ 3 & 0\end{pmatrix} \quad C=\begin{pmatrix}-1 & -1\\ 4 & -4\end{pmatrix} \quad D=\begin{pmatrix}1 & 1\\ -4 & 0\end{pmatrix}$$

und die Matrix-Gleichung mit der unbekannten (2,2)-Matrix X:

(16.50) $$X \cdot A + C = B - X \cdot D$$

Gesucht sind die Elemente von X.

Zuerst wird die Gleichung nach den *Rechenregeln für Matrizen* umgestellt: Auf beiden Seiten wird die Matrix C subtrahiert und das Produkt $X \cdot D$ addiert:

(16.51) $$X \cdot A + X \cdot D = B - C$$

Nun darf auf der linken Seite die Matrix X *nach links* ausgeklammert werden (man beachte wieder, dass die *Reihenfolge der Faktoren* in einem *Produkt von Matrizen* nicht geändert werden darf):

(16.52) $$X \cdot (A+D) = B - C$$

Nur dann, wenn der rechts von der Unbekannten-Matrix X stehende Faktor eine Inverse besitzt, könnte dafür gesorgt werden, dass X allein auf der linken Seite erscheint.

Also prüfen wir, ob die Determinante von $A+D$ verschwindet oder nicht verschwindet:

(16.53) $$\det(A+D) = \det\left(\begin{pmatrix}1 & 2\\ 3 & 4\end{pmatrix} + \begin{pmatrix}1 & 1\\ -4 & 0\end{pmatrix}\right) = \begin{vmatrix}2 & 3\\ -1 & 4\end{vmatrix} = 11$$

Der Determinantenwert ist 11, also *ungleich Null*: Folglich existiert die Inverse $(A+D)^{-1}$. Sie lautet gemäß Formel (16.48)

(16.54) $$(A+D)^{-1} = \frac{1}{11}\begin{pmatrix}4 & -3\\ 1 & 2\end{pmatrix}$$

Beide Seiten der Gleichung (16.37) können jetzt *von rechts* mit dieser Inversen multipliziert werden:

(16.55) $$X = (B-C) \cdot (A+D)^{-1}$$

Die weitere Rechnung, die zu dem überraschenden Ergebnis führt, dass X die *(2,2)-Einheitsmatrix* ist, wird als Übung empfohlen.

17 Lineare Gleichungssysteme

17.1 Definition, Darstellungsformen und Begriffe

Ein *System von m Gleichungen für die n Unbekannten* $x_1, x_2, ..., x_n$ heißt genau dann *linear*, wenn es sich *in der folgenden Form* schreiben lässt:

$$
\begin{aligned}
&a_{11}x_1 + a_{12}x_2 + a_{13}x_3 + ... + a_{1n}x_n = b_1 \\
&a_{21}x_1 + a_{22}x_2 + a_{23}x_3 + ... + a_{2n}x_n = b_2 \\
&\dots\dots\dots\dots\dots\dots\dots\dots \\
&a_{m1}x_1 + a_{m2}x_2 + a_{m3}x_3 + ... + a_{mn}x_n = b_m
\end{aligned}
\tag{17.01}
$$

Die Faktoren a_{ik} $(i=1,...,m;\ k=1,...,n)$, die nicht von den Unbekannten abhängen dürfen, heißen dann *Koeffizienten des linearen Gleichungssystems*, die Zahlen $b_1,...,b_m$ bilden die *Werte der rechten Seite*.

Man kann ein lineares Gleichungssystem auch kürzer in der völlig gleichwertigen *tabellarischen Form* schreiben:

$$
\begin{array}{ccccc|c}
x_1 & x_2 & x_3 & & x_n & = \\
\hline
a_{11} & a_{12} & a_{13} & \cdots & a_{1n} & b_1 \\
a_{21} & a_{22} & a_{23} & \cdots & a_{2n} & b_2 \\
\cdots & \cdots & \cdots & \cdots & \cdots & \cdots \\
a_{m1} & a_{m2} & a_{m3} & \cdots & a_{mn} & b_m
\end{array}
\tag{17.02}
$$

Dabei dürfen unter der Kopfzeile *keine Unbekannten* stehen.

Die *geordnete Zusammenstellung der Koeffizienten* a_{ik} $(i=1,...,m;k=1,...,n)$ in dem *rechteckigen Schema*

$$
A = \begin{pmatrix} a_{11} & a_{12} & a_{13} & \cdots & a_{1n} \\ a_{21} & a_{22} & a_{23} & \cdots & a_{2n} \\ \cdots & \cdots & \cdots & \cdots & \cdots \\ a_{m1} & a_{m2} & a_{m3} & \cdots & a_{mn} \end{pmatrix}
\tag{17.03}
$$

bezeichnet man als *Koeffizientenmatrix* des linearen Gleichungssystems (17.01). Die geordnete Zusammenstellung der Zahlen $b_1,...,b_m$ in dem *Spaltenvektor*

$$
b = \begin{pmatrix} b_1 \\ b_2 \\ \cdots \\ b_m \end{pmatrix}
\tag{17.04}
$$

nennt man den *Vektor der rechten Seite* (wobei auf die manchmal üblichen Pfeile über den Kleinbuchstaben für Vektoren in diesem Kapitel verzichtet wird).

Behauptung: Wird durch

$$(17.05)\qquad x = \begin{pmatrix} x_1 \\ x_2 \\ \dots \\ x_n \end{pmatrix}$$

ein *Spaltenvektor der Unbekannten* definiert, dann lässt sich das umfangreiche und schreibaufwändige lineare Gleichungssystem (17.01) *gleichwertig darstellen* in Form *einer einzigen Matrixgleichung*

$$(17.06)\qquad A \cdot x = b$$

mit der Koeffizientenmatrix A aus (17.03) und dem Spaltenvektor der rechten Seite b aus (17.04).

Beweis: Wir nutzen das Schema von FALK und prüfen zuerst, ob wir das Produkt $A \cdot x$ in dieser Reihenfolge bilden dürfen.

				x_1
				x_2
				...
				x_n
a_{11}	a_{12}	...	a_{1n}	$a_{11}x_1+a_{12}x_2+a_{13}x_3+...a_{1n}x_n$
a_{21}	a_{22}	...	a_{2n}	$a_{21}x_1+a_{22}x_2+a_{23}x_3+...a_{2n}x_n$
...	...	...	...	...
a_{m1}	a_{m2}	...	a_{mn}	$a_{m1}x_1+a_{m2}x_2+a_{m3}x_3+...a_{mn}x_n$

Bild 17.1: Produkt aus Koeffizientenmatrix und dem Spaltenvektor der Unbekannten

Da die *Spaltenzahl von A* mit der *Zeilenzahl von x* übereinstimmt, kann das Produkt $A \cdot x$ gebildet werden.

Das Ergebnis ist (man lasse sich von der Breite nicht täuschen) ein *Spaltenvektor der Länge m* – also kann das Matrixprodukt $A \cdot x$ mit dem *gleichlangen Spaltenvektor b* verglichen werden, jede Komponente mit jeder Komponente (Bild 17.2):

$a_{11}x_1+a_{12}x_2+a_{13}x_3+...a_{1n}x_n$	=	b_1
$a_{21}x_1+a_{22}x_2+a_{23}x_3+...a_{2n}x_n$	=	b_2
...		...
$a_{m1}x_1+a_{m2}x_2+a_{m3}x_3+...a_{mn}x_n$	=	b_m

Bild 17.2: Vergleich der Komponenten von $A \cdot x$ mit b

Der Vergleich von Bild 17.2 mit (17.01) von Seite 293 zeigt schließlich, dass beide Darstellungen identisch sind.

Zusammenfassend können wir feststellen, dass die *Linearität eines Gleichungssystems* von *m Gleichungen* für *n Unbekannte* erkennbar ist, wenn

- die Gleichungen die Form (17.01) haben
- die Gleichungen tabellarisch in der Form (17.02) zusammengestellt werden können
- die Gleichungen zu einer Matrixgleichung (17.06) zusammengefasst werden können.

Nicht selten taucht die Frage auf, warum nicht einfach definiert wird, dass ein Gleichungssystem dann linear sei, wenn es *keine Quadrate* enthält.

Dann könnte es aber *Wurzeln* oder andere *Funktionen* enthalten, und wäre auch ohne Quadrate nichtlinear. Man müsste also *alle Funktionen* ausschließen.

Sind diese ausgeschlossen, könnten doch trotzdem *Produkte* der Unbekannten auftreten, diese müssten auch ausgeschlossen werden *und so weiter und so fort*.

Jedes Mal, wenn man etwas erwähnt, was *nicht auftreten dürfte*, kann trotzdem eine weitere Konstruktion gefunden werden, die gegen die Linearität verstößt.

Nein, so wie es gemacht wurde, ist es *mathematisch korrekt*: Lässt sich eine Menge von Gleichungen in die Form (17.01) oder (17.02) oder (17.06) bringen, dann haben wir ein *lineares Gleichungssystem*. Lässt sie sich *nicht* in eine dieser Formen bringen, dann haben wir eben ein *nichtlineares Gleichungssystem*.

Entweder – oder. Klare Verhältnisse, ja oder nein.

Da sich die *drei Formen*, in denen ein lineares Gleichungssystem aufgeschrieben werden kann, problemlos ineinander überführen lassen können, nutzt man bei jeder Aufgabenstellung die dafür am besten geeignete Form: *Theoretische Überlegungen* erfolgen anhand der *Matrixgleichung*, während für *Rechnungen* zweckmäßig die *tabellarische Form* verwendet wird.

Dazu ein kleines Beispiel: Das ausführlich aufgeschriebene *lineare Gleichungssystem*

$$\begin{aligned} x_1 + 2x_2 + 3x_3 &= 6 \\ 2x_1 + 3x_2 + 4x_3 &= 9 \\ 4x_1 + 6x_2 + 8x_3 &= 12 \end{aligned} \tag{17.07}$$

hat die tabellarische Form

(17.08)

x_1	x_2	x_3	=
1	2	3	6
2	3	4	9
4	6	8	12

und lässt sich andererseits auch schreiben als *Matrixgleichung* $A \cdot x = b$, wenn A, x und b in folgender Weise festgelegt werden:

$$A = \begin{pmatrix} 1 & 2 & 3 \\ 2 & 3 & 4 \\ 4 & 6 & 8 \end{pmatrix} \qquad x = \begin{pmatrix} x_1 \\ x_2 \\ x_3 \end{pmatrix} \qquad b = \begin{pmatrix} 6 \\ 9 \\ 12 \end{pmatrix} \tag{17.09}$$

Eine Menge von Zahlenwerten (x_1^*, ..., x_n^*) heißt *Lösung* des linearen Gleichungssystems, wenn sich nach ihrem Einsetzen auf der linken Seite von (17.01) genau die Werte der rechten Seite ergeben.

Eine Lösung des Gleichungssystems (17.01) überführt also alle Gleichungen des Systems in *Identitäten.*

Lernen wir nun wichtige Begriffe kennen:

- Hat ein lineares Gleichungssystem *weniger Gleichungen als Unbekannte* (oder gleichwertig: ist die Koeffizientenmatrix *rechteckig* mit *weniger Zeilen als Spalten*), dann spricht man von einem *unterbestimmten linearen Gleichungssystem.*
- Ist in einem linearen Gleichungssystem die *Anzahl der Unbekannten gleich der Anzahl der Zeilen* (oder gleichwertig: ist die *Koeffizientenmatrix A quadratisch*), dann spricht man von einem *quadratischen linearen Gleichungssystem.*
- Hat ein lineares Gleichungssystem *mehr Gleichungen als Unbekannte* (oder gleichwertig: ist die Koeffizientenmatrix *rechteckig* mit *mehr Zeilen als Spalten*), dann spricht man von einem *überbestimmten linearen Gleichungssystem.*

Quadratische Gleichungssysteme, das sind die schon von der Schule her bekannten *n Gleichungen mit n Unbekannten*: Die *Zahl der Gleichungen* ist immer genau so groß wie die *Zahl der Unbekannten*. Dieser Fall wird hier ausführlich behandelt.

17.2 Quadratische Gleichungssysteme

17.2.1 Lösungssituationen

Aussage: Ein quadratisches lineares Gleichungssystem, d. h. ein Gleichungssystem $A{\cdot}x{=}b$ mit *quadratischer Koeffizientenmatrix A* und gleichlangen Spaltenvektoren x und b besitzt entweder

- keine Lösung

oder

- genau eine Lösung

oder

- unendlich viele Lösungen.

Drei verschiedene Lösungssituationen – wie kann man sich das vorstellen? Und warum kann niemals der Fall auftreten, dass genau zwei Lösungen existieren? Warum nur diese drei Fälle – *keine, eine* oder *unendlich viele*?

Sehen wir uns drei Beispiele an: Betrachten wir uns zuerst kritisch das System

(17.10)

x_1	x_2	x_3	=
1	2	3	6
2	3	4	9
4	6	8	12

in der tabellarischen Darstellung mit den in der Kopfzeile angeordneten Unbekannten.

Drei Gleichungen für drei Unbekannte – und hier gibt es mit Sicherheit *keine Lösung*.

Warum?

Weil die zweite und die dritte Gleichung widersprüchlich sind: Denn die dritte Zeile enthält auf der *linken Seite* mit den Zahlen 4, 6 und 8 genau *das Doppelte der zweiten Zeile*.

Doch was sagt die *rechte Seite* dazu? Dort steht in der zweiten Zeile die Zahl 9, aber in der dritten Zeile nicht etwas die zu erwartende Verdopplung auf 18, sondern nur die 12.

Das ist der *Widerspruch*: Links Verdopplung, rechts nicht. Wenn wir eine x_1-x_2-x_3-Zahlenkombination finden würden, die die *zweite Zeile* erfüllt, dann kann sie die *dritte Zeile* aber mit Sicherheit *nicht* erfüllen. Würde sie die *dritte Zeile* erfüllen, dann aber niemals die *zweite Zeile*: Es gibt keine Lösung von (17.10).

Korrigieren wir rechts unten, schreiben wir nun auf die rechte Seite auch die Verdoppelung:

(17.11)

x_1	x_2	x_3	=
1	2	3	6
2	3	4	9
4	6	8	18

Was finden wir nun heraus? Nun ist die *dritte Zeile eigentlich völlig überflüssig*, denn sie enthält ja genau dieselbe Festlegung wie die zweite Zeile. Das Gleichungssystem besteht nun eigentlich nur noch aus den ersten beiden Gleichungen (oder Zeilen im Schema):

(17.11a)

x_1	x_2	x_3	=
1	2	3	6
2	3	4	9

Man sagt: Das Gleichungssystem wird nun *unterbestimmt*. Wir können uns jetzt für eine der Unbekannten einen *beliebigen Wert* vorgeben, dann ergeben sich daraus die Werte der beiden anderen Unbekannten.

Setzen wir zum Beispiel $x_3=0$, so folgen $x_1=0$ und $x_2=3$. Setzen wir $x_3=1$, so folgen $x_1=1$ und $x_2=1$. Und so weiter: Für jeden der *unendlich vielen Werte von* x_3 ergeben sich die beiden anderen Unbekannten passend dazu.

Bild 17.3 enthält eine kleine Auswahl aus der Menge dieser *unendlich vielen Lösungs-Dreierkombinationen.*

x_3	-10	-9	-8	-7	-6	-5	-4	-3	-2	-1	0	1	2	3	4	5	6	7	8	9	10
x_1	-10	-9	-8	-7	-6	-5	-4	-3	-2	-1	0	1	2	3	4	5	6	7	8	9	10
x_2	23	21	19	17	15	13	11	9	7	5	3	1	-1	-3	-5	-7	-9	-11	-13	-15	-17

Bild 17.3: Einige Lösungen von (17.11)

Es gibt unendlich viele x_1-x_2-x_3-Kombinationen, die das System (17.11) lösen: Dieses lineare Gleichungssystem besitzt *unendlich viele Lösungen*.

Derartige *unendliche Lösungsmengen* kann man aber nicht *aufschreiben*, sondern man muss sie *beschreiben*:

In einer solchen *Beschreibung* muss als erstes mitgeteilt werden, welche Unbekannte als *frei wählbar* anzusehen ist. Dazu kommt dann eine *Formel*, mit der man erfährt, wie sich daraus die Werte der anderen Unbekannten ergeben.

Die unendliche Lösungsmenge von (17.11) kann zum Beispiel auf folgende Weise beschrieben werden:

$$(17.12) \quad x_3 \text{ beliebig } \Rightarrow \begin{matrix} x_1 = x_3 \\ x_2 = 3 - 2x_3 \end{matrix}$$

Wie man zu derartigen Beschreibungen unendlicher Lösungsmengen kommt, dazu wird es im Abschnitt 17.2.3 ab Seite 300 Hinweise geben.

Übrigens ist es absolut unerheblich, ob – wie im vorliegenden Fall – x_3 vorgegeben wird und damit x_1 und x_2 dargestellt werden.

Dieselbe unendliche Lösungsmenge würde man nämlich auch erhalten, wenn x_1 vorgegeben und daraus x_2 und x_3 berechnet wird – oder wenn x_2 beliebig vorgegeben und daraus x_1 und x_3 berechnet würde. *Sie wird dann nur jeweils auf andere Art beschrieben.*

Fehlt uns noch die *dritte Lösungssituation*, wie muss denn nun das Gleichungssystem aussehen, damit es nur *eine einzige Lösung* gibt?

Dann darf sich auf der linken Seite des linearen Gleichungssystems keine Zeile als Vielfaches oder als Kombination anderer Zeilen erweisen, wie zum Beispiel im folgenden Fall:

(17.13)

x_1	x_2	x_3	=
1	2	3	6
2	3	4	9
6	–1	0	5

Hier gibt es tatsächlich nur die *eine einzige Lösung*: $x_1=x_2=x_3=1$. Keine andere Zahlenkombination erfüllt alle drei Gleichungen in (17.13).

Lösen wir uns nun in Gedanken von der einfachen, überschaubaren Situation mit zwei oder drei Unbekannten, denken wir an Gleichungssysteme mit Dutzenden und Hunderten von Unbekannten:

Völlig legitim ist nun die Frage, wie man allgemein und ohne „scharfes Hinsehen" herausfinden kann, welche der *drei möglichen Lösungssituationen* vorliegt:

- Wann hat ein gegebenes quadratisches lineares Gleichungssystem *keine*, *eine* oder *unendlich viele* Lösungen?
- Wenn sich dann herausstellt, dass es *eine* oder *unendlich viele* Lösungen gibt, wie findet man die *eine Lösung* oder wie kommt man zur *Beschreibung der unendlich vielen Lösungen*?

17.2.2 Theorie mit Determinanten

Besteht ein lineares Gleichungssystem aus *genau so vielen Zeilen wie Unbekannten*, ist es also *quadratisch*, dann ist seine *Koeffizientenmatrix A* natürlich auch *quadratisch*.

Jede quadratische Matrix besitzt eine *Determinante*. Also kann für jedes lineare quadratische Gleichungssystem der *Determinantenwert det(A) seiner Koeffizientenmatrix* ermittelt werden.

> Lassen sich aus dem Determinantenwert *det(A)* der Koeffizientenmatrix eines quadratischen linearen Gleichungssystems Schlussfolgerungen hinsichtlich der Lösungssituation ziehen?

Ja und nein. Dazu betrachten wir die folgende Aussage.

> Satz: Wir betrachten ist ein *lineares Gleichungssystem* $A\cdot x=b$ mit *quadratischer Koeffizientenmatrix A*.
>
> - Gilt $det(A)\neq 0$, dann besitzt das System *genau eine Lösung*.
> - Ist dagegen $det(A)=0$, dann hat das System *entweder keine oder unendlich viele* Lösungen.

Betrachten wir zuerst das Gute an der Aussage: Bei *nichtverschwindender Determinante der Koeffizientenmatrix* herrscht Klarheit über das, was uns erwartet – *genau eine Lösung*.

Man könnte sogar angeben, *wie* diese Lösung dann berechnet wird: Wenn die *Determinante ungleich Null* ist, existiert (siehe Abschnitt 16.8 auf Seite 287) die Inverse A^{-1} der Koeffizientenmatrix. Mit dieser Inversen werden beide Seiten der Matrixgleichung $A\cdot x=b$ *von links* multipliziert, und schon ergibt sich der *Spaltenvektor der Unbekannten* als *Produkt aus Inversen und rechter Seite*:

(17.14) $x=A^{-1}\cdot b$

Unbefriedigend ist dagegen der zweite Teil der Aussage: Verschwindet die Determinante der Koeffizientenmatrix, dann erfährt man nur, dass entweder unendlich viele Lösungen oder überhaupt keine Lösung zu erwarten ist.

> Folglich wird in der Praxis die Determinante der Koeffizientenmatrix als *Entscheidungsinstrument über die Lösungssituation* keine Bedeutung haben.

Zumal die Determinantenberechnung, wie im Abschnitt 16.9.3 auf Seite 289 mitgeteilt wurde, auch noch sehr aufwändig ist.

Der damit begründete *Verzicht auf die Determinantenberechnung* schließt natürlich auch den *Verzicht auf die Anwendung der Lösungsformel (17.14)* ein – ohne Determinantenwert ist ihre Anwendbarkeit ja nicht feststellbar. Doch da auch die Inversenberechnung extrem hohen Aufwand erfordern würde, bleibt es dabei:

> Es wird weiterhin danach zu suchen sein, wie man die *Lösungssituation* eines gegebenen quadratischen Gleichungssystems *erfahren kann* und wie man bei bekannter *Existenz von einer oder unendlich vielen Lösungen* diese *erhalten* bzw. *beschreiben* kann.

Im folgenden Abschnitt wird dazu die Basisversion des GAUSSschen Algorithmus vorgestellt. Mit diesem genial ausgedachten *konstruktiven Verfahren* kann nämlich durch *reine Rechnung* sowohl die *Lösungssituation* als auch das *Aussehen der Lösung* gefunden werden.

17.2.3 Praxis: Basisversion des GAUSSschen Algorithmus

Da die *Basisversion des GAUSSschen Algorithmus* (auch oft bezeichnet als gewöhnlicher GAUSSscher-Algorithmus, einfacher GAUSSscher Algorithmus, Schulversion des GAUSSschen Algorithmus) in Schule und akademischer Lehre nach wie vor eine große Rolle spielt und oft noch genutzt wird, soll sie hier vorgestellt werden. Der eigentliche GAUSSsche Algorithmus, oft auch bezeichnet als *Algorithmus mit freier Pivotwahl,* ist z. B. ausführlich beschrieben in [17].

Bleiben wir also erst einmal beim *einfachen GAUSSschen Algorithmus*: Er verallgemeinert das Vorgehen, welches viele Leserinnen und Leser schon in der Schule kennen gelernt hatten, als es um die Lösung von *zwei Gleichungen mit zwei Unbekannten* ging. Dort lernten sie drei Methoden kennen – das Gleichsetzverfahren, das Einsetzverfahren und das Additionsverfahren.

Der *einfache GAUSSsche Algorithmus* stellt eine *Verallgemeinerung des Additionsverfahrens* für *n Gleichungen mit n Unbekannten* dar. Er besteht aus klar vorgegebenen Rechenschritten, und liefert während der Rechnung sowohl die jeweilige *Lösungssituation* als auch – im positiven Falle – die *Lösung* bzw. die *Beschreibung der unendlich vielen Lösungen.*

Grundsätzlich sind systematisch abzuarbeiten:

- *Schritt 1a*: Festlegung der Eliminationskoeffizienten
- *Schritt 1b*: Durchführung eines *GAUSS-Schrittes* zur *Reduzierung des Gleichungssystems*
- *Schritt 2*: Wiederholung von Schritt 1a und 1b, solange wie möglich
- *Schritt 3*: Feststellung der Unlösbarkeit, andernfalls Erzeugung der GAUSS-Zusammenstellung
- *Schritt 4*: Rückrechnung, Ergebnismitteilung

Das Ziel besteht darin, nacheinander durch erlaubte Operationen die *n Gleichungen mit n Unbekannten* auf *n-1 Gleichungen mit n-1 Unbekannten* zu reduzieren, danach diese weiter auf *n-2 Gleichungen mit n-2 Unbekannten* und so weiter, so dass – falls es zum Schluss kommt – schließlich nur noch *eine Gleichung mit einer Unbekannten* übrig bleibt.

Als erlaubte Operationen gelten dabei die folgenden:

- Zeilen dürfen vertauscht werden.
- Das *Vielfache einer Zeile* darf zu einer anderen Zeile *addiert* werden.
- Zeilen dürfen mit einem Faktor $\lambda \neq 0$ multipliziert werden.

Dabei ist die Vokabel „das Vielfache", wie wir im Beispiel sehen werden, sehr allgemein gefasst, so wird auch das *minus-1-fache einer Zeile* als „Vielfaches" verstanden, selbst das *null-fache einer Zeile* fällt unter diesen Begriff.

Beginnen wir nun die Beschreibung der *Basisversion des GAUSSschen Algorithmus* anhand eines Beispiels:

Zu untersuchen ist das lineare quadratische Gleichungssystem $A \cdot x = b$ mit

$$(17.15) \qquad A = \begin{pmatrix} 2 & 1 & -2 & 3 \\ 6 & 4 & 2 & 2 \\ -4 & -3 & 6 & -10 \\ 8 & 2 & -2 & -3 \end{pmatrix} \qquad x = \begin{pmatrix} x_1 \\ x_2 \\ x_3 \\ x_4 \end{pmatrix} \qquad b = \begin{pmatrix} 6 \\ 15 \\ -16 \\ 5 \end{pmatrix}$$

Die Vokabel „untersuchen" wurde deshalb gewählt, weil es durchaus möglich sein kann, dass das Gleichungssystem *nicht lösbar* ist – also wäre die Forderung, „*die Lösung* oder *die Lösungen*" zu ermitteln, eine unzulässige Vorwegnahme der völlig unbekannten Lösungssituation.

Zur Vorbereitung der Durchführung des GAUSSschen Algorithmus überführen wir das Gleichungssystem zuerst in die *tabellarische Form*:

x_1	x_2	x_3	x_4	=
2	1	-2	3	6
6	4	2	2	15
-4	-3	6	-10	-16
8	2	-2	-3	5

Bild 17.4: Tabellenform des Gleichungssystems

Nun kommt die *Festlegung der Eliminationskoeffizienten*, dazu sind die folgenden drei Fragen zu beantworten:

- Mit welcher Zahl muss die *erste Zeile* multipliziert werden, damit die *Addition des Vielfachen der ersten Zeile zur zweiten Zeile* eine Null ergibt?
- Mit welcher Zahl muss die *erste Zeile* multipliziert werden, damit die *Addition des Vielfachen der ersten Zeile zur dritten Zeile* eine Null ergibt?
- Mit welcher Zahl muss die *erste Zeile* multipliziert werden, damit die *Addition des Vielfachen der ersten Zeile zur vierten Zeile* eine Null ergibt?

Bild 17.5 schildert das Problem und das gewünschte Ziel:

x_1	x_2	x_3	x_4	=			
2	1	-2	3	6	(?)	(?)	(?)
6	4	2	2	15	+		
-4	-3	6	-10	-16		+	
8	2	-2	-3	5			+
0							
0							
0							

Bild 17.5: In der ersten Spalte sollen Nullen entstehen

Die Antworten sind nicht schwer: Die erste Zeile muss mit *minus 3, plus 2* und *minus 4* multipliziert werden – das sind die drei richtigen Eliminationsfaktoren (Bild 17.6).

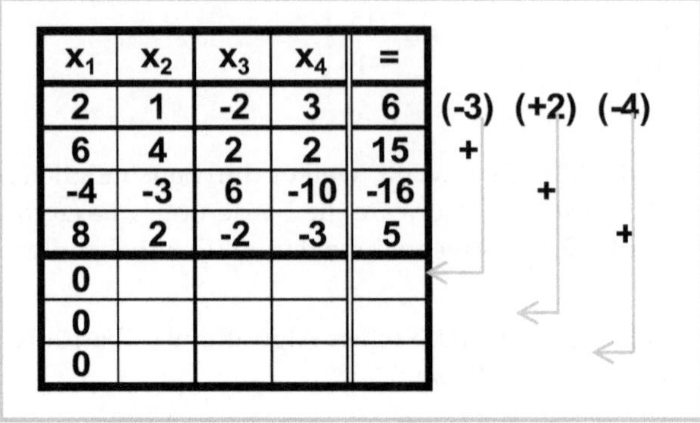

Bild 17.6: Vor dem ersten GAUSS-Schritt

Nun folgt die GAUSS-Elimination. Zuerst ist aus der Summe des *minus-drei-fachen der ersten Zeile* und der *zweiten Zeile* der Rest der *ersten Zeile im unteren Schema* zu berechnen:

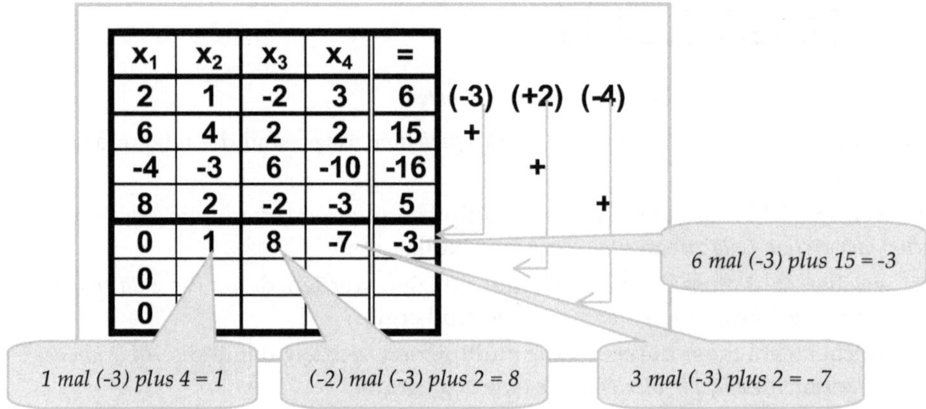

Bild 17.7: Der Rest der ersten Zeile im unteren Schema wird berechnet

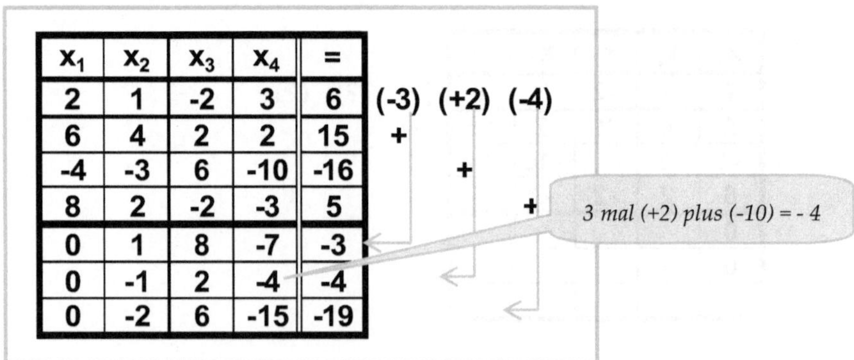

Bild 17.8: Der erste GAUSS-Schritt ist beendet

Bild 17.8 enthält schließlich auch den Rest der zweiten Zeile im unteren Schema, die aus der Addition des Zweifachen der ersten Zeile zur dritten Zeile entstand, und die letzte Zeile im unteren Schema entstand aus der Addition des minus-4-fachen der ersten Zeile zur vierten Zeile des oberen Schemas. Für eine dieser Zahlen ist die Rechenvorschrift noch einmal ausführlich angegeben.

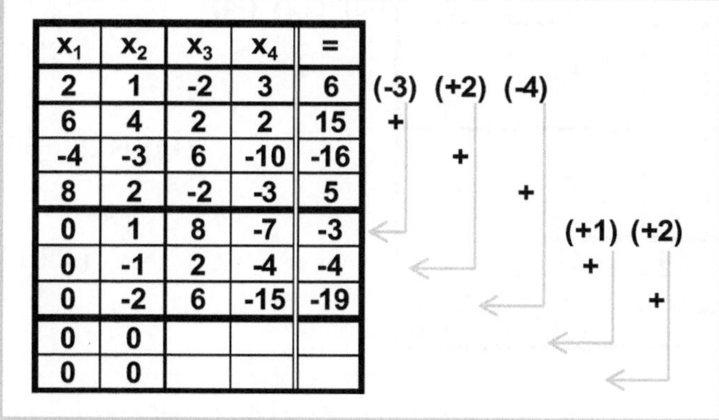

x_1	x_2	x_3	x_4	=
2	1	-2	3	6
6	4	2	2	15
-4	-3	6	-10	-16
8	2	-2	-3	5
0	1	8	-7	-3
0	-1	2	-4	-4
0	-2	6	-15	-19
0	0			
0	0			

Bild 17.9: Vorbereitung des zweiten GAUSS-Schrittes

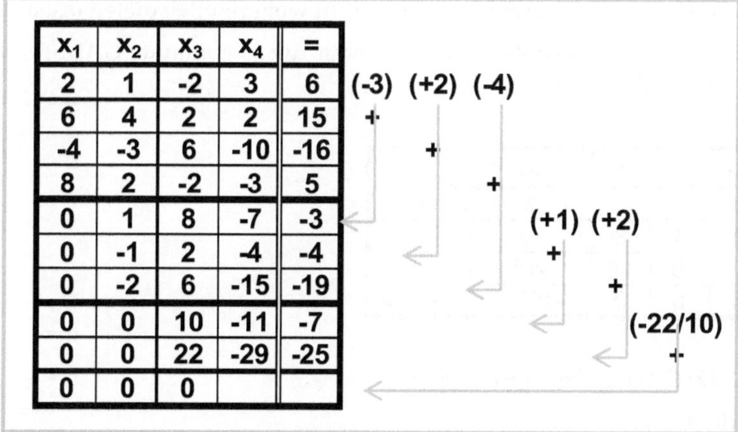

x_1	x_2	x_3	x_4	=
2	1	-2	3	6
6	4	2	2	15
-4	-3	6	-10	-16
8	2	-2	-3	5
0	1	8	-7	-3
0	-1	2	-4	-4
0	-2	6	-15	-19
0	0	10	-11	-7
0	0	22	-29	-25
0	0	0		

Bild 17.10: Zweiter GAUSS-Schritt beendet, der nächste GAUSS-Schritt wird vorbereitet

Mit Bild 17.8 ist der erste GAUSS-Schritt beendet, mit Bild 17.9 wiederholt sich das Ganze: Unterhalb der *zweiten Spalte* sind nun *Nullen* zu erzeugen sind. Die dazu notwendigen Eliminationskoeffizienten sind bereits eingetragen. Bild 17.10 zeigt das Ergebnis des zweiten GAUSS-Schrittes und die Vorbereitung für den dritten (und letzten) GAUSS-Schritt.

Bemerkenswert ist hierbei, dass selbstverständlich auch *nicht ganzzahlige Eliminationskoeffizienten* auftreten können.

Bemerkung: Manchmal ist aus studentischen Kreisen zu hören, dass zur Vermeidung gebrochener Eliminationskoeffizienten vom *klaren Kurs der GAUSS-Regeln* abgewichen wird: „Man nehme die erste Zeile mal minus 22 und die zweite Zeile mal 10, dann kommt man in der Kombination auch auf die gewünschte Null."

> Von solcher Unsystematik ist dringend abzuraten, da sie *beachtliches Fehlerpotential* in sich birgt.

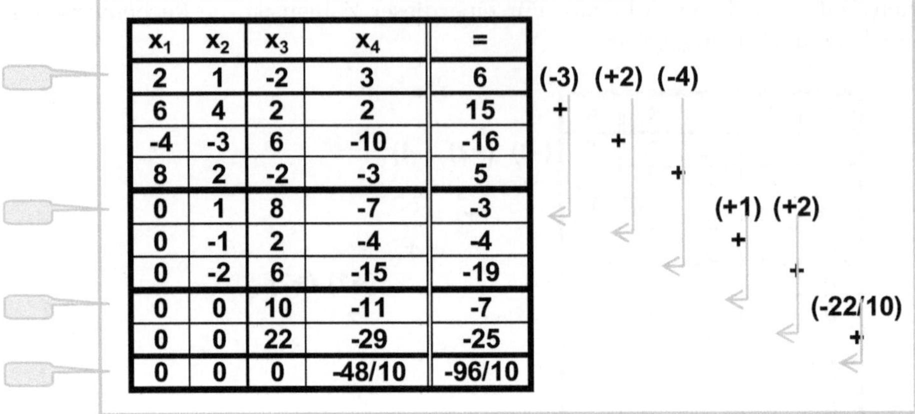

x_1	x_2	x_3	x_4	=
2	1	-2	3	6
6	4	2	2	15
-4	-3	6	-10	-16
8	2	-2	-3	5
0	1	8	-7	-3
0	-1	2	-4	-4
0	-2	6	-15	-19
0	0	10	-11	-7
0	0	22	-29	-25
0	0	0	-48/10	-96/10

Bild 17.11: Ende des letzten GAUSS-Schrittes, Zeilen für GAUSS-Zusammenstellung

Mit dem dritten und letzten GAUSS-Schritt ist die GAUSS-Elimination *erfolgreich* beendet – dass sie auch anders verlaufen kann, werden wir in weiteren Beispielen feststellen.

Anschließend wird *aus den ersten Zeilen jedes Schemas* die so genannte *GAUSS-Zusammenstellung* gebildet (Bild 17.12).

x_1	x_2	x_3	x_4	=
2	1	-2	3	6
0	1	8	-7	-3
0	0	10	-11	-7
0	0	0	-48/10	-96/10

Bild 17.12: GAUSS-Zusammenstellung

Nun gilt folgende Aussage:

> Hat die *GAUSS-Zusammenstellung* genau so viele Zeilen wie Unbekannte, dann besitzt das untersuchte Gleichungssystem *genau eine Lösung*. Sie wird durch *Rückrechnung von unten nach oben* ermittelt.

Wir haben *vier Unbekannte*, unsere GAUSS-Zusammenstellung in Bild 17.12 besteht aus *vier Zeilen*, also können wir mit der *Rückrechnung* von unten nach oben beginnen:

$$-\frac{48}{10}x_4 = -\frac{96}{10} \qquad \Rightarrow x_4 = 2$$

(17.16) $$10x_3 - 11x_4 = -7 \Rightarrow 10x_3 = -7 + 11x_4 \Rightarrow 10x_3 = 15 \Rightarrow x_3 = \frac{3}{2}$$

$$x_2 + 8x_3 - 7x_4 = -3 \Rightarrow \quad \cdots \qquad \Rightarrow x_2 = -1$$

$$2x_1 + x_2 - 2x_3 + 3x_4 = 6 \Rightarrow \quad \cdots \qquad \Rightarrow x_1 = 2$$

Die letzte Gleichung ermöglicht uns die Ermittlung von x_4, dieser Wert, in die vorletzte Gleichung eingesetzt, liefert x_3, mit x_4 und x_3 kann dann x_2 aus der zweiten Gleichung berechnet werden und schließlich ergibt sich x_1 aus der ersten Gleichung nach Einsetzen der Werte aller vorher berechneten Unbekannten.

Das folgende Beispiel soll zeigen, wie zu verfahren ist, wenn die gewünschte Null schon vorhanden ist. Bild 17.13 zeigt einen beendeten ersten GAUSS-Schritt und das auftretende (Schein)-Problem:

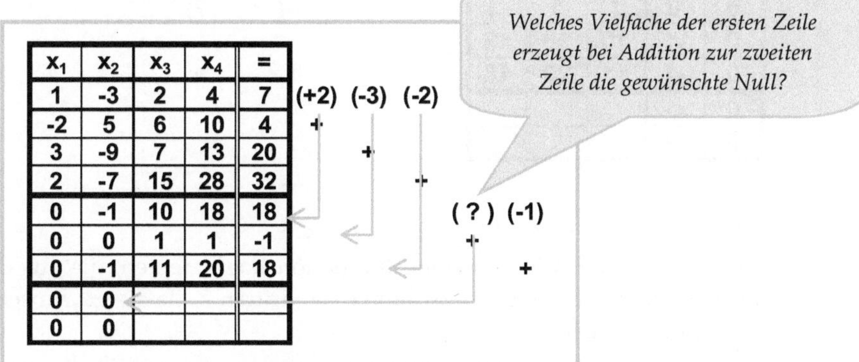

x_1	x_2	x_3	x_4	=
1	-3	2	4	7
-2	5	6	10	4
3	-9	7	13	20
2	-7	15	28	32
0	-1	10	18	18
0	0	1	1	-1
0	-1	11	20	18
0	0			
0	0			

Bild 17.13: Welcher Eliminationskoeffizient ist zu wählen?

Die Antwort ist so einfach, dass mancher gar nicht darauf kommt: Natürlich ist *das Nullfache der ersten Zeile des zweiten Schemas* zur zweiten Zeile zu addieren, jeder andere Eliminationsfaktor als diese Null würde zusammen mit der schon vorhandenen Null in der zweiten Zeile das gewünschte Ergebnis in der *zweiten Spalte des neuen Schemas* zerstören.

Bild 17.14 zeigt den Rest der GAUSS-Elimination.

x_1	x_2	x_3	x_4	=
1	-3	2	4	7
-2	5	6	10	4
3	-9	7	13	20
2	-7	15	28	32
0	-1	10	18	18
0	0	1	1	-1
0	-1	11	20	18
0	0	1	1	-1
0	0	1	2	0
0	0	0	1	1

(+2) (-3) (-2) (0) (-1) (-1)

Bild 17.14: GAUSS-Elimination ist beendet

Die *GAUSS-Zusammenstellung* hat *ebenso viele Zeilen wie Unbekannte*, also gibt es *genau eine Lösung*. Sie wird wieder durch Rückrechnung erhalten, das Nachrechnen wird als Übung empfohlen: $x_4=1$, $x_3=-2$, $x_2=-20$ und $x_1=-53$.

Sehen wir uns dagegen in Bild 17.15 eine andere Situation an: Diesmal entsteht eine *Null* in der obersten Zeile des neuen Schemas. Was ist dann zu tun?

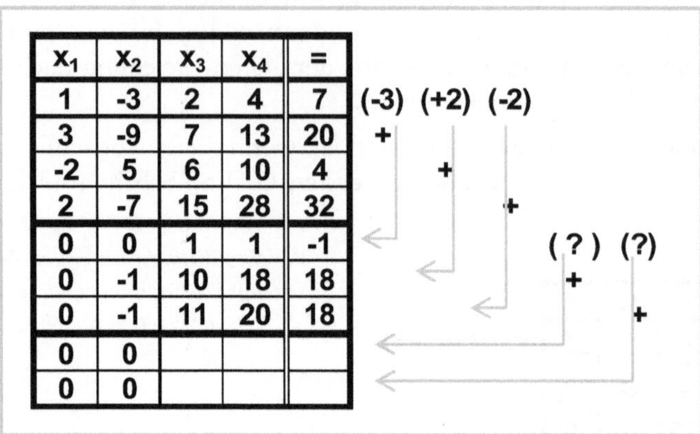

x_1	x_2	x_3	x_4	=
1	-3	2	4	7
3	-9	7	13	20
-2	5	6	10	4
2	-7	15	28	32
0	0	1	1	-1
0	-1	10	18	18
0	-1	11	20	18
0	0			
0	0			

Bild 17.15: Was ist nun zu tun?

Hier finden sich beim besten Willen keine Eliminationskoeffizienten, die aus der Addition des Vielfachen der ersten Zeile zur zweiten bzw. dritten Zeile die gewünschten Nullen im neuen Schema erzeugen.

Auch hier gibt es ein einfaches Rezept: *Man vertausche* im zweiten Schema *zwei Zeilen*, so dass die Null nicht mehr oben steht. Denn der *Zeilentausch* ist erlaubt – und nach dem Tausch von erster und zweiter Zeile ergibt sich die Situation aus Bild 17.14, mit der wir umzugehen gelernt haben.

Kehren wir nun zurück zur Behauptung, nach der wir *während der GAUSS-Elimination* zwangsläufig die *Lösungssituation* des linearen quadratischen Gleichungssystems erfahren würden – *keine Lösung* oder *eine Lösung* oder *unendlich viele Lösungen.*

Bisher haben wir nur den Fall erlebt, dass die GAUSS-Elimination solange wie möglich (also mit *n-1* Schritten bei *n* Unbekannten) durchführbar war, die GAUSS-Zusammenstellung hatte maximale Größe, die *einzige Lösung* ergab sich durch Rückrechnung.

Sehen wir uns nun mit Bild 17.16 ein Beispiel an, mit dem wir die *Unlösbarkeit* erleben.

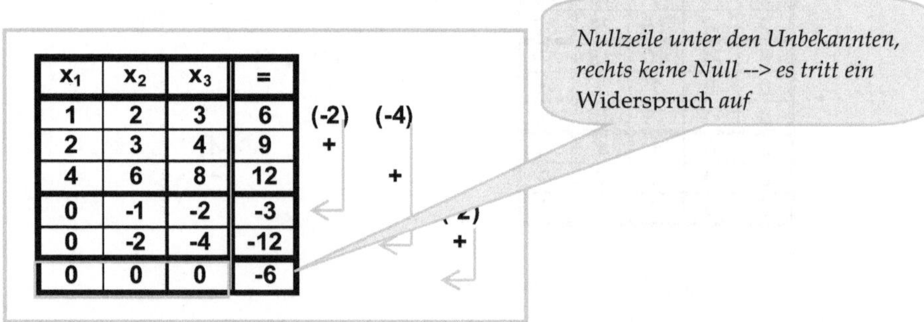

x_1	x_2	x_3	=
1	2	3	6
2	3	4	9
4	6	8	12
0	-1	-2	-3
0	-2	-4	-12
0	0	0	-6

Bild 17.16: Unlösbarkeit wegen einer Widerspruchszeile

Der erste GAUSS-Schritt reduziert wie beabsichtigt die *drei Gleichungen* mit *drei Unbekannten* durch erlaubte Operationen auf *zwei Gleichungen* mit *zwei Unbekannten.*

Doch im nächsten GAUSS-Schritt entsteht nicht nur die gewünschte Null in der zweiten Spalte des dritten Schemas, sondern daneben, in der dritten Spalte, ergibt sich auch eine Null.

Unter den Unbekannten entsteht eine *Nullzeile.*

Allerdings ist diese *nicht vollständig*: Da unter dem Gleichheitszeichen *keine Null* steht, ergibt sich ein *Widerspruch* – denn es wird *niemals* drei Zahlen x_1, x_2 und x_3 geben, die die Gleichung

(17.17) $0 \cdot x_1 + 0 \cdot x_2 + 0 \cdot x_3 = -6$

lösen könnten.

Feststellung: Entsteht während der GAUSS-Elimination eine *Zeile mit Nullen unter den Unbekannten,* aber einer *von Null verschiedenen Zahl* unter dem Gleichheitszeichen, d. h. eine *Widerspruchszeile,* dann hat das Gleichungssystem *keine Lösung.*

Bleibt zum Schluss noch die Frage, wie man erkennt, ob ein Gleichungssystem *unendlich viele Lösungen* besitzt. Und wie man dann zur *Beschreibung der unendlichen Lösungsmenge* kommen kann.

Betrachten wir dazu das Ergebnis zweier GAUSS-Schritte in Bild 17.17. Auch hier entsteht eine Nullzeile, aber im Gegensatz zu Bild 17.16 ist sie vollständig, sie enthält links und rechts nur Nullen. Es gibt *keinen Widerspruch.*

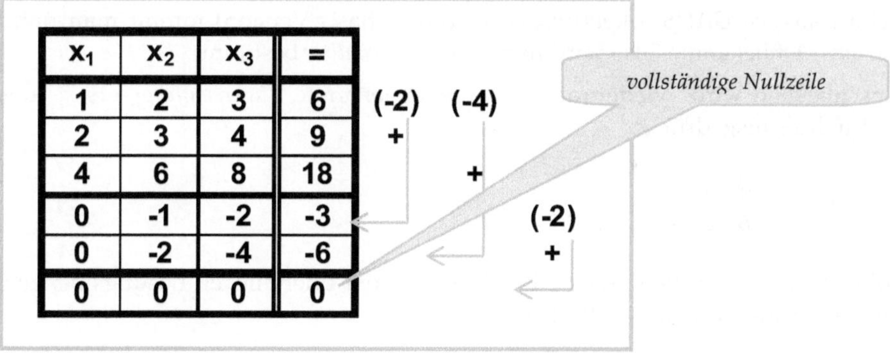

x_1	x_2	x_3	=
1	2	3	6
2	3	4	9
4	6	8	18
0	-1	-2	-3
0	-2	-4	-6
0	0	0	0

Bild 17.17: Vollständige Nullzeile

Nun gilt folgende *Regel*: Vollständige Nullzeilen werden entfernt, anschließend wird, sofern möglich, die GAUSS-Elimination fortgesetzt. Aus den ersten Zeilen der Schemata wird zum Schluss die *GAUSS-Zusammenstellung* gebildet.

In unserem Beispiel ist nach der Entfernung der Nullzeile die GAUSS-Elimination beendet, die GAUSS-Zusammenstellung (Bild 17.18) besteht nun lediglich aus zwei Zeilen.

Aussage: Konnte die GAUSS-Elimination *ohne Widerspruchzeile* erfolgreich durchgeführt werden, aber entsteht wegen des *Streichens einer vollständigen Nullzeile* eine *GAUSS-Zusammenstellung mit weniger Zeilen als Unbekannten,* dann besitzt das quadratische lineare Gleichungssystem *unendlich viele Lösungen.*

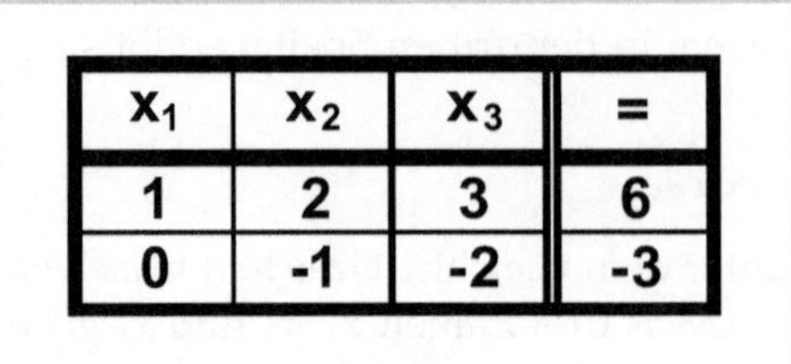

x_1	x_2	x_3	=
1	2	3	6
0	-1	-2	-3

Bild 17.18: GAUSS-Zusammenstellung nach Streichen der Nullzeile

Kommen wir nun zur Methodik, wie man die *Beschreibung der unendlichen Lösungsmenge* erhält. Zuerst werden aus der GAUSS-Zusammenstellung die Gleichungen abgelesen:

(17.18)
$$\begin{aligned} x_1 + 2x_2 + 3x_3 &= 6 \\ -x_2 - 2x_3 &= -3 \end{aligned}$$

Nun gilt die *Regel*: Besitzt das lineare Gleichungssystem *n Unbekannte* und hat die GAUSS-Zusammenstellung *m Zeilen,* dann werden *n-m Unbekannte* als *frei wählbar* festgelegt.

Da in unserem Beispiel *n=3* und *m=2* ist, gilt *n-m=1,* also ist *eine Unbekannte* als frei wählbar zu erklären.

Beim *einfachen GAUSS-Algorithmus* (d. h. der Basis-Version) nimmt man üblicherweise die *letzte* Unbekannte, also wird hier x_3 als *frei wählbar* bestimmt.

Anschließend wird, wiederum durch die so genannte *Rückrechnung,* erst x_2 und danach x_1 durch x_3 ausgedrückt:

(17.19)
$$\begin{aligned} x_2 &= 3 - 2x_3 \\ x_1 &= 6 - 2x_2 - 3x_3 = 6 - 2(3 - 2x_3) - 3x_3 = x_3 \end{aligned}$$

Somit erhalten wir die folgende Beschreibung der unendlichen Lösungsmenge des linearen Gleichungssystems aus Bild (17.17):

(17.20)
$$x_3 \text{ beliebig } \Rightarrow \begin{aligned} x_1 &= x_3 \\ x_2 &= 3 - 2x_3 \end{aligned}$$

Unter Verwendung griechischer Buchstaben (üblich ist λ) kann man dasselbe auch in mathematisch eleganter *Vektorschreibweise* mitteilen, wobei die *freie Wählbarkeit* des Parameters λ durch die Symbolik $\lambda \in \Re$ ausgedrückt wird:

(17.21)
$$\begin{pmatrix} x_1 \\ x_2 \\ x_3 \end{pmatrix} = \begin{pmatrix} 0 \\ 3 \\ 0 \end{pmatrix} + \lambda \begin{pmatrix} 1 \\ -2 \\ 1 \end{pmatrix} \quad , \quad \lambda \in \Re$$

18 Vektorrechnung und analytische Geometrie

18.1 Vektoren und ihre Anwendung

18.1.1 Einführung

Bei vielen physikalischen Sachverhalten ist es nicht ausreichend, die verwendeten Größen nur durch ihren Betrag zu charakterisieren.

So muss zum Beispiel bei einer *Kraft* nicht nur ihr *Betrag*, sondern auch ihre *Wirkungsrichtung* charakterisiert werden.

Um dies zu leisten, verwendet man die so genannten *Vektoren*.

Definition: Unter einem Vektor $\vec{a}$ versteht man ein n-Tupel reeller Zahlen und schreibt

(18.01) $$\vec{a} = \begin{pmatrix} a_1 \\ a_2 \\ \vdots \\ a_n \end{pmatrix} \quad .$$

Für die *Anwendungen in Geometrie und Physik* werden wir uns auf Vektoren der Form

(18.02) $$\vec{a} = \begin{pmatrix} a_1 \\ a_2 \\ a_3 \end{pmatrix}$$

beschränken. Die reellen Zahlen a_1, a_2 und a_3 nennt man die *Koordinaten* von $\vec{a}$.

Da man jeden Vektor $\vec{a}$ als eine *Matrix vom Format (3,1)* ansehen kann (siehe dazu Seite 272), können aus den *Matrizengesetzen* die folgenden *Gesetze für die Operationen mit Vektoren* übertragen werden. So gilt zum Beispiel für das *Transponieren* eines Vektors, dass dann ein *Zeilenvektor* entsteht:

(18.03) $$\vec{a}^T = \begin{pmatrix} a_1 & a_2 & a_3 \end{pmatrix}$$

Ein Vektor $\vec{a}$ wird *mit einer reellen Zahl multipliziert*, indem jede Koordinate mit dieser Zahl multipliziert wird:

(18.04) $$\lambda \cdot \vec{a} = \begin{pmatrix} \lambda \cdot a_1 \\ \lambda \cdot a_2 \\ \lambda \cdot a_3 \end{pmatrix}$$

Zwei Vektoren $\vec{a}$ und $\vec{b}$ werden addiert, indem ihre *entsprechenden Koordinaten* addiert werden:

(18.05) $$\vec{a} + \vec{b} = \begin{pmatrix} a_1 \\ a_2 \\ a_3 \end{pmatrix} + \begin{pmatrix} b_1 \\ b_2 \\ b_3 \end{pmatrix} = \begin{pmatrix} a_1 + b_1 \\ a_2 + b_2 \\ a_3 + b_3 \end{pmatrix}$$

18.1.2 Größe und Richtung

Wie lässt sich nun einem Vektor $\vec{a}$, d. h. einem *Tripel reeller Zahlen*, eine Information über seine Größe und Richtung entnehmen? Für eine *grafische Darstellung eines Vektors* wird zuerst ein *dreidimensionales Koordinatensystem* benötigt:

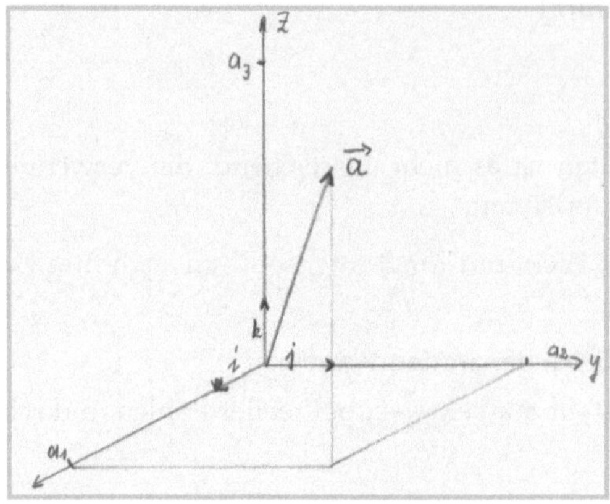

Bild 18.1: Ein Vektor im dreidimensionalen Koordinatensystem

Es ist zu erkennen, dass die Koordinaten a_1, a_2 und a_3 jeweils die *Projektionen des Vektors $\vec{a}$ auf die positiven Koordinatenachsen* sind, wobei diese Achsen durch die so genannten *Einheitsvektoren* $\mathfrak{i}$, $\mathfrak{j}$ und $\mathfrak{k}$ mit einem *Maßstab* versehen werden.

Folglich entsteht der Vektor $\vec{a}$, indem man

- a_1 Schritte in Richtung der x-Achse, danach
- a_2 Schritte in Richtung der y-Achse, und zum Schluss
- a_3 Schritte in Richtung der z-Achse

abträgt.

Der so erhaltene Punkt P ist der *Endpunkt eines Pfeils*, der, im *Koordinatenursprung* beginnend, zum Punkt $P(a_1,a_2,a_3)$ zeigt.

Damit ist sowohl die *Richtung des Vektors* (vom Koordinatenursprung zum Punkt P) als auch die *Größe des Vektors* (d. h. die Länge des Pfeils) vollständig charakterisiert.

Bemerkt werden sollte hierzu, dass als Ausgangspunkt für eine Darstellung eines Vektors $\vec{a}$ jeder Punkt des Raumes grundsätzlich geeignet ist.

Ein Vektor, der im *Koordinatenursprung beginnt* und zum *Punkt* $P(a_1,a_2,a_3)$ zeigt, wird als *Ortsvektor* dieses Punktes bezeichnet.

Orientiert man sich an der Vorgehensweise bei der grafischen Darstellung, so erhält man unter Verwendung des Satzes von PYTHAGORAS (siehe Seite 47) die *Länge des Pfeils* und damit die *Größe des Vektors* (oft auch als *Betrag des Vektors* bezeichnet):

(18.06) $$|\vec{a}|=\sqrt{a_1^2+a_2^2+a_3^2}$$

Multipliziert man den Vektor $\vec{a}$ mit der Zahl $\frac{1}{|\vec{a}|}$, so erhält man einen Vektor der Länge 1 in Richtung von $\vec{a}$. Wegen seiner Länge wird er als *Einheitsvektor* bezeichnet:

(18.07) $\vec{a}_0 = \frac{1}{|\vec{a}|} \cdot \vec{a}$

Die Koordinaten des Einheitsvektors $\vec{a}_0$ entsprechen den *Kosinuswerten* derjenigen *Winkel*, die $\vec{a}_0$ (und damit auch $\vec{a}$) mit den *positiven Koordinatenachsen* bilden.

Somit gilt

(18.08) $\vec{a}_0 = \frac{1}{|\vec{a}|} \cdot \vec{a} = \begin{pmatrix} \cos\alpha \\ \cos\beta \\ \cos\gamma \end{pmatrix}$,

wenn die Winkel entsprechend bezeichnet werden.

Beispiel: Gegeben sind die Vektoren

(18.09a) $\vec{a} = \begin{pmatrix} 2 \\ 3 \\ 0 \end{pmatrix}$, $\vec{b} = \begin{pmatrix} 0 \\ -3 \\ -2 \end{pmatrix}$ und $\vec{c} = \begin{pmatrix} 1 \\ 1 \\ -1 \end{pmatrix}$

Gesucht sind

a) die Koordinaten des Vektors $\vec{d} = \vec{a} + \vec{b} + 2\vec{c}$

b) der Betrag von $\vec{d}$

c) die Winkel, die der Vektor $\vec{a} + \vec{b}$ mit den positiven Koordinatenachsen einschließt.

Lösung der Teilaufgabe a):

(18.09b) $\vec{d} = \begin{pmatrix} 2 \\ 3 \\ 0 \end{pmatrix} + \begin{pmatrix} 0 \\ -3 \\ -2 \end{pmatrix} + 2 \cdot \begin{pmatrix} 1 \\ 1 \\ -1 \end{pmatrix} = \begin{pmatrix} 4 \\ 2 \\ -4 \end{pmatrix}$

Lösung der Teilaufgabe b): Setzt man die Koordinaten von $\vec{d}$ in (18.06) ein, so ergibt sich

(18.09c) $|\vec{d}| = \sqrt{4^2 + 2^2 + (-4)^2} = 6$

Lösung der Teilaufgabe c): Zuerst wird mit $\vec{v}$ und $|\vec{v}|$ die Summe der ersten beiden Vektoren und deren Länge bestimmt.

(18.09d)

$$\vec{a} + \vec{b} = \begin{pmatrix} 2 \\ 3 \\ 0 \end{pmatrix} + \begin{pmatrix} 0 \\ -3 \\ -2 \end{pmatrix} = \begin{pmatrix} 2 \\ 0 \\ -2 \end{pmatrix} = \vec{v}$$

$$|\vec{a} + \vec{b}| = \sqrt{2^2 + (-2)^2} = \sqrt{8} = 2\sqrt{2}$$

Somit hat der Einheitsvektor in Richtung von $\vec{a}+\vec{b}$ die Gestalt

$$\text{(18.09e)} \quad \vec{v}_o = \frac{1}{2\sqrt{2}}\begin{pmatrix} 2 \\ 0 \\ -2 \end{pmatrix} = \begin{pmatrix} \frac{1}{\sqrt{2}} \\ 0 \\ -\frac{1}{\sqrt{2}} \end{pmatrix} = \begin{pmatrix} \frac{1}{2}\sqrt{2} \\ 0 \\ -\frac{1}{2}\sqrt{2} \end{pmatrix}$$

Wegen (18.08) findet man in den Koordinaten des Einheitsvektors die Kosinuswerte der Richtungswinkel α, β und γ, woraus sich die Winkel (zum Beispiel mit Hilfe der Merkhilfe von Seite 49) sowohl im Grad- als auch im Bogenmaß ermitteln lassen:

$$\text{(18.09f)} \quad \begin{aligned} \cos\alpha &= \frac{1}{2}\sqrt{2} & \Rightarrow \alpha &= 45^\circ = \frac{\pi}{4} \\ \cos\beta &= 0 & \Rightarrow \beta &= 90^\circ = \frac{\pi}{2} \\ \cos\gamma &= -\frac{1}{2}\sqrt{2} & \Rightarrow \gamma &= 135^\circ = \frac{3\pi}{4} \end{aligned}$$

Bemerkung: Bereits mit diesen recht geringen Kenntnissen über Vektoren lassen sich schon einfache physikalische Aufgabenstellungen bearbeiten.

Beispiel: Der Punkt *P(5,7,4)* ist durch Stäbe mit den Punkten *A(1,0,0)*, *B(2,2,2)* und *C(0,4,2)* verbunden. Im Punkt *P* greift eine Kraft

$$\text{(18.10a)} \quad \vec{F} = \begin{pmatrix} 41 \\ 42 \\ 22 \end{pmatrix}$$

an. Mit welchen Kräften werden die Stäbe belastet? Werden die Stäbe auf Druck oder auf Zug belastet? Um die Aufgabe zu verstehen, sollten wir zunächst den Sachverhalt skizzieren:

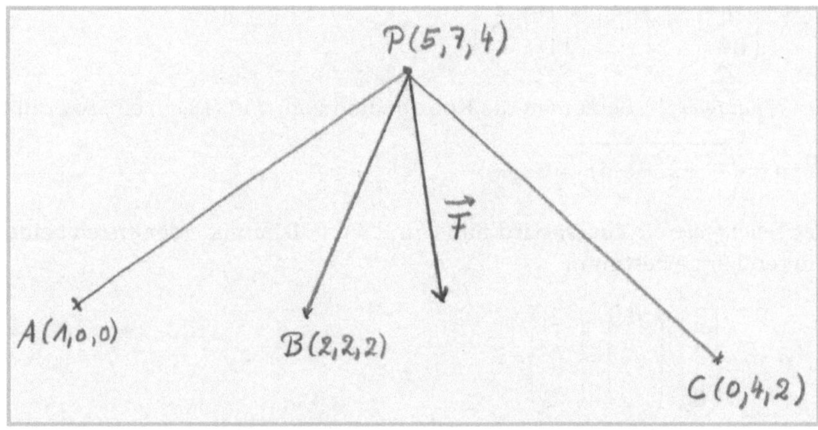

Bild 18.2: Punkte, Stäbe und Kräfte

Die Summe aller angreifenden Kräfte muss Null sein. Also ist

(18.10b) $\vec{F} = \vec{F}_1 + \vec{F}_2 + \vec{F}_3$,

wenn $\vec{F}_1$ die Kraft im Stab von P zu A, $\vec{F}_2$ die Kraft im Stab von P zu B und $\vec{F}_3$ die Kraft im Stab von P zu C ist.

Folglich sind in der Gleichung

(18.10c) $\vec{F} = \lambda_1 \cdot \overrightarrow{PA} + \lambda_2 \cdot \overrightarrow{PB} + \lambda_3 \cdot \overrightarrow{PC}$

die Koeffizienten λ_1, λ_2 und λ_3 zu bestimmen, wobei für $\lambda_i>0$ der Stab in Richtung von P zum jeweiligen Endpunkt und für $\lambda_i<0$ der Stab in Richtung zu P belastet wird.

Zur Vorbereitung der Rechnung müssen wir uns zuerst damit beschäftigen, wie man einen *Vektor* findet, der *von einem Punkt zu einem anderen Punkt* zeigt, wenn die beiden Punkte jeweils durch ihre *Ortsvektoren* beschrieben wind.

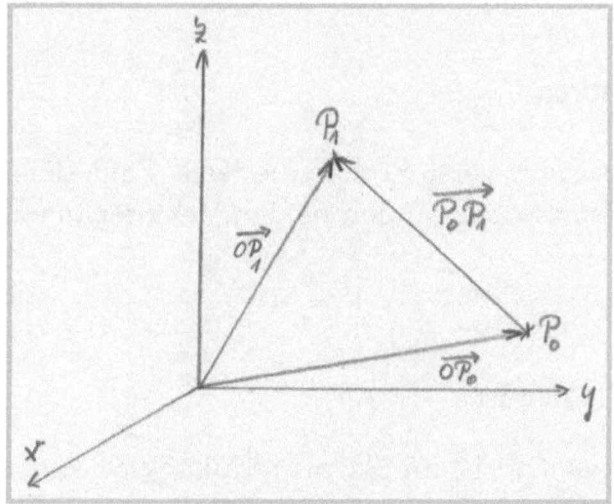

Bild 18.3: Vektor von einem Punkt zu einem anderen Punkt

Der Skizze kann entnommen werden, dass sich ein *Verbindungsvektor zwischen zwei Punkten* als *Differenz der Ortsvektoren der beiden Punkte* darstellen lässt:

(18.10d) $\overrightarrow{0P_1} = \overrightarrow{0P_0} + \overrightarrow{P_0P_1} \quad \Rightarrow \quad \overrightarrow{P_0P_1} = \overrightarrow{0P_1} - \overrightarrow{0P_0}$

Werden die drei Differenzen zwischen den Ortsvektoren von A, B, C und P gebildet, dann ergibt sich aus (18.10c) die Vektorgleichung

(18.10e) $\begin{pmatrix} 41 \\ 42 \\ 22 \end{pmatrix} = \lambda_1 \begin{pmatrix} -4 \\ -7 \\ -4 \end{pmatrix} + \lambda_2 \begin{pmatrix} -3 \\ -5 \\ -2 \end{pmatrix} + \lambda_3 \begin{pmatrix} -5 \\ -3 \\ -2 \end{pmatrix}$

Nach den Regeln der Matrizenrechnung (siehe Abschnitt 17.1 auf Seite 295) ist dies ein *lineares Gleichungssystem* für die drei Unbekannten λ_1, λ_2 und λ_3, das zum Beispiel mit der CRAMERschen Regel oder dem GAUSSschen Algorithmus gelöst werden könnte:

λ_1	λ_1	λ_1	=
-4	-3	-5	41
-7	-5	-3	42
-4	-2	-2	22

Bild 18.4: Lineares Gleichungssystem

Die Lösung dieses Systems heißt λ_1=-1, λ_2=-4 und λ_3=-5.

Antwortsatz: Die Stäbe werden mit den Kräften

$$(18.10f)\quad \vec{F}_1=(-1)\begin{pmatrix}-4\\-7\\-4\end{pmatrix}=\begin{pmatrix}4\\7\\4\end{pmatrix},\qquad \vec{F}_2=(-4)\begin{pmatrix}-3\\-5\\-2\end{pmatrix}=\begin{pmatrix}12\\20\\8\end{pmatrix},\qquad \vec{F}_3=(-5)\begin{pmatrix}-5\\-3\\-2\end{pmatrix}=\begin{pmatrix}25\\15\\10\end{pmatrix}$$

belastet, d. h. in allen drei Fällen wirkt die Kraft vom Punkt *A*, *B* und *C* zum Punkt *P*.

18.1.3 Das Skalarprodukt zweier Vektoren

Unter dem *Skalarprodukt* $\vec{a}\,.\vec{b}$ *zweier Vektoren* versteht man die reelle Zahl, die aus dem *Produkt der beiden Beträge* mit dem *Kosinus* des von den beiden Vektoren *eingeschlossenen Winkels* entsteht:

$$(18.11)\quad \vec{a}.\vec{b}=|\vec{a}|\cdot|\vec{b}|\cdot\cos\varphi$$

Wegen $\cos 90^\circ=\cos \pi/2=0$ folgt aus (18.11) sofort:

Stehen zwei Vektoren *aufeinander senkrecht*, so ist ihr Skalarprodukt *gleich Null*.

Da der Kosinus im Bereich von 0 bis π streng monoton fallend ist (siehe Bild 6.17 auf Seite 119), hat man bei bekanntem Skalarprodukt grundsätzlich die Möglichkeit, den *Winkel zwischen zwei Vektoren* zu bestimmen:

$$(18.12)\quad \cos\varphi=\frac{\vec{a}.\vec{b}}{|\vec{a}|\cdot|\vec{b}|}$$

Wie aber berechnet man ein *Skalarprodukt zweier Vektoren* $\vec{a}\,.\vec{b}$, wenn diese Vektoren durch ihre Koordinaten gegeben sind?

Dafür gilt die folgende Rechenregel:

$$(18.13)\quad \vec{a}=\begin{pmatrix}a_1\\a_2\\a_3\end{pmatrix},\ \vec{b}=\begin{pmatrix}b_1\\b_2\\b_3\end{pmatrix}\quad\Rightarrow\quad \vec{a}.\vec{b}=a_1b_1+a_2b_2+a_3b_3=\vec{a}^T\cdot\vec{b}$$

Das Skalarprodukt $\vec{a}\,.\vec{b}$ berechnet sich als *Summe der Koordinatenprodukte*, oder – mit der Symbolik der Matrizenrechnung – als Produkt aus der Transponierten des ersten Vektors mit dem zweiten Vektor.

Anwendungsbeispiel: Gegeben ist ein Dreieck mit den Eckpunkten *A(-1, -2, 4)*, *B(-4, -2, 0)* und *C(3, -2, 1)*. Gesucht sind die *Innenwinkel des Dreiecks*.

Vorbemerkung zur Lösung: Da die Winkelsumme im Dreieck bekanntlich 180° beträgt, reicht es aus, nur zwei Winkel zu berechnen.

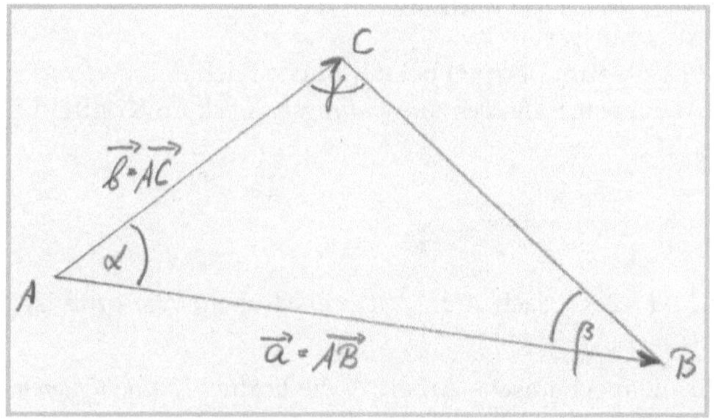

Bild 18.5: Ebenes Dreieck

Lösung: $\vec{a}$ bezeichne den Vektor, der vom Punkt *A* zum Punkt *B* zeigt.

$\vec{b}$ bezeichne den Vektor, der vom Punkt *A* zum Punkt *C* zeigt.

Dann ergibt sich:

(18.14)

$$\vec{a}=\overrightarrow{AB}=\overrightarrow{OB}-\overrightarrow{OA}=\begin{pmatrix}-3\\0\\-4\end{pmatrix} \quad \vec{b}=\overrightarrow{AC}=\overrightarrow{OC}-\overrightarrow{OA}=\begin{pmatrix}4\\0\\-3\end{pmatrix}$$

$$\cos\alpha=\frac{\vec{a}.\vec{b}}{|\vec{a}||\vec{b}|}=\frac{(-3)\cdot 4+0\cdot 0+(-4)\cdot(-3)}{\sqrt{(-3)^2+0^2+(-4)^2}\sqrt{4^2+0^2+(-3)^2}}=0$$

Wegen $\cos\,\alpha=0$ ergibt sich $\alpha=90°$, also befindet sich im Punkt *A* des Dreiecks ein *rechter Winkel*. Bevor wir damit beginnen, nun einen der beiden anderen Winkel im Dreieck mit Hilfe des Skalarprodukts zu ermitteln, sollten wir uns die *Beträge der beiden Vektoren* $\vec{a}$ und $\vec{b}$ ansehen, die *A* mit *B* bzw. *C* verbinden.

Diese Beträge können im Nenner von (18.14) abgelesen werden, und es ist festzustellen, dass *beide Vektoren dieselbe Länge* (nämlich 5) haben. Also ist unser Dreieck *gleichschenklig* mit einem *rechten Winkel* zwischen den beiden gleichlangen Schenkeln – das bedeutet, dass die anderen beiden Winkel jeweils 45° betragen müssen.

Prüfen wir es nach für den Winkel β, der sich im Punkt *B* befindet:

(18.15)

$$\overrightarrow{BA}=-\overrightarrow{AB}=\begin{pmatrix}3\\0\\4\end{pmatrix} \quad \overrightarrow{BC}=\overrightarrow{OC}-\overrightarrow{OB}=\begin{pmatrix}7\\0\\1\end{pmatrix}$$

$$\cos\beta=\frac{\overrightarrow{BA}.\overrightarrow{BC}}{|\overrightarrow{BA}||\overrightarrow{BC}|}=\frac{3\cdot 7+0\cdot 0+4\cdot 1}{\sqrt{3^2+0^2+4^2}\sqrt{7^2+0^2+1^2}}=\frac{25}{5\sqrt{50}}=\frac{5}{\sqrt{2\cdot 25}}=\frac{1}{\sqrt{2}}=\frac{1}{2}\sqrt{2}$$

Für den Zusammenhang zwischen dem *Kosinuswert des Winkels* β und dem *Gradmaß von* β sollte wieder die Merkhilfe von Seite 49 genutzt werden. Kommen wir nun zur *physikalischen Bedeutung des Skalarprodukts*:

Das Skalarprodukt $\vec{a}\,.\vec{b}$ zweier Vektoren $\vec{a}$ und $\vec{b}$ enthält mit dem Faktor $|\vec{b}|\cos\varphi$ die Länge der *Projektion des Vektors* $\vec{b}$ auf die *Richtung von* $\vec{a}$.

Diese Projektion ist in der Physik zum Beispiel bei der Suche nach der *mechanischen Arbeit* wichtig. Betrachten wir dazu ein *physikalisches Anwendungsbeispiel*: Im Kraftfeld

(18.16a) $$\vec{F}=\begin{pmatrix}4\\3\\5\end{pmatrix}$$

wird ein Massepunkt von *B(-4, -2, 0)* nach *A(3, -2, 1)* verschoben. Wie groß ist die dabei geleistete *mechanische Arbeit*?

Antwort: Bekanntlich gilt für die mechanische Arbeit *W* die Formel *Kraftkomponente in Wegrichtung* mal *Weglänge*. Genau diese Formel wird aber mit dem *Skalarprodukt* umgesetzt:

(18.16b) $$W=\vec{F}\,.\overrightarrow{BA}=\vec{F}\,.(\overrightarrow{OA}-\overrightarrow{OB})=\begin{pmatrix}4\\3\\5\end{pmatrix}.\begin{pmatrix}7\\0\\1\end{pmatrix}=33$$

18.1.4 Das Vektorprodukt (Kreuzprodukt) zweier Vektoren

Unter dem *Vektorprodukt* $\vec{a}\times\vec{b}$ zweier Vektoren $\vec{a}$ und $\vec{b}$ versteht man einen *Vektor* $\vec{c}$ mit folgenden Eigenschaften:

(1) Der Vektor $\vec{c}$ steht *senkrecht auf* $\vec{a}$ und $\vec{c}$ steht *senkrecht auf* $\vec{b}$.

(2) Die Vektoren $\vec{a}$, $\vec{b}$ und $\vec{a}\times\vec{b}$ bilden in dieser Reihenfolge ein *Rechtssystem*.

(3) Es gilt $|\vec{a}\times\vec{b}|=|\vec{a}|\cdot|\vec{b}|\cdot\sin\varphi$.

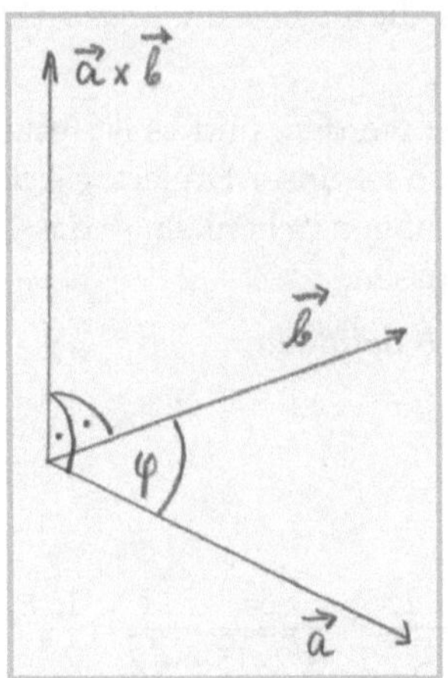

Bild 18.6: Das Vektorprodukt steht senkrecht auf der von $\vec{a}$ *und* $\vec{b}$ *aufgespannten Ebene*

Mit den beiden erstgenannten Eigenschaften (1) und (2) ist die *Richtung von* $\vec{a} \times \vec{b}$ eindeutig festgelegt (siehe Bild 18.6).

Da durch $|\vec{b}| \cdot \sin \varphi$ die Höhe des *Parallelogramms* bestimmt ist, das die *Vektoren* $\vec{a}$ *und* $\vec{b}$ *aufspannen* (siehe Bild 18.7), erhält man aus der Eigenschaft (3) des Vektorproduktes, dass die *Maßzahl für die Länge von* $\vec{a} \times \vec{b}$ gleich der *Maßzahl für den Flächeninhalt* dieses Parallelgramms ist.

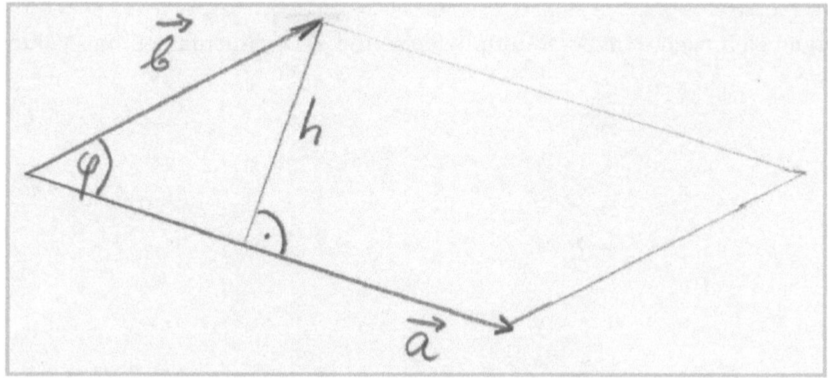

Bild 18.7: Parallelogramm, das von $\vec{a}$ *und* $\vec{b}$ *aufgespannt wird*

Zu untersuchen ist nun die Frage, wie das Vektorprodukt $\vec{a} \times \vec{b}$ berechnet wird, wenn die beiden Vektoren $\vec{a}$ und $\vec{b}$ durch ihre Koordinaten

$$(18.17) \quad \vec{a} = \begin{pmatrix} a_1 \\ a_2 \\ a_3 \end{pmatrix} \text{ und } \vec{b} = \begin{pmatrix} b_1 \\ b_2 \\ b_3 \end{pmatrix}$$

gegeben sind. Dafür lässt sich zeigen, dass folgendes gilt:

$$(18.18) \quad \vec{a} \times \vec{b} = \begin{pmatrix} a_2 b_3 - a_3 b_2 \\ a_3 b_1 - a_1 b_3 \\ a_1 b_2 - a_2 b_1 \end{pmatrix}$$

Weil man die Formel (18.18) sehr schlecht im Gedächtnis behalten kann, gibt es eine wesentlich einprägsamere *Merkhilfe*:

Merkhilfe für das Vektorprodukt: Man berechne zuerst die Determinante

$$(18.19a) \quad D = \begin{vmatrix} i & j & k \\ a_1 & a_2 & a_3 \\ b_1 & b_2 & b_3 \end{vmatrix} ,$$

zum Beispiel mit der Regel von SARRUS (siehe Seite 288).

Anschließend ersetze man die Buchstaben *i*, *j* und *k* durch die drei Einheitsvektoren in Richtung der Achsen $\mathfrak{i}$, $\mathfrak{j}$ und $\mathfrak{k}$ (siehe Seite 317):

$$(18.19b)\quad \mathfrak{i}=\begin{pmatrix}1\\0\\0\end{pmatrix},\ \mathfrak{j}=\begin{pmatrix}0\\1\\0\end{pmatrix},\ \mathfrak{k}=\begin{pmatrix}0\\0\\1\end{pmatrix}$$

Dann ergibt sich nach dem Ausmultiplizieren und Zusammenfassen das Vektorprodukt von (18.18).

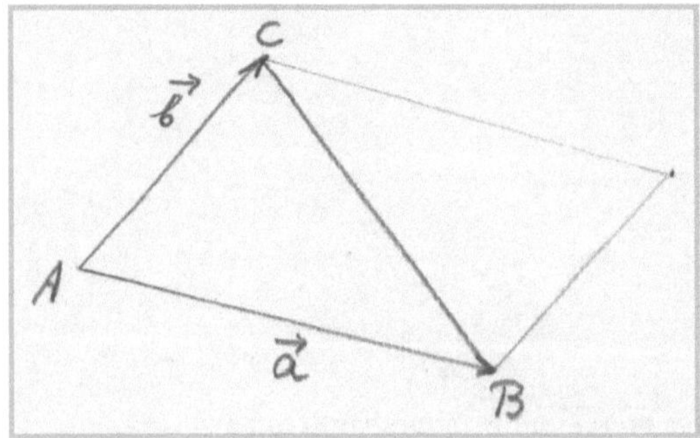

Bild 18.8: Dreieck als halbes Parallelogramm

Beispiel: Gesucht ist der Flächeninhalt des Dreiecks mit den Eckpunkten *A(1, 1, 1)*, *B(2, 3, 4)* und *C(4, 3, 2)*.

Lösung: Wählt man, wie in Bild 18.8 skizziert, den Vektor $\vec{a}$ als Verbindungsvektor von *A* nach *B* und den Vektor $\vec{b}$ als Vektor von *A* nach *C*, dann erkennt man, dass der gesuchte Flächeninhalt genau die Hälfte des Flächeninhalts des von $\vec{a}$ und $\vec{b}$ aufgespannten Parallelogramms ist:

$$(18.20a)\quad A=\frac{1}{2}|\vec{a}\times\vec{b}|$$

Nun werden die Koordinaten von $\vec{a}$ und $\vec{b}$ aus der Differenz der Ortsvektoren der gegebenen Punkte *A* und *B* bzw. *A* und *C* berechnet:

$$(18.20b)\quad \vec{a}=\begin{pmatrix}2\\3\\4\end{pmatrix}-\begin{pmatrix}1\\1\\1\end{pmatrix}=\begin{pmatrix}1\\2\\3\end{pmatrix},\ \vec{b}=\begin{pmatrix}4\\3\\2\end{pmatrix}-\begin{pmatrix}1\\1\\1\end{pmatrix}=\begin{pmatrix}3\\2\\1\end{pmatrix}$$

Die Determinante der Merkhilfe (18.19a) wird mit der SARRUS-Regel berechnet:

$$(18.20c)\quad D=\begin{vmatrix}i & j & k\\1 & 2 & 3\\3 & 2 & 1\end{vmatrix}=-4i+8j-4k$$

Nach dem Ersetzen der Buchstaben *i, j* und *k* durch die Vektoren $\vec{i}$, $\vec{j}$ und $\vec{k}$ ist das Vektorprodukt $\vec{a}\times\vec{b}$ gefunden:

(18.20d) $$\vec{a}\times\vec{b}=-4\begin{pmatrix}1\\0\\0\end{pmatrix}+8\begin{pmatrix}0\\1\\0\end{pmatrix}-4\begin{pmatrix}0\\0\\1\end{pmatrix}=\begin{pmatrix}-4\\8\\-4\end{pmatrix}$$

Zur Lösung der Aufgabe muss schließlich noch der *halbe Betrag des Vektorprodukts* gebildet werden:

(18.20e) $$A=\frac{1}{2}|\vec{a}\times\vec{b}|=\frac{1}{2}\sqrt{(-4)^2+8^2+(-4)^2}=\frac{1}{2}\sqrt{96}=\frac{1}{2}\sqrt{6\cdot 16}=2\sqrt{6}$$

Damit ist der gesuchte Flächeninhalt gefunden.

Eine *Anwendung des Vektorprodukts in der Physik* findet man bei der Berechnung des *Drehmoments*, das eine im Punkt *A* angreifende Kraft $\vec{F}$ bezüglich eines Punktes *D* bewirkt.

Bezeichnet man den von *D* nach *A* gerichteten Vektor mit $\vec{s}$, so gilt für das Drehmoment (es ist ein Vektor) die bekannte Formel

(18.21) $$\vec{M}=\vec{s}\times\vec{F}$$

Beispiel: Die Kräfte

(18.22a) $$\vec{F}_1=\begin{pmatrix}2\\-1\\-3\end{pmatrix},\quad \vec{F}_2=\begin{pmatrix}3\\2\\-1\end{pmatrix},\quad \vec{F}_3=\begin{pmatrix}-4\\1\\3\end{pmatrix},$$

greifen im Punkt *A(-1, 4, 2)* an. Welches Drehmoment bewirkt die resultierende Kraft $\vec{F}$ bezüglich des Punktes *D(2, 3, -1)* ?

Lösung: Die resultierende Kraft $\vec{F}$ ergibt sich als Summe der Teilkräfte: $\vec{F}=\vec{F}_1+\vec{F}_2+\vec{F}_3$, und der von *D* nach *A* gerichtete Vektor $\vec{s}$ ergibt sich aus der Differenz der Ortsvektoren von *A* und *D*:

(18.22b) $$\vec{F}=\begin{pmatrix}2\\-1\\-3\end{pmatrix}+\begin{pmatrix}3\\2\\-1\end{pmatrix}+\begin{pmatrix}-4\\1\\3\end{pmatrix}=\begin{pmatrix}1\\2\\-1\end{pmatrix}\qquad \vec{s}=\begin{pmatrix}-1\\4\\2\end{pmatrix}-\begin{pmatrix}2\\3\\-1\end{pmatrix}=\begin{pmatrix}-3\\1\\3\end{pmatrix}$$

Mit der Determinante der Merkhilfe findet man dann das gesuchte Drehmoment:

(18.22c) $$D=\begin{vmatrix}i & j & k\\-3 & 1 & 3\\1 & 2 & -1\end{vmatrix}=-7i+0j-7k\Rightarrow\vec{M}=\vec{s}\times\vec{F}=-7\begin{pmatrix}1\\0\\0\end{pmatrix}+0\begin{pmatrix}0\\1\\0\end{pmatrix}-7\begin{pmatrix}0\\0\\1\end{pmatrix}=\begin{pmatrix}-7\\0\\-7\end{pmatrix}$$

18.2 Geraden und Ebenen

18.2.1 Beschreibung von Geraden

Um eine *Gerade im Raum* zu beschreiben, muss man ihre *Richtung* charakterisieren können und dazu *einen Geradenpunkt*, den so genannten *Aufpunkt*, kennen.

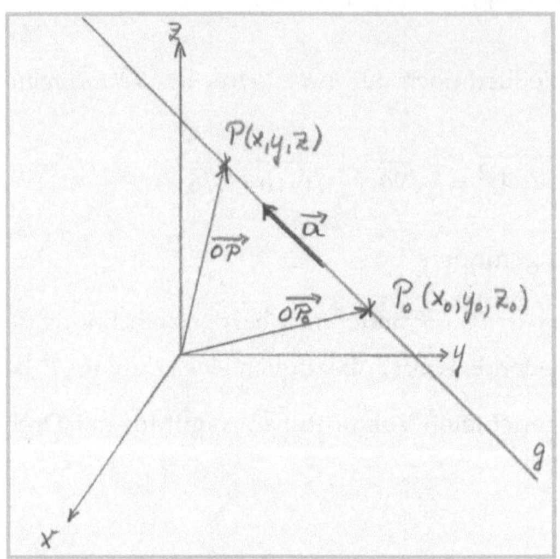

Bild 18.9: Gerade im Raum

Wenn die *Richtung der Geraden* durch den *Richtungsvektor* $\vec{a}$ beschrieben wird und der Aufpunkt P_0 mit seinen Koordinaten gegeben ist, ergibt sich die *Gleichung der Geraden* zu

(18.23) $\overrightarrow{OP} = \overrightarrow{OP_0} + t \cdot \vec{a}, \quad t \in \Re$

Beispiel: Gesucht ist die Gleichung der Geraden *g*, die durch die Punkte $P_1(3, 2, 4)$ und $P_2(2, 1, 2)$ verläuft.

Lösung: Als Aufpunkt wird der Punkt P_1 gewählt wird, als Richtungsvektor ist der Vektor $\vec{a}$ von P_1 nach P_2 geeignet:

(18.24a) $$\vec{a} = \begin{pmatrix} 2 \\ 1 \\ 2 \end{pmatrix} - \begin{pmatrix} 3 \\ 2 \\ 4 \end{pmatrix} = \begin{pmatrix} -1 \\ -1 \\ -2 \end{pmatrix} \Rightarrow g: \begin{pmatrix} x \\ y \\ z \end{pmatrix} = \begin{pmatrix} 3 \\ 2 \\ 4 \end{pmatrix} + t \begin{pmatrix} -1 \\ -1 \\ -2 \end{pmatrix}$$

Mit der so erhaltenen *Gleichung der Geraden* lassen sich weitere Aufgaben lösen:

Aufgabe a): Welcher Geradenpunkt *P* wird mit dem Parameterwert *t=-1* beschrieben?

Die Lösung erhält man, wenn der gegebene Parameterwert in die Geradengleichung eingesetzt wird. Man erhält einen Vektor $\vec{p}$, das ist der Ortsvektor des gesuchten Punktes:

(18.24b) $$g: \begin{pmatrix} x \\ y \\ z \end{pmatrix} = \begin{pmatrix} 3 \\ 2 \\ 4 \end{pmatrix} + t \begin{pmatrix} -1 \\ -1 \\ -2 \end{pmatrix} \text{ mit } t = -1 \Rightarrow \vec{p} = \begin{pmatrix} 3 \\ 2 \\ 4 \end{pmatrix} + (-1) \begin{pmatrix} -1 \\ -1 \\ -2 \end{pmatrix} = \begin{pmatrix} 4 \\ 3 \\ 6 \end{pmatrix}$$

Aufgabe b): Liegt der Punkt *P(1, 0, 0)* auf der Geraden g?

Hier findet man die Lösung, wenn es gelingt, einen Parameterwert t so zu finden, dass sich aus der Geradengleichung der Ortsvektor des Punktes P ergibt:

$$(18.24c)\quad \begin{pmatrix}1\\0\\0\end{pmatrix} \stackrel{?}{=} \begin{pmatrix}3\\2\\4\end{pmatrix} + t\begin{pmatrix}-1\\-1\\-2\end{pmatrix} \Leftrightarrow \begin{array}{l} 1=3-t\\ 0=2-t\\ 0=4-2t\end{array}$$

Für $t=2$ sind alle drei Gleichungen erfüllt, folglich liegt der Punkt auf der Geraden.

Aufgabe c): In welchen Punkten schneidet die Gerade die Koordinatenebenen?

Suchen wir zunächst nach dem Schnittpunkt $S(x_S, y_S, 0)$ der Geraden g mit der x-y-Ebene:

$$(18.24d)\quad \begin{pmatrix}x_S\\y_S\\0\end{pmatrix} = \begin{pmatrix}3\\2\\4\end{pmatrix} + t\begin{pmatrix}-1\\-1\\-2\end{pmatrix} \Leftrightarrow \begin{array}{l} x_S=3-t\\ y_S=2-t\\ 0\ =4-2t\end{array}$$

Aus der letzten Gleichung kann $t=2$ bestimmt werden, dieser Wert wird in die ersten beiden Gleichungen eingesetzt, damit ergibt sich *P(1, 0, 0)* als Durchstoßpunkt der Geraden g durch die x-y-Ebene.

In gleicher Weise wird der Durchstoßpunkt durch die x-z-Ebene ermittelt:

$$(18.24e)\quad \begin{pmatrix}x_S\\0\\z_S\end{pmatrix} = \begin{pmatrix}3\\2\\4\end{pmatrix} + t\begin{pmatrix}-1\\-1\\-2\end{pmatrix} \Leftrightarrow \begin{array}{l} x_S=3-t\\ 0\ =2-t\\ z_S=4-2t\end{array}$$

Wiederum ergibt sich $t=2$, so dass der Durchstoßpunkt *P(1, 0, 0)* durch die x-z-Ebene identisch ist mit dem Durchstoßpunkt der Geraden durch die x-y-Ebene.

Kommen wir schließlich zum Durchstoßpunkt der Geraden durch die y-z-Ebene:

$$(18.24f)\quad \begin{pmatrix}0\\y_S\\z_S\end{pmatrix} = \begin{pmatrix}3\\2\\4\end{pmatrix} + t\begin{pmatrix}-1\\-1\\-2\end{pmatrix} \Leftrightarrow \begin{array}{l} 0\ =3-t\\ y_S=2-t\\ z_S=4-2t\end{array}$$

Hier ergibt sich für $t=3$ der Punkt *Q(0, -1, -2)*.

Beispiel: Gegeben sind die Geraden g_1 und g_2 durch

$$(18.25a)\quad g_1:\ \begin{pmatrix}x\\y\\z\end{pmatrix} = \begin{pmatrix}1\\-2\\5\end{pmatrix} + t\begin{pmatrix}2\\-3\\4\end{pmatrix} \qquad g_2:\ \begin{pmatrix}x\\y\\z\end{pmatrix} = \begin{pmatrix}7\\2\\1\end{pmatrix} + u\begin{pmatrix}3\\2\\-2\end{pmatrix}$$

Aufgabe a): Man bestimme den Schnittpunkt beider Geraden, falls ein solcher existiert.

Lösung: Sei *S*(x_S, y_S, z_S) der gesuchte Schnittpunkt. Dieser Schnittpunkt liegt gleichzeitig auf beiden Geraden:

(18.25b) $$\begin{pmatrix} x_S \\ y_S \\ z_S \end{pmatrix} = \begin{pmatrix} 1 \\ -2 \\ 5 \end{pmatrix} + t \begin{pmatrix} 2 \\ -3 \\ 4 \end{pmatrix} \quad \text{und} \quad \begin{pmatrix} x_S \\ y_S \\ z_S \end{pmatrix} = \begin{pmatrix} 7 \\ 2 \\ 1 \end{pmatrix} + u \begin{pmatrix} 3 \\ 2 \\ -2 \end{pmatrix}$$

Da die linken Seiten der beiden Vektorgleichungen identisch sind, muss dies auch für die beiden rechten Seiten gelten:

(18.25c) $$\begin{pmatrix} 1 \\ -2 \\ 5 \end{pmatrix} + t \begin{pmatrix} 2 \\ -3 \\ 4 \end{pmatrix} = \begin{pmatrix} 7 \\ 2 \\ 1 \end{pmatrix} + u \begin{pmatrix} 3 \\ 2 \\ -2 \end{pmatrix}$$

Vergleicht man die Koordinaten miteinander, dann erhält man ein lineares Gleichungssystem mit drei Gleichungen für die beiden Unbekannten t und u:

(18.25d) $$\begin{aligned} 1+2t &= 7+3u && (1) \\ -2-3t &= 2+2u && (2) \\ 5+4t &= 1-2u && (3) \end{aligned}$$

Aus der Addition der Gleichungen (2) und (3) ergibt sich $t=0$, dieser Wert kann in die zweite oder dritte Gleichung eingesetzt werden, was $u=-2$ liefert. Nun muss noch geprüft werden, ob das Paar $(t,u)=(0,-2)$ auch die erste Gleichung erfüllt. Das trifft hier zu, so dass der *Ortsvektor des Schnittpunktes der beiden Geraden* entweder durch Einsetzen von $t=0$ in die Geradengleichung g_1 oder – gleichwertig – durch Einsetzen von $u=-2$ in g_2 gefunden wird:

(18.25e) $$\begin{pmatrix} x_S \\ y_S \\ z_S \end{pmatrix} = \begin{pmatrix} 1 \\ -2 \\ 5 \end{pmatrix} + 0 \cdot \begin{pmatrix} 2 \\ -3 \\ 4 \end{pmatrix} = \begin{pmatrix} 1 \\ -2 \\ 5 \end{pmatrix} \quad \text{oder} \quad \begin{pmatrix} x_S \\ y_S \\ z_S \end{pmatrix} = \begin{pmatrix} 7 \\ 2 \\ 1 \end{pmatrix} + (-2) \begin{pmatrix} 3 \\ 2 \\ -2 \end{pmatrix} = \begin{pmatrix} 1 \\ -2 \\ 5 \end{pmatrix}$$

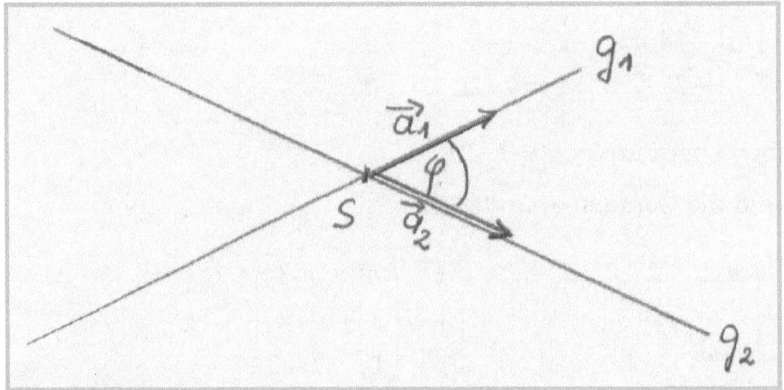

Bild 18.10: Schnittwinkel zweier Geraden

Aufgabe b): Wie groß ist der Schnittwinkel der beiden Geraden?

Zur Lösung dieser Aufgabe braucht man sich nur zu überlegen, dass der *Schnittwinkel der beiden Geraden* gleich dem Winkel ist, der durch die *beiden Richtungsvektoren* gebildet wird.

Dabei ist es ausreichend, den *spitzen Winkel* anzugeben, was man in

$$(18.25f) \quad \cos\varphi = \frac{\vec{a}.\vec{b}}{|\vec{a}|\cdot|\vec{b}|}$$

durch Verwendung von $|\vec{a}.\vec{b}|$ erreicht.

Nun kann gerechnet werden:

$$(18.25g) \quad \vec{a}_1 = \begin{pmatrix} 2 \\ -3 \\ 4 \end{pmatrix}, \vec{a}_2 = \begin{pmatrix} 3 \\ 2 \\ -2 \end{pmatrix} \Rightarrow \begin{matrix} |\vec{a}_1.\vec{a}_2| = |2\cdot 3 + (-3)\cdot 2 + 4\cdot(-2)| = |-8| = 8 \\ |\vec{a}_1| = \sqrt{2^2+(-3)^2+4^2} = \sqrt{29} \\ |\vec{a}_2| = \sqrt{3^2+2^2+(-2)^2} = \sqrt{17} \end{matrix} \Rightarrow \cos\varphi = \frac{8}{\sqrt{29\cdot 17}} \approx 0{,}36$$

Unter Verwendung der Taste `arc cos` kann für diesen Kosinuswert der Winkel bestimmt werden: Ist der Taschenrechner auf *Bogenmaß* eingestellt, dann liefert er die Zahl ≈1,202. Ist er auf klassisches *Gradmaß* eingestellt, dann liefert er ca. 68,881°. Damit ist die Teilaufgabe gelöst.

Aufgabe c): Durch den Schnittpunkt von g_1 und g_2 ist eine Gerade g_3 zu legen, die senkrecht sowohl zu g_1 als auch zu g_2 verläuft. Wie lautet die Gleichung der Geraden g_3?

Lösung: Für g_3 wird ein *Aufpunkt* P_3 und ein *Richtungsvektor* $\vec{a}_3$ benötigt: Als *Aufpunkt* kann der bereits berechnete Schnittpunkt der beiden Geraden genutzt werden: $P_3 = S(1, -2, 5)$.

Da die Gerade g_3 sowohl senkrecht zu g_1 als auch zu g_2 verlaufen soll, muss ihr *Richtungsvektor* $\vec{a}_3$ senkrecht auf den beiden Richtungsvektoren $\vec{a}_1$ von g_1 und $\vec{a}_2$ von g_2 stehen, die sich sofort aus (18.25a) ablesen lassen. Diese Eigenschaft ist jedoch vom *Vektorprodukt* bekannt, so dass sich $\vec{a}_3$ mit Hilfe des Vektorprodukts von $\vec{a}_1$ und $\vec{a}_2$ ermitteln lässt:

$$\vec{a}_3 = \vec{a}_1 \times \vec{a}_2 \text{ mit } \vec{a}_1 = \begin{pmatrix} 2 \\ -3 \\ 4 \end{pmatrix} \text{ und } \vec{a}_2 = \begin{pmatrix} 3 \\ 2 \\ -2 \end{pmatrix}:$$

$$(18.25h) \quad D = \begin{vmatrix} i & j & k \\ 2 & -3 & 4 \\ 3 & 2 & -2 \end{vmatrix} = (-2)i + 16j + 13k \Rightarrow \vec{a}_1 \times \vec{a}_2 = (-2)\begin{pmatrix} 1 \\ 0 \\ 0 \end{pmatrix} + 16\begin{pmatrix} 0 \\ 1 \\ 0 \end{pmatrix} + 13\begin{pmatrix} 0 \\ 0 \\ 1 \end{pmatrix} = \begin{pmatrix} -2 \\ 16 \\ 13 \end{pmatrix}$$

Zusammengefasst ergibt sich die Gleichung der Geraden g_3:

$$(18.25i) \quad g_3: \begin{pmatrix} x \\ y \\ z \end{pmatrix} = \begin{pmatrix} 1 \\ -2 \\ 5 \end{pmatrix} + v\begin{pmatrix} -2 \\ 16 \\ 13 \end{pmatrix}$$

18.2.2 Beschreibung von Ebenen

Um eine *Ebene* im Raum vollständig zu beschreiben, braucht man *zwei nichtparallele Vektoren* $\vec{a}$ und $\vec{b}$, die die Ebene aufspannen, und einen Aufpunkt $P_0(x_0, y_0, z_0)$, an dem die Ebene „angeheftet" wird.

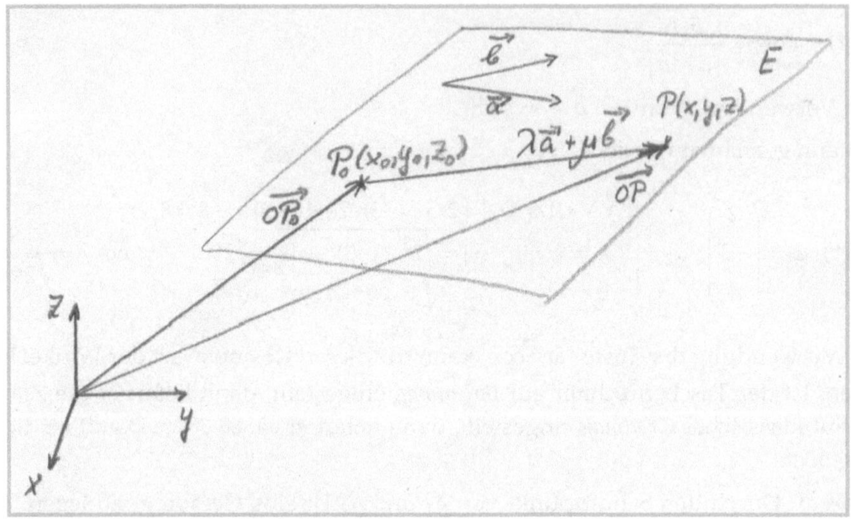

Bild 18.11: Ebene im Raum

Wenn die beiden Vektoren $\vec{a}$ und $\vec{b}$ in der Ebene liegen und der Aufpunkt P_0 mit seinen Koordinaten gegeben ist, ergibt sich die *Gleichung der Ebene* zu

(18.26a) $$\overrightarrow{OP} = \overrightarrow{OP_0} + \lambda\vec{a} + \mu\vec{b}\,, \qquad \lambda, \mu \in \Re$$

oder ausführlich

(18.26b) $$\begin{pmatrix} x \\ y \\ z \end{pmatrix} = \begin{pmatrix} x_0 \\ y_0 \\ z_0 \end{pmatrix} + \lambda \begin{pmatrix} a_1 \\ a_2 \\ a_3 \end{pmatrix} + \mu \begin{pmatrix} b_1 \\ b_2 \\ b_3 \end{pmatrix}$$

Die Gleichung der Ebene enthält damit *zwei beliebig wählbare* reelle Parameter.

Nutzt man jedoch aus, dass $\vec{a} \times \vec{b}$ senkrecht sowohl zu $\vec{a}$ als auch zu $\vec{b}$ ist und multipliziert man die vektorielle Form der Ebenengleichung (18.26b) skalar mit $\vec{a} \times \vec{b}$ durch, so erhält man eine parameterfreie Form der Ebenengleichung: Wenn wir die Koordinaten des Vektorprodukts $\vec{a} \times \vec{b}$ allgemein mit *A*, *B* und *C* bezeichnen, dann ergibt sich:

(18.27a) $$\begin{pmatrix} x \\ y \\ z \end{pmatrix} \bullet \begin{pmatrix} A \\ B \\ C \end{pmatrix} = \begin{pmatrix} x_0 \\ y_0 \\ z_0 \end{pmatrix} \bullet \begin{pmatrix} A \\ B \\ C \end{pmatrix} + \lambda \underbrace{\begin{pmatrix} a_1 \\ a_2 \\ a_3 \end{pmatrix} \bullet \begin{pmatrix} A \\ B \\ C \end{pmatrix}}_{=0} + \mu \underbrace{\begin{pmatrix} b_1 \\ b_2 \\ b_3 \end{pmatrix} \bullet \begin{pmatrix} A \\ B \\ C \end{pmatrix}}_{=0}$$

Das führt zu

(18.27b) $Ax + By + Cz = Ax_0 + By_0 + Cz_0$

Wird die rechte Seite von (18.27b) noch zusammengefasst, dann erhält man

(18.27c) $Ax + By + Cz + D = 0$

als *parameterfreie Form der Ebenengleichung*, der mit

(18.27d) $\vec{n} = \begin{pmatrix} A \\ B \\ C \end{pmatrix}$

sofort ein Vektor entnommen werden kann, der *senkrecht auf der Ebene* steht.

Dieser Vektor $\vec{n}$ wird als *Stellungsvektor der Ebene* bezeichnet.

Beispiel: Man zeige, dass die Punkte *A(1, 2, -1), B(0, 1, 5), C(-1, 2, 1)* und *D(2, 1, 3)* in einer Ebene liegen und bestimme die Gleichung dieser Ebene sowohl in vektorieller als auch in parameterfreier Form.

Lösung: Drei Punkte liegen immer in einer Ebene.

Sucht man also zunächst die Gleichung der Ebene, in der *A, B* und *C* liegen und prüft anschließend, ob auch D in dieser Ebene liegt, ist der gewünschte Nachweis erbracht.

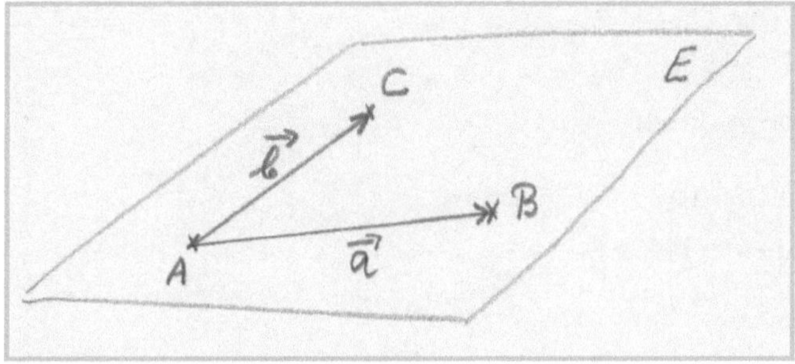

Bild 18.12: Ebene durch A, B und C

Wenn wir mit $\vec{a}$ den Vektor von *A* nach *B* und mit $\vec{b}$ den Vektor von *A* nach *C* bezeichnen und A als Aufpunkt wählen, dann ergibt sich unter Verwendung der Ortsvektoren die *vektorielle Form der Ebenengleichung*:

(18.28a) $\begin{pmatrix} x \\ y \\ z \end{pmatrix} = \begin{pmatrix} 1 \\ 2 \\ -1 \end{pmatrix} + \lambda \left[\begin{pmatrix} 0 \\ 1 \\ 5 \end{pmatrix} - \begin{pmatrix} 1 \\ 2 \\ -1 \end{pmatrix} \right] + \mu \left[\begin{pmatrix} -1 \\ 2 \\ 1 \end{pmatrix} - \begin{pmatrix} 1 \\ 2 \\ -1 \end{pmatrix} \right] = \begin{pmatrix} 1 \\ 2 \\ -1 \end{pmatrix} + \lambda \begin{pmatrix} -1 \\ -1 \\ 6 \end{pmatrix} + \mu \begin{pmatrix} -2 \\ 0 \\ 2 \end{pmatrix}$

Da nun zwei Vektoren $\vec{a}$ und $\vec{b}$ ablesbar sind, die in der Ebene liegen, kann ein Stellungsvektor $\vec{n}$ mit Hilfe des Vektorprodukts berechnet werden:

(18.28b)
$$\vec{n}=\begin{pmatrix}-1\\-1\\6\end{pmatrix}\times\begin{pmatrix}-2\\0\\2\end{pmatrix}$$
$$D=\begin{vmatrix}i & j & k\\-1 & -1 & 6\\-2 & 0 & 2\end{vmatrix}=-2i-10j-2k\Rightarrow\cdots\Rightarrow\vec{n}=\begin{pmatrix}-2\\-10\\-2\end{pmatrix}$$

Wird die vektorielle Form der Ebenengleichung jetzt wie in (18.27a) skalar mit $\vec{n}$ multipliziert, dann führt das zu

(18.28c)
$$\begin{aligned}-2x-10y-2z&=-2-20+2\\-2x-10y-2z+20&=0 \qquad |:(-2)\\x+5y+z-10&=0\end{aligned}$$

Die letzte Zeile in (18.28c) – das ist die parameterfreie Form der Ebenengleichung.

Sollte auch D(2, 1, 3) in dieser Ebene liegen, dann müssen die Koordinaten von D der Ebenengleichung genügen: Mit $x=2$, $y=1$ und $z=3$ ergibt sich offensichtlich eine Identität. Damit ist der Nachweis erbracht, dass alle vier Punkte A, B, C und auch D in einer Ebene liegen.

Beispiel: Man zeige zuerst, dass die Geraden g_1 und g_2 parallel zueinander sind, wenn g_1 die Schnittgerade der beiden Ebenen

(18.29a)
$$\begin{aligned}E_1&: x-y-z-22=0\\E_2&: 2x+2y-z-10=0\end{aligned}$$

ist und die Gleichung von g_2 durch

(18.29b)
$$g_2: \begin{pmatrix}x\\y\\z\end{pmatrix}=\begin{pmatrix}-7\\5\\9\end{pmatrix}+u\begin{pmatrix}3\\-1\\4\end{pmatrix}$$

gegeben ist.

Dann gebe man die Gleichung der Ebene an, in der die beiden Geraden g_1 und g_2 liegen.

Beginnen wir: Zunächst wird die Gleichung von g_1 gesucht. Da diese Gerade als *Schnittgerade* sowohl in der Ebene E_1 als auch in der Ebene E_2 liegen wird, ist das folgende lineare Gleichungssystem zu lösen:

(18.29c)
$$\begin{aligned}x-y-z&=22\\2x+2y-z&=10\end{aligned}$$

Wählt man nach der Umformung mit dem GAUSSschen Eliminationsverfahren (siehe Seite 300) die Variable y als frei wählbar, setzt also $y=t$, so entsteht die allgemeine Lösung

(18.29d)
$$\begin{aligned}x&=-12-3t\\z&=-34-4t\end{aligned}$$

Vektoriell geschrieben ergibt sich daraus bereits die Gleichung der Geraden g_1:

(18.29e) $$g_1: \begin{pmatrix} x \\ y \\ z \end{pmatrix} = \begin{pmatrix} -12 \\ 0 \\ -34 \end{pmatrix} + t \begin{pmatrix} -3 \\ 1 \\ -4 \end{pmatrix}$$

Nun liegen mit (18.29e) und (18.29b) die *Gleichungen der beiden Geraden* vor. Die Richtungsvektoren beider Geraden unterscheiden sich, wie zu sehen ist, nur durch das Vorzeichen, ($\vec{a}_1 = -\vec{a}_2$) , d. h. sie haben lediglich entgegengesetzten Richtungssinn.

Doch das ändert natürlich nichts an der *Parallelität der beiden Geraden* g_1 und g_2 .

Bemerkung: Man könnte die Parallelität der beiden Geraden auch mit Hilfe des Vektorprodukts der beiden Richtungsvektoren prüfen – es wird verschwinden.

Zu prüfen ist noch, ob die beiden parallelen Geraden g_1 und g_2 nicht vielleicht sogar *identisch* sind. Dazu wird untersucht, ob der Aufpunkt einer Geraden (z. B. $P_1(-12, 0, -34)$ von der ersten Geraden), auf der anderen Geraden liegt.

Dazu werden die Koordinaten von P_1 in g_2 eingesetzt:

(18.29f) $$g_2: \begin{pmatrix} -12 \\ 0 \\ -34 \end{pmatrix} = \begin{pmatrix} -7 \\ 5 \\ 9 \end{pmatrix} + u \begin{pmatrix} 3 \\ -1 \\ 4 \end{pmatrix}$$

Die zweite Gleichung liefert $u=5$, aber mit diesem Wert ist weder die erste noch die dritte Gleichung erfüllt. Also gibt es mindestens einen Punkt von g_1, der *nicht* auf g_2 liegt – die Geraden sind zwar parallel, aber nicht identisch.

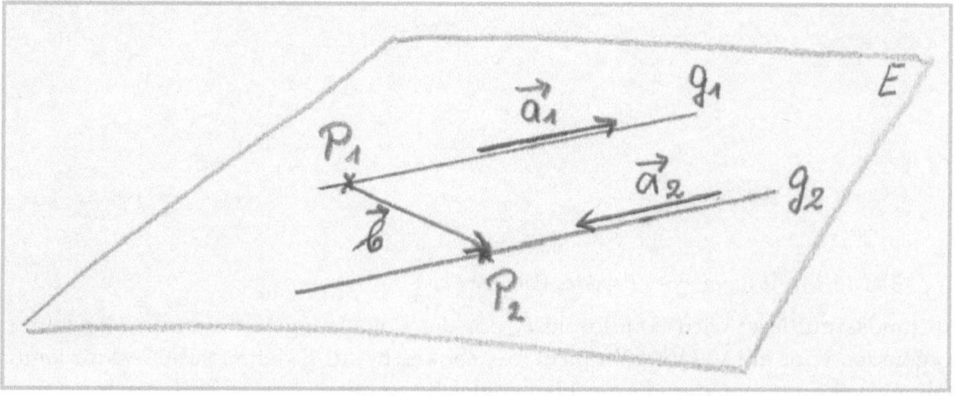

Bild 18.13: Ebene mit zwei parallelen Geraden

In Bild 18.13 ist das Vorgehen zur Bestimmung der Gleichung der Ebene, in der die beiden parallelen Geraden g_1 und g_2 liegen, skizziert: Mit dem Vektor, der die beiden *Aufpunkte der Geraden* verbindet und einem Richtungsvektor einer Gerade können zwei erzeugende Vektoren gefunden werden, und als Aufpunkt der Ebene kann P_2 gewählt werden:

(18.29g) $$\begin{pmatrix} x \\ y \\ z \end{pmatrix} = \begin{pmatrix} -7 \\ 5 \\ 9 \end{pmatrix} + \lambda \begin{pmatrix} 3 \\ -1 \\ 4 \end{pmatrix} + \mu \begin{pmatrix} 5 \\ 0 \\ 43 \end{pmatrix}$$

Mit dem Vektorprodukt der beiden erzeugenden Vektoren der Ebene (in (18.29g) ablesbar neben den Parametern λ und μ) wird der Stellungsvektor $\vec{n}$ der Ebene berechnet:

(18.29h) $$\vec{n} = \begin{pmatrix} 3 \\ -1 \\ 4 \end{pmatrix} \times \begin{pmatrix} 5 \\ 0 \\ 43 \end{pmatrix} = \begin{pmatrix} -43 \\ -109 \\ 5 \end{pmatrix}$$

Die skalare Multiplikation von (18.29g) mit $\vec{n}$ (als Übung empfohlen) führt schließlich zur *parameterfreien Form* der Gleichung der Ebene, die durch die beiden parallelen Geraden g_1 und g_2 gebildet wird:

(18.29i) $$-43x - 109y + 5z + 199 = 0$$

Beispiel: Gesucht ist der Abstand des Punktes $P_0(1,\ 1,\ 2)$ von der Ebene E mit der Gleichung $2x+2y-z+1=0$.

Lösung: Zunächst wird geprüft, ob P_0 in der Ebene E liegt. Dazu werden die Koordinaten von P_0 in die Ebenengleichung eingesetzt – aber mit $2+2-2+1=0$ entsteht die falsche Aussage $3=0$. Also liegt der gegebene Punkt nicht in der Ebene.

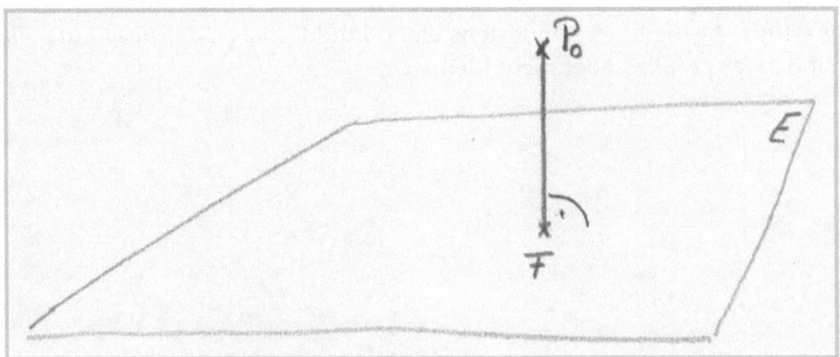

Bild 18.14: Abstand eines Punktes von der Ebene

Zur Abstandsermittlung wird vom Punkt P_0 aus das Lot auf E gefällt. Für die Gleichung der Lotgeraden wird ein Vektor gebraucht, der senkrecht auf E steht. Dieser Vektor kann der Stellungsvektor $\vec{n}$ sein, der aus der Ebenengleichung mit

(18.30a) $$\vec{n} = \begin{pmatrix} 2 \\ 2 \\ -1 \end{pmatrix}$$

zu entnehmen ist.

Der gegebene Punkt P_0 wird als Aufpunkt benutzt, und damit hat die Lotgerade die Gleichung

(18.30b) $$g: \begin{pmatrix} x \\ y \\ z \end{pmatrix} = \begin{pmatrix} 1 \\ 1 \\ 2 \end{pmatrix} + t \begin{pmatrix} 2 \\ 2 \\ -1 \end{pmatrix}$$

Gelingt es jetzt, den Fußpunkt F des Lotes, also den Schnittpunkt der Lotgeraden mit der Ebene E, zu ermitteln, so hat man mit der Länge des Vektors von F nach P_0 den gewünschten Abstand gefunden.

Sei $F(x_F, y_F, z_F)$ der gesuchte Fußpunkt. Dieser liegt in der Ebene E, es gilt also

(18.30c) $$2x_F + 2y_F - z_F + 1 = 0$$

F liegt aber auch auf der Lotgeraden, zusätzlich gilt also

(18.30d) $$\begin{pmatrix} x_F \\ y_F \\ z_F \end{pmatrix} = \begin{pmatrix} 1 \\ 1 \\ 2 \end{pmatrix} + t_F \begin{pmatrix} 2 \\ 2 \\ -1 \end{pmatrix} \quad \text{oder} \quad \begin{aligned} x_F &= 1 + 2t_F \\ y_F &= 1 + 2t_F \\ z_F &= 2 - t_F \end{aligned}$$

Setzt man die in (18.30d) rechts stehenden Ausdrücke für x_F, y_F und z_F in (18.30c) ein, so ergibt sich:

(18.30e) $$\begin{aligned} 2(1+2t_F) + 2(1+2t_F) - (2-t_F) + 1 &= 0 \\ 3 + 9t_F &= 0 \\ t_F &= -\frac{1}{3} \end{aligned}$$

Damit sind die Koordinaten von F bekannt:

(18.30f) $$F(x_F = 1 - \frac{2}{3}, \; y_F = 1 - \frac{2}{3}, \; z_F = 2 + \frac{1}{3}), \quad \text{d.h.} \quad F(\frac{1}{3}, \frac{1}{3}, \frac{7}{3})$$

Der gesuchte Verbindungsvektor von P_0 und F entsteht schließlich (siehe Seite 313) wieder aus der Differenz der beiden Ortsvektoren:

(18.30g) $$\overrightarrow{P_0F} = \begin{pmatrix} 1/3 \\ 1/3 \\ 7/3 \end{pmatrix} - \begin{pmatrix} 1 \\ 1 \\ 2 \end{pmatrix} = \begin{pmatrix} -2/3 \\ -2/3 \\ 1/3 \end{pmatrix}$$

Erinnern wir uns, welche Aufgabe formuliert war: Gesucht ist der Abstand des Punktes P_0 von der Ebene E.

Mit (18.30g) haben wir jetzt denjenigen Vektor gefunden, der P_0 mit dem Durchstoßpunkt F des auf die Ebene E gefällten Lotes verbindet.

Das heißt, für die endgültige Lösung der Aufgabe fehlt nur noch die Ermittlung der Länge dieses Vektors:

(18.30h) $$d=\sqrt{(-\frac{2}{3})^2+(-\frac{2}{3})^2+(\frac{1}{3})^2}=1$$

Der Punkt $P_0(1, 1, 2)$ hat von der Ebene $2x+2y-z+1=0$ den Abstand $d=1$.

Weiterführende und vertiefende Literatur

[1] Arens, T., Hettlich, F., Karpfinger, C., Kockelkorn, U., Lichtenegger, K., Stachel, H.: *Mathematik*. Berlin-Heidelberg: Springer-Verlag 2008

[2] Arens, T., Hettlich, F., Karpfinger, C., Kockelkorn, U., Lichtenegger, K., Stachel, H.: *Arbeitsbuch Mathematik*. Berlin-Heidelberg: Springer-Verlag 2009

[3] Bosch K.: *Brückenkurs Mathematik*. München: Oldenbourg Wissenschaftsverlag 2007

[4] Brauch W., Dreyer H.-J., Haake W.: *Mathematik für Ingenieure*. Wiesbaden: Vieweg+ Teubner-Verlag 2006

[5] Dahmen W., Reusken A.: *Numerik für Ingenieure und Naturwissenschaftler*. Berlin: Springer-Verlag 2008

[6] Faires D., Burden R., Blankenhagel M.: *Numerische Methoden: Näherungsverfahren und ihre praktische Anwendung* Heidelberg: Spektrum Akademischer Verlag 2000

[7] Fritzsche K.: *Mathematik für Einsteiger: Vor- und Brückenkurs zum Studienbeginn*. Heidelberg: Spektrum Akademischer Verlag 2009

[8] Gellrich C., Gellrich R.: *Mathematik - Ein Lehr- und Übungsbuch. Band 1*.Thun e.a.: Verlag Harri Deutsch 2006

[9] Gellrich C., Gellrich R.: *Mathematik - Ein Lehr- und Übungsbuch. Band 2*.Thun e.a.: Verlag Harri Deutsch 2006

[10] Kemnitz A.: *Mathematik zum Studienbeginn*. Wiesbaden: Vieweg+Teubner-Verlag 2010

[11] Knorrenschild M.: *Vorkurs Mathematik*. München: Hanser Fachbuchverlag 2009

[12] Knorrenschild M.: *Mathematik für Ingenieure 1*. München: Hanser Fachbuchverlag 2009

[13] Koch J., Stämpfle M.: *Mathematik für das Ingenieurstudium*. München: Hanser Fachbuchverlag 2010

[14] Leupold W., Andrie M., Große G.. Nickel H.: *Mathematik 1: Ein Studienbuch für Ingenieure*. München: Hanser Fachbuchverlag 2003

[15] Leupold W.: *Mathematik II: Ein Studienbuch für Ingenieure*. München: Hanser Fachbuchverlag 2006

[16] Luderer B.: *Formelsammlung für Ingenieure I und II*. Wiesbaden: Vieweg+Teubner-Verlag 2010

[17] Matthäus H., Matthäus W.-G.: *Mathematik für BWL-Bachelor*. Wiesbaden: Vieweg+ Teubner-Verlag 2010

[18] Matthäus H., Matthäus W.-G.: *Mathematik für BWL-Bachelor: Übungsbuch*. Wiesbaden: Vieweg+Teubner-Verlag 2010

[19] Matthäus H., Matthäus W.-G.: *Mathematik für BWL-Master*. Wiesbaden: Vieweg + Teubner-Verlag 2009

[20] Matthäus W.-G.: *Effizient studieren*. Wiesbaden: Vieweg+Teubner-Verlag 2011

[21] Matthäus W.-G.: *Statistische Tests mit Excel leicht erklärt*. Wiesbaden: Teubner-Verlag 2007

[22] Mohr R.: *Mathematische Formeln für das Studium an Fachhochschulen*. München: Hanser Fachbuchverlag 2011

[23] Oelschlägel D., Matthäus W.-G.: *Numerische Methoden*. Thum e.a.: Verlag Harri Deutsch 1998

[24] Papula L.: *Mathematik für Ingenieure und Naturwissenschaftler 1*. Wiesbaden: Vieweg+ Teubner-Verlag 2009

[25] Papula L.: *Mathematik für Ingenieure und Naturwissenschaftler 2*. Wiesbaden: Vieweg+ Teubner-Verlag 2009

[26] Papula L.: *Mathematik für Ingenieure und Naturwissenschaftler 3*. Wiesbaden: Vieweg+ Teubner-Verlag 2008

[27] Papula L.: *Mathematik für Ingenieure und Naturwissenschaftler. Anwendungsbeispiele*. Wiesbaden: Vieweg-Verlag 2004

[28] Papula L: *Mathematik für Ingenieure und Naturwissenschaftler - Klausur- und Übungsaufgaben*. Wiesbaden: Vieweg+Teubner-Verlag 2010

[29] Papula L: *Mathematische Formelsammlung für Ingenieure und Naturwissenschaftler*. Wiesbaden: Vieweg+Teubner-Verlag 2009

[30] Pfeifer A., Schuchmann M.: *Kompaktkurs Mathematik*.München: Oldenbourg Wissenschaftsverlag 2007

[31] Poguntke W.: *Keine Angst vor Mathe: Hochschulmathematik für Einsteiger*. Wiesbaden: Vieweg+Teubner-Verlag 2010

[32] Rießinger T.: *Mathematik für Ingenieure*. Berlin-Heidelberg: Springer-Verlag 2011

[33] Rießinger T.: *Übungsaufgaben zur Mathematik für Ingenieure*. Berlin-Heidelberg: Springer-Verlag 2011

[34] Sanal Z. : *Mathematik für Ingenieure*. Wiesbaden: Vieweg+Teubner-Verlag 2009

[35] Schäfer W., Georgi K., Trippler G.: *Mathematik-Vorkurs: Übungs- und Arbeitsbuch für Studienanfänger*. Wiesbaden: Vieweg+Teubner-Verlag 2006

[36] Scharlau W.: *Schulwissen Mathematik*: Ein Überblick. Wiesbaden e. a.: Vieweg-Verlag 2001

[37] Schirotzek W., Scholz S.: *Starthilfe Mathematik*. Wiesbaden e. a.: Teubner-Verlag 2005

[38] Schubert M.: *Mathematik für Informatiker*. Wiesbaden: Vieweg+Teubner-Verlag 2007

[39] Turtur C. W.: *Prüfungstrainer Mathematik*. Wiesbaden: Vieweg+Teubner-Verlag 2010

[40] Vetters K.: *Formeln und Fakten im Grundkurs Mathematik*. Wiesbaden e. a.: Teubner-Verlag 2004

[41] Völkel S.: *Mathematik für Techniker*. München: Hanser Fachbuchverlag 2009

[42] Walz G., Zeilfelder F., Rießinger T.: *Brückenkurs Mathematik: für Studieneinsteiger aller Disziplinen*. Heidelberg: Spektrum Akademischer Verlag 2011

[43] Westermann T: *Mathematik für Ingenieure*. Berlin-Heidelberg: Springer-Verlag 2010

Sachwortverzeichnis

B

D

E

F

L

M

N

O

P

Q

R

T

U

W

Z

VIEWEG+
TEUBNER

Aus dem Programm Physik

Physik für Ingenieure